KB044707

남자, 여자를 읽다

남자, 여자를 읽다

2019년 4월 25일 초판 1쇄 펴냄

펴낸곳 도서출판 삼인

지은이 이인
펴낸이 신길순

등록 1996.9.16 제25100-2012-000046호
주소 03716 서울시 서대문구 연희로 5길 82(연희동 2층)

전화 (02) 322-1845
팩스 (02) 322-1846
전자우편 saminbooks@naver.com

디자인 디자인 지폴리
인쇄 수이북스
제책 은정제책

©2019, 이인
ISBN 978-89-6436-159-7 03330

값 17,000원

여자를 이해하기 위한
남자의 지적 분투기

남자, 여자를 읽다

이인 지음

삼인

차례

6. 출산과 육아

7. 결혼과 관계

8. 사회생활과 일

0. 왜 나는 여자를 연구하는가

여성에 대한 무지와 편견

남자는 여성이 늘 궁금합니다. 남자들 사이에서는 여성에 대한 호기심이 늘 폭발 직전이죠. 그만큼 남자들은 여성의 존재를 잘 모릅니다. 많은 남자들이 여자들을 신비롭게 여기죠. 여성이 신비로운 건 여성이 신비한 존재라서가 아니라 여성에 대해 무지하게 무지했기 때문일 것입니다.

그동안 인류의 반은 오랫동안 어둠 속에 감추어져 있었지요. 여성을 잘 몰랐기 때문에 남자들은 왜곡해서 규정하곤 했습니다. 여태껏 내로라하던 서구의 남자 작가들은 자신의 욕망을 투영한 결과물을 만든 뒤 그걸 여성이라고 주장했지요. 몇 가지 예를 들어보겠습니다.

토마스 아퀴나스Thomas Aquinas는 여자들은 잘못된 남성이라고 정의했습니다. 알렉산더 포프Alexander Pope는 여성의 신앙심이 너무 세서 결코 이성적일 수 없다고 말했으며, 상반되게도 표도르 도스토옙스키Fyodor Dostoevskii는 여성이 신앙심이 없다고 간주했습니다. 장 자크 루소Jean-

Jacques Rousseau는 어떤 남성도 결코 경험하지 못한 사랑, 질투, 집착, 증오를 여성이 품고 있다고 썼고요. 파블로 피카소Pablo Picasso는 여자들은 고통받기 위해 태어난 존재라고 했으며, 버나드 쇼Bernard Shaw는 여자는 결코 예술가가 될 수 없다고 생각했습니다. 지그문트 프로이트Sigmund Freud는 여성이 남근의 결핍으로 초자아가 제대로 형성되지 않아 자신을 좀처럼 규제하지 못하는 불완전한 존재라고 설명했죠.

당혹스럽기까지 합니다. 자기 분야에선 쟁쟁한 성취를 거둔 남자들조차 여성을 좀처럼 이해하지 못했으니까요. 인류사 내내 여성과 남성은 서로 오해하며 살아왔습니다. 상대를 제대로 알지 못한 채 부대끼며 살아가니, 얼마나 많은 문제가 터지고 서로 고통스러웠을까요?

저 역시 별반 다르지 않았습니다. 평범한 남자였죠. 저는 저의 고통을 줄이고자 여성을 연구하기 시작했습니다. 세상은 함께 어울려 살아가는 곳이므로 이성과의 불통은 크나큰 불편을 초래하죠. 세상은 급속히 달라지는데, 과거의 인식을 답습하는 사람이라면 괴로운 처지에 놓입니다. 남자들이 겪는 고통은 변화하는 시대 흐름을 따라가지 못해서 생겨나는 결과이고, 이것은 남성을 변화시키는 자극이 될 것입니다. 물론 여성도 비슷한 경우가 숱하겠지요.

남성에 대해 여자들이 하는 얘기 속에 귀담아들을 지적이 많듯, 남자들이 하는 여성에 대한 얘기 가운데도 곱씹을 의견이 많습니다. 저는 두루두루 여러 학문의 통찰과 연구 내용을 살피면서 여성을 이해하고자 했습니다. 여성을 알아야만 인간을 온전히 파악할 수 있을 테니까요.

저에게 인간은 늘 수수께끼였습니다. 사실 인간 자체는 없지요. 여성과 남성이 있을 뿐입니다. 저는 인간을 알고자 공부했는데, 세상이 말하는 '인간(man)'은 알고 보면 '남성(man)'에 대한 이야기였습니다. 남자들은 자신들이 말하는 인간에 대한 설명이 진실이라고 믿어 의심치 않지만, 남자들이 정의 내리는 인간을 여성의 관점으로 들여다보면 반쪽짜리 진실일 뿐이지요. 관점의 이동을 할 수 있을 때 인간은 지성으로 성장합니다. 여성을 알면 알수록 기존의 '인간' 개념이 해체되면서 확장되더군요. 남성의 관점과 여성의 관점을 교차시키면서 인간을 깊이 인식하고자 합니다.

남자의 한계와 가능성

현대는 여성이 인류사의 한복판에 등장하는 시기입니다. 자기 계발부터 경력 단절까지, 저출산부터 성범죄까지, 대학 입시부터 소비주의까지, 가사 분담부터 황혼 이혼까지, 연애 욕망부터 대중문화까지, 치안 질서부터 혐오 사태까지 많은 화제가 여성과 연관해서 이뤄지지요. 성별이 무엇이건, 나이가 어떻게 되건 그 누구도 여성을 우회해 살 수 없습니다. 제대로 살려면 여성을 공부해야만 하지요. 여성을 사유하는 폭만큼, 진실을 향한 움직임의 치열함만큼 존재의 깊이가 웅숭깊어집니다.

앎의 깊이만큼 사랑할 수 있지요. 저는 여성을 사랑한 만큼 공부했습니다. 그리고 공부한 결과를 책으로 출간해요. 이 책이 남녀가 서로 사랑하는 데 오작교가 되길 희망합니다.

그런데 책을 시작하기에 앞서 먼저 이실직고부터 해야겠네요. 저는 남자입니다. 남자가 여성에 대해 술회할 때 여러모로 단점을 지니지요. 예컨대, 달거리할 때 곁에서 관찰하거나 월경에 대한 연구 기록을 읽을 수 있더라도 몸으로 겪을 순 없습니다. 여성이 거울을 마주 보고 있을 때의 심정과 체중계에 올라갈 때의 기분을 완전히 이해할 수 없지요. 결혼하면서 겪는 기쁨과 혼란 그리고 임신하면서 빚어지는 변화를 오롯이 헤아리기란 어려운 일입니다.

또한 여성이 사회생활 하며 겪는 일에 둔감할 수밖에 없지요. 남자처럼 열심히 일하면서도 여자답고 부드럽게 처신하라는 압박이 저에겐 가해지지 않습니다. 여자라서 저런다는 말이 나올까봐 꾹 참는 상황을 철저하게 감정 이입해서 느낀다고 자신할 수 없고요. 밤에 귀가할 때 겪는 불안과 공포를 동일한 수준으로 체험하지 못합니다. 그저 최선을 다해 공감하려고 노력할 뿐이죠. 인간은 자기 몸의 테두리를 벗어나 타인의 상황을 헤아리는 만큼 성장하지만, 성별 사이에 놓인 높다란 장벽을 넘어가는 건 꽤나 힘겨운 일입니다.

이처럼 여성을 설명할 때 저는 제약이 많은 서술자입니다.

그런데 조심스럽게 말을 이어가면, 남자라는 한계가 여성을 이해하는 데 단점으로만 작용하는 건 아닐지도 모릅니다. 남자이기 때문에 호기심을 갖고 여성을 열렬히 탐구할 수 있는 가능성이 있는 것이지요. 남성에 대해서 여성이 깊게 연구하고 신선한 분석을 할 수 있듯 어쩌면 남자이기 때문에 여성을 새롭게 조망할 수 있지 않을까요?

저는 남자이므로 여성과 거리가 있습니다. 그 거리만큼 여성이 궁금하고 그 거리를 좁히고자 안간힘을 써요. 저의 안간힘이 여성과 남성 사이에 쳐진 무지의 장막을 걷어내는 데 조금이라도 이바지할 수 있다면 얼마나 좋을까요?

여성의 진실을 향하여

　　많은 남자 지식인들이 이성에 대한 발언을 공식 자리에선 삼갑니다. 어떤 의미에선 신중하다고 할 수 있지요. 하지만 그들은 침묵을 통해 기존의 무지와 오해를 지속시키고 있는지도 모릅니다. 남자 지식인들이 여성에 대한 판단 자체를 유보한 게 아니거든요. 사석에선 온갖 편견이 난무합니다. 다만 공석에서만 평소의 입담을 발휘하지 않을 뿐이지요. 남자 지식인들은 여성에 대해 늘 생각하지만 공식 자리에선 헛기침만 내뱉습니다.

　저는 공식 자리에서도 소통될 수 있는 지식을 펼치고자 해요. 저는 편견에 갇힌 존재라는 걸 인정하기에, 치우친 관점을 조정하고자 공부했습니다. 공부한다고 편견이 다 깨져나가는 건 아니지만, 가만히 있으면 자신이 한쪽으로 굽어 있다는 사실 자체를 인식하지 못하지요. 저는 저의 성장을 위해서라도 여성을 공부했고, 그 결과를 공유하고자 세상에 내놓습니다.

　여성의 미래는 확정되지 않았지요. 여성이 어떻게 변화될지 생략한 채 여성의 과거와 현재만을 평가하는 말은 지루하게 진부하고 지독하게 식상합니다. 저는 색다른 시각으로 산뜻한 지식을 버무리고자 했어요. 그래서 과거에 여자들이 어떠하였고 지금은 어떠하다는 내용도 서술했지만, 거기에 머물지 않고 변화의 흐름을 주시하며 미래를 내다보면서 글을 썼습니다.

　여성을 범주화해서 설명하다 보니 아무래도 모두가 만족할 순 없을 거예요. 남성을 특정 언어로 규정해서 술회할 때 남자들 안에서 반론이 나올 수밖에 없습니다. 어떤 설명도 남성 모두를 포괄할 수 없으니까요. 마찬가지로 이 책에 서술된 내용들 중에는 각자의 경험과 세계관에 따라 선뜻 동의하기 어려운 부분이 있을 수밖에 없습니다. 남성 독자와 여성 독자 모두에서 이의 제기가 있을 수 있다고 예상해요.

여성과 남성을 구분할 때 매우 조심할 필요가 있습니다. 그렇다고 발언 자체를 꺼리는 건 구더기 무서워 장 안 담그려 하는 것과 비슷하겠죠. 비록 성별에 따른 차이를 완벽하게 포착하진 못하더라도 되도록 많은 사람들이 공감할 수 있는 내용이 있습니다. 저는 다양한 여성의 속성을 헤아리는 가운데 남성과 변별되는 여성의 특징을 찾았어요. 제가 생각하기에 진실이라고 판단되는 바는 함께 논의하고자 신중을 기해 서술했습니다.

여성 독자 중에 일부는 남자가 여성에 대해 설명한다는 사실만으로 불편함을 느끼리라 예측돼요. 여성을 말하는 성별이 여자냐 남자냐에 따라 같은 내용을 언급하더라도 느낌이 판이합니다. 이건 오랜 역사 속에서 누적된 반응이죠. 그동안 남자들에게 재단당해온 여자들은 남성이 여성에 대해 발언할 때 반감을 갖게 됩니다. 이런 여성의 심정을 헤아리고자 노력했으나 아마 부족할 거예요. 그래도 여성을 설명하고자 최선을 다했습니다. 마음을 열고 읽어주시되 수긍되지 않는 부분은 반론을 펼쳐주세요.

저는 남자와 여자에 대한 논의가 수면 아래에서 오해와 분노에 뒤엉킨 채 들끓을 게 아니라 수면 위에서 건강하게 논의되는 사회를 바랍니다. 이 책을 통해 여남 사이에 더 많은 대화가 오갈 수 있길 기원합니다.

이 책으로 말미암아 여자들이 자신을 아늑하게 사랑하면 좋겠습니다. 또한 이 책을 읽은 남자들이 여성을 한층 깊게 이해해서 이성과 원활하게 소통한다면, 그것만으로도 이 책은 자기 할 몫을 충분히 다한 셈이겠지요.

이 책의 후속편이라 할 수 있는 『남자가 읽은 남자』도 공들여 준비하고 있습니다. 머잖아 기대에 부응하는 책으로 찾아뵐게요. 감사합니다.

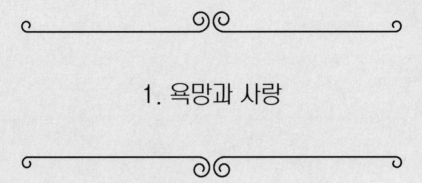

1. 욕망과 사랑

여자들이 좋아하는
이야기의 공통점

                  남자들이 좋아하는 얘기엔 일정한 형식이 있다. 이를테면, 어떤 남자가 망토를 걸치고 하늘을 날면서 위기에 빠진 사람들을 구출한다. 또 다른 남자는 가면을 쓰고 악당을 물리친다. 남자들이 좋아하는 이야기엔 위기나 적, 이에 맞설 비범한 능력과 무기, 그리고 고생 끝에 세상을 구원하고 사람들에게 인정받는 결말이라는 공통된 요소가 포함되어 있다. 남자들이 감정 이입해서 즐기는 영웅물을 들여다보면 남성의 욕망을 읽어낼 수 있다. 마찬가지로 여자들을 사로잡는 이야기엔 일정한 공통점이 있고, 여자들이 좋아하는 이야기의 뼈대를 들춰보면 여자의 욕망을 헤아릴 수 있다.

    여자들이 선호하는 이야기의 주인공은 우선 평범한 외모로 설정된다. 나중에 가꾸면 감탄을 받더라도 당장은 수수한 차림새로 지낸다. 남주인공은 하나같이 여주인공의 마음 씀씀이에 반한다. 남주인공은 여주인공과 옥신각신하지만 여주인공의 고운 마음씨를 깨닫고 마음의 문을 연다. 여주인공은 성실하고 착한 태도로 사람들을 끌어당긴다. 처음엔 무뚝뚝하거나 차갑게 굴던 인물들마저 여주인공에게 다정해진다. 남자 조연들도 여주인공의 환심을 받고자 여주인공 곁을 맴돈다. 남자들의 뜨거운 구애와 남자들끼리의 대결이 펼쳐지면서 여주인공의 마음이 흔들리고, 이걸 지켜보는 여자들의 마음은 쿵쿵댄다. 질투가 날 만큼 얼굴은 예쁘지만 마음씨는 모진 경쟁자가 나타나 여주인공을 방해하더라도 끝내 진실한 사랑이 이뤄진다.

여자들이 좋아하는 이야기 속에 내포된 공통된 욕망 가운데 두드러진 몇 가지를 꼽아보면, 여성은 사람들과 잘 지내고 싶어 하고, 진실한 남성과 사랑을 나누고 싶어 한다. 사람들이 자신의 노력을 알아봐주고, 친밀하게 대해주기를 원한다. 여자들은 외모만 보고 다가오는 남자들을 경계하고 쉽게 치근대는 남자들을 경멸한다.

사랑을 놓고 보면 남성의 욕망과 사뭇 다른 편이다. 영웅물에서 악당은 좀처럼 쓰러지지 않고, 간신히 이기더라도 더 강한 적수가 나온다. 싸워 이겨야 하는 적과 달리 영웅물 속 여자들은 남주인공과 뜨거운 밤을 빠르게 맞이한다. 영웅물에서 뜬금없이 펼쳐지는 미인들과의 정사는 이야기 전개의 비약이 아니라 남자들의 욕망이 그러하기 때문이다. 남자들은 서로 좋아하는 마음이 확인되면 어서 사랑을 나누려는 경향이 짙다. 이와 달리 여자들이 좋아하는 이야기에서는 사랑이 금세 시작되지 않는다. 사랑에 빠지더라도 여러 우여곡절을 겪고, 사랑을 나누는 일은 결말쯤에 가야 이뤄지기 십상이다. 이를 통해 여자들은 남자와 하나 되기를 갈망하면서도 조심스러움을 지녔음을 읽어낼 수 있다.

여자들은 멋진 남자에게 매혹되더라도 번민하며 상대의 마음을 신중하게 확인하려는 경향이 있다. 여자들은 어떤 남자가 자기 삶에 출현하면 어떻게 행동할지 친구들과 의논한다. 여성은 애정 행각에 조심을 기하는데, 이건 여자들이 오랫동안 약자였음을 반영한다. 사랑이 끝날 때처지가 상이했다. 여성의 연애 이력은 감춰야만 하는 낙인처럼 되기 일쑤였다. 너무나 긴 시간 동안 여자들이 '과거' 때문에 울었다.

오랜 세월 누적된 불안과 공포가 무의식에서 요동치고 있어서 여자들은 금세 육체관계로 넘어가지 않는다. 여자들은 때때로 마음 가는 대로 행동하더라도 상대가 진심으로 자기를 사랑하고 아끼는지 그리고 믿을 만한 사람인지 꼼꼼하게 따지는 편이다. 남자들이 상대 여자의 외모에 간단히 흥분하는 현상과는 딴판이다.

여성이 쉽사리 남자들과 사랑을 나누지 않으려는 건 신체 역학과 연관되어 있기도 하다. 여남이 서로를 욕망하며 사랑을 나누더라도 처음에는 원활히 정사를 치르기 어렵다. 특히 여자는 친밀하지 않은 상대와 사랑을 나눌 때 오르가슴을 얻기가 쉽지 않다. 황홀경을 얻기 위해선 도파민과 옥시토신의 도움을 받아야 하고, 공포와 불안을 관장하는 편도체와 미래를 염려하면서 상황을 통제하려는 전두대상피질이 비활성화되어야 한다. 그때 비로소 외부 세계에 대한 경계심을 풀고 자의식을 놓아버리면서 성행위에 몰두할 수 있다. 아직 신뢰가 구축되지 않은 남자와 관계를 맺게 된다면 뇌의 경계 체계가 그대로 활성화되어 있어서 신체 접촉에 따른 쾌감을 어느 정도 얻을 수 있을지언정 황홀경에 이르기는 여의치 않다. 전두대상피질은 여성이 남성보다 더 크고 더 쉽게 활성화된다. 여자들의 마음 한편에 상대가 자신을 어떻게 대하는지, 성행위가 끝나고 어떻게 처신할지, 자신의 지금 모습이 상대에게 어떻게 비칠지, 내일 기분이 어떨지, 친구들에게 뭐라고 할지 등등의 생각들이 들끓으면서 몰입하기 어려운 것이다. 신뢰감과 친밀함은 여성에게 최음제 효과를 일으킨다. 남자가 얼마나 '잘'하느냐도 중요하지만, 몸은 마음과 민감하게 연관되므로 상대 남성과의 관계 자체가 황홀경의 관건이 되는 셈이다.

옥시토신은 신뢰를 바탕으로 맺은 친밀한 관계에서 충만하게 분비된다. 믿음직한 상대라면 얼굴만 보고 손만 잡더라도 옥시토신이 뿜어진다. 여성은 긴장이 풀어지면서 안정감을 얻을 때 성욕이 증진되는데, 남성은 스트레스를 받고 불안할 때 성욕이 왕성해지는 경향이 있다. 남자들은 경기에 나가기 전이나 시합이 끝났을 때, 전쟁 중일 때처럼 긴장하고 스트레스를 듬뿍 받을 때 성행위하고픈 충동이 강해진다. 이와 달리 여성은 피곤하거나 스트레스를 받으면 옥시토신이 줄어들면서 성행위가 내키지 않게 된다. 여자들이 공포영화나 영웅물을 보면서 고개를 갸우뚱하는 이유다. 공포영화나 영웅물에선 남주인공이 위협을 받고 두려움을 느끼는 가운데 성행위를 시도한다. 여자로선 전혀 성욕이 동하지 않는 상황이라 남주인공의 행태가 이해되지 않는 것이다.

여자들은 불안한 상황에서 서둘러 성관계를 맺었을 때 좋은 경험을 얻기 쉽지 않다. 여자와 남자의 욕망은 서로 다르게 작동하고, 몸의 흥분 속도와 원하는 성관계 방식이 딴판이다. 여자들이 좋아하는 이야기에는 여성의 욕망이 반영된다. 주인공들의 합방은 시간이 한참 지나 남주인공이 여주인공을 상감 청자 다루듯 아끼며 황홀하게 치러진다. 물론 대부분 여자들이 좋아하는 이야기에선 성행위 자체가 상세하게 묘사되지는 않는다. 그저 다음 날 아침에 여주인공은 충만한 안락감을 얻은 표정으로 깨어나 옆에서 아직 자고 있는 남주인공을 바라보며 지난밤의 짜릿함을 음미하는 걸로 처리된다. 세상 모든 걸 다 가진 것 같은 여주인공의 여유로운 표정을 원치 않는 여자는 드물 것이다.

신데렐라 콤플렉스

여자들이 좋아하는 서사 구조를 살펴다 보면 정말 한결같은 특징이 있는데, 그건 남주인공의 능력이다. 키가 훤칠하고 잘생긴 건 기본이다. 이보다 더 중요한 건 신분이다. 여태껏 여심을 저격한 드라마를 보면 남주인공은 대개 상류층이다. 평범한 축에 속하는 여주인공과 달리 남주인공은 젊은 나이에 사장이거나 적어도 고속으로 실장이 된다. 신데렐라Cinderella는 '재'를 뜻하는 이탈리아어 cénere에다 사람을 가리키는 tola가 붙으면서 만들어진 용어다. 재투성이란 의미이다. 재로 범벅된 여자를 단박에 말끔하게 해주려면 남자에게 재력과 권력이 있어야 한다.

부유한 남자와 평범한 여자의 구도는 비대칭하다. 균형을 맞추고자 남주인공에게는 문제가 있기 마련이다. 남주인공에게는 쓰라린 상처나 비밀스런 결핍이 있다. 남부러울 것 없어 보이지만 남주인공에겐 여주인공이 절실히 필요하다. 남주인공은 여주인공의 마음을 얻고자 쩔쩔매며 헌신하고, 여주인공은 남주인공의 구애를 어렵사리 받아준다. 사랑을 통해 여주인공은 신분 상승을 얻는다. 사랑을 통한 신분 상승 이야기는 전 세계에서 변주되어 통용된다. 이건 여성이 사랑을 통한 지위 획득에 큰 관심을 갖고 있다는 사실을 반영한다.

여자들의 '신데렐라 환상'은 통시적으로 되짚어볼 필요가 있다. 여태껏 여성은 사회 진출이 허용되지 않았다. 여자들의 인생은 자신의 능력과 노력보다는 어떤 남자를 만나느냐에 좌우되었다. 인연을 맺은 남자의 업적이 곧 자신의 가치로 평가됐으므로 여자들은 더 능력 있는 남자를 원했고, 그 남자와 자신을 동일시했다. 노르웨이의 극작가 헨리크 입센Henrik Ibsen의 대표작으로 전 세계에 널리 알려진 『인형의 집』 주인공

노라는 남편이 은행 총재라는 직위를 얻자 무지무지 즐거워한다. 실제론 남편의 권력 증대인데 노라는 남편과 자신을 결부시키면서 자신의 권력이 증가한 것처럼 느낀다. 노라처럼 자기 남자의 능력이 곧 자신의 능력이라고 생각하는 여자들이 많다. 반면에 남자 가운데 자기 여자의 능력이 자신의 능력이라고 인식하는 남자는 흔치 않다.

그동안 인류 사회는 여자들이 사랑에 강제로 집착할 수밖에 없는 사회 구조였다. 여성의 인생은 사랑이라고 발자크Honoré de Balzac는 선언했고, 독일의 작가 루 안드레아스 살로메Lou Andreas-Salomé도 사랑이 삶의 전부라고 외쳤다. 왜 그러할까? 그건 여성이 사랑을 통해서만 권력을 얻을 수 있었기 때문이다. 가부장제는 여성의 활동 반경을 제약시켰다. 여성은 사랑의 영역에서만 자기 능력을 발휘할 수 있었다. 여성에게 허락된 건 남자와의 관계뿐이었으므로 사랑이 전부가 될 수밖에 없었던 것이다.

힘과 재능을 발휘할 선택지가 사랑밖에 없을 때 사랑에 모든 걸 내던지지 않을 수 없다. 신데렐라 콤플렉스는 여성이 남자에게 기대어 행복을 기대하도록 만드는 성차별 구조를 배경으로 빚어진 것이다. 신데렐라 콤플렉스는 성차별 구조에서 자신의 가치를 높이려는 욕망의 발현이고, 전 세계에서 신데렐라 콤플렉스가 통용되었다는 건 그 어디든 여성 스스로 자기 인생을 개척하는 데 불리한 사회였다는 사실을 들통낸다.

세상이 민주화되면서 요즘 여자들은 과거처럼 백마 타고 왕자가 나타나기를 기다리지 않고 스스로 기마술을 배우고 있다. 남자 잘 만나 호강하려는 욕망은 요즘 여자들 사이에서 비판되고 성찰되는 과정에 있다. 물론 과거만큼 집착하지는 않더라도 사랑을 통한 신분 상승이라는 선택지를 굳이 제거하고 싶지 않은 여자들이 다수일 것이다. 어떤 남자가 좋은데 그 남자가 뛰어난 배경과 탁월한 능력을 갖고 있다면 구태여 마다 할 이유는 없기 때문이다. 그럼에도 변화는 분명하다. 이전에는 지위와 조건이 우선이었다면, 이제는 남자의 인격과 궁합에 초점을 맞춘다. 요즘 남자들이 바라는 여성상도 그저 자신만을 바라보는 어여쁜 여자가 아니라 실력 있고 능력 있는 여자를 원한다. 성평등 사회는 연애관의 변화와 맞물린다.

메리 울스턴크래프트Mary Wollstonecraft는 시대를 앞질러 여성의 독립과 동등한 교육권을 주장했고, 그만큼 그녀의 연애는 파격적이었다. 메리 울스턴크래프트는 자신의 주장에 동조하는 미국 출신의 작가 길버트 임레이Gilbert Imlay와 사랑을 나누지만 길버트 임레이에게는 또 다른 애인이 있었다. 길버트 임레이와 만나고 헤어지는 과정을 반복했고 미혼모 생활에 지쳤던 메리 울스턴크래프트는 자살까지 시도했다. 상처 입은 마음을 추스르고자 울스턴크래프트는 북유럽으로 떠난 뒤 여행기를 출간했다. 그 책을 정치사상가 윌리엄 고드윈William Godwin이 높이 평가하고 둘은 사귀게 되었다. 둘 사이에서 『프랑켄슈타인』을 쓴 메리 셸리Mary Shelley가 태어났다.

결혼하고 나서도 메리 울스턴크래프트와 윌리엄 고드윈은 각자의 집에서 살았다. 메리 울스턴크래프트는 마음속에 당신을 항상 간직하고 싶지만 내 곁에 늘 있는 걸 바라지는 않는다고 편지에 썼다. 그리고 남편이란 집 안에 놓인 가구 가운데 가장 편리한 부분에 지나지 않는다고 덧붙였다. 메리 울스턴크래프트는 한 남자에 예속된 채 고분고분히 남편을 떠받들지 않았다. 자신의 욕망을 펼쳤다. 이미 메리 울스턴크래프트 같은 여자들이 대거 늘어났고, 더 당찬 여자들이 많아질 것이다.

사랑을 통하지 않고서 여성의
마음 깊숙이 도달할 수 없다

우리는 수많은 애인 후보들 사이에서 마음이 오락가락하기 쉽다. 인간의 마음이 쉬이 흔들린다는 걸 잘 아는 우리는 순정과 지조를 중요하게 여긴다. 다른 남자들에게는 도도하더라도 자신에게만은 살가운 여자를 남자들이 원하듯, 다른 여자들에겐 매몰차더라도 자신을 태양처럼 바라보는 해바라기 같은 남자를 여자들은 바란다.

여성은 새로 알게 된 남자의 과거를 궁금해한다. 인간은 자신의 행태를 갑자기 바꾸지 못한다. 이전 애인들과 짧게 만난 사람은 누군가와 새로 사귀어도 금세 깨질 가능성이 높다. 하지만 예전 애인과 뭉근하게 사귀었다면 다른 사람과도 진득하니 그윽하게 만날 확률이 높다. 여자들은 뚝심 있게 헌신하는 남자에게 후한 점수를 준다.

여심을 겨냥하며 만들어진 문화 상품은 대개 순애보다. 여자들이 그렇게 좋아하는 영화 〈노트북〉을 떠올려보라. 시련을 겪고 오해가 생기더라도 여주인공을 향한 남주인공의 사랑은 한결같다. 〈위대한 개츠비〉는 스콧 피츠제럴드Scott Fitzgerald 생전엔 별로 빛을 못 보다가 사후에 열풍이 일어나 여태까지 인기가 지속되는데, 이 작품의 핵심도 남자의 한결같은 사랑이다. 개츠비는 자신이 사랑하는 여인과 우연히 마주치기 위해 호화로운 모임 행사를 밤마다 연다. 사랑하는 여인의 마음을 얻고자 개츠비는 불법 행위까지 불사하면서 악착같이 돈을 모으고, 여주인공의 집 근처에 커다란 주택을 사고 녹색 불빛을 쏘아 보낸다. 속물이고 범죄자이지만 그는 사랑을 위해 삶을 바친다.

개츠비가 위대한 까닭은 역사 내내 남자들이 한 사람만을 사모하지 않고 바람을 피웠기 때문이다. 그런데 흥미롭게도 바람기를 가늠할 수 있는 유전자를 과학자들이 발견했다는 소식이다. 바소프레신 수용기 유전자이다. 스웨덴에서 행해진 연구 결과에 따르면, 긴 바소프레신 수용기 유전자를 지닌 남자는 짧은 바소프레신 수용기 유전자를 지닌 남자보다 평생 한 여자에게 헌신할 확률이 두 배나 높았다. 그리고 자식들을 더 잘 보살폈고 책임감이 강했다. 인간에게 행해진 실험은 프레디 들쥐와 몬테인 들쥐의 차이에서 착안되었다. 두 들쥐는 사촌 지간이라 할 수 있지만, 연애 행태가 극과 극이다. 프레디 들쥐는 일부일처를 지키지만 몬테인 들쥐는 난봉꾼이다. 그런데 바소프레신 수용기를 차단하자 프레디 들쥐는 난교를 시작했고, 몬테인 들쥐에게 길이가 긴 바소프레신 수용기 유전자를 삽입하자 사랑꾼이 되었다. 미국의 심리학자 루안 브리젠딘Louann Brizendine은 바소프레신 수용기를 두고 여자 과학자들이 "더 긴 게 더 좋다"는 농담을 나눈다고 귀띔한다. 머지않은 미래엔 여자들이 구애하는 남성에게 바소프레신 수용기의 길이를 측정해서 가져오라고 요구할지도 모른다.

바소프레신 수용기의 길이를 알 수 없던 과거의 여자들은 남성의 바람기에 대한 방어 전략이 필요했다. 달콤한 말로 유혹하고 마치 평생 함께 할 것처럼 애정 공세를 펼치던 남자들이 다음 날이면 연락이 없거나 틈만 나면 다른 여자에게 한눈을 파는 경우가 비일비재했기 때문이다. 여자들은 육감을 발달시켜 대응했다. 목소리의 어조, 눈빛, 시선 처리, 표정, 말하는 내용과 목소리에 깃든 감정까지 여자들은 읽어낸다. 남자의 거짓말을 능숙하게 짚어내고 허세를 꿰뚫어보는 것이다. 미국의 심리학자 엘리너 맥코비Eleanor Maccoby에 따르면, 여자아이들은 동화와 현실, 가식과 진실의 차이를 구별하는 시기가 남자아이들보다 훨씬 이르다.

육감은 몸의 감각을 헤아리면서 파악되는 직관이다. 랑게르한스섬같이 육감을 뒤쫓는 뇌의 영역이 여성은 남성보다 발달되어 있다. 여자들은 몸의 감각이 예민하고 그만큼 고통을 더 느낀다. 여성은 순간순간 몸에서 생성되는 고통을 추적하면서 더 큰 고통을 미리 방지하려고 한다. 남성의 바람기에 맞서 대응하고자 여성은 과도한 주의력과 경계심을 발달시켰다. 그것이 여성의 육감이다.

여자는 상대를 믿어도 되는지 점검하고 자신에 대한 애정을 확인하려고 노력한다. 여자는 남자가 사랑에 빠지는 속도보다 더딘 편이고, 사랑을 고백하기까지 고민하는 시간도 길다. 우리의 욕망과 행동 양상은 단지 어린 시절의 부모의 행태를 모방하는 것이 아니라 억겁의 시간 속에서 누적되어 작동하는 진화의 결과이다. 그래서 나의 욕망은 나만의 욕망이라기보다는 인간 공통의 욕망이고, 내가 하는 행동은 내가 속한 성별의 행동과 굉장히 흡사하다. 욕망과 행동은 과거로부터 이어지지만 현대에 맞게 변형되어 반복된다.

'그레이 연작물'이 어마어마하게 성공한 이유에도 여성들이 물려받은 과거 유산의 영향이 있을 것이다. 그레이 연작물은 대학 졸업을 앞둔 주인공이 잘생긴 데다 부유한 젊은 남자를 만나 벌이는 애정 행각을 다룬다. '여성 포르노'라 불릴 만큼 5쪽마다 한 번꼴로 성애가 묘사되는데, 여성이 복속되고 지배당하는 양상의 성행위로 점철되어 있다. 영국과 미국의 주부들 사이에서 입소문이 난 그레이 연작물은 100만 부 출고 시점은 '해리포터 시리즈'보다도 빨랐고, 끝내 1억 권 넘게 판매됐다.

그레이 연작물에 대한 열풍을 보면 여성도 성욕을 발산하고 마음껏 즐기는 것처럼 보인다. 그러나 그레이 연작물의 주인공은 남성에게 예속되는 관계에서 흥분과 쾌락을 얻는다. 그레이 연작물의 인기를 보면 여성이 과거에 남성과 맺던 방식에서 크게 벗어나지 않은 것처럼 비친다. 사회학자 에바 일루즈Eva Illouz는 그레이 연작물이 단지 주부들을 겨

낭한 '엄마 포르노'라는 시중의 평가를 잘못된 진단이라고 비평한다. 그레이 연작물의 남주인공은 침대에서 여성을 지배하는 동시에 일상에서도 여성을 보호하기 때문에 여자들이 황홀해하며 열광한다는 분석이다. 여주인공은 남주인공을 통제광이라고 나무라지만 정작 그의 지배를 자신이 갈망하며 즐기고 있음을 깨닫게 된다.

지배받을 때의 안정감은 자율성의 열망과 나란히 가는 여성성의 측면이라고 볼 수 있을 것이다. 성관계할 때 남성이 주도해서 이끌기를 바라는 태도가 곧 일상에서 남성이 여성을 지배하길 원하는 걸 뜻하지는 않더라도 불안감 없이 성관계가 원활하게 이뤄지기를 여자들은 원한다고 에바 일루즈는 주장한다. 에바 일루즈에 따르면, 여성운동이 전통의 남성상과 여성상을 허물었으나, 보호받고 싶은 갈망과 안정된 감정 결속을 이루고 싶은 열망 때문에 많은 여자들이 여성운동에 반감을 갖는다.

현대문화는 자율성을 강조하면서 성관계도 능력껏 하라는 자유주의 문화가 확산되었다. 그러나 여자들은 여전히 절대적이고 영원한 사랑을 꿈꾼다고 에바 일루즈는 논평한다. 요즘 여자들이 수많은 성적 유혹에 노출되고 스스로도 새로운 시도를 감행하지만, 여성 안에는 여전히 남성의 헌신과 지배 아래에서 사랑받기를 원하는 마음이 있을 수 있다는 지적이다. 여성운동 중에 안기는 여자가 되지 말고 안는 여자가 되자는 구호도 있었는데, 수많은 여자들이 주도해서 남자를 안으려 했으나 만족감이 훨씬 덜했다는 후문이다. 남자의 뜨거운 사랑에 폭 안기고 싶은 욕망이 여자에게 있는 셈이다.

영원한 사랑은 여자들에게 강력한 최음제로서 작용한다. 중세시대의 엘로이즈Heloise는 사랑이 여자들에게 얼마나 막강한 영향력을 행사하는지 생생하게 알려주는 인물이다. 엘로이즈는 아벨라르Abélard와 비극의 연인 관계였다. 두 사람의 사랑은 아벨라르가 거세당하면서 파국을 맞았고, 둘은 각자 수도승으로 살았다. 시간이 한참 지나 엘로이즈는 과거를 회상하면서 애정을 듬뿍 담아 편지를 보냈다. 하지만 아벨라르는 냉담하게 답장했다. 아벨라르에게 보낸 편지에서 엘로이즈는 아내라는 칭호가 신성하고 건전하다고 판단되겠으나 자신은 애인이란 명칭이 언제나 감미로웠다고 썼다. 당신이 괴이쩍게 여기지만 않는다면 자신은 첩이나 창부라는 명칭도 상관없었다고 고백했다. 그리고 전 세계를 다스리는 황제의 아내로서 황후라고 불리기보다는 당신의 창녀로 불리는 편이 더 달가웠을 것이라며 신을 걸고 맹세했다. 수도원장이었던 엘로이즈의 고백은 사랑이 여성에게 최고의 욕망이라는 걸 보여준다.

미국의 인류학자 헬렌 피셔Helen Fisher는 인간이 사랑에 빠지면 어떤 변화가 있는지 연구했다. 그 결과, 공포를 느끼며 경계하도록 만드는 편도와 염려하면서 비판 의식을 담당하는 전두대상피질의 활동이 감소했고, 애인에게만 집중하는 신경 회로가 한껏 활성화되었다. 특히 상대방의 결함에 별로 얽매이지 않는 정도가 여자가 더 강했다고 헬렌 피셔는 연구 내용을 발표했다. 친구나 가족이 보기엔 왜 그런 상대를 만나는지 걱정되어 뜯어말리더라도 사랑에 빠지면 들리지 않는 생리학적 이유가 있던 셈이다. 여성은 처음엔 조심스럽더라도 일단 사랑에 빠지면 콩깍지가 단단히 씌는 편이다.

저명한 공산주의자 로자 룩셈부르크Rosa Luxemburg는 적들을 향해서는 거칠게 기염을 토해냈지만 자신의 애인들을 향해서는 상냥하고 수줍게 미소를 건네는 여성이었다. 탁월한 이론가로서 세상의 불평등과 부조리에 분노하여 혁명을 염원했으나 여성과 남성의 관계 양상을 뒤집을 생각은 하지 않았다. 로자가 세 명의 연인에게 보낸 편지 내용을 살피면 그녀는 철두철미하게 공산주의 혁명을 이루려는 철인이라기보다는 사랑을 갈구하는 평범한 인간이었다.

여자들은 열정의 사랑에 환호하고, 사랑을 매우 중요한 가치로 여긴다. 기존 체제에 저항하며 여성운동이 뜨겁게 벌어졌어도 여자들이 사랑의 꿈을 결코 포기한 적이 없다고 프랑스의 철학자 질 리포베츠키 Gilles Lipovetsky는 주장한다. 요즘 여자들은 낭만 어린 눈빛으로 다정하게 속삭이는 남자들에게 불신을 품게 되었지만, 사랑에 대한 기대나 가치가 축소된 건 아니다. 여성에게 연애는 종교와 같은 신성함을 지녔다. 사랑을 통하지 않고서 여성의 마음 깊숙이 도달할 수 없다.

여자들은 사랑을 통해 '자아'를 확인한다. 엄마들 모임이 왁자지껄 즐거워도 아이들이 돌아올 시간이면 자리를 뜨는 까닭도 이 모임은 사랑하는 아이들을 위해 구성된 모임이기 때문이다. 여자들이 모여 맛있는 거 먹고 친밀하게 나누는 대화가 즐겁더라도 남자친구와의 약속 시간이 가까워지면 애인을 만나기 위해 엉덩이를 털고 일어선다. 그리고 애인이 생기면 지인들과 주말 약속을 좀처럼 잡지 않는다. 여성에게 사랑은 최우선 고려 사항이다.

사람은 사랑을 통해서 비로소 사람이 된다. 여성은 사랑을 통해서 비로소 자신을 이해하게 된다.

"여자들은 사랑 안 하면
섹스 못 해요"

성에 대한 금기가 해체된 현대라고 해도 대다수 여성은 사랑 없이 성관계를 맺으려 하지 않는다. 때때로 남성은 사랑 없이도 성행위를 하려고 들지만, 여성은 사랑의 과정으로서 성관계를 원하는 편이다. 홍상수 감독의 영화 〈하하하〉의 주인공(문소리)은 만난 지 얼마 안 된 남자(김상경)와 술 마신 뒤 성행위를 하고는 침대에서 사랑한다고 말한다. 그러고는 "여자들은 사랑 안 하면 섹스 못 해요. 일반적으로 그래요. 다들 아마 그럴걸요"라고 얘기한다. 새로 만난 남자를 사랑하지는 않지만, 여자는 사랑해야 성행위를 할 수 있는데 이미 성관계를 맺었으니 그렇다면 이 남자를 사랑하는 셈이라고 주인공은 자신의 인지 부조화를 해결하려고 하는 것이다.

인간은 모순된 존재다. 여자들의 말과 행동은 어긋나곤 한다. 때로는 외로움 때문에, 이따금 술기운에 힘입어, 가끔은 상황에 휩쓸리면서, 그리고 순전히 성욕을 해소하고자 성행위를 하게 된다. 홍상수 영화 속 주인공이 그러하듯, 일반 남자들이 그러하듯 말이다. 여자는 생각만큼 도덕적이지 않다면서 유혹할 줄 모르는 남자를 도덕으로 외면할 뿐이라고 작가 이서희는 말한다.

여성이 성관계에 신중한 편이기는 하지만, 성욕이 없거나 해탈한 존재가 아니다. 여성 역시 성행위를 열망하고 충동에 시달리며 격정을 지녔다. 아직 잘 모르는 남자와 성관계하는 걸 조심스러워하는 까닭은 남성이 어떻게 돌변할지 모르기 때문이다. 쾌락을 추구하다 위험을 감수하기보다는 자유로운 성행태를 제한하는 쪽을 선택하는 것이다.

여자들은 친밀하고 지속되는 관계 속에서 성관계를 가지려는 편이다. 성평등이 실현되었다고 평가받는 스칸디나비아 국가들에서도 성차는 뚜렷하다. 스웨덴의 남성들 가운데 3분의 2는 낭만이 없어도 성관계를 즐기는 데 반해 스웨덴 여성의 대다수는 낭만과 헌신을 요구한다. 여러 사람과 성관계를 유지하는 것이 바람직하다고 생각할 가능성은 여성이 남성보다 네다섯 배 더 낮다.

남자보다 여자가 성행위를 사랑과 더 연관 짓는 현상을 진화심리학에선 성행위의 최저 투자가 동등하지 않기 때문이라고 설명한다. 남녀가 자유롭고 평등하게 성관계를 갖더라도 여성이 치러야 할 대가가 훨씬 크다는 분석이다. 최근에 와서야 피임 도구가 보급됐고 성교육도 나아졌다. 그러나 여성의 신체에 각인된 임신의 부담이 깔끔하게 사라질 순 없다. 미국의 인지과학자 스티븐 핑커Steven Pinker는 피임과 여성의 권리를 강조하는 현대에도 케케묵은 과거의 성향이 성관계에 영향을 끼친다고 지적한다. 완벽하게 피임한 채 자신이 원하는 남자와 합의를 통해 하룻밤 성행위한 여자가 다음 날 겪는 이상야릇한 감정은 인간 본성의 끈질긴 영향력을 보여준다는 것이다.

남자들은 성관계하는 데서 자존감을 획득하는 걸로 조사되는데, 여자들은 성행위를 미루는 데서 자존감이 올라간다는 연구 결과도 있다. 이 내용은 깐깐하게 점검할 필요가 있다. 여자들이 성행위를 미룬다는 건 그저 남자를 안달 나게 하는 고단수의 술책이라기보다는 성행위를 통해 쾌락을 얻는 것에 그치지 않고 친밀하게 지속되는 사랑을 나누고 싶어 하는 심리와 연관된다. 여성은 단지 성행위를 했다는 사실이 아니라 사랑과 존중을 받을 때 자존감이 올라간다. 또한 성관계를 미룬다는 건 남성이 성관계를 요구할 때 거절할 수 있는 힘을 갖고 있다는 의미이다. 원치 않은 상황에서 성관계를 거부할 수 있는 권리는 당연한데도, 많은 여자들이 남자가 자신을 싫어하게 될까 두려운 나머지 원치 않는 성행위를 하고는 후회한다. 남자와의 관계에서 주체성이 있을 때 여성의 자존감이 높을 수밖에 없다.

성관계할 때 남녀의 마음가짐 차이가 판이한 건 사회에서 주입된 성차별 의식이 한몫 톡톡히 하는 것으로 보인다. 남성의 성경험은 남자의 능력이라고 간주된다. 여성은 성욕을 느끼더라도 성관계를 적극적으로 하면 나쁜 여자처럼 치부된다. 여자들 스스로 성행위에 수치심을 느끼고는 거부하려고 한다. 의식이 신체를 짓누르며 몸과 마음의 분열이 일어나는 것이다.

성차별로 말미암아 성관계를 두고 남자는 공격하고 여자는 방어하는 양상이 공고하다. 여성과 남성 모두 원활하게 사랑을 나누지 못하는 실정이다. 남자들의 욕구 불만은 자기가 놓은 덫에 자신이 걸린 꼴이다. 그동안 남성 중심 사회는 여성이 성을 알지 못하도록 억압해놓았다. 여성의 무지를 미덕처럼 여기는 풍조 속에서 여자는 조신하게 굴 수밖에 없었다. 여성을 정복의 대상으로 간주하고 성관계가 쉽지 않을수록 좋다고 여기는 믿음을 바로잡을 생각이 없다면 남자들의 욕구 불만은 필연이다. 또한 남자들은 성행위를 원하면서도 원하지 않는 척하는 여자들을 내숭 떤다고 욕하면서도 자신의 욕망을 당당하게 표현하며 향유하는 여자들을 헤프다며 손가락질한다. 성관계를 주도하는 여성을 타락했다고 멸시하는 한, 성만족도는 하락할 수밖에 없다.

남자들의 모순된 욕망은 여성의 이중성을 만든다. 여성은 자신의 성욕에 무지하거나 내숭을 떨어야만 하는 것이다. 자신은 타고나기를 성욕이 약하다거나 성행위는 수치스러운 짓이니 앞으로도 남성의 유혹에 방어하겠다는 여성이 있을 수 있다. 이에 미국의 인문학자 마리 루티Mari Ruti는 원래 당신의 성욕이 강하지 않은 게 아니라 착한 소녀는 성관계를 하지 않고 싫어한다고 오랫동안 세뇌당한 사회화의 결과가 아닌지, 여성은 성을 거부해야 바람직하다는 생각이 주입된 결과가 아닌지 의문을 가져보자고 제안한다.

물론 그저 성억압 때문에 여성의 성욕이 낮은 건 아니리라 추정된다. 꽤 많은 여자들이 성욕구를 자주 느끼지 않는다. 오스트레일리아의 경우 모든 연령대 여성 가운데 절반 이상이 욕구를 느끼지 않는다고 답했다. 오스트레일리아의 여자들은 성억압을 당하고 있는 것일까? 지구 반대편으로 가도 상황은 비슷하다. 성평등 지수가 매우 높은 핀란드에서 이루어진 연구에서도 성욕의 차이는 남녀의 두드러진 차이였다. 핀란드 남성은 여성보다 두 배 정도 자주 성관계 갖기를 원했다. 유럽의 연구를 보면 많은 여자들이 성욕이 적다거나 전혀 없다는 사실에 별로 걱정하지 않았다. 여성의 약한 성욕은 늘 남자들에게만 문제되었다.

남성에게는 성욕과 긴밀하게 연관된 테스토스테론이 더 많이 분비된다. 여성도 테스토스테론을 투여하면 성욕이 증진된다. 루안 브리젠딘은 성욕 부진으로 자신을 찾아온 내담자의 혈액을 검사했더니 테스토스테론 수치가 매우 낮아서 테스토스테론 치료를 했다. 그런데 이 내담자는 실수로 적정치보다 두 배 더 많은 테스토스테론을 자신에게 투여했다. 학교 교사였던 내담자는 성욕이 너무 동한 나머지 화장실에서 자위할 정도였다. 이 내담자는 이제야 10대 남자아이들의 기분을 이해할 수 있을 것 같다고 고백했다.

성별에 따른 뇌 구조의 차이 역시 성욕의 차이와 상관관계가 있다. 성충동에 할애된 뇌 공간은 여자에 비해 남자가 두 배가량 더 크다. 남자들이 평소에 성에 대해 더 자주 생각하는 것이다. 이와 달리 정서와 기억을 담당하는 해마상융기는 여자가 남자보다 더 크다. 그래서 과거에 둘이 뜨겁게 불타오를 때를 떠올리며 여성은 자신이 입었던 옷과 상대의 옷차림, 화창했던 날씨와 공기의 온도, 더불어 나눠 먹었던 음식과 식당의 분위기, 같이 있었던 방의 색감과 냄새, 함께 속삭였던 대화와 사랑을 나누던 방식마저 상기할 수 있다. 그러나 남성은 그날 성행위를 했는지 안 했는지 기억할 뿐이다. 다른 것들은 흐릿해서 멋쩍게 웃을 것이다.

분명히 성행위에 대한 갈망엔 성차가 존재한다. 목마른 사람이 우물을 판다는 말처럼, 남자들이 변화를 시도할 수밖에 없다. 마리 루티는 평등주의 태도를 갖추는 것이 멀리 보면 남자가 여자와 성관계할 수 있는 가장 확실한 방법 중 하나라고 조언한다. 21세기에는 여성을 위압하는 무뚝뚝한 남자보다는 정서가 풍부하고 성평등을 지향하는 남성이 멋진 연인이 되리라는 건 명약관화하다. 마리 루티는 남자의 은행 잔고보다 성의식에 훨씬 관심이 많다고 이야기한다. 이미 여자들이 원하는 남자의 모습은 그저 능력 좋고 잘난 대장 수컷이 아니라 사려 깊고 대화가 잘 통하는 사람이다. 여성은 대화를 통해 친밀함을 확인하고 시간을 두면서 천천히 깊어지기를 원하는 경향이 있다. 서로의 과거를 상대에게 들려주고 남들에게 공개할 수 없는 비밀을 공유하면서 신뢰가 깊어지기를 바란다. 진실한 교감을 통해 여자 뇌는 활성화되고, 옥시토신과 도파민이 왕창 분비된다.

헬렌 피셔는 현대에 들어서 성행태가 여성화된다고 분석했다. 여성운동이 일어나면서 여자들은 남성 위주의 성행위에 신물 내며 분노를 표출했다. 그 결과 여성의 욕망과 관점을 반영한 성규범이 생겨났다. 과거처럼 우악스레 성관계를 맺으려 할 경우 범죄자가 된다. 오늘날엔 여성의 마음을 헤아려야만 원만하게 사랑을 나눌 수 있다. 여자들 안에는 신뢰할 수 있는 권위자에게 예속당하고 싶은 욕망이 있을 수 있다. 하지만 그보다 자기 주도로 평등하게 성행위하고 싶은 욕망이 더 강해지고 있다.

전 세계 남녀의 태도에 격변을 일으키는 '미투운동'을 통해 성감수성의 변화는 가속화되고 있다. 사회 문화는 가랑비에 옷 젖듯 사람들에게

스며든다. 앞으로 더 성평등한 사회가 되면 남성과 여성의 성행태도 달라질 것이라고 예측된다. 여성이 수치심 없이 의욕을 발휘하면 여성의 만족도 올라가고 남성 역시 더 만족스러워질 것이다.

여자는 사랑할 때
인간의 전체성을 판단한다

요즘 남자들은 여성을 만날 때 외모만 따지지 않는다. 여성의 성격, 학력, 집안, 경제력까지 두루 살핀다. 마찬가지로 여성은 남성을 만날 때 현실 조건을 의식한다. 여성은 남자를 만날 때 자신도 모르게 남편감으로 괜찮은지 판단하는 경향이 있다. 훈훈한 외모와 명랑한 성격보다는 튼실한 경제력과 사회 위신 그리고 자상한 헌신을 중요시하는 것이다.

사람을 만날 때 조건이 우선되는 건 씁쓸한 일이지만, 조건을 생략하는 건 자신에 대한 무지의 고백에 지나지 않는다. 조건을 안 본다고 말하더라도 이미 우리의 뇌와 신체는 무의식중에 조건을 따지고, 사랑을 발동건다. 인간은 현실 속에서 욕망하는 존재이므로, 조건과 여건에 반응하는 건 자연스러운 일이다. 인간은 미래를 예측하려고도 노력한다. 조건은 미래에도 변치 않을 공산이 크다. 우리가 상대의 조건을 살피는 이유다.

영화 〈여교사〉를 보면 주인공(김하늘)은 오래 사귄 남자(이희준)가 글을 쓰는 사람이라서 자신이 거의 먹여 살리다시피 했는데, 이렇게 관계를 이어가야 하는지 심각한 고민에 빠진다. 남자친구의 앞날은 도통 불투명하기만 하고, 남자친구도 자신의 처지 때문에 확실하게 미래를 약속하지 않는다. 주인공이 원하는 건 자기 남자친구의 성공이 아니라 둘이 같이 행복하게 사는 일이다.

사랑은 아름답지만 사랑을 지키는 일은 수고롭다. 그렇다면 처음부터 사랑을 지킬 만한 사람과 사랑에 빠지는 게 영리한 일처럼 여겨진다. 우리는 현실 조건에 굉장히 얽매인 채 연애한다. 무의식중에 상대의 조건에 반한 뒤 의식의 차원에서 이것이 사랑이라고 합리화하는 일이 자주 일어나는 것이다.

조건이 워낙 힘을 발휘하다 보니 남자들 중에는 사랑을 고민하기보다는 그저 조건만을 내세우는 이들도 있다. 자신의 능력을 선보이면 사랑이 저절로 따라오리라 기대하는 것이다. 그런데 요즘 여자들은 남자의 능력에 무조건 끌리지 않는다. 남자에게 의지해서 살아가려 하지 않는다. 남성이 허세 부리며 차종, 사는 곳, 직장, 연봉, 집안 등을 뽐내면 한심하게 느껴진다는 증언이 속출하고 있다.

여자들이 남자의 순애보를 높게 평가한다는 속설 때문에 남자들은 "열 번 찍어 안 넘어가는 여자 없다"면서 매달리고 구애하기도 한다. 첫눈에 반했다면서 여자의 직장에 꽃다발을 보내고 집에까지 찾아가 선물 공세를 펼치는 것이다. 그러나 순정이 사랑의 자격을 주는 건 아니다. 호감 가는 남자가 애정 공세를 펼치면 사랑이 촉발될 수 있겠으나, 뜨거운 감정을 퍼붓는다고 상대도 똑같이 반응할 가능성은 낮다. 무례한 구애는 공포를 유발한다. 나무꾼이 도끼질을 줄기차게 하는 까닭은 나무를 사랑하기 때문이 아니다. 그저 나무를 넘어뜨리려는 자기 욕심 때문이다.

아직 친밀함이 형성되지 않은 사이에서 쏟아지는 애정은 되레 부담감을 생겨나게 해 감정의 문이 굳게 잠긴다. 〈달려라 하니〉에서 순애보를 바치는 고은애에게 홍두깨가 얼마나 곤혹스러워하는지를 떠올려보면, 남자들도 역지사지할 수 있을 것이다. 마음에 들지 않는 상대가 공개 구애하면 고마움과 아울러 미안함을 가질 뿐이다. 빅토르 위고Victor-Marie Hugo의 『노트르담의 꼽추』에 나오는 콰지모도의 순수한 사랑에 많은 여자들이 감동받지만 콰지모도와 연애하기란 쉽지 않은 일이다. 자신과 사상도 잘 맞고 즐겁게 대화할 수 있는 남자가 순애보를 바치면 좋은 것이지, 무턱대고 헌신하는 남자가 좋은 건 아니다.

물론 여성 안에는 다양한 차이가 있다. 자신이 사랑하는 사람이라면 가난하든 외모가 어떠하든 상관없다는 여자들도 꽤 있다. 사랑을 위해 열악한 조건도 감수하겠다는 포부를 지닌 것이다. 하지만 나이가 들수록 사랑만으로 관계가 유지되기 쉽지 않은 세상살이에 치이면서 순정만으로는 좀처럼 사랑이 발동 걸리지는 않게 된다.

여성의 사랑을 이해할 때 중요한 사실은 여성이 남성에게 선택되고 사랑받기를 무작정 기다리는 존재가 아니라는 점이다. 여성은 전략가이다. 자신의 나이와 신체, 외모와 재능 등을 두루 헤아리면서 인생의 계획과 목표를 세우고 수행한다. 욕망은 인간의 기본이다. 따라서 여성이 남자를 선택할 때 수동적이리라는 기대는 여성에 대한 몰이해에서 오는 망상이다. 여성은 남성의 많은 것을 따지고 살핀다. 남성이 여성의 얼굴이나 몸매 같은 특정한 신체 부위에 무게 중심을 두고 따진다면 여성은 남자의 전체를 골고루 살핀다. 이성을 새로 소개받았을 때 남자의 친구들은 단순하게 예뻤냐고 묻는 데 반해 여자의 친구들은 상대 남자의 직업은 무엇이고 성격이 어떠하며 만나서 무슨 대화가 오갔는지 시시콜콜히 묻는다. 여자는 사랑할 때 상대의 전체성을 판단하는 것이다. 2017년에 개봉해 풋풋하지만 아름다운 감동을 준 영화 〈플립〉에서도 여주인공은 남주인공의 눈빛이 예쁘지만 그만큼 인성이 따라주지 않아서 실망하고 마음을 접으려 한다.

일부 남자들은 여자들이 키 크고 돈 많고 잘난 남자만을 욕망한다고 단정하고는 여성을 상대로 분노를 품기까지 한다. 어느 정도 현실에서 통용되는 선입견이지만 모든 여자를 아우르지는 못하는 단견이다. 현실은 끊임없이 움직이면서 격렬하게 변하고 있다. 욕망이란 본디 단일한 성질로 주어지는 게 아니라 자신이 처한 환경에 맞춰서 달라진다. 처한 상황이 바뀌면 인간의 욕망도 바뀐다. 요즘 여자들은 자기 스스로 힘과 돈을 성취하고 남자와 평등하게 사랑하려고 한다. 자신이 일하고 남편이 집안 살림을 해도 괜찮다고 생각하는 여자들도 대거 생겨났다. 여성은 경제 형편이 풍요롭지 않더라도 감수성이 풍요로운 남성을 사랑할 수 있는 것이다.

욕망의 종합, 짐승꽃미남

여자의 욕망이 변하고 있는데, 변화의 궤적은 있다. 욕망의 변화는 그냥 무작위로 이뤄지지는 않는다. 여성의 욕망이 복잡하더라도 윤곽을 그려낼 수 있다.

노라 빈센트Norah Vincent는 남자의 말투와 처신을 연습한 뒤 548일을 남자로 살았던 여성이다. 노라 빈센트는 남자처럼 일하고 남자들과 운동하며 지내는 가운데 틈틈이 여자들과 데이트를 했다. 그러고는 여자들의 욕망을 나름 밝혀낸다.

노라 빈센트에 따르면, 여자들이 자신의 외모를 눈여겨봤지만 그보다는 대화와 상호 작용을 추구했다. 노라 빈센트가 만난 여자들은 남녀 사이에 끈적거리는 동물성을 넘어서는 보이지 않는 가치를 바랐고, 글을 잘 쓰는 능력 같은 세련된 교양을 요구했다. 이와 함께 남자의 자신감을 중시했고 남자에게 의지하기를 바랐다. 여자들은 듬직한 체격으로 자신을 보호해주는 동시에 여성의 감성을 이해하고 배려해주며 대화를 이끌어주는 남자를 욕망했다. 한마디로 여자들은 전사이면서도 시인 같은 남자를 원했다. 노라 빈센트는 여자들이 자신의 다정다감함에 끌렸지만 왜소한 체구에 실망하는 티를 내서 자신감이 위축됐다고 고백했다.

여자들이 선호하는 남자의 외관은 비슷하다. 날렵한 콧날과 강인한 턱선, 큰 키에 올라가 붙은 엉덩이, 떡 벌어진 어깨와 팔뚝의 잔근육에 여자들은 침을 꼴깍 삼킨다. 우람한 몸집을 지닌 운동 능력이 좋은 남자는 사회에서 높은 지위를 차지할 가능성이 높다. 남자가 힘과 지배력을 과시할 때 여자의 성욕이 촉진된다는 연구 결과도 있다. 남자들의 운동 경기를 관람하는 여자들은 처음엔 거친 격렬함에 놀라지만 이내 자신도 믿지 못할 만큼 흥분하게 된다는 사실을 깨닫는다. 많은 여자들이 근육질에 운동 잘하는 키 큰 남성에 대한 환상을 갖고 있다. 오스트레일리아 출신의 여성주의자 저메인 그리어Germaine Greer는 남자가 여자보다 더 강하고 나이가 많아야 한다는 믿음의 강도는 아무리 강조해도 지나치지 않다고 언급했다. 저메인 그리어는 195센티미터의 키에 건장한 체격의 남자가 부서질 만큼 자신을 끌어당긴 뒤 눈을 내려다보며 입술에 황홀함을 선사하는 꿈에서 자신이 완전히 해방되었다고 감히 말할 수 없다고 털어놓았다. 사랑한다며 달려드는 남성에 대한 환상은 성평등의 흐름 덕에 옅어졌더라도 여전히 여자들 마음 한편에 웅크리고 있다.

대부분 여자들은 '남자다운 남자'를 선호한다. 마당쇠 같은 전통의 남자들과 만나면 세밀하게 감정 소통이 이뤄지지 않지만, 그렇다고 남자가 예민하게 감정을 미주알고주알 털어놓는 건 원치 않는다. 남편이나 애인이 자신의 여린 감정을 토로하면 많은 여자들이 겉으론 보듬어주더라도 속으로 실망한다고 미국의 여성학자 벨 훅스Bell Hooks는 지적한다. 남자는 강해야 한다는 선입견이 여자에게도 깊이 내면화되어 있다. 여자들은 우직한 남자를 곁에 두려 한다.

여자들은 전통의 남성상을 선호하는 가운데 자신에게는 살갑길 원한다. 외모가 늠름하되 어느 정도 마음가짐이 훈훈하기를 바라는 것이다. 이런 여자들의 욕망을 개념화하면 우직남과 다정남이라는 이념형이 만들어진다. 현실의 남자들은 극단의 우직남과 극단의 다정남 사이 어딘가에 위치할 것이고, 이 둘이 제대로 합쳐지면 최고의 남자가 될 것이다. 이런 여성의 욕망을 종합한 짐승꽃미남이 있으니, 영화 〈늑대소년〉의 송중기다. 송중기는 곱상한 얼굴에 예쁜 웃음을 갖춘 배우였고, 전통의 남성상과는 좀 거리가 있었다. 그런데 영화 〈늑대소년〉을 보면 힘이 어마어마한 짐승에 가까운 존재다. 남자들이 좀 더 여성스럽길 바라면서도 그렇다고 너무 여자 같으면 싫어하는 여자들의 분열된 욕망을 〈늑대소년〉의 송중기가 봉합하는 셈이다. 드라마 〈태양의 후예〉를 통해 송중기 열풍이 일어난 까닭도 송중기가 군대를 현역으로 다녀온 뒤 장교를 연기하면서 강인함이 더해졌기 때문이다.

남자들이 바라는 요염하면서도 청순한 여자처럼 짐승꽃미남도 형용모순같이 들리고 불가능한 요구인 듯싶다. 하지만 남자들의 환상이 사라지지 않듯 상냥한 박력남에 대한 여자들의 환상은 꺼지지 않는다. 남자들이 여자들에게 요구하는 만큼 이제 여자들도 남자들에게 요구할 정도의 경제력이 생겼다. 남성 화장품 시장의 규모가 삽시간에 커지고, 연하남을 만나는 여자들이 늘어난 까닭도 여성의 경제력 향상과 연관된다.

더구나 여성은 남성을 다루는 데 즐거움을 느낀다. 영화 〈늑대소년〉에서 주인공(박보영)이 늑대소년을 어르고 가르치며 자신이 원하는 대로 바꾸려 하듯, 여자들은 남자들을 변화시키는 데서 흥분하며 생기를 얻는다. 〈미녀와 야수〉부터 〈트와일라잇〉까지, 〈늑대아이〉부터 〈쿼바디스〉까지 여성은 괴물, 흡혈귀, 야수, 늑대인간, 좀비 등등도 사랑으로 길들인다.

인류학자들은 신석기 초기에 농경 재배의 시초로서 원예가 시작됐음을 밝혀냈다. 이 과정에서 여자들이 가축을 길들였으리라고 추측된다. 지금도 여성이 영장류 연구에서 발군의 활약을 한다. 고고인류학자 메리 리키Mary Leakey뿐 아니라 고릴라를 연구한 미국의 다이앤 포시Dian Fossey, 침팬지를 연구한 영국의 제인 구달Jane Goodall, 오랑우탄을 연구한 독일의 비루테 갈디카스Birute Galdikas, 개코원숭이를 연구한 미국의 조안 실크Joan silk와 랑구르 원숭이를 연구한 미국의 세라 블래퍼 허디 Sarah Blaffer Hrdy, 은여우를 가축처럼 길들이는 실험을 한 러시아의 류드밀라 트루트Lyudmila Trut까지 여성은 동물 가까이 다가가 연구하는 데 발군의 실력을 뽐낸다.

인간은 야생을 문명으로 변환시켰다. 그렇다고 야생이 인간의 삶에서 축출되지는 않았다. 여성이 자연으로 상정되고 남성이 문명의 역할을 맡기도 하지만, 남성이 야생성을 상징하고 여성이 문화로 배치되기도 한다. 여성의 입장에서 남성은 보다 거칠고 투박하고 신비로우면서도 불안한 야만처럼 느껴질 수 있다. 남성을 보면 여성 안의 감춰둔 흥분이 샘솟는다. 가축을 길들이던 조상들처럼 여성은 남성을 문명화시키고 싶은 것이다. 남성에게 사랑받는 것만큼이나 남성을 바꾸는 데서 여자들은 희열을 맛본다.

2018년에 개봉한 영화 〈셰이프 오브 워터: 사랑의 모양〉에 여성 관객들이 굉장한 호감을 갖는 이유도 이런 배경에서 설명할 수 있다. 자신의 언어를 갖지 못한 여성(샐리 호킨스Sally Hawkins)에게는 권위를 등에 업고 자기 말만 떠드는 상사(마이클 섀넌Michael Shannon)를 상대하는 것보다 자신에게 관심 갖고 애정을 보이는 인어를 길들이는 것이 더 행복할 수 있다.

독일의 사회학자 노르베르트 엘리아스Norbert Elias는 본능 제한과 자기 규제가 차츰차츰 이뤄지는 문명화 과정을 연구했다. 엘리아스에 따르면, 인간이 문명화되는 과정에서 사랑이 중요하게 기능했다. 기사들은 공주나 귀족 같은 높은 지위의 여성을 연모하면서 감정을 억제하고 자기 통제를 해야 했다. 충동을 승화시켜 서정시를 읊고 연가를 발표하면서 전사로서의 공격성을 다스렸던 것이다. 전장에서 거칠게 싸우던 남자가 여자 앞에서 얼굴 발그레해져서 사랑을 노래했다.

여성은 남성을 길들이는 데서 짜릿함을 얻는다. 이른바 '나쁜 남자'가 길들여지는 이야기들에 여자들이 열광하는 현상도 이와 관련지을 수 있다. 나쁜 남자는 원석이 보석으로 가공되듯 여주인공을 만나 바뀐다. 되바라지고 퉁명스러웠던 남자가 부드러워지고 친절해진다. 어쩌면 나쁜 남자는 길들이기 힘들지만 오히려 그 때문에 젊은 여자들에게 도전 의식을 불러일으키는 욕망의 대상인지 모른다.

호모사피엔스가 네안데르탈인이나 다른 인류들을 무찌르고 유일한 인간으로 남았는데, 이때 개가 큰 활약을 했다는 인류학 이론이 있다. 호모사피엔스가 친화성이 높은 늑대를 개로 길들이면서 인류 문명을 일궈내고 발전시켰다는 주장이다. 인간은 동물뿐 아니라 서로를 길들이고, 여성은 남성을 길들이면서 자신의 능력을 펼치고 싶어 한다. 여자들은 늑대(거친 매력)이면서도 소년(잠재성이 풍부한 순수함) 같은 남자들을 좋아한다. 여성의 욕망에 따라 남성은 변하고 있다. 앞에선 센 척하다가도 뒤돌아서선 거울을 들여다보며 화장품을 꼼꼼히 바른다. 야생마의 눈빛을 뿜다가도 미용실에 가서는 구레나룻을 남겨달라며 자신의 신체를 얌전하게 내맡긴다.

여성은 사랑의 주체다. 여자가 때때로 머뭇거리며 기다리더라도 그건 상대가 어떻게 나오는지 지켜보는 능동적인 행위이다. 영국의 사회학자 앤서니 기든스Anthony Giddens는 자신에게 무관심하고 냉담하게 대하는 남자의 닫힌 마음을 열어내면서 능동적으로 사랑을 생산한다고 현대의 연애소설 속 여주인공들을 분석한다. 남주인공에 대한 여주인공의 헌신은 끝내 사랑이란 보상으로 돌아온다. 여성은 자신의 사랑과 헌신이 결실로 맺어지길 원한다.

잘생긴 남자를
상대하겠다는 자신감

달라진 여성의 자신감은 선호하는 남성상의 변화에서도 묻어난다. 여태까지 몸매도 성격도 곰 같은 남자들이 최고의 신랑감이었다. 여성은 바람을 피우거나 말썽 부리지 않을 진국을 만나 포근함과 안정감을 얻고자 했다. 이와 달리 요즘 여자들은 어디로 튈지 모르는 남자에게서 전해지는 떨림을 즐긴다. 종잡을 수 없는 매력남이 과거엔 눈물의 씨앗이었다면 현재엔 쾌락의 밑천이 된다. 자신을 사랑해주는 남자 만나 시집 잘 가는 게 최고라는 얘기는 호랑이 담배 피우던 시절에나 통했다.

여성의 깜냥이 대중문화에 반영된다. 나쁜 남자에게 상처받고 다른 남자의 도움을 기다리는 여주인공은 '민폐 여주'라면서 비판받는다. 늘 곁에 있어주는 키다리 아저씨에게 위로받고 결혼하는 드라마에 하품한다. 요즘 여자들은 싫어도 싫다고 말하지 못했던 조선시대 사대부 집안의 규수가 아니라 당당히 그 남자를 원한다고 얘기하는 욕망의 주체로서 살아간다. 과거의 여자들이 잘생긴 남자들을 감당하기가 쉽지 않다면서 신 포도로 여기고는 지레 마음을 접었다면, 요새는 거침없이 손을 뻗어 포도를 따먹는다. 잘생기고 능력 좋은 남자를 얻으려면 치열하게 경쟁해야 하고, 잘난 남자는 바람을 피울 가능성이 높아지기 때문에 좀 더 안전한 남자를 선택해온 앞 세대 여자들과 사뭇 다르다. 잘생긴 남자는 얼굴값 한다는 전설이 여자들 사이를 둥둥 떠다니고 있었는데, 납량특집 〈전설의 고향〉이 역사의 뒤안길로 사라졌듯 요즘 여자들은 남자외모를 탐하는 데 머뭇거리지 않는다.

남자들은 여자의 얼굴과 몸매를 따진다. 마찬가지로 여자들도 남자의 외모를 깐깐하게 채점한다. 실제로 여자들은 남성의 외모에 반응한다. 의식으로는 남자의 외모를 별로 따지지 않는다고 생각할지라도 여성의 몸은 남자의 외모에 민감하다. 미국의 한 연구 결과는 이를 증명한다. 한 대학의 연구진들은 동거하는 86명의 짝을 관찰했다. 이들은 평균 2년 동안 함께 살았고 서로 신뢰하는 사이였다. 연구자들은 실험 참가자들의 성경험과 오르가슴 빈도를 확인했다. 그리고 얼굴과 몸을 촬영한 뒤 대칭상태를 꼼꼼하게 살폈다. 그 결과 잘생긴 얼굴을 지닌 남성과 관계하던 여자들이 황홀경의 밤을 더 많이 보낸 걸로 조사되었다. 외모가 멋진 남자와 성관계할 때 여자들은 더 짜릿함을 느끼는 것이다. 루안 브리젠딘은 여성에게 남자는 단순하게 두 부류로 나뉠 수 있다고 촌평한다. 화끈한 성관계를 통해 오르가슴을 선사하는 남자와 평안함을 주면서 양육을 책임지는 남자로 말이다. 여자들은 이 두 남자가 종합되길 원하지만 현실에서 그건 소망에 불과하다고 루안 브리젠딘은 언급한다.

예전에는 남자와의 관계에서 여자는 약자이고 피해자로 위치되었고 여자들 스스로 조심하며 경계하려는 몸가짐이 강했다. 시대가 달라졌다. 요즘 여자들은 남자와의 관계에서 생겨나는 기쁨을 적극 향유한다. 프랑스의 여성학자 엘리자베트 바댕테르Elisabeth Badinter는 기존의 페미니즘이 더 많은 여성 희생자를 내세우고는 남성을 더 많이 처벌하려 들었고, 여성을 남성에게 대항하지 못하는 무능력자처럼 강조했는데, 이에 젊은 여자들이 반발하는 현상을 언급한다. 벨 훅스도 여성 대다수가 늘 수동적이고 무력하거나 힘없는 희생자가 아닌데, 중산층 여성운동가들이 여자마다 처한 수많은 상황을 헤아리지 않은 채 여성에게 가해지는 공통된 억압을 강조했다고 지적한다. 스스로를 희생자로 생각하지 않는 여자들은 성차별에 문제의식을 느끼더라도 여성운동 안에서 설 자리가 없었다. 주류 페미니즘이 여성 전체를 싸잡아 남성에게 억압받는 피해자라고 정의 내리자, 자신의 정체성을 억압받는 자라고 생각하지 않는 여자들이 페미니즘으로부터 멀어졌다.

요즘 여자들은 성차별에 문제의식을 느끼고 사회 변화를 위해 노력하지만, 가부장제에 억압받아서 어떤 선택도 할 수 없는 피해자라고 자신을 생각하지 않는다. 현대의 여성은 자신의 힘을 믿고 발휘한다. 남자와의 관계 양상이 달라질 수밖에 없다. 과거에 여자들이 즐겨 읽던 소설이나 영화는 사랑을 통해 행복한 결혼 생활로 끝맺어졌다면, 요새 여자들은 결혼 생활이라는 울타리를 넘어서 남자들과 사랑을 나누고 모험을 감행하는 이야기를 즐긴다.

최근 미국 대학가에는 대담한 성애문화 'hook up'이 형성됐다. 하룻밤을 보내고 다음 날이면 각자 제 갈 길 가는 대학생들이 많은 것이다. 학자들은 남대생들이 유혹하는 가해자라고 간주하고 연구에 착수했다. 하지만 현실은 딴판이었다. 여대생들이 자기 계발과 학업에 방해받지 않고자 단기간의 성생활을 선택하면서 연애를 관리하고 있었다.

만난 지 얼마 되지 않아 빠르게 잠자리를 갖는 문화는 젊은 여자들이 원하는 자유와 독립성 그리고 삶의 즐거움과 결합되어 있다. 서구의 여자들 중에도 남자와 그저 하룻밤을 보내기보다는 지속된 관계를 원하는 이들이 많지만, 분명한 건 여자들이 한 번 잔 남자에게 의탁하려는 태도가 수그러졌다는 사실이다. 요즘 여자들은 자신을 믿고 매력 있는 남자를 선택해 단기간의 사랑을 나눈다. 자신의 애정 생활에서 생겨나는 위험을 관리하면서도 기회다 싶으면 새로운 쾌락을 탐한다.

한국에서도 앞 세대는 상상도 못 할 일들이 일어나고 있다. 여자가 먼저 연락하고 구애하면서 남자와의 관계를 이끈다. 성애도 젊은이들 사이에서 자연스럽게 이뤄지고 있다. 여전히 조선시대 후기의 성규범을 지닌 젊은이들도 있지만, 요즘엔 열 번을 가면 한 번 무료로 이용하게 해주는 쿠폰을 모텔 계산대 옆에 놔두거나 스마트폰 앱을 통해 할인받으면서 숙박 시설을 애용한다.

성에 대한 이중 기준이 잔존하고, 남성이 원해야만 여성으로서 가치를 지닌다는 가부장 의식이 퇴적되어 있지만, 성평등의 흐름 속에서 많은 여자들이 자신을 받아들이고 여성성을 발휘하고 있다. 사회가 성숙하는 만큼 더 많은 여자들이 자신의 성을 온전하게 수용하면서 향유하게 될 것이다.

여자들의 다양한 욕망

나와 너 사이를 사랑이라는 이름만으로 묶기엔 그 안이 너무나 불투명하고 복잡하다. 사랑이란 포장지만으로 인간관계를 덮으려 하면 그 포장지는 찢기기 십상이다. 애정 관계는 잔잔한 호수가 아니다. 사람과 사람 사이에는 커다란 바다가 있다.

사귀기 전에는 말할 것도 없고, 연인끼리 밀고 당기기 하는 까닭도 인간 사이는 끝없이 흐르는 물에 가깝기 때문이다. 사람의 감정은 하루에도 쉴 새 없이 오르락내리락하기 마련이다. 남성의 사랑이 추상화처럼 알쏭달쏭하듯 여성의 사랑도 수채화처럼 싱그러울 수만은 없다.

수많은 이해관계가 난마처럼 얽혀 있는 세상에서 살아가는 만큼 우리의 욕망은 복잡하고 상황에 따라 변화한다. 모순투성이의 욕망이 우리 안에 뒤엉켜 있다. 인간은 자신만의 시간을 갖고 싶으면서도 타인에게 관심받고 싶어 하고, 일상이 안정되길 원하면서도 뭔가 재미난 일이 없나 여기저기를 두리번거린다.

미국의 작가 록산 게이Roxane Gay는 사람들에게 멋져 보이기 위해 검정색을 좋아한다고 말하고 다닌 적이 있지만 자신이 가장 좋아하는 색깔은 모든 색감의 분홍색이라고 이야기한다. 페미니스트답게 불평등한 사회의 부조리를 고발하고 여성 의식을 고취시키는 책을 좋아해야 하지만 막상 자신은 유명인들의 신변잡기와 쓸데없지만 알고 싶은 정보로 도배된 여성 잡지를 읽는다고 언급한다. 록산 게이는 명품 신발과 가방과 그에 맞춰 입을 옷으로 가득한 커다란 옷방에 대한 환상을 갖고 있다고 털어놓는다. '좋은 페미니스트'라면 독립성이 있어서 차에 문제가 생겨도 스스로 해결하려고 노력할 테지만 자신은 자동차에 대해서는 알고 싶지도 않다고 풀이 죽어 말한다. 록산 게이는 집안일에 남녀 구분이 필요하다면서 벌레 죽이고 쓰레기 버리는 일은 자신의 관심 분야가 아니고 남자의 몫이라 생각한다고 조심스레 토로한다. 록산 게이는 정해진 이상에 맞춰서 자신을 끊임없이 뜯어고쳐야 하는 것에 부담을 느낀다고 심경을 내비친다. 오랫동안 자신은 약점이 많은 인간이 아니라고 말해왔고, 약한 여자가 절대 되지 않기 위해 남들보다 훨씬 길게 일하며 무던히 노력했지만 그건 너무 지치는 일이고 더 이상 버틸 수 없어서 나 자신을 그대로 받아들이겠다고 선언한다.

록산 게이의 고백은 많은 여성들의 숨통을 틔워준다. 바람직한 인간상에 완벽하게 자신을 끼워 맞출 수 있는 사람은 없다. 인간 안에서는 수많은 욕망이 와글와글하면서 경쟁하고 갈등한다. 여성을 뭉뚱그려 싸잡는 건 인간에 대한 이해가 떨어지는 행위이다. 여성 안의 차이를 존중하면서 여성 안의 다양한 욕망을 이해하는 것이 성평등의 시작이다.

우리 모두는 저마다 목표와 지향점이 있지만 실제로 우리 삶은 거기에 미치지 못한다. 이상과 현실은 괴리가 있고, 이성과 욕망은 분열되어 있다. 그런데 바로 이 간극을 통해 우리는 인간을 더 깊게 이해할 수 있다. 여성은 노동자이자 어머니이자 주부이자 딸이자 아내라는 정체성을 갖지만 그것만으로 설명되지 않는 과잉의 욕망을 갖고 있다. 자기조차도 종잡을 수 없는 욕망의 흐름 앞에서 흔들리는 모습이 인간의 실체이다.

인간의 모순을 잘 보여주는 작품이 1970년대 서구를 강타한 『비행공포』이다. 『비행공포』는 미국의 소설가 에리카 종Erica Jong이 자신의 생애를 바탕으로 쓴 소설이다. 주인공은 매력 있는 낯선 남자와 벌이는 즉흥의 성관계에 대한 환상을 고백한다. 주인공은 여성주의 이론을 꿰차고 페미니즘을 믿지만 거대한 짐승 같은 남자에게 굴복당하고 싶은 욕망을 갖고 있다. 페미니즘운동을 통해 여권이 꽤나 올라가고 평등의 물결이 세상에 너울대지만, 이에 눈살을 찌푸리는 건 고루한 남자들만이 아니다. 평등은 섹시하지 않다면서 예의 바르고 얌전한 남자보다 생동감 있는 거친 관계를 원한다는 여자들도 적지 않다. 미국의 시인 실비아 플라스Sylvia Plath는 1962년작 「아빠(Daddy)」에서, 모든 여자는 파시스트를 흠

모한다고 썼다. 모든 여자가 파시스트를 사모할 리는 없겠지만 남자들이 그러하듯 여성 안에도 께름칙한 욕망이 있다는 건 분명하다. 인간은 단일하지 않다. 어떤 인간이 너무나 일관되게 올바른 모습만 보이면 남들이 보지 않는 곳에서 병리 현상을 보일 가능성이 크다.

인간 안에는 수많은 욕망이 들끓고, 세상이 바뀌어 욕망을 거침없이 표현하는 시대가 오자 여성 안에 억눌리던 온갖 것들이 쏟아져 나오고 있다. 너무 놀랄 거 없다. 드디어 여성도 인간처럼 행동하기 시작하는 것이다. 프랑스의 소설가 조르주 상드George Sand는 일찍이 자유연애를 하면서 여성의 욕망이 얼마나 자유로울 수 있는지를 몸소 시현했다. 한국 최초의 페미니스트로 평가받는 나혜석은 정조는 도덕도 법률도 아무것도 아니고 오직 취미라고 사자후를 토했다. 나혜석은 밥 먹고 싶을 때 밥 먹고 떡 먹고 싶을 때 떡 먹는 것처럼 결코 구속받지 않고 자기 뜻대로 사랑하며 살겠다는 포부를 밝혔다. 조르주 상드나 나혜석은 당대에 논란의 대상이었지만 시간이 지날수록 재평가되고 있다.

한 인간을 오롯이 사랑한다는 건 상대 안에 있던 내가 모르는 욕망마저 인정하려는 노력이다. 남성과 여성이 서로의 욕망에 귀 기울이는 법을 익히고 저마다 솔직하게 살아갈 때, 그곳에서 사랑이 아름답게 피어날 것이다.

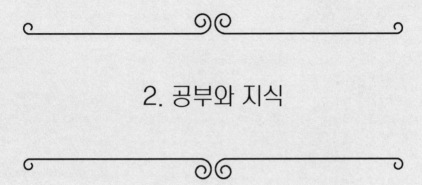

2. 공부와 지식

학창 시절에 더 높은
학업 성취도를 거두는 비밀

많은 분야에서 여자들이 우수한 성취를 거두고 있다. 여자들의 교육 수준이 남자들보다 높아지고 있으며, 갈수록 여자들의 고위직 비중도 올라간다.

여자들의 약진은 10대부터 뚜렷하다. 여학생들의 학업 성취도가 높아서 남자아이를 둔 부모들은 남녀 공학을 꺼릴 정도다. 가만히 앉아 암기해야 하는 학교 체계는 새로운 자극을 원하는 남자아이들과 잘 맞지 않는 경향이 있다. 교실에서 말썽을 일으키고 교사의 말을 듣지 않으며, 학업 성적이 바닥으로 추락하거나 자퇴하는 10대의 성별은 대개 남성이다.

방과 후에도 여학생과 남학생이 시간 보내는 양상이 판이하다. 새벽까지 오락에 몰두하는 성별은 대부분 남성이다. 여학생들은 자신이 먼저 해야 할 일을 한 뒤 하고 싶은 걸 한다면 남학생들은 유혹을 물리치지 못하고, 하고 싶은 걸 먼저 하다가 해야 할 일을 못 하곤 한다. 미국

생리학자 제이 기드Jay Giedd와 동료들은 인간의 욕망을 절제하는 뇌 체계가 20대 초반까지는 미성숙하다는 점을 발견했다. 10대와 20대 초반의 젊은이들은 세상 무서운 줄 모른 채 밤거리를 쏘다니고 일탈을 감행한다. 물론 여기서도 성차가 있다. 모험을 즐기더라도 너무 위험한 일을 여자들은 꺼리는데, 남자들은 저지르고 만다. 사회 문제로 비화되는 일들은 대개 청소남들이 저지른다.

학교에서 의무 교육을 받는 시기에 여성은 충동을 절제해서 계획을 실천하는 편이다. 남녀의 뇌가 조금 다른 데서 생겨나는 결과가 청소년 시절의 학업 성취도 차이로 나타나는 것이다. 남자아이들이 학업에 몰두하기 위해선 공부가 뇌의 보상 중추를 자극해야 하는데, 웬만해서는 쉽지 않다는 연구 결과도 있다. 학교 안에서 수업하는 청소남 뇌의 쾌락 중추는 거의 마비 수준이었다. 교실에서 10대 남자아이들은 지루해하는 척하는 게 아니라 정말 지겨워한다.

학업이란 엉덩이 싸움이라고 흔히들 말한다. 그런데 남자들은 여자들보다 더 산만하고 더 많이 움직인다. 절제란 만족을 주는 행위를 지연시키면서 훗날의 이익을 도모하는 능력인데, 남자들은 당장의 쾌락에 쉬이 반응한다. 사회 문화에서 학습되는 면도 분명히 존재한다. 여자들이나 남자들이나 모두 눈앞에 주어진 유혹에 취약하지만 여자들은 어렸을 때부터 착한 여자가 되어야 한다는 압박을 받다 보니 자신의 욕망을 대뜸 뿜어내기보다 인내하는 몸가짐이 갖춰진다. 청소녀들에게 가해지는 여자다워야한다는 암묵의 요구가 학창 시절 더 높은 성취로 이어지는 것이다.

청소녀들의 약진은 청녀의 성취로 이어진다. 미국 같은 경우 대학 졸업자 수를 보면 여성이 남성을 앞지른 지 30년이 넘었다. 한국에서도 대학과 대학원에서 여성이 더 많은 상황이다. 인류사를 통틀어 헤아리면

천지개벽과 같은 현상이다. 과거엔 여자들이 공부하고 싶어도 할 수 없었다. 버지니아 울프Virginia Woolf는 여성이 대학 연구원과 동반하거나 소개장을 갖고 있지 않으면 도서관에 들어갈 수 없었던 사회상을 언급했다. 윌리엄 셰익스피어William Shakespeare에게 누이가 있었다면 그녀는 재능을 살려서 셰익스피어처럼 되기는커녕 자신의 재능 때문에 고통받다가 변두리 무덤에 묻혔을 것이라고 버지니아 울프는 술회했다.

가부장제는 여성의 공부와 성취를 저해했다. 가부장제가 허물어지고 여성이 활약하고 있지만, 아직도 여자는 감정적이며 합리성이 떨어진다는 편견이 횡행한다. 프랑스의 사회학자 귀스타브 르 봉Gustave Le Bon은 군중의 특성을 여성에게 빗댔다. 군중이 분별 능력을 상실한 채 흥분해서 충동에 자신을 내맡기는 것이 여자와 미개인과 어린애 같은 열등 유형에 속하는 특성이라고 서술했다. 그러나 앞 시대 여자들이 충동적으로 행동했다면 그건 여자라서가 아니라 교육을 받지 못했기 때문이다. 인류사 내내 여성의 인생은 집안일과 육아에 따른 제약이 겹쳐졌다. 여자들이 교육을 너무 많이 받으면 엄마와 아내 구실할 때 부적당하리라는 편견이 악령처럼 떠돌아다녔다. 자기 삶을 살고자 공부하겠다고 나서면 신성한 결혼 생활을 포기한 '잘못된 여자'라는 손가락질이 쏟아졌다. 얼마든지 동일한 교육을 받았으면 자신의 재능을 펼쳤을 여자들이 교육의 불평등에 가로막혀 시들어갔다. 미국의 역사학자 거다 러너Gerda Lerner는 교육이 계층의 차이를 영구히 구조화하는 하나의 수단일 뿐만 아니라 바로 그렇기 때문에 남자와 여자 사이의 차이를 확고하게 구축했다고 분석했다.

사회의 그릇이 작을수록 여성을 담아내지 못한다. 여성의 능력을 제대로 활용하지 못하는 건 심각한 낭비이다. 여성의 잠재력이 피어나도록 교육하고 자극하기는커녕 여성의 발전을 저해하고 차별하고 있다면 사회가 낙후되었다는 증거이다.

영국의 철학자 존 스튜어트 밀John Stuart Mill은 인류의 문제를 해결하는 데 사용될 지성의 개발은 여성의 지적 교육을 통해서 어느 정도는 이뤄질 것이라고 내다봤다. 존 스튜어트 밀의 예언은 실현되는 중이다. 여성은 지성을 발휘하여 기존 세상을 새로이 배치하고 구성하고 있다.

배우지 않은 엄마와
배운 딸의 갈등

이 세상엔 성차별로 말미암아 학교 문턱을 넘지 못하거나 도중에 멈춘 여자들이 굉장히 많다. 배움의 한을 갖게 된 앞 시대 여자들은 시대가 달라지자 자신의 딸들을 적극 공부시켰다. 고등 교육을 받은 여자들이 대거 늘어나자 뜻밖의 마찰이 생겨난다. 자식을 자기 밑으로 볼 수밖에 없는 인지 구조를 지닌 어머니는 딸에게 애정 섞인 잔소리를 하는데, 딸의 관점에서는 구시대의 구닥다리 훈수라서 받아들이지 않고 반박하게 되는 것이다. 그러면 기껏 어렵게 키워놓았더니 자신을 가르치려 든다면서 어머니는 서운함을 토로하게 된다.

소설가 김혜진이 집필한 『딸에 대하여』의 주인공은 억척스레 일하면서 딸을 대학원까지 공부시킨다. 자기와 달리 딸은 더 넓은 세상에 나가 공부를 실컷 한 뒤 좋은 신랑감 만나 자식들 낳고 살기를 바라며 정성스레 뒷바라지한다. 이것은 앞 시대 여자들의 소박한 바람이다. 딸이 결혼하지 않고 평범하게 살 생각을 하지 않자 주인공은 딸에게 불필요한 공부를 너무 많이 시킨 것인지도 모른다면서 딸이 배우고 배우다가 배울 필요가 없는 것까지 배워버린 거라고 푸념하고 후회한다.

어머니는 자식에게 묘한 죄책감을 안겨주는데, 성별에 따라 양상이 살짝 다를 수 있다. 아들은 엄마의 고생에 고마움과 함께 미안함을 느끼지만 막상 그 부채를 자신이 갚지 않고 자신의 아내에게 짊어지우려 한다는 풍문이 떠돈다. 그동안 불효자였던 아들이 결혼하고 나면 효자로 변한다는 우스개가 회자된다. 딸은 자신이 엄마에 대한 빚을 갚아야 한다는 압박과 아울러 자신을 엄마로부터 분리하지 못한 채 엄마의 욕망을 대리 실현하려는 태도를 보인다.

요즘 여자들은 성평등의 수혜를 입었다. 부모들은 딸이 성공하기를 기대하며 키웠다. 그런데 어머니의 요구 뒤엔, 나처럼 살지 말고 하고 싶은 거 하며 살라는 당부와 아울러 너가 아니면 나는 보상받을 수 없고 결국 너를 위해 내가 희생했다는 은밀한 질타가 숨어 있다. 앞 시대 여성은 딸의 공부에 대리 만족을 느끼지만 그렇다고 자신의 못 배운 한이 말끔히 해소되는 건 아니다. 어머니는 삶의 불만족을 딸에게 투사하기 십상이다. 자신이 생각하기에 보답이 제대로 돌아오지 않는다고 느껴지면 딸을 원망한다.

어머니의 복잡한 감정 흐름까지 속속들이 읽어내는 딸은 갚을 수 없는 부채에 절망한다. 많은 딸들의 가슴속에는 엄마처럼 살기 싫다는 앙금과 엄마처럼 살지 않아야 한다는 압박이 응어리져 있다. 엄마와 반대가 되려고 노력하더라도 엄마가 살던 모습으로부터 벗어나지 못해 자괴감에 시달리는 여자들도 많다. 부모에게 물려받은 기질뿐만 아니라 여성을 둘러싼 사회 구조가 크게 달라지진 않았기 때문이다.

여자의 삶에 어머니는 막대한 영향을 끼친다. 여자아이는 태어나서 2년 동안 엄마의 상황을 자신의 신체에 각인한다. 아이가 태어났을 때 엄마가 안정되었느냐 불안했느냐에 따라 여자아이의 신경 회로 형성이 달라진다. 미국의 신경생리학자 마이클 미니Michael Meaney가 주도한 포유류 연구에서도 드러났듯, 엄마의 양육 태도는 남성보다 여성에게 더 큰 영향을 끼쳤다. 여자아이들은 무의식중에 엄마의 신경 체계를 자신의 신경 체계로 통합해서 세상을 바라보게 된다. 육아할 때 남편은 말할 것도 없고 주위에서 적극 도와 여성이 행복하고 안정되어야 하는 이유다. 뇌는 가소성이 있어서 어릴 때 형성된 신경 체계가 끝없이 변하나, 크게 달라지기란 쉽지 않은 일이다.

모든 자식에게 엄마는 더할 나위 없이 각별하지만, 모녀 사이는 상처를 긴밀하게 주고받으며 애증의 감정을 품게 된다. 어머니는 딸에게 자신의 일상을 미주알고주알 내비치면서 고통을 전가하는 경향이 있다. 너 아니면 누가 내 얘기를 들어주느냐며 남편에 대한 불만과 인생의 허망함을 시시콜콜하게 토로하는 것이다. 그동안 품고 있던 분노와 슬픔을 딸에게로 전가하는 어머니가 많다. 딸은 엄마를 배려하다 보면 속이 문드러지고, 엄마를 외면하면 죄책감에 시달린다.

여성은 부모가 어린 시절에 주입시켰던 왜곡된 관념을 비판하면서 자기 삶을 새롭게 재구성하기 마련이다. 여성의 자존감은 어려서 어머니가 어떻게 살아가고, 여성을 어떻게 인식하는지에 크게 좌우된다는 연구 결과도 있다. 어머니가 자기 육체를 못마땅하게 여길수록 딸도 자신의 몸매가 어떤지와 상관없이 불만에 사로잡힐 가능성이 치솟았다. 어머니가 습관처럼 여성성을 경멸했다면 딸에게 신체 혐오가 심어지는 것이다. 벨 훅스는 날씬해야 한다는 강박과 몸에 가해지는 혐오를 남자들의 탓으로만 돌릴 수 없다고 지적한다. 많은 여자들이 집에서 어머니를 비롯해 할머니나 자매를 통해 몸에 대한 가혹한 수치심을 얻는다. 많은 어머니들이 다른 사람들로부터 수군거림을 받을까 두려운 나머지 자신의 딸을 세상이 원하는 여성상으로 만들려고 애면글면한다. 소설가 정세랑의 『피프티 피플』에서도, 엄마의 모진 폭력보다 외모 차별을 더 사무치게 아파하는 여성이 나온다. 소설 속 어머니는 세 자매 가운데 외모가 돋보이지 않는 첫째 딸을 데리고 다니기 싫어하고 자신과 닮아 사람들로부터 예쁘다는 말을 듣는 둘째와 셋째를 데리고 다닌다. 벨 훅스도 어머니가 딸들의 외모를 자신의 가치와 위신으로 여기면서 예쁜 모습이 아닐 때 질책했다고 회고한다.

여자들은 어머니가 강조하고 세상이 요구하는 특정한 여성상에 자기 몸이 부합하지 않으면 활발함과 자신감을 상실하게 된다. 미국의 여성학자 셰어 하이트Shere Hite는 어머니와 딸의 불신과 균열을 통해 남성 지배 사회가 존속된다고 지적했다. 셰어 하이트는 가부장제를 해체하기 위해서라도 엄마와 딸의 관계를 변화시키는 일이 중요하다고 강조했다. 여성의 변화는 가정 안에서부터 시작되는 것이다. 여성은 어머니가 세뇌시키는 여성상에 저항하고 새로운 여성상을 수립해야 하는 과제를 떠안고 있는 셈이다.

21세기는 인류 역사상 인간의 가능성을 가장 발현할 수 있는 시대다. 앞 세대 여성의 희생은 숭고했지만, 요즘 여자들에게 앞 세대처럼 살라고 할 수는 없는 노릇이다. 젊은 여자들은 주어진 틀에 맞춰진 삶을 원하지 않는다. 어쩌면 요즘 여자들은 엄마가 미처 표현하지 않았지만 젊은 시절에 진정으로 원했던 삶을 살고 있는지도 모른다. 당당한 인간이자 멋진 여성으로 살아가는 인생 말이다.

자존감이 높은 여자들은 어머니가 외모가 아닌 자신의 성취와 재능을 북돋워주었다고 회고하는 경향이 있다. 얼마나 열심히 노력했는지, 창조성이 번뜩이는지, 기발한 생각인지를 칭찬받았고 그것이 자기 정체성의 바탕에 깔릴 때, 자신감 있는 어른으로 성장했다는 것이다. 우리의 딸들을 어떻게 키워야 하는지 알려주는 중요한 교훈이다.

여성은 남성보다
똑똑하지 않은가?

여성이 오래 공부하면 왠지 여자답지 못하다는 인상이 잔존한다. 철학계의 대가들도 여성에 대한 편견으로부터 자유롭지 않았다. 바뤼흐 스피노자Baruch de Spinoza는 여자가 정신의 강인함이나 지능이 남자와 같지 않으므로 여자는 남자와 동등한 권리를 갖지 못하고 남자 아래 위치해야만 한다고 설파했다. 임마누엘 칸트Immanuel Kant는 여자들이 노동을 통한 학습이나 고통을 수반하는 사색에서 성공하더라도 그것이 여성에게 적합한 장점을 파괴시킨다며, 공부를 통한 성취는 여성의 매력을 약화시킨다고 강조했다. 아르투르 쇼펜하우어 Arthur Schopenhauer는 여성은 오로지 종의 번식을 위해서만 창조되었다며 여성의 지성에 대해서 서슴없이 가치 절하했다. 프리드리히 니체Friedrich Nietzsche는 학문이 모든 진정한 여성의 수치심을 불러일으킨다거나, 학문의 성향을 가지고 있는 여성은 성적인 결함이 있는 게 보통이라는 막말까지 구사했다.

철학자들만 편견을 가진 건 아니다. 과학자들도 뒤지지 않는다. 찰스 다윈Charles Darwin은 여자는 직감과 빠른 인지력 그리고 모방 능력이 남자보다 뛰어나다는 건 누구나 대부분 인정하는 사실인데, 이들 능력의 일부는 하등한 인종의 특성이고 문명화 수준이 낮았던 과거 시절의 특징이라고 언급했다.

알베르트 아인슈타인Albert Einstein도 여성의 능력에 의문을 가졌다. 첫 번째 아내가 될 여성에게 쓴 편지에서 자신은 그저 평범한 사람일 뿐이라도 사랑스러운 연인이 박사 학위를 갖고 있다면 무척 자랑스러울 거라며 계속 연구하라고 당부했다. 여자라고 박사가 되지 말란 법은 없다고 생각할 만큼 알베르트 아인슈타인은 열려 있었다. 하지만 모든 인간이 시대의 한계를 지니듯 아인슈타인도 확고한 성평등 의식을 지니지는 못했다. 훗날 아인슈타인은 과학도 다른 분야처럼 여성이 진출하기 쉬워져야 한다고 주장하면서도 그 결과에 대해서는 회의감을 갖고 있다며 불쾌하게 여기지 말아달라고 부탁하는 편지를 친구에게 썼다. 아인슈타인은 자연이 여성에게 부여한 기질에는 다소 제한된 면이 있어서 남성과 같은 수준의 기대를 적용하기는 어렵다고 생각했다. 창조성을 지닌 여성은 극히 드물다며 자신에게 딸이 있다면 물리학 공부를 시키지 않겠다고 이야기했다. 그러고는 두 번째 아내가 과학을 전혀 몰라 다행이라면서, 첫 번째 아내는 알았다고 말했다. 정작 아인슈타인은 자신이 역사상 가장 우수하고 독립적인 수학 천재라고 치켜세운 독일의 수학자 에미 뇌터Emmy Noether의 연구 결과를 기반 삼아 일반 상대성 이론을 구상할 수 있었음에도 여성에 대한 편견을 깨지 못했다. 에미 뇌터는 여성이라는 이유만으로 학계에서 공로를 인정받기는커녕 임금도 받지 못했다.

여태껏 여자의 지성은 대단치 않다고 대놓고 말하는 환경이었고, 현대에 들어서도 여성에 대한 편견과 성차별은 완고했다. 마리 퀴리Marie Curie는 노벨상을 두 번이나 탄 과학자이자 자신의 딸까지 노벨상을 받도록 키운 어머니였다. 능력이 충분히 증명된 마리 퀴리이지만 프랑스 아카데

미에서는 마리 퀴리를 회원으로 받아들일지 여부를 두고 격론이 벌어졌다. 그녀의 성별과 국적을 둘러싸고 질시와 험담이 들끓었다. 레이첼 카슨Rachel Carson이 자신을 세상에서 가장 유명한 환경주의자로 만든 책을 출간했을 때, 맨 처음엔 남자 학자들은 자격 없는 여자가 살충제에 대한 이야기를 썼다며 무시했다. 레이첼 카슨은 경제 형편 때문에 박사 과정을 마치지 못했을 뿐 과학 공부를 오래 한 사람이었지만, 레이첼 카슨의 논의는 과학 연구로 평가받지 못하고 한 여자의 신경질로 여겨졌다. 미국의 세포유전학자 바버라 매클린톡Barbara McClintock도 성별에 따른 차별을 받았다. 그녀는 유전자가 자리바꿈한다는 기발한 발상을 증명했다. 그러나 매클린톡의 성취는 과학계의 철저한 무관심 속에서 방치되다가 훗날에야 〈노벨생리의학상〉을 받으면서 공로를 인정받았다.

여성에 대한 의구심이 여전히 학계에 넘실거린다. 2005년엔 하버드 대학교의 총장 로런스 서머스Lawrence Summers가 미국립경제연구소 회의에서 크게 논란이 된 발언을 했다. 그는 과학계에서 남성보다 여성이 뒤지는 건 가족과 연애에 더 집중하는 여성의 사고방식 때문이라면서, 여자 종신 교수가 드문 건 과학 최상위 수준에서는 성별에 따른 소질의 차이가 있다고 말해 심상찮은 파문을 일으켰다. 로런스 서머스의 주장엔 문제점이 있지만, 그냥 싸잡아 매도하기보다는 여러 가지로 생각해보는 것이 보다 유익할 것이다.

서머스의 추측과 달리 남성 과학자들도 여자들 못지않게 가정을 생각하고 연애에 집중할 것이다. 물론 집안일을 여성이 더 신경 써야 한다는 분위기에서 남자 과학자들이 여자 과학자들보다 무심할 가능성이 높기는 하다. 한편 수리 능력에서 남성이 여성보다 강세를 보이는 현상은 전 세계에서 뚜렷하다. 다양한 사회에서 행해진 비교문화 연구 결과 남자들은 여자들보다 수학을 좋아하고 잘했다. 최상위권으로 갈수록 여성과 남성의 비율은 급격하게 벌어졌다. 수리 이해 능력이 매우 비상한 여자더라도 과학보다는 인문학 쪽에 더 큰 관심을 보이는 경향이 있고, 자신이 선호하는 쪽으로 진로를 정했다. 로런스 서머스의 발언이 아예 터무니없는 망상이 아닐 수도 있다는 얘기이다. 영국의 실험심리학자 사이먼 배런코언Simon Baron-Cohen은 남자들이 분석하고 체계화하는 데 흥미를 좀 더 느낄 수 있다는 점을 인정해야 한다고 주장한다. 예외가 분명히 존재하지만, 성별에 따라 좀 더 유리하고 불리한 영역이 있을 수 있다.

하나의 예를 들어보면, 남자는 두정엽의 공간-운동 영역이 항상 활성화되어 있어서 움직임 파악과 물체의 회전을 상상하는 공간 조작 능력이 뛰어난 편이다. 반면에 여자의 뇌에서는 공간-운동 영역이 대개는 비활성화되어 있다가 자극을 받고 필요할 경우 활성화된다. 물체를 머릿속에서 상상하며 회전하면 어떻게 될지 파악하는 능력은 5세 무렵부터 여자아이와 남자아이 사이에서 차이가 나타난다. 이 차이는 여자보다 남자가 조금이나마 지리 파악을 잘하는 원인 가운데 하나가 될 것이다.

여성과 남성 사이에 아무런 차이가 없길 바라는 믿음이 한때 강하게 퍼져 있었다. 혹여나 타고나는 성차가 있다면 여성이 차별받는 근거로서 활용될 수도 있다는 염려였다. 성차별을 타파하고 더 나은 세상을 만들겠다는 신념을 동력 삼아 사회구성주의가 득세했다. 사회구성주의란 인간이 어떻게 길러지느냐에 따라 그렇게 구성된다는 사상이었다. 문화에 따라 남성성과 여성성이 구성된다는 믿음은 아들과 딸을 구별하지 않고 키우는 교육법을 유행시켰다. 그 결과 성에 대한 편견과 차별은 다행스럽게도 줄어들었지만, 성에 대한 이해가 떨어지는 현상도 나타났다. 안타까운 사태도 발생했다. 미국의 심리학자 존 머니John Money

는 성차가 엄마의 자궁 안에 있을 때 이미 결정된다는 박사 논문을 제출했으나 사회 흐름에 합류하여 성별이 만들어진다고 주장해 유명세를 탔다. 존 머니는 포경 수술하다가 성기가 타버린 남자 아기를 여자로 키워냈다고 발표하면서 막강한 권위를 획득했다. 존 머니의 이론과 남자에서 여자가 된 아기의 사례는 의학 교과서에 실릴 정도였다. 당시 의학계는 인간이 출생할 때 중립이던 성 정체성이 성기의 유형에 따라 발달한다면서, 성전환 수술한 뒤 한쪽의 성 정체성에 맞게 양육하면 성 정체성을 배정할 수 있다고 가르쳤다. 여성계는 존 머니를 당연히 환영했다. 남자와 여자는 선천의 차이가 없고 학습에 따라 달라진다는 증거가 되었기 때문이다. 그러나 존 머니가 여자로 만들었다는 인물은 전혀 여자로서 적응하지 못했다. 성전환 수술을 받고 여성 호르몬을 투여하면서 끊임없이 여자다워야 한다는 교육을 받았지만, 서서 오줌을 누려고 했고 남자애들과 주먹다짐하면서 성 정체성의 혼란을 심각하게 겪었다. 고통스레 살다가 자신이 갓난아기 때 남자였다는 사실을 알고 난 뒤 모든 것이 명확해졌다. 그 인물은 원래의 성별로 돌아갔다.

타고나는 성차를 무시한 채 키우더라도 여성과 남성이 동일해지지는 않는다. 여자와 남자는 아예 다르지도 않지만 똑같지도 않다. 믿음과 실재를 구별할 필요가 있다. 인간이 신의 모습을 본떠 한순간에 만들어졌다는 믿음을 신봉하더라도 실제론 오랜 생명의 진화를 통해 인간이 되었듯 말이다. 여성과 남성이 동일하다는 믿음은 성차별 없이 모두를 존중한다는 의미에서 인류가 성취한 고귀한 관념이다. 하지만 자연계의 실재를 반영하지는 않는다. 여남 사이에 성차는 없고 모든 것이 사회 학습을 통해 만들어진다는 생각은 성차별을 없애기보다는 도리어 여성에 대한 몰이해의 원인이 되기도 한다. 성차가 없다는데 왜 남자와 똑같이 행동하지 않고, 왜 그런 감정 상태를 가지느냐는 비난의 논거가 되는 것이다.

태어나기 전부터 남자와 여자는 뇌가 다르다는 인지과학 연구들이 수북하다. 유전학의 발전과 양전자 방출 단층촬영이나 기능성 자기공명영상과 같은 기술로 이전에는 알 수 없었던 인간의 실체를 보다 이해할 수 있게 되었고, 성별에 따른 차이도 분명히 파악되었다. 억겁의 시간 동안 암수의 역할이 달랐기 때문에 그에 맞춰 뇌가 태어날 때부터 약간 다르게 구성되는 건 자연스럽다. 인간보다 성차가 먼저 있었다. 암수의 구분은 지금으로부터 10억 년 전, 인간이 있지도 않았던 시대에 일어났다. 인간이 성별의 구분을 없앨 수 있다거나 얼마든지 성별과 무관하게 아이를 키울 수 있다는 발상 자체가 인간의 오만 어린 무지를 표출한다. 여성과 남성의 유전자는 99퍼센트 넘게 똑같으나 아주 약간의 유전자가 다르고, 그 차이에서 성차가 생겨난다. 물론, 성차가 과거처럼 우열의 근거가 되어서는 곤란하다.

합리성 논증을 할 때 성차는 거의 나타나지 않는다. 성별에 따라 뇌의 화학성분이나 생리학 구성과 발달상의 특성이 약간 다르고 뇌 구조도 조금 다르지만, 인지 기능에서 성차는 존재하지 않는다. 여자의 뇌는 남자의 뇌보다 보통 9퍼센트 정도 작은데, 뇌세포의 수는 동일하다. 여성은 좀 더 밀착된 형태로 뇌세포를 갖고 있다. 지능을 평균 내면 성차가 없다. 다만 남성은 좀 더 극단화되어서 정규분포도의 양옆으로 퍼져 있다. 평균보다 더 똑똑한 지능을 지닌 남성과 덜 똑똑한 지능을 지닌 남성의 숫자가 여성보다 좀 더 많다는 얘기이다. 지능을 세분화해서 살피면 수리 능력이나 공간 인지 지능이 여성보다 남성이 약간이나마 높게 나타나고, 언어에 대한 감각과 논리력은 남성보다 여성이 조금이나마 더 뛰어나다. 어릴 때 남자아이에 비해 여자아이가 먼저 말을 배우고, 여자들이 좀 더 조리 있고 다채롭게 그리고 빠르게 언어를 사용할 수 있는 이유다.

성별에 따른 경향이 발생하더라도 이건 통계에 따른 평균치일 뿐이다. 한 개인을 평가할 때 통계 수치는 중요하지 않다. 이를테면 여자가 남자보다 언어 인지 능력이 뛰어난 경향이 있지만 꽤 많은 남자들이 평범한 여자들보다 언어를 섬세하게 구사한다. 마찬가지로 남자들이 계산 능력이나 공간 인지 지능이 높게 나타난다고 해도 여느 남자들보다 훨씬 뛰어난 수리 능력과 공간 지각 능력을 지닌 여자들이 즐비하다. 하지만 남자들이 언어 능력을 우아하게 발휘하면 우러름을 받지만, 정밀한 수리 능력을 펼치는 여자들은 여성이라는 이유만으로 불이익을 당한다. 여성이 수학이나 과학에 적합하지 않다는 세상의 편견은 여성을 위축시킨다. 미국의 사회심리학자 클로드 스틸Claude Steele의 연구에 따르면, 수학을 잘하는 여자에게 여성이라는 사실을 환기시키는 것만으로 수학 점수가 평소보다 낮아진다. 마찬가지로 흑인에게 피부색이나 인종을 의식하게 하는 것만으로도 학업 성취도가 떨어진다.

사회의 성차별로 말미암아 재능이 있더라도 많은 여자들이 지레 포기하고 도중에 낙마하는 일이 속출한다. 미국의 심리학자 주디스 리치 해리스Judith Rich Harris도 하버드대학원에 다닐 때 여자가 심리학 실험실에 발을 들여서는 안 된다는 말을 내뱉는 교수가 있었다고 회고한다. 여자들에게는 과학이 어울리지 않는다고 은연중에 암시하고 조장하면, 여자들은 과학을 회피하게 된다. 미국의 생물학자 린 마굴리스Lynn Margulis나 이론물리학자 리사 랜들Lisa Randall같이 뛰어난 여자들이 대거 등장했지만, 아직도 세상은 여자들의 도전을 북돋지 않는다. 과학자가 되는 과정에서 성별에 따라 불평등한 요인이 많기 때문에 성차별화된 사회 환경을 시정해야 한다. 지금 문제는 과학계에 뛰어난 여자들이 적다는 사실이 아니라, 과학계에 여자들이 드물다는 사실에서 모든 여성은 과학 능력이 떨어진다는 비과학적인 편견이 넘쳐난다는 점이다.

과학계뿐만 아니다. 많은 영역에서 시간이 지날수록 여자들이 자취를 감추는 경향이 있다. 여성이 고등 교육을 받는다고 해서 반드시 성평등해졌다고 볼 수 없다. 여자들이 받은 교육이 남성으로만 이뤄진 역사이고 남자들에게만 맞춰진 내용이라면 교육을 받을수록 여성들 사이에선 은밀하게 자기혐오가 강화된다. 여성 지향의 교육이 더 계발되어야 한다. 여전히 여성에 대한 왜곡과 고정 관념이 강의실에 넘쳐나는 실정이다.

어린 시절 위인전을 보면 왜 성별이 한쪽으로 쏠려 있는지 우리는 묻지 못했다. 훌륭한 남자 위인 뒤에는 묵묵히 뒷바라지하는 여자들이 있었다. 조명은 늘 앞쪽의 남성에게 쏟아졌다. 여자들은 그림자 노동을 했다. 영국의 비평가 존 러스킨John Ruskin은 여자의 지성은 발명이나 창조를 위한 것이 아니고 여성의 진정한 재능은 남자들을 칭찬하는 데 있다고 말했다. 여자들이 어쩔 수 없이 남자의 보조 역할을 할 수밖에 없었던 사회 환경에 문제의식을 갖지 못한 것이다. 자신의 재능을 펼치려는 여자 뒤에는 어질러진 집 안과 울고 있는 아이가 있었다.

자신의 길을 걸어간 남자들은 집안일이라든지 여러 가지의 책무를 짊어지지 않아도 동경을 받았다. 그러나 여성은 다르다. 엄마로서, 아내로서, 딸로서, 여성으로서 할 일이 너무나 많고 하지 않으면 질책이 쏟아졌다. 스스로도 죄의식에 시달렸다. 실비아 플라스는 아이들을 키우면서 너무 지친 나머지 아이들이 깨어나지 않은 새벽에 힘겹게 일어나 조용히 글을 쓰다가, 피로와 우울을 견디다 못해 자살했다. 여태껏 여성에게는 꿈의 실현은커녕 꿈을 꿀 기회조차 봉쇄되어 있었다. 여자는 인간이 아닌 여자여야만 했다.

현재도 남녀 사이에 공정한 경쟁은 이뤄지지 않는다. 남자보다 더 독해야 여성은 간신히 자리를 차지한다. 과학저술가 코델리아 파인Cordelia Fine이 인용한 연구 결과에 따르면, 여성 교수들은 남성 교수들보다 자녀에게 헌신하는 비율이 훨씬 적었다. 그리고 나이가 든 다음에 자녀를 더 갖고 싶었다고 말할 가능성이 남자보다 두 배였다. 여자들은 남자들보다 더 공부에만 매달려야 간신히 교수직을 얻을 수 있는 것이다. 동일한 경력을 얻기 위해 여자들은 더 큰 희생을 치른다. 여성이 덜 똑똑해서 성취를 잘하지 못한다고 말한다면, 자신의 어리석음을 드러내는 꼴일 뿐이다.

공부하는 여성에 대한 편견

성평등한 시대라지만, 일부의 여자들은 자기 재능을 발휘하는 데 주저한다. 남자들이 성취 업적과 매력도가 비례하는 것과 달리 여자들은 억대 연봉자가 되고 뛰어난 학술 서적을 쓰고 훌륭한 예술 작품을 창조하더라도 여성으로서 매력 있게 평가하지 않는 사회 분위기 탓이다.

연애 시장에서 남자들이 학력이 높고 전문직일수록 인기가 수직 상승하는 것과 달리, 고학력의 전문직 여성의 인기는 저조하다. 미국의 작가 해나 로진Hanna Rosin은 한국 결혼정보회사에서 무직의 젊은 여성보다 교육 수준이 높고 열심히 일하는 여성이 더 낮은 점수를 받는다는 사실을 알고 우울해한다. 고학력의 전문직 여성보다 적당히 공부한 어리고 어여쁜 여자들이 높은 점수를 받는다. 박사 학위의 여자들은 결혼정보회사 개인정보란에 일부러 석사로 하향 조정해서 기재하는 실정이다. 여성은 오래 공부한 사실이 감점 요인이 되는 것이다.

거다 러너는 생각하는 여성을 일탈한 존재로 지목하고 사랑을 철회하는 것이 역사 내내 여성의 지적 작업을 저해하는 수단이었다고 분석한다. 역사 속에서 많은 여자들이 남성과의 의사소통, 인정, 그리고 사랑이 단절될 위협에 두려움을 느끼고는 더 공부해서 현명해지는 과정을 포기했고, 남자들이 원하는 지식수준에 머무르면서 남성을 보조하는 역할을 맡았다.

인간은 누구나 사랑받고 싶어 한다. 남자는 공부를 많이 하면 사랑받을 확률이 커진다. 이에 반해 여자들은 정비례하지 않는다. 결혼정보회사의 등급표는 공부를 열심히 한 여자들을 허탈하게 만든다. 더 나은 지성을 갖춘 여성이 결혼 시장에서 모종의 이익을 본다는 증거는 거의 없다고 미국의 심리학자 낸시 에트코프Nancy Etcoff는 지적한다. 미국의 위스콘신주에서 만 명이 넘는 남녀를 대상으로 연구했더니, 결혼한 적이 있는 여자들의 지능보다 결혼한 적이 없는 여자들의 지능이 상당히 높다고 밝혀졌다.

곁에 있는 여자의 외모에 따라 남자들의 성공 여부를 가늠하는 세속의 시선이 있다. 여자들도 이를 모르지 않는다. 자기 외모가 곧 남자의 가치라고 생각하면서 더욱 자신을 가꾸는 것이다. 두 명의 사회심리학자가 발표한 연구 논문에 따르면, 대중은 매력 있는 여자를 옆에 둔 남자가 더 자신감이 있어 보이고 지적이며 호감이 간다고 평가했다. 반면에 외모가 멋진 남자를 옆에 둔 여자는 더 똑똑해 보이거나 자신감이 느껴진다거나 호감이라는 평가를 받지 못했다. 미국의 인류학자 존 마셜

타운센드John Marshall Townsend는 고수입의 직업을 가진 사람부터 저임금을 받는 직종의 사람들까지 다양한 외모가 포함된 남녀의 사진을 사람들에게 보여주었다. 그리고 차 한 잔을 하거나 데이트를 하거나 성관계를 맺거나 결혼하고 싶은 사람은 누구인지 질문했다. 여자들은 지위가 높은 직종의 매력 없는 외모의 남자와 낮은 지위에 멋지게 생긴 남자에게 같은 등급의 평가를 주었다. 남성은 지위가 외모를 상쇄한 것이다. 반면에 남자들은 여성의 외모에 끌리지 않으면 그녀의 지위나 직업이 어떠하건 별로 선호하지 않았다.

여자는 성취를 얻더라도 남자와 동등한 평가를 받지 못하기 일쑤다. '20세기 가장 유명한 짝'으로 알려진 장 폴 사르트르Jean-Paul Sartre와 시몬 드 보부아르Simone de Beauvoir는 각기 다른 노후를 맞았다. 나이가 들어도 젊은 여인들이 쫓아다녔던 사르트르와 달리 보부아르에게는 딴판의 노년이 기다리고 있었다. 보부아르는 두 남자와의 사랑이 끝난 뒤 더이상 어떤 남자도 자신을 안으려 하지 않을 것이라며 쓸쓸해했다. 어른으로서 대접도 달랐다. 서구에서 68혁명이 일어났을 때 젊은이들은 사르트르를 신탁처럼 여기며 의견을 구했지만 보부아르의 견해는 들을 생각조차 없었다. 어른이라고 일컬어지는 인물들은 하나같이 나이 든 남성이다. 여성은 학식이 깊어도 어른으로서 발언권을 갖지 못한다.

소크라테스는 추남으로 유명했지만, 수많은 사람들에게 열렬히 사랑받았다. 그의 뛰어난 지성과 정신세계가 그의 외모를 극복한 것이다. 이와 달리 여성 가운데 자신의 외모에도 불구하고 지적 성취를 통해 열렬히 사랑을 받은 예는 흔하지 않다. 여자가 공부해서 능력을 펼치더라도 외모가 뛰어나지 않다면 이들의 노력은 대부분 '불가피한 인생'으로 멸시당한다고 미학연구가 김주현은 설명한다. 학업 성취를 위한 여자의 노력은 외모가 받쳐주지 않는 자의 발버둥처럼 낮잡아지고, 예쁘지 않으니 악착같이 공부한다는 험담을 듣게 된다. 미국의 작가 나오미 울프 Naomi Wolf는 여성이 아름다우면 지성이 없고 지성이 있으면 아름답지 않다는 세상의 정형화를 지적했다.

능력을 키우되 외모도 가꿔야 한다는 요구는 여자들을 버겁게 만든다. 예쁜 여자는 머리가 비었다는 속설과 예쁘지 않은 여자들이나 공부를 열심히 한다는 편견은 여성을 곤혹스럽고 난처하게 만든다. 아름다움이 여성의 권력이라고 어린 시절부터 가르침을 받았기 때문에 여자들의 마음은 황금 새장이 된 몸의 주변을 배회하면서 그 감옥을 치장하고자 노력했다고 메리 울스턴크래프트는 논평했다.

요즘엔 잘 꾸미면서도 높은 성취도를 얻는 이들이 많다. 그런데 자신이 할 일을 성실히 하면서도 단장하는 데 상당한 시간과 공력과 돈을 들이기 때문에 일상이 피곤하고 주머니 사정이 쪼들릴 수밖에 없다. 아이라도 있다면 여성은 그야말로 삼중고를 겪어야 한다. 직장인의 기상 시간을 조사하면 여성이 남성보다 대부분 이르다.

요즘 남자들은 여자의 능력을 중요한 조건으로 염두에 두지만, 그럼에도 외모를 첫째가는 조건으로 꼽는다. 남자들이 워낙 외모를 중시하니까 여자들은 고생하며 자기 길을 열어내기보다는 외모 잘 가꿨다가 남자 잘 만나 편안히 사는 길에 때때로 현혹되기도 한다. 가부장제에서는 남자의 지위가 곧 여자의 위치가 되었는데, 현대에 와서도 과거의 잔재가 깔끔히 털어내어지지는 않았다. 여전히 일부 여자들은 남자를 통해 자신의 가치를 드러내고자 욕망한다. 여자들끼리 오랜만에 만나 신상 정보를 교환할 때, 남편 직업에 예민하게 반응하는 것도 이 때문이다. 학창 시절엔 공부를 열심히 안 하던 친구가 남편 덕에 "사모님" 소리를 듣는 걸 보면서 분노와 부러움에 휩싸였다는 얘기가 여기저기서 메아리친다. 학교마다 공부보다는 자신의 여성성을 가꿔서 서열 우위를 점하려는 여자들이 있기 마련이다. 세상은 공부 잘하는 여자보다 예쁜 여자를 더 높게 평가한다는 걸 일찌감치 파악하고, 그들은 외모 꾸미기에 엄청난 투자를 시작한다. 자신의 외모를 뽐내면서 학업 성적이 높은 여자들이 매력 없다고 야유한다.

여자들은 남자만큼이나 권력을 갖기를 원한다. 여성은 공부보다는 외모를 꾸밀 때 힘이 생기는 세상이다. 여자들끼리 서로의 외모를 비교하며 경쟁한다. 외모 가꾸기의 비중은 여성의 일상에서 높을 수밖에 없다.

글로리아 스타이넘Gloria Steinem은 외모에 대한 논의에서 생각거리를 안겨주는 인물이다. 글로리아 스타이넘은 많은 사람들에게 신화 속 영웅 같은 존재였다. 미국의 정신치료학 임상교수 진 시노다 볼린Jean Shinoda Bolen은 글로리아 스타이넘이 그리스의 여신 아르테미스의 원형을 구현한 인물이라고 평가했을 정도였다. 글로리아 스타이넘은 자신이 여성주의 덕에 구원받았는데 사람들은 자신을 '예쁜' 여성주의자로 본다고 탄식했다. 누군가 노력해서 이룬 성취를 외모 덕분이었다고 간주한다면 얼마나 황당한 일이냐면서 안타까워했다. 글로리아 스타이넘은 자신이 나이가 들었는데도 '예쁜 페미니스트'라는 별명에서 해방되지 못했다는 것이 노화에 대한 자신의 유일한 실망이라고 이야기했다.

누군가 글로리아 스타이넘의 업적을 외모 덕이라고 한다면 몰상식한 짓이지만, 글로리아 스타이넘이 외모 덕을 전혀 보지 않았다고 부인하는 것도 세상 현실에 두 눈 감으려는 처신일 것이다. 글로리아 스타이넘은 젊은 날에 바니걸스 클럽에 잠입해서 취재한 뒤 실태를 폭로했는데, 그녀가 바니걸스에 뽑힐 만큼 예쁘지 않았다면, 언론이 그녀의 사진을 큼직하게 싣지 않았다면, 글로리아 스타이넘의 파급력은 덜했을지도 모른다. 미국 대중은 결혼제도에 거리를 뒀고 아이를 낳은 적도 없으며 강경 노선의 선두에 섰던 글로리아 스타이넘을 덜 과격하고 덜 신랄하다고 여겼다. 남녀의 동등권을 요구하면서도 결혼과 가족제도를 지지해온 미국의 여성운동가 베티 프리단Betty Friedan에 정반대되는 인물이라고 착각하면서 글로리아 스타이넘을 좋아했다. 그래서 일부 페미니스트들은 글로리아 스타이넘에 대해 비판을 제기했다. 글로리아 스타이넘이 성공하더라도 여성운동 자체가 성공하는 것이 아니기 때문이다.

여성의 외모에 지나치게 조명이 가해지면 그 사람이 세상에 알리려는 문제가 외모에 묻히곤 한다. 여성의 외모를 향한 시각이 독재하면서 정작 그녀의 얘기에 반응하게 할 청각을 마비시키는 것이다. 글로리아 스타이넘의 외모를 언론이 강조한 까닭도 예쁜 여자는 여성운동을 할 필요가 없다는 대중의 왜곡된 인식을 배경으로 한다. 여성주의를 깎아내리거나 분열시킬 때 여성의 외모가 언급되기 십상이다. 한국에 번역된 저메인 그리어의 책에서도 180센티미터의 아름다운 외모를 지닌 여성이라는 내용이 저자 소개 맨 앞에 서술되어 있다.

'효녀연합'을 만들고 일본군 위안부 문제를 알리던 홍승희도 비슷한 경험을 했다. 여성에게 가해진 폭력의 역사를 광장에서 밝히는 자리에서 여성이 다시 대상화되어버린 것이다. 여성이 전하고자 하는 의미와 의도는 존중되지 않고 '여성이라는 대상'으로서 대중에게 전달되어 판단된다. 박근혜 전 대통령의 성별이 부각되어 조롱당했듯 여성은 활동의 목표나 작업의 내용보다는 외모와 몸가짐에 대한 품평을 당하기 일쑤다. 힐러리 클린턴Hillary Clinton은 화장을 거의 하지 않고 머리를 단정히 하지 않은 채 안경을 쓰고 나타났다가 혹독하게 지탄받았다. 버락 오바마Barack Obama는 캘리포니아 법무장관을 소개하면서 능력을 치켜세우는 한편 미국 역사상 가장 아름다운 법무장관이라는 쓸데없는 미사여구를 붙였다가 홍역을 치르기도 했다. 능력 있는 여성에게도 외모의 그림자가 짙게 드리워져 있는 현실이다.

외모에 따른 평가가 지독하다 보니, 자기 길을 뚝심 좋게 가는 멋진 여자더라도 가슴속 깊은 곳에선 외모에 대한 수치심이 거머리처럼 자존감을 피 빠는 경우가 드물지 않다. 배 나오고 흐리멍덩한 눈빛에도 자신이 잘생겼다고 믿는 남자들이 차고 넘치는 데 비해 자신의 외모에 만족감을 갖는 여성은 희소하다. 충분히 아름다운 여자들도 거울을 들여다보면서 미인선발대회 심사위원처럼 자신의 단점을 찾아내느라 분주하다.

백치미라는 굴레

그동안 여성은 자기 내면의 훌륭함을 북돋는 교육을 받지 못했다. 베티 프리단은 교육제도가 여자들을 자신만의 독특한 세계를 갖도록 키우지 않고 남들처럼 되고자 검열하도록 가르친다고 지적했다. 베티 프리단에 따르면, 여자는 너무 많은 질문을 하지 않기 위해 배웠고 수재로 낙인찍힐까봐 수업 중에 말하기를 꺼려 했다. 남자는 엉성하게 알아도 마치 다 아는 것처럼 떠드는 데 반해 여자들은 거의 알지만 조금 미진한 부분이 있으면 입을 다문다. 조신하고 얌전해야 한다는 관념이 여자들의 머릿속을 장악한 뒤 여성의 일상을 옥죄고 있는 셈이다.

여자들이 글을 읽음으로써 여성문제가 생겨났다는 말처럼, 가부장제의 남자들은 여성이 겪는 고통에 문제의식을 갖지 못했다. 여자들이 세상을 향해 입을 열어 말하기 시작했는데, 아직 남자들의 귀는 여자들의 말을 들어줄 만큼 열려 있지 못하다. 남자들이 얘기하고 여자들은 듣는 성별 구도가 완강하게 자리 잡고 있다. 더구나 남성다움은 지성과 연결되는 경향이 강하다. 많은 남자들이 지식을 과시하면서 여자에게 점수를 따려 든다. 맨스플레인mansplain이란 용어도 생겼다. 미국의 작가 리베카 솔닛Rebecca Solnit은 어떤 남자가 자신의 책을 두고 한참 설명하자 자신이 그 책을 쓴 사람이라고 밝혔는데도 그 남자는 솔닛에게 솔닛의 책을 설명하는 걸 멈추지 않았다. 남자들이 얄팍한 지적 과시를 해도 대부분 여자들은 면박 주지 못한다. 신뢰가 구축된 관계에서라면 자신의 생각과 자랑을 소신 있게 표현하는 여성도 남자들이 괴상한 소리를 해댈 때 논쟁을 벌이지 않으려 한다. 남자의 기분을 망칠까 미안하고, 혹여나 자신에게 피해가 미칠까 두렵기 때문이다.

프랑스의 사상가 엘렌 식수Hélène Cixous는 여성에게 복종의 침묵만이 강요되었기 때문에 공식 자리에서 입을 여는 것이 무모한 위반 행위라고 이야기했다. 그리고 여성이 용기 내어 자신의 생각을 펼치더라도 여성의 말이 가닿는 남성은 거의 언제나 귀머거리라고 부르짖었다. 여성은 하고 싶은 말을 하지 못해서 슬펐고, 한다고 해도 전달되지 않아 분노에 휩싸였다. 앞 시대 여자들은 남자들과 부대끼면서 울화가 치미는 답답한 상황을 자주 겪었다.

남성 지식인들이 자신의 지능을 발휘해 문제 제기하고 잘못된 부분을 까발리면서 명성을 얻었다면, 여성 지식인은 상대하기 힘든 까다로운 여자라는 악명을 얻었다. 비판지성을 지녔어도 여성은 날카로운 통찰력을 선보이지 않으려 노력해야 했다. 여성은 미묘하게 작동하는 사회 분위기에 따라 자기 생각을 드러내는 걸 제어하면서 적당히 조화로운 여자가 되어야 했다. 남성은 적극성을 지니라고 조장되는 데 반해 여성은 조신하라고 채근을 당한다.

지성은 정신의 크기다. 정신의 크기는 새로운 발상과 시행착오의 순환을 겪는 가운데 성찰과 사유를 통해 확장된다. 지성이 되려면 인습에서 벗어나 다른 각도에서 생각해야 하고, 좀 더 당차고 당당하게 자신의 생각을 표출하는 과정이 필수다. 그런데 세상은 여성의 지성을 성장시키도록 격려하기보다는 조용히 순종하면 사랑받을 수 있다고 세뇌만 시켰다. 지금도 적잖은 남자들이 여자들의 똑소리 나게 똑똑하고 똑바른 생각을 그리 내켜 하지 않는다. 마릴린 먼로Marilyn Monroe가 슬기롭고 주체성이 강한 여성으로 비쳤다면 남자들에게서 그처럼 사랑받지는 못했을 것이다. 마릴린 먼로는 남자들이 원하는 모습을 훌륭히 선보인 똑똑한 연기자다. 하지만 연기를 매일 하다 보면 어느새 연기와 실상이 구별되지 않는다. 여자다워야 한다는 압박이 여자들의 지성을 녹슬게 만드는 요인이 될 수 있다.

멍청한 남자에게 백치미가 있다고 말하지 않는다. 백치미는 오로지 여자들에게만 붙여진다. 백치미라는 언어에는 여자들을 고분고분하게 만들려는 꼼수가 숨어 있다. 사회가 여성의 지성을 꺼려 하면 여자들은 백치미의 굴레에 자신의 머리를 끼워 넣고자 낑낑대게 된다. 소설가 김형경은 착하고 온순하고 인종하는 태도뿐 아니라 우울증과 나약함 그리고 무지함도 남성 중심 사회에서 여자들의 생존법이었다고 분석한다. 분노하는 여성들은 배척당하지만 우울한 여성들은 돌봄을 받고, 대항하는 여성은 쫓겨나지만 나약한 여성은 보호받으며, 똑똑한 여성은 외면되지만 무지한 여성은 귀여움을 받는다. 여자들은 귀여움을 받기 위해 무지해진다.

한편, 백치미를 연기하는 행위 자체에는 여자들이 세상의 요구를 읽어내고 자신을 변환시키는 뛰어난 지성이 내포된다. 여성은 생존하고자 무의식중에 세상을 읽어내고 자신을 변화시킨다. 백치미가 여자들 사이에 퍼져 있다면 여성은 백치의 아름다움을 지녀서가 아니라 세상이 그런 여자들을 요구하기 때문이다. 여성은 사랑받기를 욕망하고, 아름답기를 갈망한다. 백치가 아름답다고 세상이 권하면 여성은 백치가 되어 사랑받으려고 한다.

똑똑한 여성이 받는 사랑의 양보다 덜 똑똑하더라도 예쁜 여성이 받는 사랑의 양이 더 클 때 여자들은 외모에 대한 투자를 이유로 지성의 계발을 포기하기도 한다. 영화 〈언 에듀케이션〉을 보면, 주인공은 똑똑한 지능과 뛰어난 재능을 갖고 있지만 가정에서의 내조가 여성의 본분이라 믿고는 자신의 잠재력을 내팽개친다. 주인공의 결말이 예상될 수밖에 없다. 자신에게 의지하기보다 남자에게 의지할수록 여자의 인생은 위태로워진다.

문화 교양에 대한 갈망

인간은 좀 더 나은 일상을 영위하고 싶어 한다. 우리들이 공부하고 고민하고 도전하고 성찰하는 까닭도 자신을 성장시키고 더 만족스러운 삶을 살고 싶기 때문이다.

만족스러운 삶의 요건에는 여러 가지가 있겠지만 꼭 있어야 하는 것 가운데 하나가 문화 교양일 것이다. 배부른 돼지보다 배고픈 소크라테스가 더 낫다는 존 스튜어트 밀의 통찰처럼, 인간은 먹고사는 것만으로 만족할 수 없다. 사람은 어느 정도 먹고살게 되면 문화 예술을 향유하고 싶어 한다. 특히 문화 교양에 대한 여성의 갈망은 대단하다. 미술 전시회에도 사진전에도 음악회에도 박물관에도 여자들로 북적거린다. 출판 시장을 이끌어가는 주요 독자층도, 영화의 판도를 뒤흔드는 입소문의 출처도 여성이다. 책, 연극, 영화, 여행, 전시, 음식 등등 여성을 동력 삼아 문화가 형성된다. 예컨대, 뮤지컬 시장의 주요 관람객은 30~40대 고학력의 전문직 미혼 여성이다. 따라서 여심을 자극하는 남자 배우의 출연 여부에 따라 흥행이 좌우되고, 인기에 따라 배우의 보수가 결정된다. 공연 작품을 기획할 때도 여심을 저격하고자 제작된다.

주머니 사정이 두둑하지 않은 여자들도 문화를 향유하는 데 관심이 지대하다. 소설가 손원평이 쓴 『서른의 반격』의 주인공은 암만 궁핍해도 한 달에 한 번쯤은 영화나 전시를 보고 밥을 사먹자는 철칙을 갖고 있다. 이 정도의 문화 사치는 자신의 자존심에 대한 예의이자 꿈에 대한 최소한의 투자라고 생각한다. 이와 비슷한 경제 수준의 남자 가운데서도 문화 교양을 향유하려는 젊은이들이 있겠지만, 성별에 따른 문화에 대한 갈망이 조금 다른 것 같다.

왜 여성은 문화 교양을 향유하려고 노력할까? 자신을 성장시키려는 마음이 여성에게 강하기 때문일 것이다. 미국의 정치철학자 하비 맨스필드Harvey Mansfield는 자연계의 성별을 논의하면서 암컷이 수컷보다 부드럽고 덜 맹렬하다는 시중의 고정 관념을 언급한다. 그러면서 암컷의 부드러운 속성으로 말미암아 더 쉽게 길들여지고 통제에 더 순응하고, 배움에 더 열려 있다고 논의한다. 암컷은 나쁜 의미에서 보자면 통제당하기 쉽지만, 좋은 의미에서 보자면 배우려는 자세를 갖춘 타고난 추종자라고 하비 맨스필드는 주장한다.

오랜 세월 가해졌던 남존여비 사상에 따라 여자들은 자신의 부족함을 자꾸 자각해야만 했다. 바로 그 때문에 여자들은 나이가 들어서도 배우는 데 인색하지 않고 뭔가를 배우려고 한다. 문화 교양을 갖추려 노력하면서 사고의 유연성이 좋아진다. 여성은 젊은 세대가 극렬히 거부하는 '꼰대'가 되지 않을 가능성이 높다. 젊은이들이 싫어하는 인물을 보면, 문화 교양이 떨어지고 개방성을 지니지 못한 채 과거에 붙박인 남성인 경우가 많다.

문화 교양에 대한 남자들의 반감은 꽤 유서가 깊다. 미국의 역사학자 리처드 호프스태터Richard Hofstadter에 따르면, 미국의 정치인들은 남자다워야 한다는 선입견에 사로잡힌 나머지 교양을 여성적이라고 간주하면서 남자가 교양을 갖추면 여자처럼 연약해지기 쉽다고 주장했다. 교양인은 쓸모없다는 통념이 미국 사회에 넘실거리고, 한국 사회에도 반지성주의가 도사린다. 여자의 말을 들으면 자다가도 떡이 생긴다는 속담도 있는데, 문화 교양이 더 뛰어난 여성의 말을 남자들이 좀처럼 귀담아듣지 않는다.

한편, 문화 교양을 향한 여성의 갈망에는 타인에게 무시당하고 싶지 않다는 자존심도 배어 있다. 인간은 동류의식이 강하다. 같은 것을 즐기는 사람들끼리 모이고 뭉치려 한다. 하지만 무리를 짓는다는 건 내부와 외부를 가른다는 의미이다. 외부 사람을 배제하면서 내부가 단결된다. 문화 교양에 대한 요구가 사회에 퍼지자 무시당하고 싶지 않고 고립에 대한 공포가 강한 여성은 문화 교양을 갖춰서 주류가 되고자 애쓴다.

어느 모임이든 구성원이라면 당연히 갖추고 있다고 여겨지는 문화 교양의 수준이 있다. 소설가 최인석의 『연애, 하는 날』을 보면, 영화계 인사들이 모여서 얘기하는 가운데 가라타니 고진(柄谷行人)과 호치민(胡志明)이 언명되면서 한바탕 웃음이 빚어졌다. 그런데 소설 속 주인공은 가라타니 고진이나 호치민이란 이름을 처음 들어보고 그들이 왜 웃는지 이해하지 못한다. 무심결에 어느 영화에 나오는 사람이냐고 묻자 모임의 분위기는 얼어붙는다. 문화 교양은 삶을 풍요롭게 해주는 동시에 사람과 사람 사이의 유리 벽이 된다. 나와 같은 수준의 문화 교양을 지닌 사람들은 에워싸며 보온 효과를 일으키지만 그렇지 않은 사람과는 보이지 않는 경계를 긋고 차갑게 내친다. 프랑스의 사회학자 피에르 부르디외Pierre Bourdieu는 취향이나 문화 교양이 계급과 관련 있고 사람을 구분 짓기 하는 기능을 한다는 연구 결과를 내놓았다.

한 사회에서 요구되는 문화 교양은 모임의 성격에 따라 다르다. 대부분의 모임에서는 가라타니 고진과 호치민을 아는 사람이 외로운 처지가 되기 십상일 것이다. 우리의 문화 교양은 그리 개성 있지 않다. 우린 저마다의 감식안으로 문화생활을 풍요롭게 향유하기보다는 남들이 보는 TV를 보고 흥행하는 영화를 보며 베스트셀러 책을 산다. 개성시대라고 크게 떠들면서 저마다 끼와 멋을 뽐내지만, 사람들의 욕망과 생각은 판박이다. 스스로 생각하고자 안간힘을 쓰지 않으면 표준 인간이 되어버린다. 표준이란 성실하게 사회화를 받았다는 뜻이지만 한편으론 외부에서 정해준 삶의 틀을 그대로 따른다는 뜻이기도 하다. 따라서 표준 인간은 정상이라는 고정 관념과 표준이 되어야 한다는 편견에 얽매여 자신을 상실한 상태를 지칭한다. 표준 인간은 정상의 범위 밖에 있는 것들을 이해하지 못하고 혐오하면서 협소한 세계에 갇힌다. 정상성을 추구하는 여자들의 문화 교양에는 한계가 있다는 비판이 따르는 이유다.

미국의 여성학자 케이트 밀레트Kate Millet는 가부장제 아래의 여성은 정치나 경제 같은 영역이 아니라 열등한 문화 영역에서 활동하도록 제한되어왔고 그에 따라 여성은 인문 교양을 공부함으로써 예술 문화에만 관심을 갖도록 권장되는 경향이 있다고 지적했다. 케이트 밀레트는 여성의 문화 교양은 한때 결혼 시장에 나설 준비를 위해 갈고 닦아야 했던 여성의 덕목이 변형된 것에 불과하다고 분석했다.

주말이면 시간을 내어 인기 있는 전시를 찾아다니고 흥행하는 영화를 보는 일이 텔레비전만 끼고 있는 것보다 나은 면이 있을 것이다. 하지만 주류가 되고자 익히려는 문화 교양과 삶을 그저 윤택하게 해주는 문화 상품을 철마다 소비하는 건 분명히 한계가 있다. 우리가 지향해야 할 문화 교양은 우리 삶을 변화시키는 치열한 자극과 강렬한 충격 속에서 간신히 잉태되는 인생을 진지하게 대하는 태도일 것이다.

남성이 생산한 지식과
다른 여성이 낳은 지식

워낙 세상이 남성 중심이었기 때문에 여성은 자신이 보고 듣고 생각하는 것이 과연 진실인지조차 자신하지 못한 채 남자들의 의견을 따를 때가 많았다. 여자들의 순응하려던 태도는 미국의 사회심리학자 솔로몬 애쉬Solomon Asch가 시행한 실험을 연상시킨다.

솔로몬 애쉬는 실험 대상자들에게 작대기 세 개를 보여주면서 가장 긴 것을 말하라고 요구했다. 이때 실험 대상자를 제외한 나머지 참가자들은 미리 짬짜미한 대로 두 번째로 긴 작대기가 가장 길다고 큰 소리로 말했다. 실험 대상자는 당황했다. 다른 사람들이 엉뚱한 대답을 연이어서 하고 있으니 말이다. 자신이 답변할 차례가 되자 실험 대상자는 다른 사람들처럼 답변했다. 솔로몬 애쉬의 실험은 그 이후로 여기저기서 행해졌는데 그때마다 많은 사람들이 진실을 말하지 못했다. 잘못된 답변을 한 사람은 타인들이 단체로 거짓말을 한다거나 자신을 속이고 있다고 생각하기보다는 자신의 시력에 문제가 생겼다고 생각했다. 우리들은 주변 사람들의 압박을 이겨내고 자신의 견해를 유지하기보다는 자신을 의심하면서 남들에게 동조하기 쉬운 경향을 갖고 있는 것이다.

그동안 남들이 다 하는 가부장제의 관습에 동조하지 않기란 힘든 일이었다. 혹여나 가부장제를 거스를 수 있다는 두려움 때문에 여자들은 말할 때도 자신의 생각이 틀릴 수 있으며 이건 나의 생각일 뿐이라고 미리 전제했다. 오랜 세월 종교와 규범, 전통과 문화를 통해 열등감이 내면화된 여자들은 스스로 판단할 수 있다는 확신을 갖지 못했고, 자신의 관점을 자신감 있게 표현하지 못했다.

그런데 여성의 말하기 방식은 극복해야 하는 구시대의 잔재라기보다는 도리어 세상을 이해하는 겸손한 태도일 수 있다. 미국의 사상가 도나 해러웨이Donna Haraway는 오직 부분적인 시각만이 객관적 시력을 약속한다고 주장한다. 도나 해러웨이는 객관성이란 모든 걸 초월해서 헤아릴 때 발생하는 것이 아니라 제한된 위치에서 상황에 따른 지식이란 사실을 자각하는 일과 관련된다고 강조한다.

여태껏 남성이 생산한 지식은 자기가 세상의 진리라고 주장하면서 아군을 결집시킨 뒤 적군을 물리치려고 했다. 반면에 여성이 생산한 지식은 모든 존재가 제한된 위치에 처해 있음을 인식하게 해준다. 여성이 낳은 지식을 통해 우리는 세상 모든 걸 다 설명할 수 있다는 오만에서 벗어나 자신의 관점에서 세상 보는 법을 배우게 된다. 남성이 자아낸 지식이 세상은 이래야 한다고 주장하고 남들에게 전파하려는 욕망을 품고 있다면, 여성이 빚어낸 지식은 세상의 지식이 제한된 상황에서 나온 산물이라는 걸 이해하면서 우리에게 전파되는 주장이 다 맞지는 않으니 성찰하려는 욕망을 품고 있다.

여성의 지식은 차이 속에서 소통의 토대를 닦으려는 노력 중에 생산된다. 미국의 철학자 주디스 버틀러Judith Butler는 우리의 한계를 인정하고, 우리가 모든 것을 다 알지는 못한다는 사실을 알아야 한다고 이야기한다. 세상이 불투명한 걸 넘어서 나 자신조차 불투명하다. 자신이 여러 조건과 상황에 제약되고 제한된 존재라는 사실을 아는 일이 자기 존재를 이해하는 첫걸음이다. 여성의 지식은 인간이 서로 다르다는 데서 빚어진다. 남성의 지식이 자기에서부터 출발해 모든 인간을 포괄하려고 한다면 여성의 지식은 너와 나 사이의 차이에서 출발해 그 사이를 연결하려고 한다.

여전히 남성의 지식이 큰 힘을 떨치고, 우리는 획일화된 기준으로 인간을 평가하려고 한다. 하나의 답을 신봉하는 사람은 미욱한 사람이기 일쑤다. 성숙한 사람은 세상의 다양함을 이해하는 가운데 자신의 고유한 색깔을 펼치고자 한다면, 미성숙한 사람은 단 하나의 답을 알려주는 스승을 섬기려 한다. 미성숙함은 남의 지도를 받지 못하면 자신의 지성을 사용하지 못하는 상태라고 칸트는 정의했다. 미성숙한 사람은 무엇이 옳고 그른지 고민하기보다 힘 있고 권력 있는 자들이 일러주는 걸 믿는다. 이와 달리 성숙해지고자 노력하는 인간은 자신의 눈으로 세상을 바라보고 몸소 겪으려 한다. 당당히 자신의 지성을 사용할 때 인간은 성숙해진다. 그래서 칸트는 "과감히 알려고 하라!"고 부르짖었다.

멋진 여자들은 공부의 세계로 뛰어들어 과감히 앎의 환희를 탐한다. 물론 여성이 책을 읽을 때 세상은 애정 어린 시선만 보내지 않는다. 작가 은유가 인문학을 파고들 때 주변 사람들은 그럴싸한 명함을 얻는 것도 아니고 학위 따지도 않는 공부를 왜 하느냐면서 의아해했다. 새벽부터 출근해서 야근까지 하는 여자가 살림도 깔끔하게 하는 건 당연하게 여기지만 주부가 공부하려고 들면 수시로 이유를 추궁당한다는 사실을 은유는 절감한다. 은유의 말마따나 사회 약자는 가진 게 없는 사람이 아니라 무지한 질문에 답해야 하는 사람이다.

여자들은 살아오면서 줄기차게 무지한 질문을 받았다. 그 덕에 여성은 끝없이 생각했고 새로운 앎을 터득했다. 여성은 남성보다 더 배우려는 자세를 갖추고 있다. 강고했던 남성 우위의 성별 위계에 따라 남자들은 세상을 다 안다는 오만함의 수렁에 빠져 있기 쉬운 데 반해 여자는 겸손해야 한다는 세상의 편견을 자기 발전의 동력으로 삼는 경향이 있는 것이다.

자신의 이력을 내세우면서 지적 성장이 멈춰 서는 남자들과 달리 여자들은 자신을 낮추면서 평생 공부할 가능성이 높다. 남성 우위의 서열 위계가 오히려 여성을 더 성장시키고 남성을 지체시키면서 여성을 더 뛰어나게 하는 원인이 되는 것이다.

여성에게 필요한 공부

글자를 익히고 수려하게 활용하는 만큼 우리 내면의 질서는 유려하게 구축된다. 인간은 언어를 정교하게 구사하고 담론의 체계를 갖추면서 세상을 보다 깊이 이해하게 된다. 인지과학 연구에 따르면, 이성이 본디 있고 언어가 도구로서 사용되는 게 아니다. 언어를 통해 이성이 발달한다. 언어가 곧 인식의 힘을 가져온다. 인류사에서 글은 아무나 배우지 못했고, 인식의 힘은 특권층만 누렸다.

인류사 내내 대다수 사람들은 까막눈이었다. 현대 사회에 이르러 드디어 일부 계층의 지식 독점이 끝났다.

여성의 지적 독립성은 최근의 일이지만 아직 확고하게 자리매김하지는 못했다. 19세기에 미국을 여행한 알렉시스 드 토크빌Alexis de Tocqueville은 유럽의 여자들과 달리 미국의 여자들은 자기 힘을 당당히 확신하고 있다고 기록했다. 미국도 초창기 청교도들이 건너와 터를 잡을 때만 해도 종교 색에 짓눌려 경건하다 못해 칙칙하고 우중충한 분위기였다. 그럼에도 유럽의 봉건 의식과 귀족층이 없었다. 사람들은 해방감을 느꼈고 여자들의 자유도 만개했다. 유럽에서는 여성의 미덕을 보호한답시고 여성을 종속시켰는데, 미국에서는 여성의 열정을 억압하기보다는 스스로 대처하는 방법을 가르쳤다. 종교와 관습에 따른 가부장의 권위를 내세우면서 여성의 복종을 강요하지 않았다. 미국 사회는 여성을 완전한 무지의 상태로 머물게 하는 것이 가능하지도 않고 바람직하지도 않다는 걸 깨닫고는 여성 스스로 세상을 파악하는 자유를 줬다. 미국의 여자들은 어린 시절부터 독립성을 지니고 자신의 생각을 대담하게 표현하면서 항상 자신의 주인이 자신이라는 사실을 정말 쉽게 안다고 토크빌은 기록했다.

하지만 그로부터 100년이 지나자 미국의 여자들 사이에서 고등 교육의 기회를 포기하는 흐름이 불거졌다. 2차 세계대전이 끝난 뒤 돌아온 남자들에게 일자리를 주고자 전쟁 기간 동안 산업 현장에 투입되었던 여자들을 집으로 돌려보내면서 벌어진 일이다. 학교 교육이 여성의 미덕을 저해하며 불필요한 갈등의 원인이 된다고 믿는 분위기가 세차게 불어닥쳤다고 베티 프리단은 1950년대를 회고했다. 일자리를 잃은 수많은 여자들은 불만과 고통에 시달렸다. 당시 언론과 여론은 여성이 교육받으면 욕구 불만이 된다면서 교육열을 꺾으려 했는데, 베티 프리단은 교육이 욕구 불만의 원인이 된다는 분석이 반쯤은 맞는다는 사실을 발견했다. 교육은 여자들에게 욕구 불만을 일으켰는데, 여자들이 교육을 활용하지 않을 때에만 그랬다. 공부란 자신의 잠재력을 발굴하는 작업이다. 공부한 내용을 활용하지 않는 여성은 욕구 불만에 휩싸이게 된다.

여자가 똑똑하면 시집 못 간다는 말이 출렁거릴 때마다 여자들의 가슴이 철렁했다. 세상은 은연중에 여자들이 책을 읽기보다는 외모 가꾸는 걸 부추겼고 여자들은 공부에 소홀할 수밖에 없었다. 스스로 공부하지 않으면 세상이 정해놓은 대로 살 수밖에 없다. 인생에는 하나의 정답이 존재하지 않는다. 인생이라는 과제를 최선을 다해 풀면 그것이 곧 나의 답이다. 내 인생의 답을 찾는다면 자신을 부끄러워하지도, 남들을 부러워하지도 않게 된다. 삶의 의미를 찾고자 노력하는 사람은 아름다워진다. 진정한 아름다움은 외면이 아니라 내면에서 나온다. 자신만의 아름다움이 있는 사람은 자존감도 높고 남들을 끌어모으는 매력이 발산된다.

공부의 폭과 양에 비례해서 여성의 삶은 달라진다. 독일의 소설가 베른하르트 슐링크Bernhard Schlink의 작품으로 영화로도 제작된 〈책 읽어주는 남자〉의 주인공은 문맹이다. 주인공은 문맹이라는 사실을 굉장히 수치스러워하면서 전혀 드러내지 못한다. 주인공은 남자가 읽어주는 책 내용을 듣기만 한다. 주인공이 스스로 글을 읽으려고 애썼다면, 그녀는 비극의 결말을 맞지 않았을 것이다.

여성은 자신의 호기심을 활용해야 한다. 자신이 처한 조건과 상황에 대해 물음을 던지고, 새로운 상상을 펼치는 것이다. 자신이 바라는 삶의 모습에 대해 묻고 생각하기 시작할 때, 당연하게 여겨지던 것들이 당연해지지 않게 되고, 불가능했던 것들이 가능해지기 시작한다. 사유가 움트는 만큼 자유는 꽃핀다.

독일의 작가 잉에보르크 글라히아우프Ingeborg Gleichauf는 가려졌던 여성 철학자들의 계보를 그리면서 이렇게 얘기한다. 일상 속에서 철학이 얼마간 시간을 내어 할 수 있는 일이라면 철학은 누구나, 언제라도, 어디서든지 시작할 수 있다고.

여성은 자기만의 철학을 해야 하고, 할 수 있다. 우리는 모두 지성이 되어야 한다.

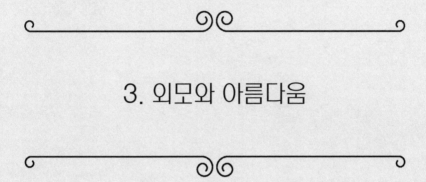

3. 외모와 아름다움

여자도 남자를 본다

　　　　　시선은 권력이다. 많은 여자들이 거리에서 남자들을 힐끔거릴지언정 뚫어져라 쳐다보진 못한다. 반면에 적잖은 남자들은 여자들을 대놓고 훑는다. 심지어는 앞지른 다음에 고개를 돌려 여자의 얼굴을 보는 남자들도 쌔고 쌨다. 여자들은 머리부터 발끝까지 훑는 남자들의 곁눈질에 불쾌감을 호소한다. '시선 성폭력' 논쟁이 일어난다.

　인간은 시각을 통해 욕망하고 바라봄으로써 상대를 내 감각 안으로 집어삼킨다. 장 폴 사르트르는 보는 것이 누리는 일이고, 본다는 것은 '처녀성을 빼앗는' 일이라고 썼다. 사르트르는 어떤 대상을 인식하는 것을 '보는 것에 의한 일종의 능욕'이라고 비유하기도 했다. 외부의 시선에 노출되는 일은 그만큼 묘한 불쾌감을 자아낸다.

　남자들은 시선이란 총알을 쏘는 사냥꾼이다. 어슬렁거리더라도 이때다 싶으면 총부리를 겨누는 사냥꾼처럼 남자들은 욕망의 대상에게 시선을 조준한다. 여자들은 집 밖으로 나오는 순간 남자들의 시선이 쏟아지는 걸 알고 있다. 물론 여성도 시선의 사냥꾼이다. 근데 여성의 시선은 주로 여성을 겨냥한다. 몸매는 어떤지 화장이 어떤지 옷차림은 어떤지 저 가방은 어떤 상표인지 무의식중에 따지며 응시한다. 남자들의 시선을 사로잡는 여자를 보면 그 자태를 따라 욕망한다. 연예인들의 장신구나 화장법이 유행하는 이유다.

길거리에서 여성은 남녀의 시선을 몽땅 받는다. 여남이 함께 걷다 맞은편에서 걸어오는 여자와 스쳐 지나갈 때, 남자는 잠깐 동안에 여자의 얼굴과 몸매를 훑는다. 옆에 애인이 있어도 눈동자를 주체하기 쉽지 않다. 이와 달리 여성은 자신과 비교한다. 그리고 관계를 생각한다. 저 여자는 누구의 애인일까, 어떤 사랑을 받고 있을까 등등 머릿속에서 상상의 날개를 펼치다가 낯선 여자를 바라보며 입을 헤벌리는 남자의 옆구리를 팔꿈치로 쿡 찌른다.

여자들은 남자들이 지켜본다는 걸 알기에 시선을 의식하면서 행동한다. 병리학으로 따졌을 때도 남자들은 관음증에 중독되기 쉽고 여자들은 노출증에 시달리는 일이 흔하다. 남자들이 음란 영상을 보면서 날리는 시간은 어마어마하며, 여자들은 육체를 노출시키면서 주목받는 의상에 돈과 시간을 굉장히 소비한다. 남성이 보는 자기 모습을 여자들이 관찰한다고 영국의 예술비평가 존 버거John Berger는 설명한다. 여자의 정신에는 감시자가 있는데, 이 감시자의 성별이 남성이라는 것이다. 여성이 노출하면서 얻는 쾌감은 남성의 눈에 자신이 어떻게 비치는지를 상상하는 데서 발생한다. 여자는 자신을 남성의 관점에서 바라보면서 자기 모습을 드러내 보여준다고 존 버거는 기록한다.

많은 여자들이 자신을 욕망의 대상에 위치시킨 다음 자신이 욕망할 만한 상태인지 점검한다. 피부에 혹시 잡티가 난 것은 없는지, 화장이 잘 안 먹어 얼굴이 밋밋하게 보이는 건 아닌지, 머릿결은 찰랑거리는지, 허리가 잘록 들어갔는지, 가슴과 엉덩이가 지나치게 도드라지지 않으면서도 알맞게 윤곽선을 드러내고 있는지, 뚱뚱해 보이지 않는지, 다리는 매끈하게 뻗어 있는지 남성의 눈으로 자신의 신체를 평가한다. 옷차림도 산뜻하고 화장이 잘되어 스스로도 기분이 좋은 날이면 남자들의 시선이 오래 머무르는 걸 느낀다.

욕망의 대상이 되고 싶어 하는 건 자연스러운 욕망이다. 우리는 시선을 갖되 주목도 받고 싶은 존재다. 타인의 시선에 대한 갈망은 사진 찍기에 대한 열광과 맞물린다. 우리는 홀로 사진을 찍어도 혼자 보지 않는다. 잘 나온 것을 엄선해서 외부에 전시한다. 여자들의 가상 사회 관계망을 보면, 자기 사진의 비중이 꽤 높다. 여자들은 수십 장 내지 수백 장 찍은 뒤 한두 장을 선정해 여러 종류의 가공을 거쳐서 공개한다. 프랑스의 문예이론가 롤랑 바르트Roland Barthes는 우리가 카메라에 찍히는 것을 의식하는 순간 특정한 표정과 자세로 자신을 조직하고, 순식간에 다른 육체로 만들면서 자신을 조작한다고 설명했다. 우리는 매 순간 타인의 시선을 의식하며 연기하는 배우이고, 우리의 일상은 공연이 펼쳐지는 무대이다.

많은 여자들이 돈을 지불하고 노출 사진을 찍기도 한다. 젊고 아름다울 때의 모습을 간직하고 싶은 것이다. 남성 잡지에 사진이 실리면 굉장히 자랑스러워하고 즐거워하는 여자들을 보면서 일본의 정신분석가 기시다 슈(飯田眞)는 몇 안 되는 친밀한 남자에게만 나신을 보이는 게 아까워 더 많은 남자들에게 보여주고 싶은 것이라고 논평한다. 저메인 그리어도 《플레이보이》에 옷 벗은 사진을 실어서 논쟁을 일으켰다. 앞 세대 여성주의자들의 투쟁으로 미인선발대회를 공중파에서 쫓아냈지만 육체를 노출하면서 얻는 쾌락 자체를 쫓아낼 순 없었다. 젊은 여자들은 타인에게 인정받고 자신의 힘을 키우고자 수많은 미인대회에 참가한다.

　그런데 요즘 세태를 보면 미인대회의 일상화가 이뤄진 풍경이다. 욕망의 대상이 되고 싶은 욕망은 자기 몸을 찍어서 인터넷에 올리게 만든다. 전 세계 곳곳에서 여자들은 사람들의 시선을 자신에게로 끌어오고자 야하게 차려입는다. 월드컵 응원할 때도 여자들은 자신의 관능을 유감없이 발휘한다. 미국의 언론인 스테퍼니 스탈Stephanie Staal은 대학의 여성학 수업을 다시 청강하면서 소스라치는 경험을 한다. 인터넷에 자신을 노출하고 스스로 대상화하면서 성장한 여자들이 포르노를 긍정하면서 대상화를 당연하게 받아들이고 있었기 때문이다. 포르노에 대해 토론하는데 대상화라는 말 자체가 나오지 않는다.

　물론 남자들에게 잘 보이고자 치장한다고 말하는 여자는 별로 없다. 젊은 여자들은 자신이 추구하는 외양이 남성을 의식한 것이라는 주장에는 강렬한 거부감을 보인다. 하지만 여성의 몸이 상품처럼 취급되는 세태에는 별로 저항하지 않고 어쩔 수 없다는 태도를 갖는다. 요즘 여자들은 자신이 추구하는 몸이 세상이 강요하는 결과가 아니라 자기 스스로 주도한 성취라고 생각하지만, 김주현은 여성이 신체에 쏟는 모든 노력이 오직 남성의 미적 기준을 만족시키기 위한 것이라고 단언한다. 여성 신체미의 기준이 여성 자신에게 있는 것이 아니라 남성에게 있다는 것이다. 김주현에 따르면, 여성이 외모 꾸미기 영역에서 전문가처럼 보이지만 여성미의 기준을 만드는 주체도, 여성의 아름다움을 즐기고 채점하는 자도 남성이다.

　김주현의 분석이 좀 지나치다는 반론이 있을 수 있다. 남성의 기준에 맞춰 성적 대상화되더라도 여기엔 능동성이 있다. 남성 욕망을 이용하면서 자신의 욕망을 반영해 성적 주체화를 하는 면이 있는 것이다. 남성도 마찬가지다. 남자들은 여성의 기준에 의해 성적 대상화되고 동시에 여성의 욕망을 이용하면서 자신의 욕망을 담아 성적 주체화한다. 인간 세상에서 주체화와 대상화는 딱 나뉘지 않고 뒤엉켜서 작동되는 측면이 있다.

물론 여성주의자들이 대상화에 크게 반감을 가질 수밖에 없는 면이 있다. 대상화의 문제는 타인을 인격으로 존중하기보다는 신체 부위의 집합으로 전락시키는 데서 발생한다. 타인의 몸을 관상용으로서 그저 소비하는 것이 대상화다. 대중은 외모만 보고 반응할 뿐이다. 대상화의 더 큰 문제는 자기 대상화로 변환된다는 점에 있다. 사회에서 대상화가 자연스러워지면 여성은 자기 몸을 볼거리로 인식하게 된다.

인간은 타인을 볼 때 눈, 코, 턱, 이마, 목 등등을 따로따로 떼어서 지각하지 않고 서로 연계해서 전체로서 인식한다. 그래서 거꾸로 뒤집힌 인간의 외양은 쉽사리 파악되지 않는다. 이와 달리 집 같은 사물은 뒤집혀도 그게 무엇인지 구분하는 일이 어렵지 않다. 미국의 한 학술지는 속옷이나 수영복을 입은 사진을 뒤집어서 실험 참가자에게 제시했다. 실험 참가자들은 거꾸로 된 남성 사진은 낯설어하면서 좀처럼 인지하지 못했다. 반면에 여성의 사진은 금방 구별해냈다. 여자든 남자든 성애화된 여성을 사물처럼 인식하는 데 익숙했다.

영국의 연구진에 따르면 여성과 남성은 신체 인식이 다르다. 여자들은 자신의 몸을 파편화해서 바라보는 경향이 짙었다. 배, 허벅지, 가슴, 눈썹, 머릿결 등등 나누어서 판단했고, 실망했다. 반면에 남자들은 자기 몸을 통틀어 판단했고, 만족했다. 남자들은 부위별로 나누어 생각하기보다는 자기 신체가 어떤 능력을 발휘하는지 생각했는데, 여자들 가운데 자기 신체를 기능의 관점으로 바라보는 사람은 없었다. 여자들 스스로도 육체를 행위의 주체로 여기기보다는 관상의 대상으로 수용하고 있었다.

여성은 대상화되어왔다. 남자들이 시선의 주도권을 차지해왔다. 남자의 시선 가운데 재능 있는 시선은 성공과 명예를 얻었으며, 여성의 육체는 부상처럼 뒤따라왔다. 오귀스트 로댕Auguste Rodin, 파블로 피카소, 아메데오 모딜리아니Amedeo Modigliani, 구스타프 클림트Gustav Klimt 등등 자기만의 시선을 갖게 된 남자 화가들은 여성 편력을 가졌다. 세상이 남성 중심 사회라고 말하는 까닭도 영화감독이나 제작자, 방송국 PD, 기자 등 시선의 주체들이 대개 남자들이기 때문이다. 영국의 영화이론가 로라 멀비Laura Mulvey는 영화 속 여성은 시선의 대상으로서 묘사되고 재현된다고 주장했다. 존 버거는 대중매체에서 여자들이 남자들과 아주 다른 방식으로 다뤄지는데, 이건 관객을 남성으로 설정하고 그 남자 관찰자를 기분 좋게 해주기 위함이라고 지적한다. 존 버거는 우리가 보고 즐기는 대상을 남자로 바꾸면 기존 관념에 굉장한 폭력이 가해질 거라고 비평한다. 미술관에 가보면 여성의 몸이 예술이랍시고 전시되어 있다. 여자들이 공들여 완성한 작품은 미술관에 들어가기 어렵지만 헐벗은 여성의 육체는 미술관에 들어가기 용이하다. 미국의 여성 예술가 모임 게릴라 걸즈Guerrilla Girls는 〈여성이 메트로폴리탄 미술관에 들어가려면 벌거벗어야 하는가?〉(1989)란 작품을 통해 미술관의 소장 실태에 비판을 가하기도 했다.

여성의 경제력이 강해짐에 따라 주객의 위치를 뒤집으려 하는 시도가 곳곳에서 일어난다. 여자들이 주로 모이는 누리집에는 남자들 사진과 영상이 넘쳐나고 품평이 잇따른다. 요즘 여자들은 남자들에 대해서 엄지손가락을 들거나 내리는 데 스스럼없다. 외모는 권력관계가 드러나는 마당이다. 힘이 더 약한 사람이 평가받는 대상에 놓이고 자신을 꾸며야 한다.

영화 〈러브픽션〉의 주인공(공효진)은 자기만의 시선을 가진다. 주인공은 해외에서 괜찮은 영화들을 선정해 한국에 들여오는 일을 하고 있으며, 사생활에선 남자들을 골라 사진 찍는 취미가 있다. 게다가 옷을 다 벗겨서 찍는다. 앞 시대 예술가들이 작품 속에서 대상화된 여성과 성관계를 가지듯, 주인공은 사진 찍은 남자들과 관계를 갖는다. 현실에서는 여자의 벗은 사진을 전문으로 찍는 남성 사진가들은 수두룩하지만 남자의 벗은 사진을 찍는 여성 사진가는 정말 드문데, 이 영화의 주인공이 그런 소수의 여자다. 주인공은 남들이 뒤에서 뭐라고 쑥덕거리든 상관치 않고 욕망의 주체로서 살아간다. 관객들은 남자의 시선에 대상화되지 않고 여성으로서 주체화하며 살아가는 주인공의 당당함에 끌리게 된다. 진정한 매력은 개성과 생명력이 뿜어져 나올 때 느껴지기 때문이다.

아름다워지고 싶은 유혹

많은 여대생들이 하루의 많은 시간을 외모 꾸미는 데 할애한다. 일찍 일어나 아침을 부산하게 보내고 잠자기 전에도 미용 관련해서 해야 할 것들이 많다. 대학생뿐만이 아니다. 요즘은 10대 때부터 화장에 열중하고 치마를 줄여 입으며 방학을 이용해 성형을 한다. 오늘날처럼 시각이 폭군처럼 군림하는 세상에서 여성은 미모의 중요성을 여러 경로를 통해 배운다.

우리는 아름다움을 여성과 관련지어서 사고하는 인식의 틀을 갖고 있다. 한국어에서 중립 단어는 대개 남성을 가리키고, 여성을 지칭할 때는 따로 '여女'를 붙여서 여성형을 만드는 경향이 있다. 대학생이라는 용어를 보면 형식상으론 남학생 여학생 모두를 포괄하지만 실제론 남성을 일컫고 여성일 경우는 따로 여대생이라는 용어를 사용하는 것처럼 말이다. 그런데 미인은 중립형 낱말이지만 대개 여성을 지칭한다. 세상은 미인을 우대하고, 예쁜 여자는 여러 가지 힘을 얻는다. 일부 페미니스트들은 매력이 여성의 힘이라는 주장을 경멸했지만, 해나 로진은 성평등해지고 성적으로 자유로워지는 분위기가 만연하면서 여자들이 매력을 통해 유리한 고지에 올라서고 더 많은 걸 성취하고 있다고 진단한다. 남녀를 불문하고 매력 있는 사람이 더 큰 소득을 얻는 것으로 조사된다. 외모 꾸미기를 전문 영역으로 삼아오던 여자들이 미모의 중요성이 부각되는 시대에 특기를 포기할 리가 없다. 영화 〈카운트다운〉의 주인공(전도연)은 단기 노동하는 10대인 딸에게 그렇게 해서 언제 돈을 버느냐며, 여자는 외모를 가꾸는 게 돈을 버는 거라고 충고한다.

미국의 작가 테레사 리오단Teresa Riordan은 남자들이 순진한 여자들을 억압하고자 여러 도구를 발명해 줘어주었다고 의심했지만, 열렬한 페미니스트로 살았기 때문에 인정하기 쓰라렸으나 연구해보니 여성 자신이 미용 제품 발명의 주체였다. 아름다움이 여성을 재단하고 구속하지만, 여성은 제약된 상황 안에서도 자기 힘을 증강시키고자 창의성을 발휘하면서 아름다움을 추구한다. 아름다움은 인류사 내내 여성이 열렬히 관심 갖고 기꺼이 얻으려는 목표이다. 이미 충분히 사랑받는 여성마저도 아름다움을 원한다. 많은 사람들에게 사랑받았던 미국의 운동가이자 영부인 엘리너 루스벨트Eleanor Roosevelt도 살아오면서 가장 아쉽게 생각하는 것이 무엇이냐는 질문을 받자, 더 예뻐지기를 바랐다고 답변했다.

　미인은 자신이 원하는 바를 좀 더 쉽게 얻어낸다. 아름다움이라는 권력을 성취하고자 여성은 각고의 노력을 펼친다. 여자들은 날마다 거의 한 시간에 가까운 시간을 화장대 앞에 앉아서 단장하거나 화장을 지우면서 피부를 보호하려 애쓴다. 자기 자신을 매만지고 살피는 재미, 사람들의 이목이 집중될 때를 상상하는 즐거움, 다른 여자들과 견주면서 생기는 찌릿찌릿함, 외출했을 때의 자신감을 여자들은 경험한다. 외모를 가꿔서 사람들이 주목하면 외향성이 향상된다. 외향성은 타인에게 관심이 많고 더 많이 활동하면서 보상받기를 욕망하는 기질이다. 성격심리학자 대니얼 네틀Daniel Nettle은 외모가 뛰어나 타인에게 매력 있게 느껴지는 사람은 외향성 수준이 당연하게 높아진다고 설명한다. 일각에선 자본주의의 상술에 넘어가 화장품과 의류에 돈을 낭비한다는 비난이 흘러나온다. 이에 미국의 진화심리학자 데이비드 버스David Buss는 여자들이 자신의 힘을 키우고자 예뻐지려고 노력하는 거라고 반박한다.

　아름다움은 본능이다. 미국의 심리학자 주디스 랭로이스Judith langlois는 생후 3개월 아기와 6개월 아기에게 수많은 성인 얼굴을 보여줬는데, 아기들은 누가 봐도 매력을 느끼는 얼굴을 확연하게 오래 응시했다. 주디스 랭로이스는 아기들이 아름답고도 익숙지 않은 얼굴을 선호한다고 분석한다. 아기들의 반응은 부모에게 영향받은 것이 아니다. 매력 있는 외모의 어머니에게서 키워진 아기가 미에 대한 남다른 안목을 갖게 되지도 않는다. 미를 평가하는 인지 기능은 타고난다. 외모를 두고 변별해서 반응하는 건 올바르지 않다고 자각해서 타인의 외양에 무감각해지려고 해도 제어하기 쉽지 않다. 우리의 인지 기능은 타인의 외모를 보고 자동으로 반응한다. 겨우 1000분의 1초 만에 매력이 있는지 없는지 판단해버린다. 사람들은 매력 있는 타인을 만나면 눈에 더 담고 싶기라도 한 것처럼 동공이 더 커지고 표정도 한층 상기된다. 인간은 타인의 성별을 파악하는 속도만큼 타인의 아름다움을 빠르게 평가한다. 아름다움에 비판 의식이 생기더라도 자신에게 가해지는 압박으로부터 가뿐히 벗어날 수 있는 건 아니다.

　아름다움이 본능이겠지만, 아름다움이 만들어지고 학습된다는 점을 유념할 필요가 있다. 아름다움에 끌리는 본성이 있더라도 아름다움의 양태는 배우고 익힌 감각의 결과다. 아름다움의 양상은 권력과 욕망이 맞물리면서 만들어내는 산물이고, 우리는 세상이 부과하는 아름다움의 표준을 내면화한다. 아름다울 미美를 보면 양 양羊과 큰 대大의 합성어다. 먹고살기 쉽지 않던 시절, 살진 큰 양은 아름다웠다. 또 다른 해석이 있다. 갑골문에 새겨진 美를 보면 새털로 머리를 치장한 사람의 모습을 형상화한 것처럼 보인다. 새의 깃털로 화려하게 꾸민 무당이 신과 인간을 이어주는 모습이 아름답다고 여긴 것이다. 아름다울 미에 대한 두 해석 가운데 무엇이 맞든, 시대와 사회마다 아름다움에 대한 잣대가 사뭇 달라지는 점은 분명하다. 영화 〈혹성탈출〉에선 침팬지들이 인간을 지배하는데, 그들은 사람을 보면서 너무 못생겼다며 손사래 친다.

　요즘엔 아름다움의 기준이 갈수록 높아진다는 문제가 발생하고 있다. 여자들은 사방에서 쏟아지는 아름다움과 자신을 비교하면서 매 순간 자존감이 하락한다. 연예인을 부러워하면서 자신을 부끄러워한다. 현대 여성은 미용 방법을 선택할 권리가 있으나 꾸미지 않을 권리는 얻지 못했다. 여자들은 자유를 사용해 예뻐져야 한다. 예쁘지 않으면 잘못한 것처럼 몰아가는 세상의 다그침 속에서 피로와 짜증이 쌓이다 보면 폭력이 불거진다. 세상에서는 특정한 미의식이 공유되므로 특정한 외모의 여자들이 부러움을 받는 동시에 질투의 대상이 된다.

셰어 하이트는 여자들이 타인의 용모와 연령 그리고 성적 매력을 판단하는 경향이 있고, 인정하고 싶지 않지만 다른 여성이 자신보다 아름답지 않을 때 안심한다고 서술했다. 셰어 하이트는 아름다운 여성으로 보이고 싶어 근사하게 차려입으면 다른 여성과 반목할 위험성이 있다고 솔직하게 이야기했다. 소설가 공지영을 향한 일부 여자들의 오래된 비난과 끈질긴 증오에도 외모에 대한 열등감이 있지 않나 싶다. 인간은 누군가를 미워할 때 합당한 이유가 있어서 미워하기보다는 일단 미워하고 그다음 자신의 증오를 정당화할 그럴듯한 이유를 찾는다. 이유를 못 찾더라도 미움의 강도가 누그러지지는 않는다.

미국의 여성학자 레이철 시먼스Rachel Simmons는 '자기가 최고인 줄 아는 여자'를 소녀들이 따돌린다고 분석한다. 여자는 착해야 한다는 압박을 강하게 받기 때문에 자기가 예쁜 줄 아는 데다 자기 자랑도 서슴지 않는다면 거만하고 재수 없는 여자로 찍혀서 뒷담화라는 도마 위에 올라가 갈기갈기 토막 난다. 여자들은 자기 겸손이란 가면을 교복처럼 강제로 착용하게 된다. 일본의 여성학자 우에노 지즈코〔上野千鶴子〕는 돋보이는 외모를 지닌 청소녀가 여학교에서 살아남으려면 '노파의 가죽'을 써야 한다고 분석한다. 노파의 가죽이란 친구들에게 지지와 옹호를 받고자 털털하게 행동하는 변신술을 가리킨다. 자신이 의도했건 그렇지 않건 남성에게 인기가 높은 여성을 다른 여자들은 결코 용서하지 않는다고 우에노 지즈코는 쓴다.

미국에서는 '너무 날씬해서 미운 여자(Skinny Bitches)'라는 용어가 있을 정도다. 스스로 뚱뚱하다고 여기는 수많은 여자들은 자신이 겪는 고통만큼 마른 여성을 헐뜯는다. 영화 〈미쓰 홍당무〉에서 주인공(공효진)은 예쁜 것들은 다 파묻고 싶다고 털어놓고, 〈섹스 앤 더 시티〉의 주인공도 마른 여자들에게 돼지기름을 강제로 먹이고 싶다고 이야기한다. 여자들은 남자들의 시선을 한몸에 받는 여성의 인기를 낮추기 위해 성행태와 관련된 험담을 지어내기도 한다.

인간이 타인을 질투하는 건 자신의 이익을 도모하려는 타고난 기질이겠지만, 질투의 강도는 사회의 성숙도에 따라 달라진다. 여자들의 질투가 강하면 여자들이 생존에 위험을 느낀다는 방증이다. 그동안 세상은 성차별이 심했고, 여자에게 주어진 자원은 별로 없었다. 여성에게 할당된 자원의 양이 얼마 없는데 한 여자에게 자원이 많이 돌아가면 그만큼 다른 여자들에게 주어지는 양이 줄어들 수밖에 없었다. 예쁜 여자는 공공의 적이 될 수밖에 없는 구조였다. 예쁘지 않은 여자는 있는 재능도 빛바래지만 예쁜 여자는 없던 재주도 신기루처럼 피어나곤 했다. '예쁘면 다 용서된다'는 도깨비불이 날아다니던 남루한 사회였다. 성평등이 탄탄하게 자리 잡으면, 특정한 외모의 여자에게만 자원이 쏠리지 않을 것이다. 여자들은 저마다 자신의 능력을 발휘하면서 살아갈 테고, 특정한 외모의 여성을 질투할 까닭이 적어진다. 여자들 사이의 편안한 우정은 인간성의 문제만이 아니라 사회 여건과 얽혀 있는 셈이다.

세상이 더 공정해지는 만큼 외모를 두고 서로 흠 잡는 일은 줄어들 것이다. 성공한 여자를 두고 능력은 안 되는데 외모 때문에 저 자리를 얻은 거라는 군소리가 사그라질 것이다. 가부장제에서는 여자들의 관계가 질투라는 수렁에 빠져 질식될 위험이 있었다면 성평등 사회가 되는 만큼 여자들 사이의 우정과 연대가 더 끈끈해질 것이다.

화장에 대해서

일본의 관동대지진과 쓰나미로 원자력발전소가 폭발해 돌이킬 수 없는 대재앙이 벌어졌을 때, 한 여성은 이럴 때일수록 예뻐 보여야 한다며 손거울을 들여다보면서 화장품을 꺼낸다. 그걸 보는 또 다른 여성은 설령 내일 지구에 종말이 올지라도 화장하는 여자의 뒷모습에서 처연한 긍정의 기백을 느끼고는 콧날이 찡해졌다고 한 일간지에 쓴다.

자신을 아름답게 가꾸는 건 인간의 본능이고, 아름다워지려는 사람은 더 강해진다. 아우슈비츠 수용소에 끌려갔다 살아 돌아온 프리모 레비 Primo Levi의 기록에도 나타난다. 나치가 짐승처럼 취급한다고 자신을 방치한 사람은 금세 죽었지만 어려운 여건에도 몸을 청결하게 씻고 입술에 피를 바르면서까지 혈색이 있는 것처럼 꾸미던 사람은 살아남았다. 신학자 현경은 화장은 여자가 무슨 일을 하든 결국 자기 몸 팔려는 준비라고 여기면서 화장한 모든 여자들을 경멸했다. 하지만 인류 최초의 화장은 여신을 흉내 내면서 시작되었고, 자신을 아름답게 변신시키고 싶은 욕망은 인간 본연의 욕망이라는 걸 이해하면서 생각이 달라진다. 현경은 자신을 가꾸는 행위를 적극 즐기게 된다.

자신을 꾸미고 챙기는 여자의 몸짓엔 생명력이 깃들어 있다. 이미 평생 바르고도 남을 만큼 화장품이 있더라도 많은 여자들이 유행하는 화장품을 새로 갖고 싶어 한다. 화장이라는 기예를 발휘해 제2의 피부를 생성하면서 자기 가치를 높이고 싶기 때문이다. 미용 관리는 자기 연출이자 일종의 놀이가 될 수 있다면서 독일의 저술가 울리히 렌츠Ulrich Renz는 예쁘게 자신을 창조하며 즐기라고 권장한다. 약간의 자아도취는 크게 해가 되지 않는다. 화장이 기본예절처럼 된 마당에 여성의 화장을 폄훼하는 건 여성을 무시하는 행위가 될 수 있다.

꾸미는 부담이 크긴 하다. 긴 머리카락을 감고 말려야 하는 데다 기초화장부터 색조 화장까지 해야 한다. 지하철 북새통 속에서 화장하고자 애처롭게 분투하는 여자들은 화장이 강제되는지도 모른다는 화두를 던진다. 화장이 순수하게 선택 사항이라면 때로는 화장을 안 한 채 출근하는 날도 있어야 할 텐데, 화장 안 하고 출근하는 여자는 거의 없다. 또한 자기가 하고 싶은 대로 화장하기보다는 사회 문화대로 화장하는 데서도 자율적으로 화장하는 게 아니라는 사실이 드러난다. 여자들이 잠깐 집 밖을 나갈 때도 화장하지 않으면 벌거벗었다고 느끼는 건 외모 평가가 그만큼 무시무시하기 때문이다. '과거는 용서해도 못생긴 건 용서할 수 없다'는 어처구니없는 우스개가 활개 치는 사회에서 화장은 타인의 매서운 시선으로부터 자존감을 지키는 갑옷이다. 맨 얼굴로 거리로 나서는 순간, 사회에서 제명된다는 공포가 휘몰아치기 때문에 화장은 세상으로 나갈 때 꼭 익혀야 하는 호신술이 된 것이다.

소설가 박민규의 『죽은 왕녀를 위한 파반느』에선 주인공이 굉장한 추녀로 설정된다. 대부분 문학 작품의 주인공은 아름다운 여자이고 여성의 어여쁨을 예찬하는 동시에 주인공이 겪는 비극을 애절하게 다루는데, 박민규의 소설은 우리의 관심이 얼마나 특정한 외모의 여성에게로만 쏠렸는지 성찰하게 만든다. 주인공에게 남자들은 짐승 같았다. 주인공은 어떤 잘못도 하지 않지만 늘 지독한 별명이 뒤따라 붙었고 왜 그렇게 놀림을 받아야 하는지 이해하지 못한 채 견뎌야 했다. 추함의 본질은 고통이라고 꼬집은 스코틀랜드의 철학자 데이비드 흄David Hume의 잠언이 떠오르는 대목이다. 외모가 예쁘지 않으면 타인에게 불쾌를 주고, 고통을 겪게 되는 것이다. 고통을 힘겹게 감내하던 소설 속 주인공은 취업을 앞두고 화장을 처음 한다. 주인공은 새로운 얼굴을 만들어내고, 화장이 잘되면 가면을 쓴 것처럼 기존의 자신을 숨기고 새로운 인생을 펼칠수 있을 것 같은 기분이 된다.

성차별이 심한 사회일수록 여성은 외모로 판정된다. 한 사회에서 여성이 화장하는 평균 시간과 화장의 두께는 그 사회의 여성 지위와 반비례하는 것 같다. 여성의 지위가 높은 사회일수록 짙은 화장의 여자들이 거리에 드물다. 한국만큼 대다수의 여자들이 화장을 두껍고 진하게 그리고 시도 때도 없이 하는 사회도 흔치 않다. 여자들이 외국에서 지내다 한국에 들어오면 남들 따라 빠르게 걷게 되고, 피로와 압박에 신경이 곤두서며, 화장을 심하게 하게 된다.

한편, 화장은 자본주의를 배경으로 확산되었다. 불과 19세기만 해도 화장이 내면의 아름다움을 부당하게 대체하는 행위라고 폄하됐었다. 현대의 흐름을 앞장서서 읽어낸 선구자 샤를 보들레르Charles Baudelaire는 여성은 숭배받기 위해 치장해야 한다며 인공의 아름다움을 예찬했지만, 기존 세상은 분 바르는 행위를 화류계 여자들의 전유물로 업신여기며 악의 교태처럼 취급했다. 당대의 여자들은 가슴을 부풀려 커 보이게 하는 도구와 둔부를 과장하는 의상은 이용하면서도 화장에는 반감을 보였다. 하지만 20세기에 소비 시장이 커지면서 광고는 여성의 욕망을 교묘하게 자극했고, 화장품 업계와 여성잡지 업계는 특정한 아름다움을 살포했다. 아름다움이 외면에서 결정되기 시작한 것이다. 인격의 향기를 키우는 일보다는 몸의 체취를 제거하는 일이 더 중요해졌고, 화장은 몸의 성적 매력을 높이기 위한 기본 수단이 되었다. 에바 일루즈는 야릇한 상상을 촉발할 수 있는 성적 매력이 높은 신체가 전 세계에 보급되고 구축된 것이 20세기 초반 소비문화의 가장 두드러진 업적이라고 비평한다. 자신을 치장하는 노력은 사랑을 찾으려는 희망이라는 점에서 특별할 것이 없다며, 여성이 가꾸는 아름다움의 목표는 괜찮은 남편을 사로잡으려는 것이라고 에바 일루즈는 설명한다. 영화 〈색, 계〉에서 주인공(탕웨이)은 평소에 수수한 모습이고, 공략할 상대(양조위)에게 다가갈 때만 화장한다. 주인공은 남자 상대와 있을 때 단 한 번도 맨 얼굴이 아니다. 가수 왁스의 노랫말처럼 여자들은 세월에 변해버린 자신을 보고 남자들이 실망할까봐 오늘도 화장을 다시 고치곤 한다. 인류가 멸망해서 아무도 만날 수 없다면, 여자들이 화장을 열심히 할 턱이 없다.

인류사를 되짚으면 특정한 계급의 여자들만이 화장하고 외모를 가꿀 여력이 있었는데, 대중 소비 사회를 맞아 '미용의 대중화'가 달성됐다. 미용의 대중화 물결은 거침없이 진행 중이다. 화장품 시장이 포화를 이루자 미용 산업계는 청소녀들을 유혹하고 남자들에게까지 손길을 뻗친다. 어설픈 새내기 화장은 요새 찾아볼 수 없다. '여자는 예뻐야 한다'는 경고 방송이 울려 퍼지는 것만 같은 한국 사회에서 여자들은 어릴 때부터 화장품을 사고 꾸민다. 10대 여자들이 그토록 화장하려는 건 숙녀로서 대접받고 싶기 때문이다. 프랑스의 문화인류학자 벵자맹 주아노Benjamin Joinau는 여자들이 화장하거나 거울 앞에서 일정 시간을 보내는 이유가 여성으로 확인받기 위해서라고 지적한다. 여자들은 사회에서 인정받는 모습을 구축하고자 시도하고, 바람직한 이상향에 부합하고자 거울 속 자기 모습을 변형시킨다.

21세기가 되었고 남자도 꾸며야 한다는 압력 속에서 미용 상품을 구매하고 있지만, 여자들이 받는 압박에 견주면 매부리 앞에 매부리코다. 하루에 여자들이 거울을 들여다보는 시간, 화장을 고치고 매만지고 지우는 정성, 제모와 살 빼기에 대한 스트레스의 강도를 남자들이 겪어낸다면, 적지 않은 남자들이 신경 쇠약에 걸리게 될지도 모른다. 10대와 남자들에게도 밀려든 화장의 대중화는 인간이 더 관심을 받고 싶다는 욕망이기도 하지만 한편으로는 사랑받지 못할 수도 있다는 두려움을 이용해 자본의 영향력이 확산되는 모습이다. 모든 여성이 자기 외모에 만족하면 미용 자본은 망한다. 미용 자본은 끝없이 여자들의 외모를 지적하고 자존감을 하락시킨다. 특히 미국발 대중문화는 전 세계 여자들에게 외모에 대한 강박을 유발한다.

외모가 계급처럼 작동하는 세상이다. 외모가 하층 계급에 속한 사람들의 마음은 이곳저곳에서 날아드는 면도칼 같은 말과 싸늘한 시선에 만신창이가 되어버리기 십상이다. 여자들은 세상의 모진 평가로부터 자신을 보호하는 한편 욕망의 대상이 되고자 신체에 변형을 가하고, 그 결과 비슷해지고 있다. 여성의 지위는 상승했고 사회를 향해 여자들이 대규모로 진출했지만 여성의 외모는 굉장히 닮아간다. 급진여성주의자 슐라미스 파이어스톤Shulamith Firestone은 여자들이 점점 더 닮아 보이게 될수록 육체를 통해 개성을 표현하는 것이 기대된다고 지적한다. 다들 특정한 외양으로 예뻐져야 하는 동시에 독특성을 표출해야 하는 것이다. 여성은 점점 더 닮아가는 가운데 서로 비슷하지 않다고 믿는 계급이 되었다고 파이어스톤은 촌평한다. 여성의 겉모습은 예쁘게 옥죄어졌고 여성의 생각은 자유롭게 틀이 정해진다. 여자들은 추구해야 하는 여자다움과 진짜 자신의 모습 사이에서 분열된다.

이상향의 미에 근사하게 다다르면 숭배를 받지만, 멀어질수록 세상의 손가락질은 가까워진다. 여자들은 지상에서 천상을 꿈꾸는 사람처럼 저 멀리에 있는 미의 기준에 도달하기 위해 자신을 닦달한다. 미용 노동은 여성에게 강제된다. 하지만 결코 아름다움의 이상에 완벽히 부합하지 못한다. 너무나 많은 여자들이 외모에 불만족을 느끼고 괴로워한다. "아름다움을 정형화 할 수 없습니다. 당신은 당신 자체로 아름답습니다"는 문구를 옷가게나 화장품 판매대 옆에 의무로 붙여야 한다는 생각이 들 정도다. 여성학자 이영아는 고통받는 여자들을 위로하는 일이 시급하다고 강조한다. 여자들이 예뻐지고자 하는 건 세상 권력의 요구이고, 예뻐지려고 하거나 예뻐지려고 하지 않아도 당신이 틀린 것은 아니라고 이영아는 격려한다. 예쁘지 않다고 자책할 필요도 없고 외모를 가꾸면서 이익을 봤더라도 그것이 자기 잘못은 아닌 것이다.

　여자들마다 처한 상황에 따라 차이가 있을 수 있다. 어떤 여자는 외모에 따른 차별이 당면한 가장 큰 고통일 수 있지만, 또 다른 여자는 외모를 자원으로 삼아야만 생계를 영위할 수 있다. 외모가 자원이 되는 여성에게 외모를 꾸미지 말라는 말은 존재 자체를 말살하는 폭력이 될 수 있다. 여자들의 분열은 가부장제 질서가 지속되는 방식이므로 꾸미는 여자를 낮잡기보다는 아름다움과 자신을 가꾸는 방식에 대해 진솔한 소통과 대화가 필요한 시점이다.

큰 가슴에 대한 이중 잣대

　　　　　　　　과거엔 통통한 여자들이 미녀 대접을 받았다. 현대는 영양분이 넘쳐나므로 날씬한 몸매가 아름답게 평가받는다. 아름다움은 시대의 물질 토대에 영향을 받고, 인간은 사회 환경에 따라 욕망하는 신체가 달라진다. 물론 인간의 욕망은 누적되어온 진화의 세월을 통해 생겨나므로 남자들은 그저 빼빼 마르기만 한 여성을 그다지 좋아하지 않는다. 남자들은 늘씬하되 가슴이 풍만하고 엉덩이가 탄탄하면서 허리는 잘록한 모래시계형 몸매의 여자를 욕망한다.

　미국의 진화심리학자 데벤드라 싱Devendra Singh이 열여덟 개의 다른 문화권에서 남성이 선호하는 여성의 몸매를 조사한 결과, 허리 대 엉덩이의 비율이 굉장히 중요한 요소였다. 높은 에스트로겐과 낮은 테스토스테론을 갖춘 여성이 가냘픈 허리와 풍만한 엉덩이를 갖는데, 이것이 다산을 상징하는 신호로서 기능하기에 남성이 욕망한다고 데벤드라 싱은 분석한다. 데벤드라 싱의 연구에 따르면, 허리/엉덩이의 비율이 0.7 이하로 내려가 허리에서 엉덩이의 굴곡이 더 커질수록 더 아름답다고 느꼈고 0.7 이상으로 올라가 허리와 엉덩이가 비슷할수록 남자들의 호감이 줄었다. 1920년대부터 1980년대 미스아메리카로 뽑힌 사람의 허리 대 엉덩이의 비율은 0.72에서 0.69였고,《플레이보이》의 표지를 장식한 여자들도 0.71에서 0.68의 범위 안에 있었다. 마릴린 먼로나 오드리 헵번Audrey Hepburn도 허리/엉덩이의 비율이 0.7이었다. 허리/엉덩이의 비율 0.7은 미관상 보기 좋은 형태라서 선호되는 것이 아니다. 0.7이 될 때 건강한 몸매이므로 보기 좋은 것이다. 엉덩이와 허리의 비율은 질병에 노출될 위험과 상관관계를 갖는다. 0.85가 넘으면 여성 질환에 걸릴 확률이 증가한다. 가장 건강한 숫자는 0.74라고 조사된다.

　2만 년 전에 만들어진 빌렌도르프의 비너스(Venus von Willendorf)를 비롯한 수많은 조각상들은 커다란 가슴과 엉덩이에 대한 욕망이 아주 오래되었음을 일러주는 동시에 이런 조각상을 만들었던 사람이 남성임을 추정하게 한다. 그런데 가슴과 엉덩이가 강조된 여신상을 다르게 해석할 수 있다. 리투아니아 출신의 고고신화학자 마리야 김부타스Marija Gimbutas에 따르면 매우 크고 과장된 젖가슴이나 V자나 X자 또는 평행선 모양을 새긴 조각품들은 젖과 비 같은 자양분의 원천이자 생명의 부여자인 여신을 상징한다고 분석한다. 몇만 년 전 과거에는 남녀가 보다 평등한 세상이었고, 종교도 여신이 주를 이뤘다. 그러므로 예술가들은 여신의 문양을 조각상의 젖가슴에 새기고 대지의 풍요를 기원하면서 여신의 가호를 빌었을 것이라고 마리야 김부타스는 설명한다. 고대 유럽의 신상들 가운데 남신이나 남자상의 비중은 2~3퍼센트밖에 되지 않는다. 선사시대에는 남녀 위계가 약했는데, 역사시대가 되면서 가부장 사회가 되었고, 신들도 남성으로 형상화되기 시작했다. 물론 고대 사회가 성평등한 모계 중심의 사회였다는 주장이 낭설에 지나지 않는다는 비판도 제기되었다. 과거를 제대로 이해한다는 건 어려운 일이다.

그럼에도 선사시대부터 역사시대까지 여성의 가슴에 대한 관심과 예찬은 내내 이어졌다는 건 확실하다. 자연을 보면 암컷과 수컷의 성역할이 다르기 때문에 신체도 조금 다르고, 암컷과 수컷은 각자 더 많은 이득을 얻으려고 노력한다. 인간의 세계도 엇비슷한 면이 있다. 여자와 남자는 상대가 원하는 걸 직감하고 그에 맞춰 경쟁자들보다 우위에 서서 원하는 바를 성취하고자 애쓴다. 인간 여성은 가슴을 통해 자신의 매력을 과시한다. 포유동물 가운데 인간만이 항상 젖가슴이 부풀어 올라 있고 성적 매력으로 사용한다. 인간의 사촌 지간이라 할 수 있는 유인원들은 임신 중이거나 수유 중일 때만 유방이 커지고 젖먹이기가 끝나면 푹 꺼진다. 인간 여성은 가슴을 성적 기능으로 진화시켰다. 미국의 진화심리학자 도널드 시몬스Donald Symons는 수유한 뒤 몇 년이 지나면 유방의 모양이 변하고 매력을 잃게 된다면서, 봉긋 솟은 가슴은 수태 능력을 짐작할 수 있는 기준이라고 설명한다. 봉긋하게 풍만한 가슴은 남자들에게 강렬한 선호 대상이고, 여성은 다른 여자들과의 경쟁에서 자신을 돈보이고자 가슴을 이용한다.

지구에 있는 수많은 부족을 연구한 결과, 여성이 매력 있고 건강할수록 수태 능력이 좋고 새끼의 생존 확률이 높았다. 에스트로겐이라는 여성 호르몬 덕분이다. 남자들이 매력 있게 여기는 가슴과 엉덩이, 청순한 생김새 같은 여성성에는 에스트로겐이 공통되게 관여한다. 에스트로겐이 잘 분비되지 않으면 불임될 확률이 높아지고, 임신되더라도 아이가 건강하지 못하게 태어날 공산이 커진다. 깡마른 여성은 실제로 가임 능력이 떨어진다. 몸무게가 적정 수준을 크게 밑돌면 배란조차 이뤄지지 않는다. 남자들은 에스트로겐이 왕성한 여성의 몸매에 무의식중에 이끌리는 방식으로 진화했다. 여자들이 남자들의 굵은 저음과 훤칠하고 우람한 몸집에 이끌리는 것과 같은 이치다.

여성은 남성처럼 안드로이드 지방(Android Fat)을 지니는 동시에 사춘기를 맞아 지노이드 지방(Gynoid Fat)으로 자신의 신체를 변화시킨다. 지노이드 지방은 임신하고 수유할 때 필요한 성분으로 가슴과 엉덩이, 허벅지에 저장된다. 여자들은 지노이드 지방을 축적해서 임신하고 아이에게 젖을 잘 먹일 수 있음을 광고하는 셈이다. 여자들은 엉덩이나 다리가 두껍다고 불평하기 쉬운데, 허벅지는 여성 몸무게의 4분의 1이나 차지한다.

가슴은 여성성을 평가받는 지표가 된다. 남자의 키나 몸무게처럼 가슴 크기는 명확하게 수치화된다. 현실 속에서 키 큰 남자가 키 작은 남자보다 선망 받듯 더 큰 가슴은 더 작은 가슴보다 열망되어진다. 키 작은 남자를 비하하는 말들이 넘쳐나듯 가슴 작은 여자에 대한 조롱도 넘실대고, 키 작은 남자가 자학하듯 가슴이 작은 여자들도 자조한다.

많은 여자들이 가슴에 대해 불만족을 갖고 있다. 가슴은 여성의 정체성에 직결되므로 가슴에 대한 열등감은 자존감을 훼손한다. 적잖은 여자들이 성형 수술을 통해 낮은 자존감을 끌어올리려고 한다. 외모를 개선하면 우울증이나 불안의 징후가 감소되고 행복도가 증가할 수도 있다. 여자들에게 가장 큰 만족을 준 수술은 유방 수술로 보고된다. 2015년 미국에서만 가슴 확대 수술에 쓰인 비용이 1조 원이 넘는다. 가슴 크기에 따라 여성들의 자부심이 달라지는 현상에 착안하여 '가부심'이란 말도 떠돈다. 여자들은 여러 보조 기구로 가슴의 크기를 부풀리면서 더 매력 있는 사람이 되고 싶어 한다.

큰 가슴에 대한 만족감은 여자들만 얻는 게 아니다. 여자들이 키 큰 남자를 만날 때 만족감이 높아지듯 남자들도 가슴 큰 여자를 만날 때 더 큰 만족을 얻는다. 데이트가 어떻게 탄생했는지 연구한 베스 베일리Beth Bailey는 현대의 미적 이상을 묘사할 때 큰 가슴과 비싸다는 의미가 같이 쓰였다면서, 가슴이 풍만한 여자를 데리고 밖으로 나가는 남자는 자신에게 돈이 풍부하다는 사실을 과시한다고 분석한다.

한편 가슴은 여러 오해를 낳기도 한다. 여자가 가슴을 내놓으면 남자를 유혹하는 행위처럼 인식된다. 남자가 더워서 상의를 벗는 일과 여자가 땀이 나 상의를 벗는 일은 같은 선상에서 놓이지 않는다. 물론 남자든 여자든 벗을 때 타인의 시선을 의식한다. 남자도 두툼한 가슴팍을 드러내는 데서 쾌감을 얻듯 여자들도 자기 유방을 바라보는 타인의 시선을 통해 만족감을 얻는다. 그런데 남자의 가슴과 달리 여자의 유방은 금기에 에워싸인 비밀스러운 영역처럼 취급된다. 프랑스의 사상가 조르주 바타유Georges Bataille가 설파하듯 금기가 있으면 위반하고자 하는 욕망이 생성된다. 유방을 감추면 감출수록 유방을 보고 싶은 욕망이 생겨난다. 이를 노리고 대중매체와 잡지들은 여성의 유방을 보일 듯 말 듯하게 찍은 사진을 이용하여 사람들을 현혹한다. 상업화가 기승을 부릴수록 많은 남자들이 유방이 나온 사진과 영상을 구매하면서 여성의 몸은 돈을 내고 소비해야 하는 상품으로 학습한다. 여자의 몸은 세상 곳곳에서 전시되고 유혹의 볼거리로 제공되는 실정이다. 그럴수록 여자들은 인간으로서 대우받고자 더더욱 자신의 가슴을 가리게 된다.

여자들은 난처한 상황이다. 가슴이 풍만하고 싶더라도 세상은 유방이 큰 여성을 대상화하는 데 열을 낸다. 미국 사회에서는 큰 가슴을 지닌 금발 여자는 멍청하다는 선입견이 강한데, 다른 사회에서도 비슷한 편견이 작동한다. 여자들은 자신이 여성임을 부각시키기 위해서 때로는 가슴을 그러모으지만 인간으로서 참석한 자리에선 졸라매어 가슴이 없는 척한다. 특히 젖꼭지가 비칠까봐 더운 여름에도 속옷을 반드시 착용한다. 여자들이 여성성을 표현하지 못한 채 분열된 의식을 갖고 사는 건 세상이 여성의 몸을 두고 이중 잣대를 들이대기 때문이다.

여자의 털과 미용 성형

인간은 다른 영장류와 달리 몸에서 털이 없어지는 쪽으로 진화했는데, 이건 선조들의 사냥 방식과 관련 있을 것이다. 인간은 하마처럼 힘세거나 호랑이처럼 날카로운 이빨이 있거나 표범처럼 날렵하지 않다. 하지만 협동해서 사냥감을 끝까지 쫓는 지구력을 지녔다. 여느 동물들은 털로 덮여 있어 땀의 증발이 수월하지 않다. 조금만 내달려도 그늘에 주저앉아 땀을 식혀야 한다. 인간은 단련하면 오래 뛸 수 있다. 인간은 달리기 속도만으로는 잡을 수 없는 동물을 몇 시간씩 집요하게 뒤따라갔고, 지쳐서 쓰러진 사냥감을 포획했다. 털북숭이라면 체온이 유지되고 몸의 피부가 보호되는 등등 여러 장점이 있는데, 인간은 온몸에 땀샘이 늘어나고 벌거벗은 몸 표면이 빨리 식는 쪽으로 진화했다. 현대에 들어서도 수많은 사람들이 장거리 달리기를 즐긴다. 오래 달릴 때 샘솟는 희열은 조상들이 사냥감을 쫓아가 포획하기 전의 흥분이 재생되는 것인지 모른다.

털이 없어진 데는 성 선택의 역할도 한몫 톡톡히 했을 것이다. 털이 없는 상대가 더 매력 있게 여겨지고 짝짓기 상대로 선택받으면서 털 없는 형질이 급속하게 퍼져 나갔으리라 추정된다. 성인의 몸에는 원숭이만큼 숱한 모공이 있고 5백만 개의 털이 나지만 대부분의 털은 너무나 가늘어서 맨살을 내보이게 된다. 가끔 얼굴이나 몸에 털이 수북하게 나는 희귀한 사례가 보고되는데, 이건 비활성화된 유전자가 깨어나면서 생긴 일이다.

우리는 현대인으로서 매끈하고 말쑥하게 체모를 제거하거나 가리지만, 하염없이 노출되는 털이 있다. 바로 머리카락이다. 머리카락은 인간의 몸에서 털이 왕성하게 모여 있는 곳으로서 햇볕에 노출되었을 때 수분 증발을 방지하고자 무성하게 자란다. 머리카락은 인간이 지닌 원시성의 추억이라고 시인 김정란은 말한다. 문명화가 진행될수록 동물성은 감춰진다. 고대 사회에서 고위층일수록 거추장스러운 관을 쓰는 건 나름의 이유가 있던 셈이다. 한반도에서도 남자들이 상투를 틀고 여자들은 쪽을 찌고 비녀를 꽂았는데, 이건 동물에 가까운 상태의 자아를 가다듬고 추슬러서 인간으로 재정립한다는 의미가 있었다. 또한 동물성을 지닌 머리 상태로 밖을 돌아다니지 않고자 남자들은 갓을 썼다. 종교 수도자들이 머리를 미는 이유도, 사람들이 마음을 다잡기 위한 방편으로 머리를 바짝 깎는 것도 자기 안의 동물성을 다스리기 위함이었다.

인류 문명 곳곳에서 오랜 세월 여자들은 머리에 뭔가를 쓰면서 동물성을 철저히 숨겨야 했다. 『탈무드』에는 머리카락을 가리지 않고 외출한 여자의 남편은 위자료를 주지 않고 이혼할 수 있다고 쓰여 있다. 로마시대에도 결혼한 여자가 머리를 감추지 않으면 이혼당할 수 있었다. 한국에서도 후기 조선시대에 여자들은 장옷을 쓰면서 머리카락을 숨겨야 했다. 지금도 지구 마을에는 여성의 신체를 가리는 의상을 착용한 뒤 머리카락을 겹겹이 가려야만 외출할 수 있는 곳이 많다. 치렁치렁한 머리카락은 여성이 갖고 있는 생명력의 발현이라 혹시나 여자가 생명력을 발휘해 외간 남자와 눈 맞을까봐 전전긍긍하는 가부장들은 여자의 머리를 가리는 조치를 강제한다.

여성의 머리카락은 건강함과 매혹을 뿜어낸다. 여자들이 머리카락을 흩날리며 가지고 놀기 시작할 때와 성적인 관심이 대폭 증가하는 시기는 겹친다. 사회과학자들은 여자들이 누군가를 유혹할 때 입술을 빨고 머리를 젖히고 머리카락을 찰랑거리는 행동을 한다고 주목했다. 낸시에트코프는 머리카락이 타인을 유혹하는 수단 이외에 그다지 쓸모가 없다고 이야기한다.

우리는 동물성의 상징인 머리카락에 공을 들이면서 생명력을 표출한다. 여성은 머리카락의 윤기와 색깔, 질감과 향기 그리고 움직임을 통해 젊음과 매력을 발휘한다. 여자들은 머리카락에 큰 애착을 보인다. 신변에 변화가 있어서 머리를 짧게 자를 때 구슬퍼하고 서글퍼한다. 세상의 부조리에 분노해 용기 내어 삭발하더라도 여자들은 머지않아 머리를 기른다. 세상의 눈총도 신경 쓰이는 데다 거울에 비친 머리카락 없는 모습에 만족감을 갖기가 어렵기 때문이다.

아일랜드의 작가 에머 오툴Emer O'Toole은 삭발하고 나서 타인의 관심이 급격하게 줄어 자신을 긍정하기 어려웠다고 고백한다. 에머 오툴

에게 삭발은 여성주의자로서 한 행동은 아니지만, 삭발을 통해 여성의
식이 생겨난다. 사람들은 성별 규범에 순응하는 정도에 따라 타인의 성
격을 예단하는 습성에 젖어 있다. 삭발한 사람은 공격적일 거라고 어림
짐작한다. 긴 머리카락을 지니면 방어적이고 수동적일 거라 단정한다는
얘기다. 우리는 타인을 유형화하고 세상의 전형 속에 타자를 가두고 쉽
게 평가하는 버릇이 있다.

　에머 오툴은 살을 빼려 노력하고 화장하고 향수를 뿌리고 장신구를
착용하고 뾰족구두를 신는 모든 행위가 무엇을 의미하는지 묻기 시작한
다. 그리고 여성성의 규범에 도전하고자 제모를 거부한다. 에머 오툴은
방송에서 겨드랑이를 보여줬다가 혹독한 유명세를 치르게 된다. 남성에
게는 그나마 동물스러움이 용인되는 세상이라 남자가 털이 없으면 되레
이상하게 바라본다. 반면에 여자의 털이 노출되면 사람들은 경악한다.
여자들은 체모 때문에 땀을 흘리고 악취가 난다고 배우지만, 에머 오툴
은 체취와 체모의 관계를 연결시킨 학술 연구를 찾지 못한다. 털이 없어
지는 방향으로 진화하는 가운데 몸 곳곳에 남아 있는 털은 다 필요하기
때문에 있다. 물론 털이 없어야 한다는 압박이 강하게 들이치다 보니 요
새는 제모하지 않았어도 겨드랑이에 털이 나지 않거나 몇 가닥만 나는
여자들이 있긴 하다.

　우리는 여자아이들에게 털을 부끄러워하도록 가르치고, 여자들은 수
치심을 갖게 된다. 1차 세계대전 전에 미국 여성은 다리털을 깎지 않았
다. 하지만 1964년경엔 44세 이하의 미국 여성 가운데 98퍼센트가 다
리털을 밀었다. 각종 대중매체에서 매끈한 다리 사진이 살포되고 각선
미를 찬양하는 상품 광고들로 도배되자 제모가 으레 해야 하는 의례처
럼 된 것이다. 요즘엔 다리털과 겨드랑이 털뿐 아니라 성기의 털마저도

제거하려는 움직임이 불거진다. 에머 오툴은 화가 나고 세상이 잘못되었다고 느꼈지만 예쁘고 여성스럽고 매력 있는 여자로 보이고 싶어서 제모를 계속했고, 자기답게 살고자 하는 바람과 여성다워야 한다는 요구의 충돌 속에서 인지 부조화를 겪었다. 록산 게이도 부끄럽다면서 자신은 하늘하늘한 맥시 드레스를 좋아하고 다리털을 깎는다고 고백했다. 록산 게이는 여성의 미모에 대한 세상의 어처구니없는 요구에 분노하며 비판했지만 한편으론 매끈매끈한 종아리에 대한 비밀스러운 사랑이 있다고 털어놓았다.

겨드랑이와 다리털을 제거하는 문화가 삽시간에 확산되었고, 우리의 미의식도 털과 양립하지 못하고 있다. 남성이 여성으로 성전환할 경우에도 가장 신경 쓰는 일이 제모이다. 현재 여자들에게 허락되는 털은 머리카락일 뿐이다. 동물이 인간에게 사냥당하고 사육되듯 여성들의 털은 사냥당하고 사육된다. 제모 수술이 여자들에게 당연해지듯 여성의 몸에 칼을 대는 일이 자연스러워지고 있다.

유대인 남자들은 성인이 되기 전에 할례를 받았다. 이와 비슷하게 한국 여자들은 성인이 되기 전에 눈두덩에 할례를 받고 있다. 한국 여자들에게 쌍꺼풀 수술은 꼭 거쳐야 하는 기괴한 통과 의례처럼 되었다. 그동안 한국이 추구했던 미의 기준은 '백인'이고 '미국'이다. 너무나 빠르게 미국을 본보기로 삼아 정치 사회 경제를 뜯어고쳤듯 미국 여성의 몸을 목표 삼아 한국 여성의 몸은 뜯어고쳐졌다. 유럽에서 유대인이 아니고서는 포경 수술한 남자를 찾기 어렵지만 미국 사회에서는 포경 수술이 횡행한다. 마찬가지로 한국 남자들도 포경 수술을 으레 받았다. 이와 비슷하게 의술의 힘을 빌려서 한국 여자들의 눈은 죄다 미국 여자들처럼 되었다. 불과 몇십 년 전의 여성 사진과 지금 거리에서 마주치는 여성의 얼굴을 비교하면 모녀 지간이라고 보기 힘들 만큼 변이가 발생했다. 한국은 성형 수술 횟수에서 전 세계 1위를 기록하는 나라다. 영국의 정신분석가 수지 오바크Susie Orbach는 한국 소녀들 50퍼센트가량이 쌍꺼풀 수술을 받는다고 콕 집어 언급한다. 수지 오바크는 세계 여러 곳의 젊은 이들이 자기 몸을 개조하려고 애쓰는 모습에 슬픔을 느끼면서, 신체 혐오는 서양의 은밀한 수출품이라고 촌평한다.

본격 소비 사회가 개막한 1990년대부터 미용 성형은 불거지기 시작해 2010년대부터 자기 계발 담론에 흡수된다. 사람들은 외모를 계발하면서 주목을 받고자 욕망했고, 외모는 자연이 아니라 개척하고 개발해야 하는 자원이 되었다. 성형을 통해서 외모 자본을 높이는 일이 용인되자 성형외과는 문전성시를 이뤘다. 자신을 팔리는 상품으로 만들기 위해 미용 성형도 불사하는 것이다. 미용 성형 기술이 발달한 만큼 외모를 세밀하게 분석하니, 암만 예쁜 여자라도 결점을 지적받는다. 미녀가 되는 일은 험난하고, 영화 〈미녀는 괴로워〉의 제목처럼 미녀도 괴롭다. 우리는 자신의 몸을 깎고 째고 빼고 잘라내고 부수고 줄이고 덜어낸다.

요즘 여자들은 자신을 비싼 가격에 팔아야 하는 상품으로 인식하고 취급하는 시장주의가 내면화되었다. 성형은 자기에 대한 투자로 간주된다. 미용 성형하는 여자들이 바라는 건 겉보기엔 쌍꺼풀이나 높은 콧날 그리고 갸름한 얼굴선과 가지런한 눈썹 등등이지만 궁극의 열망은 '새로운 나'가 되는 것이라고 문화연구자 태희원은 분석한다. 태희원은 젊은이들이 성취감을 얻기 어려운 세태에서 궁지에 몰린 여자들의 처지와 팽창된 미용 성형 시장이 맞물리면서, 더 나은 나를 만들기 위한 노력의 핵심에 몸이 위치 지어지게 되었다고 설명한다.

모든 것이 흔들리고 유동하는 시대에 몸은 내가 믿을 수 있는 단 하나의 비빌 언덕이다. 성형은 단순히 특정 부위를 고쳐서 좀 더 예쁜 외모를 갖기 위함이 아니다. 신체라는 상품의 시장 가치를 높여 생존하려는 안간힘이다. 자기 개조와 신체 재개발을 해야만 살아남을 수 있다는 압박이 성형 수술의 국민화를 이룩한다. 외모 가꾸기에 남자들이 압박을 느낀다면 여자들은 거의 압사하는 지경이다. 성형 수술하다 죽은 여자들의 소식이 심심찮게 들리지만 성형 수술은 줄지 않는다. 외모 차별이 심한 세상에서 무시당하고 모멸감을 느끼며 살 바엔 모험을 감행하는 건 어쩌면 당연한 선택일지도 모른다.

신데렐라가 잃어버린
유리 구두 한 짝의 크기

뾰족구두는 여성 정장의 필수 요건처럼 자리매김했으나, 몸에 해롭다. 뾰족구두를 신은 여성은 고통스레 걸어 사무실과 회의장에 도착한다. 자리에 앉아도 신경은 발로 간다. 발이 아파 자세를 이리저리 고쳐 앉는다. 일에 집중하기 쉽지 않다. 발 뒤쪽이 들린 채 움직이기 때문에 집에 돌아와 보면 다리가 퉁퉁 부어 있다. 남자들과 만날 때도 제약이 생긴다. 여자들은 뾰족구두를 신고는 오래 걷는 게 힘들어 차가 있는 남자와 만나길 원한다고 털어놓는다. 자신이 뾰족구두를 신었는데 남자가 눈치 없이 걸으려고 하면 그 남자에 대한 애정이 식는다는 얘기도 심심찮게 들린다.

불편해도 여자들은 높은 굽을 포기하지 않는다. 높은 굽을 신으면 매력이 상승하기 때문이다. 높은 굽을 신으면 뒤꿈치를 들게 되면서 어깨가 뒤로 젖히고 등에는 곡선이 생기면서 엉덩이가 올라가고, 두꺼운 다리는 매끈해 보이고, 배는 쏙 들어가고, 가슴은 더 커 보인다. 여성의 맵시가 한층 더해지는 데다, 걸음걸이의 매혹감도 증가한다. 높은 구두를 신고 엉덩이를 좌우로 흔드는 걸음걸이에 많은 남자들의 시선이 멈춰지기 십상이다. 엉덩이를 실룩거리는 걸음걸이로 유명한 마릴린 먼로는 누가 뾰족구두를 발명했는지 모르지만 모든 여자들이 그 사람에게 고마움을 느끼고 있다면서, 자신을 출세하게 이끌어준 건 바로 뾰족구두라고 이야기했다. 신발 고안자 마놀로 블라닉Manolo Blahnik은 자신이 오랫동안 여러 신발을 만들었지만 여성스런 걸음걸이를 만드는 데는 뾰족구두가 최고였다면서, 여성이 뾰족구두를 싫어했다면 신발 만드는 일을 그만두었을 것이라고 술회했다.

뾰족구두의 굽은 높아만 간다. 그저 높은 굽(highheel)을 넘어 이제 여성을 죽이는 수준의 굽(killheel)도 등장했다. 발목이 꺾이면서 다치는 사고도 한두 번이 아니다. 하지만 인간의 욕망은 건강을 크게 해치지 않는 선이라면 매력이 높아지기를 바라 마지않는다. 자신의 신체가 편안하기보다 타인에게 주목받고 사랑받기를 인간은 갈망하는 것이다. 멋쟁이는 일부러 불편을 감수하는 걸 원칙으로 아름다움을 가꾼다고 문학가 마광수는 주장했다. 불편함을 감수하고서라도 섬세하고 야한 아름다움을 창출하기 위한 수단을 사용해야 멋쟁이라는 것이다. 여성의 진짜 애인은 거울이고 거울에 비친 자기 모습이 여자에게는 맨 처음 연애 상대가 된다고 마광수는 생각했다. 마광수는 날카롭게 쪽 뻗은 선이 야하게 느껴지기 때문에 자신은 굽 높은 뾰족구두를 몹시 좋아한다고 자신의 선호를 일찌감치 밝혔다.

날카롭게 쪽 뻗은 발의 선이 왜 야하게 느껴질까? 뾰족구두를 신을 때 발 모양이 성애를 나누다 절정에 이른 여성의 발 모양과 유사하다는 분석이 있다. 여성은 황홀경에 이를 때 발이 장딴지와 일직선이 되는데, 이것은 훈련받은 안무가가 아니면 도저히 취할 수 없는 동작이라고 미국의 생리학자 알프레드 킨제이Alfred Kinsey는 분석했다. 남자들은 뾰족구두를 신어서 도드라지는 몸의 여성성에도 관심을 보이지만 일직선으로 펴진 발 자체를 보면서 흥분한다는 것이다. 아주 높은 굽의 구두를 신었을 때의 발 모양은 절정에 달한 순간의 발의 자세를 본뜬 셈이다. 〈섹스 앤 더 시티〉의 주인공도 구두에 집착하며 자기 발을 섹시하게 보이려 애썼다.

적잖은 남자들이 이상형의 조건으로 발이 작고 발목이 가는 여자를 꼽는다. 미국의 배우 잭 블랙Jack Black은 발에 대한 물신 숭배가 조금 있다면서 자신도 모르게 여자들 발을 뚫어져라 본다고 시인했다. 남자들이 왜 여자의 발에 관심을 가지는지 오랫동안 연구되었다. 지그문트 프로이트는 발에 대한 물신 숭배는 그 사람의 복종성을 드러낸다고 주장했고, 사회과학자들은 여자들의 독특한 신발 모양 때문에 관심이 증폭된다고 추측했다. 하지만 남성 자체가 여자의 발에 반응하도록 되어 있다는 주장이 제기됐다. 인류학자 대니얼 페슬러Daniel Fessler의 연구에 따르면, 이란이나 브라질 그리고 탄자니아나 파푸아뉴기니 등등 다양한 사회의 남자들도 여자의 작은 발을 선호했다. 여자의 매력 있는 발이 올라오는 누리집에도 온통 작은 발이다. 여자들도 발이 크면 숨기고 싶어한다. 가상 사회 관계망에는 위에서 아래로 자신의 하체만 찍은 사진을 여자들이 올리는데, 이런 구도에서 찍으면 부감 효과가 발생해 발이 작게 보인다.

남자가 여자의 작은 발을 선호하는 이유도 생식력과 연관되어 있다. 여성성과 깊게 연관된 에스트로겐은 발의 성장을 제한한다는 증거가 있다. 남자 가운데에서도 여성성이 부족한 남자의 발이 무지막지하게 큰 것도 이 때문이다. 작은 발은 임신하고 수태할 수 있는 건강을 알려주는 간접 지표가 될 수 있는 셈이다. 또한 임신한 여성은 발의 크기가 반 치수에서 한 치수까지 늘어나기도 한다. 도널드 시몬스는 유리 구두 한 짝을 들고 신데렐라를 찾고자 방방곡곡을 누비는 왕자가 큼직한 냄비에 꽉 차는 커다란 발을 원하는 건 절대 아니라고 강변한다.

중국의 전족도 여성의 작은 발을 선호하는 남성의 욕망과 연관된다. 중국의 전족은 여성 학대이지만, 신체의 기형이나 발에 대한 애착은 중국에서만 보이는 현상이 아니라 대부분의 문화권에서 존재한다고 미국의 발 전문가 윌리엄 로시Willam Rossi는 주장한다. 윌리엄 로시는 인간이 자연의 형태에서 약간 벗어나는 것을 좋아한다고, 현실보다는 환상을 더 좋아하고, 이왕이면 야한 환상에 매료되는 것 같다고 목소리를 높인다. 전족 풍습이 시작되기 훨씬 이전이었던 춘추 전국시대에서도 여성의 조그맣고 예쁜 발은 교양 있는 집안의 혈통이라는 증거로 여겨졌고, 지성의 상징으로 우대됐다. 다른 문화권에서도 작은 발에 대한 숭배가 발견된다. 작은 발에 대한 남자들의 욕망이 극단으로 실현되어 전족이란 끔찍한 풍습을 낳은 것이다.

전족을 하면 발이 자라지 못한 채 휘어지면서 여자들의 발이 뾰족구두를 신을 때처럼 수직 상태로 변형된다. 전족을 한 여성은 걸을 수 없어 정상 생활이 불가능하다. 전족은 현대에 들어서야 폐지되었다. 인간의 욕망은 이토록 무서운 것이다.

짧은 치마의 즐거움

세상의 압력은 내 몸과 맘 구석구석 미치지 않는 곳이 없다. 우리는 타인의 눈길과 관습의 포로다. 우리의 옷차림 역시 욕망과 권력이 휘몰아치는 마당이다.

옷차림은 신분을 나타내는 기능을 갖고 있다. 남자 양복 소매에 달린 단추의 목적은 쓸데없음이다. 노동자들은 손을 쓰며 일하기 때문에 소매에 단추가 달려 있으면 거추장스러울 수밖에 없다. 자신이 노동자가 아님을 광고하고자 남자 양복 소매에는 쓸데없이 단추가 달려 있고, 지위가 높을수록 단추의 개수는 늘어난다. 우리들은 순전히 몸을 가리고자 의상을 착용하지 않는다. 과거에 중국 귀족은 손톱을 길게 길러서 자신이 노동하지 않는다는 걸 보여줬듯, 우리는 신분을 과시하기 위해 기꺼이 불편을 감수한다.

남자 양복의 윗도리는 오랫동안 길고 컸다. 어깨엔 뽕이 들어간 것처럼 평퍼짐했고 기장은 엉덩이 덮는 걸 넘어 무릎 가까이 내려올 정도였다. 돈 있는 자만이 양복을 입던 시대에 커다란 양복은 자신의 위엄을 높이면서 타인을 위압했다. 몸의 부피를 부풀리는 맹꽁이처럼 힘과 권위를 과시하려는 옷차림이었다. 아직도 권위와 질서를 중시하는 집단의 제복을 보면 상의가 길다. 또한 모자를 써서 키가 더 커 보이게 한다. 최근 들어서 남자 정장이 몸에 달라붙기 시작하고, 성별 구분하지 않는 옷차림이 유행한다. 그만큼 남자들도 자신의 몸을 드러내야 하는 세태이다. 한편으론 과거엔 특권층의 전유물이었던 양복이 대중화되었음을 알 수 있다. 이에 상류층은 어마어마한 가격의 정장을 입으면서 중하층과 자신을 구별 짓는다.

여자의 옷은 남자의 옷보다 더 흥미롭다. 오랜 시간 여성은 의복을 통해 남성과 구분되었다. 기독교 경전 「신명기」 22장 5절에는 여자가 남자의 의복을 입지 말아야 한다는 명령이 신의 이름으로 기록되어 있다. 여자들은 죽음의 위기에 처했거나 겁탈을 당할 위험에 처했을 때만 남자 옷을 입을 수 있었다. 토마스 아퀴나스는 여자가 남자 옷을 입는 것이 중죄라고 선언했다. 현대 사회에 이르러서야 성 구분이 없는 옷을 입어도 제지당하지 않게 되었다. 물론 여전히 공식석상에서는 관습법에 따라 철저하게 구별된다. 영화제에 참석한 배우들의 옷차림을 보라.

여성의 의복은 출신 배경을 드러낸다. 옷엔 가치 평가가 들어가 있고, 지위에 따라 옷차림은 정해져 있다. 자본주의가 발달하는 과정에서 중상층 여성은 가부장을 대신해서 소비하는 일을 주요 임무로 담당했고, 여성의 의복은 소비를 위해 고안되었다. 상류층 여성의 의복이 화려하고 불편한 까닭은 노동에 종사하지 않고 있다는 걸 한눈에 전시해야 했기 때문이다. 여성의 직분은 가정의 대표 장식물이 되는 것이었다고 미국의 경제학자 소스타인 베블런Thorstein Veblen은 논평했다. 상류층 여자들은 비싼 의상과 장신구로 자신을 꾸몄고, 그렇게 가족의 경제력을 입증했다.

여성이 추구하는 아름다움 자체가 귀족성과 연결되어 있다. 새하얀 피부, 시간이 오래 걸리는 화장과 활동하기 불편하게 하는 장신구들, 높은 굽의 구두 등은 유한계급과 연관되어 있다. 여성이 추구하는 아름다움은 노동하지 않을 때 성취되는 외양이다. 앞 시대에 여성스럽고 품위 있는 외관을 지녀야 했던 중상류층 여자들은 코르셋을 착용했다. 코르셋은 지금으로부터 무려 4000년 전에 처음 인류사에 등장해 르네상스 시기부터 본격 확산되었다. 근대에 이르러서는 고래 뼈로 코르셋을 만들어 허리는 바짝 조이고 유방을 위로 그러모으면서 여성의 몸을 극단으로 강조했다.

여성의 의복사를 살펴면 가슴을 커 보이게 하거나 엉덩이를 돋보이게 하는 복식이 대세였는데, 이에 어깃장을 낸 인물이 코코 샤넬Coco Chanel 이다. 샤넬은 여성을 성애의 대상처럼 조장하는 옷차림에 반대하면서 자연스러운 편의를 존중하는 옷차림을 내놓았다. 살갗을 노출하지 않으면서도 적절하게 여성성을 표현하는 샤넬의 의상에 여자들은 환호했다. 논란이 있지만 지난 1000년 동안 프랑스를 대표하는 두 번째 사람으로 코코 샤넬이 뽑힐 만큼 샤넬은 커다란 변화를 일으켰다. 물론 샤넬은 굉장한 사치품이 되어버렸다.

옷은 경제 상태를 드러내주는 동시에 자아의 표현 수단이다. 매우 많은 여자들이 입고 나갈 옷이 없다고 툴툴거리면서 결혼식 같은 모임에 가기 위해 옷을 새로 구입한다. 그만큼 자신의 정체성을 옷과 연결시킨다. 우리는 실용성만으로 옷을 고르지 않는다. 매력과 인기를 높이기 위해 옷을 입는다. 유행에 뒤떨어지고 허름한 옷을 입을 경우 타인들이 끌릴 가능성은 줄어든다. 옷에 구호를 넣어 새바람을 일으켰던 영국 출신의 캐서린 햄넷Katharine Hamnett은 여자와 남자 모두 대부분은 성교하기 위해 옷을 입는다고 말했다. 구찌의 의상을 고안하다가 영화감독으로도 재능을 발휘한 톰 포드Tom Ford도 옷차림은 모두 짝짓기에 관한 것이라며 진정한 패션의 환상은 섹스와 관련 있다고 얘기했다. 낸시 에트코프는 우리가 옷차림을 통해 더 젊고 더 예쁘고 더 멋지고 더 부자처럼 보이려고 노력하면서 배우자로서의 가치를 높인다고 분석했다.

사랑받고 싶은 강한 열망은 성별에 따른 옷차림을 제약한다. 남자가 치마를 입고 다닐 경우 여성에게 인기를 얻을 확률이 대폭 감소한다. 대개의 여성은 단정하면서도 품위 있는 남자의 옷차림을 선호한다. 치마는 여성성의 기호이다. 여자들은 각선미를 가꾸면서 때때로 치마를 챙겨 입는다. 짧은 치마를 입으면, 다리가 길어 보이면서 몸의 비율이 좋아 보이고 더 예뻐 보여 만족감과 자신감이 상승한다고 여자들은 증언한다. 미는 쾌를 낳는 것이다. 계단을 오를 때 가방으로 엉덩이를 가리는 불편함을 감수하더라도 짧은 치마를 입는 데서 생겨나는 즐거움은 강력하다. 일부 여자들은 혹한의 겨울에도 스타킹도 신지 않은 채 치마를 입기도 한다.

그런데 여성의 신체와 옷차림을 통제하려는 오래된 욕망이 억세게 작동되다 보니, 많은 남자들이 짧은 치마를 유혹으로 받아들인다. 여자들은 치마 길이에 신경 좀 끄라고 목소리 높이지만, 남자들은 자기도 모르게 눈이 간다. 그래서 왜 짧은 치마를 입고 다니느냐며 여자들을 핀잔한다. 성을 둘러싸고 남녀의 대결 양상은 그칠 줄 모른다.

정말 아름다운 존재

어느 사회든 구성원에게 특정한 아름다움을 부과하고 고취시키려 한다. 그 아름다움의 정체가 무엇인지 우리는 심각히 따져 묻지 않는다. 배제당하지 않고자 사회가 요구하는 아름다움을 성취하려 할 뿐이다. 아름다움에 대한 압박은 여성을 지배하는 보이지 않는 채찍질로서 인간의 다양한 감수성을 특정하게 순치시키는 권력의 지배 기술이다.

나오미 울프는 여성운동으로 여자들이 권리를 얻고 힘이 강해지자 남성 중심 사회가 '아름다움의 반격'을 시도했다고 역설했다. 사회 규범과 종교에 의해 여성을 통제하는 능력이 약화되자 과거처럼 여성을 예속시키고자 아름다움이 이용되었다는 주장이다. 여성은 자기 행위보다 외모를 더 중요하게 여기고, 거울에 비친 자신을 쉴 새 없이 의심하고 감시한다. 여성이 해방되어 세상으로 나오자 아름다움이라는 감옥이 여성을 다시 가두고 있는 것이다. 미국의 역사학자 조앤 브룸버그Joan Brumberg는 100년 동안 일기를 수집해서 분석했다. 19세기 말 젊은 여자들의 목표는 사회에 이바지하고 타인에게 더 관심을 갖고 만족스러운 인간관계를 맺는 일이었다. 반면에 20세기 말의 젊은 여자들은 살을 빼거나 새로운 머리 모양을 하거나 새 옷, 화장품, 장신구를 사는 데 필요한 일이라면 뭐든지 하겠다고 일기에 적었다. 100년이 지나는 동안 여성에게 가해진 외모 압력의 강도를 알 수 있다.

한 대학생은 여성학 공부를 시작하자마자 자기 삶이 모순으로 가득하다는 걸 깨닫는다. 예쁘장하게 꾸미는 일이 과연 자신을 위한 것인지 아니면 여성을 대상화하고 상품화하는 경쟁에 스스로 뛰어들어 길들여진 것인지 고민에 휩싸인다. 또한 치장하고 다니니 너는 페미니스트가 맞느냐고 주변 사람들이 물어대어 자신이 페미니스트임을 납득시키고자 용쓰느라고 지쳐갔다. 이 학생은 복학하고 나서는 성형 수술까지 했는데, 달라진 것이 없다거나 예전만 못하다는 소리를 들을까 더욱 꾸미는 일에 매달렸다. 피부 관리도 다시 시작하고 옷과 화장품에 투자하는 시간과 돈도 늘어났으며 미용실 찾는 횟수도 잦아졌다. 이 여학생은 자신이 왜 이러는지 알 수가 없다며 토로한다.

여성운동은 여성을 외모로 평가하는 남성 권력에 저항했으나, 외모에 대한 강박으로부터 자유로워진 여자는 드문 형편이다. 수많은 여성운동가들이 아름다움이 신화이며 남성에게 예속되는 일임을 까발렸으나 그 결과는 신통하지 못했다. 박근혜 전 대통령은 자신이 맡아야 하는 국정

사안보다 백옥 주사를 비롯하여 수많은 미용 시술을 받고 화려한 옷들을 입는 데 주력했다. 박근혜 전 대통령을 탄핵한 이정미 대법관은 탄핵 선고날 출근하면서도 고데기를 달고 있었다.

수십 개의 관련 연구를 종합해보면, 페미니즘은 대중매체가 부추기는 특정한 미의식에 동조하지 않는 힘을 주었다. 하지만 여성이 자기 몸을 실제로 어떻게 느끼고 생각하는지에 대해선 영향을 거의 미치지 못했다. 여성학을 공부하면 대중매체가 조장하는 미의 규범에 비판 의식을 갖고 저항할 수 있게 되지만, 거울 앞에서 자신을 바라볼 때 흐뭇하게 웃게 되진 않는다. 앎과 삶은 이처럼 일치하기가 어렵다. 여자들은 타인의 시선과 욕망에서 벗어나라는 인문학의 충고에 머리론 고개를 끄덕이더라도 차마 그러지 못한다. 과거와 달리 경쟁이 더 이악스레 펼쳐지는 요즘, 남들이 다 하는 외모 가꾸기를 하지 않으면 스스로 낙오하겠다는 것과 다름없어졌다. 꾸미는 일은 현대 사회에서는 뒤처지지 않기 위한 최소한이 되었다.

요새 젊은 여자들은 아름다움의 성취가 남성 권력에 대항하는 길이라고 느낀다. 영국의 사회학자 캐서린 하킴Catherine Hakim은 매력 자본이란 개념을 고안하여 매력 증진이 성공의 요건이자 인생의 자산이라고 설파한다. 누군가는 노래 실력이 월등해도 외모가 안 되어 얼굴 없는 가수로 지내듯, 남자 정치인도 잘생겼으면 인기가 올라가듯, 외모는 남녀노소에게 중요한 요인이다. 사람을 외모만으로 평가하는 건 얄팍한 유치함이지만, 외모를 깡그리 무시하겠다는 건 알량한 위선이다. 외모의 매력을 중요하게 여기는 브라질에서는 가난한 사람들의 구직 활동을 돕고자 성형 수술에 정부 보조금을 지원하기까지 한다. 여성이 외모를 꾸미는 일은 삶을 개선하려는 노력일 수 있다. 그렇다면 우리는 아름다움을 인간의 자연스러운 본성으로 수용하되 다차원화시키는 방식으로 나가야 하지 않을까?

지금의 외모 강박은 특정한 아름다움만이 독재하면서 발생한다. 한국은 획일화된 사회다. 우리는 비슷한 욕망에 비슷한 생김새로 비슷하게 살아가면서도 남의 시선을 지독하게 의식하며 인정받기를 욕망한다. 외모가 특징이 아니라 한 사람의 전부가 되는 유치함이 사회를 지배하고 있다. 이런 상황이라면 외모가 중요하지 않다면서 사람들이 귓등으로 흘려들을 이야기만 되풀이할 게 아니라 외모를 인생 전체의 맥락에서 사유하면서 외모의 중요성을 상대화시키는 일이 필요하다.

미모는 인생에 큰 영향을 미치는데, 때때로 장해가 되기도 한다. 미모가 뛰어난 여자들은 이목을 끌게 되는데, 이것은 부담이라고 에픽테토스Epictetus는 통찰했다. 친구와 비교하면서 생기는 열등감이 미움으로 변질되어 질투 받으면서 고립되는 경우가 생긴다. 독일의 철학자 테오도어 아도르노Theodor Adorno는 각별한 아름다움을 지닌 여성은 불운에 처한다고 기록했다. 미모의 여자들은 외모를 통해 얻어지는 유무형의 혜택을 자기 본연의 능력으로 믿고는 기고만장한 나머지 내면의 재능을 키우지 않아 불행을 자초한다. 데이비드 흄도 추함이 고통과 겸허함을 선사한다면 아름다움은 쾌락과 교만을 불러들인다고 지적했다. 여인이 즐기는 알랑거림과 아첨은 허영과 교만이 되어, 외모 관리에 인생을 소진하기 쉽다. 세월을 이기는 장사가 없고 나이를 이기는 미인은 없다. 나이가 들면서 인기가 떨어지는 만큼 삶의 환희도 가파르게 기운다. 미모로 지탱하는 자존감은 결국 붕괴된다.

제아무리 외모가 돋보이는 사람이더라도 잠깐 끌릴 뿐이다. 자주 보다 보면 무덤덤해진다. 진정으로 한 인간을 이해하고 사랑하려면 그 사람의 내면을 알아야 한다. 에머 오툴은 자신이 삭발했는데도 매력 있고 재치 있는 남자가 합석하자고 다가와 두 시간 동안 수다 떤 일화를 전한다. 그 남자가 자신이 쓴 희곡을 읽고는 술이나 한잔하자면서 연락했을 때 에머 오툴은 어안이 벙벙했다. 남자가 관심을 가질 유일한 이유가 외모라고 믿었는데 자신의 창의성과 지성과 따뜻한 성격과 재치가 호감의 대상이 될 거라고는 생각조차 못 했기 때문이다.

미국에서 행해진 한 연구에 따르면, 자기 육체가 완벽하지 않더라도 존중하며 감사하는 여성일수록 자존감이 높았다. 신체의 긍정은 성격의 낙천성 그리고 선행으로 연결됐다. 자신의 모습을 수용하고 사랑하면서 자기만의 개성을 표현하는 사람은 멋지다. 외모의 단점을 줄이려고 노력할수록 단점에 집중하게 되고, 마음은 불만족으로 잠식되면서 외모 강박으로 온통 일상이 채워진다. 자신의 그늘마저도 끌어안을 때, 비교할 수 없는 아름다움이 피어난다. 그늘을 알지 못하는 사람은 빛도 제대로 이해하지 못하는 법이다. 누구든 신체에 그늘이 있기 마련이고 이 그늘을 통해 인간으로서 매력이 더욱 그윽해진다. 아득한 아름다움은 자신을 기쁘게 받아들이면서 생겨나는 정신의 조화로움을 통해 빚어진다.

자신만의 매력이 있는 사람은 타인이 자신을 어떻게 생각하는지에 별로 얽매이지 않는다. 영국의 심리학자 올리버 제임스Oliver James는 세계를 여행하면서 만난 수많은 여자들이 찬사받기를 원하는 한편 타인을 조종하고자 신체의 매력을 이용했고 남들의 눈에 어떻게 비칠지 노심초사했으며 온갖 상술에 휘둘렸다고 안타까워한다. 이에 반해 자신만의 아름다움을 추구하는 여자들은 세상의 꼬드김에 면역되어 있다면서 그들은 자기만의 기준을 정해 유쾌하고 신선한 외양으로 살아간다고 소개한다. 자신만의 아름다움을 추구하는 사람은 스스로 만족하는 가운데 자신을 가꾸고 표현하면서 즐거움을 느끼고, 세상의 모든 아름다움을 존중한다.

진정한 아름다움은 세상이 불어넣는 유혹과 집착에서 벗어나 자신으로 살아갈 때 빚어지는 주체성의 열매다. 남들이 하는 대로 따라가면 고유한 향기가 나지 않는다. 아무리 예쁜 꽃이더라도 우리는 조화를 사랑하지는 않는다. 길모퉁이에서 자란 야생화에 마음이 더 끌리는 법이다.

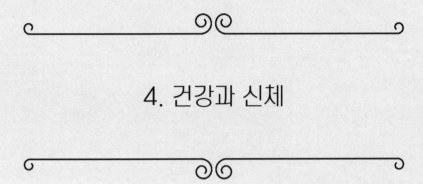

4. 건강과 신체

왜 여성은 자주 아픈가?

옛날 사람들은 자궁이 히스테리를 일으켜 여성이 고통을 겪는다고 생각했다. 4000년 전의 이집트 파피루스에도 자궁의 방황 때문에 여성이 갖가지 병환에 시달린다고 적혀 있었다. 플라톤Platon도 아기가 생기지 않으면 자궁은 불만을 품고 몸 여기저기를 쑤시며 헤집고, 남자와 사랑을 나눠서 결실을 맺을 때까지 여성을 다급하게 몰아간다고 기록했다. 로마시대에 가장 유명하고 권위 있는 의학자 갈레노스Galenos도 여성의 질병을 자궁과 관련해 설명했다. 동양의학에서는 남성은 건조해서 질병에 걸린다면 여성은 습해서 병이 발생한다고 여겼다. 또한 여성은 기운이 안으로 뭉치고 쌓이면서 문제가 생기기 때문에 남성보다 치료가 더 어렵다고 간주했다. 허준도 『동의보감』에서 부인병을 따로 다루며 면밀한 접근을 시도했다.

여자들은 자주 아프다. 여자의 신체가 단지 남자의 신체보다 약해서 병치레를 하는 것은 아닐 것이다. 여성주의 관점으로 여성의 아픔을 바라보면, 이런 추측을 해볼 수 있다. 여성이 살기 힘든 세상이라 여성이 더 아픈 건 아닐까? 여성 친화성이 높은 사회였다면 아프지 않을 여자들이 불평등하고 좋지 않은 사회에서 살기 때문에 아프게 된다는 주장이다. 몸의 상태는 삶의 건강함을 알려주는 신호이다. 여자들이 아픈 건 여자들이 살기 힘들다는 신호이다.

가부장제는 여자들에게 가족과 남성을 위하라고 강권했다. 여성이라는 이유만으로 꿈을 접어야 했다. 세상으로부터 받는 차별은 마음의 고통이 되었고, 마음의 고통은 몸의 질병으로 나타났다. 몸은 자신이 어떻게 살아왔고 어떻게 살고 있는지를 드러내는 장소이기 때문이다. 실제로 어려서부터 받는 헌신과 정성이 성별에 따라 판이하다. 인도의 경제학자 아마르티아 센Amartya Sen은 남성과 같은 영양 공급과 돌봄을 받았다면 지구 마을 전체에서 무려 1억 명의 여성이 더 살아 있을 것이라는 추정치를 내놓았다.

남성 중심의 의료 체계는 여성의 몸과 마음에 대한 이해가 떨어지는 측면도 있다. 미국의 의사 크리스티안 노스럽Christian Northrup은 가부장제 치료 체계에서 여자들이 적절한 치료를 받지 못했다고 회고한다. 여성은 자기 몸을 잘 알도록 키워지기보다는 의료 체계에 자신을 내맡기는 방식으로 길러진다. 의사의 권위에 순종하려고 한다. 문제는 나를 처음 진찰하는 의료진이 내 몸을 제대로 파악하기란 쉽지 않다는 데서 발생한다. 캐나다의 여성학자 수전 웬델Susan Wendell은 의료 종사자 가운데 자신의 의학 지식에 한계가 있다거나 의학계의 지식 자체가 불완전하다는 사실을 인정하는 사람이 거의 없다고 지적한다. 현실에서 치유하기는커녕 설명하지도 못하는 증상이 수두룩한데, 의료진은 자신의 부족함을 성찰하지 않는다. 질환 예방을 위해 도움을 요청하는 환자는 남성보다 여성이 두 배 많으나, 남성 중심의 의료계는 건강 염려증에 따른 넋두리와 불평으로 취급한다. 수전 웬델은 여성 환자일 경우 증상을 상상하고 있다면서 환자가 겪는 고통을 의학의 권위로 무시하거나 마음의 문제가 고통으로 나타난 심인성 질환이라며 환자에게 책임을 전가한다고 분석한다. 여자들이 병원을 전전하면서 상태가 악화되고 만성화된다. 미국과 캐나다에서 환자와 의사 관계를 광범위하게 연구했더니, 그나마 여성 의사는 환자의 이야기를 더 들어주고 상담할 기회를 더 허용하는 걸로 조사되었다.

서구 의학은 인간을 관계성의 존재로 성찰하지 못한다. 개체 중심으로 바라보면서 몸의 어디가 아프면 그 부위만 고치려 든다. 인간의 몸을 삶이 묻어나는 공간으로 인식하지 못하는 것이다. 몸의 고통은 단지 신체의 특정 부위에 질환이 생긴 결과가 아니다. 삶의 건강이 훼손될 때 발생한다. 삶의 건강성이 회복되지 않으면 질환이 재발하거나 다른 곳이 탈나기 마련이다.

인간의 몸은 각자 떨어진 물질 덩어리가 아니라 사회에서 구성되어 세상과 관계 맺고 있는 육체이다. 주디스 버틀러는 우리의 몸이 욕망의 공간이자 타인에게 노출되어 상처받기 쉬운 부지라고 강조한다. 나를 에워싼 주위 환경이 아프면 나도 아플 수밖에 없는 것이다. 여성이 겪는 고통도 삶의 관계성에서 사유해야 비로소 문제의 실마리를 찾을 수 있다. 여성이라는 이유로 차별당하며 산다면 분노와 인내가 일상이 된다. 바깥으로 분출되지 않는 분노는 안에서 폭발한다. 그것이 우울증이고 화병이다. 프랑스의 사상가 뤼스 이리가레Luce Irigaray는 자기를 표현하지 못해서 여성 건강이 해쳐지고 있다고 분석한다. 삶에 뜻을 세우고 조직하며 살아야 건강할 수 있는데, 여성은 인생을 통합해서 구성하는 주체성을 빼앗기므로 건강할 수 없다는 통찰이다. 뤼스 이리가레는 여성으로서 정체성을 발견해야만 건강해질 수 있다고 강조한다.

세상에는 이분법이 횡행했다. 남성과 여성은 낮과 밤, 해와 달, 하늘과 땅처럼 이항 대립의 구도로 간주되어왔고, 남성은 주체이고 여성은 객체로 여겨졌다. 성별에 따라 권리를 불평등하게 분할한 '병든 사회'가 여성을 아프게 하는 요인인 것이다. 여성이 아프면 남성도 고통받게 된다. 남성과 여성은 상호성으로 뒤엉킨 관계이므로 여성이 불행하면 남성도 결코 행복할 수 없다.

눈물이라는 치료제

인간의 몸과 마음은 긴밀하게 연결되어 있다. 나의 감정 상태는 몸을 드나들면서 외부와 상호 작용한다. 건강하기 위해서라도 무엇을 먹는지부터 시작해서 어떤 생각들이 내 안에 어떻게 들어와 밖으로 표현되는지 성찰해야 한다.

씩씩하고 명랑하고 활기찬 여자들도 미래가 막막하다고, 연애가 꼬이기만 한다고, 과거의 상처에서 벗어나기 힘들다며 우울함을 호소할 때가 있다. 삶에서 맞닥뜨리는 고난과 신체의 고통은 우울의 형태로 전환된다. 미국의 정신과 의사 피터 크레이머Peter Kramer는 인류의 모든 질병 가운데 가장 큰 피해를 주는 병이 우울증이라는 연구 결과를 발표했다. 서구 사회뿐 아니라 저개발 국가에서도 우울증이 가장 파괴성이 강한 질환이었다. 세계보건기구(WHO)는 2020년엔 우울증이 전 세계에서 가장 무서운 병이 되리라고 발표했다.

여성은 감수성이 뛰어난 편이다. 예민한 감성은 삶을 풍성하게 하지만, 슬픔을 강렬하게 느끼면서 우울증의 자양분이 되기도 한다. 우울증 환자를 조사해보면 성별에 따른 차이가 발생한다. 일군의 심리학자들은 우울증에 시달리는 여성이 많다기보다는 의료 전문가들과 상담을 많이 하면서 우울증 환자 통계가 높게 나올 뿐이라는 의견을 내놓았다. 그런 점을 고려하더라도 성별에 따라 우울증의 차이가 있다는 연구 결과가 있다. 우울증으로 진단받은 여자들에게서 나타나는 변형된 CREB 1 유전자는 에스트로겐을 공급받을 때 활성화된다. 여자들은 월경을 통해 프로게스테론과 에스트로겐 수치가 밀물과 썰물처럼 드나들면서 감정의 기복을 겪는다. 에스트로겐의 변화가 몸의 주기에 영향을 미치고 계절에 따른 감정 침체의 원인이 되는 것이다. 유전자 변이 가운데 5-HTT 또한 유전되면서 여성에게 우울증이 좀 더 흔하게 나타나도록 하는 요인으로 보인다.

남녀의 사고 차이 때문에 우울증 경향이 다르게 나타나기도 한다. 여성은 불쾌함과 불편함이 생기면 그 일만 골똘히 고민하면서 타인과 상담하는 데 반해 남성은 골칫거리를 생각하기보다는 아예 다른 쪽으로 관심을 돌리거나 몸을 쓰면서 기분을 풀려고 한다. 여자들이 민감하기에 우울증에 더 걸린다는 이야기이다. 우울증 환자는 여성이 갑절가량 많지만 실제로 자살하는 사람은 남성이 훨씬 많다. 남자들은 강해야 한다는 압박 때문에 힘들더라도 내색하지 않다가 갑자기 파국을 맞는다. 남성은 고통을 견디며 극복하려는 전략을 쓴다면 여성은 자신의 고통을 타인과 상의하면서 지지와 조언을 얻는 전략을 사용한다. 여자들이 약하다는 사회 인식 때문에 여자들은 고통을 쉽게 이야기할 수 있어서 고통이 덜어지는 효과가 발생한다.

고통을 억압하는 방법도 인간이 고통을 극복하기 위한 전략이지만, 억압된 고통은 사라지지 않고 뒤탈을 부르기 때문에 문제가 있다. 감정을 억압하고 자신의 마음을 경직시키면 알 수 없는 피로감으로 탈바꿈되어 몸에 축적된다. 짓눌린 감정은 사라지는 게 아니라 시한폭탄이 되어 몸 어딘가에서 터지거나 일상에서 폭발하게 된다. 한국의 많은 사람들이 생뚱맞은 상황의 엉뚱한 장소에서 화를 내뿜으며 자기 삶을 불바다로 만든다.

질환은 난데없이 생기지 않는다. 골반 통증, 자궁내막증, 자궁근종, 질염, 난소낭종, 성기 주변의 사마귀, 자궁경부 이형성증 등등 여성의 신체 기관에서 발생하는 질병은 몸의 하소연이라고 크리스티안 노스럽은 진단한다. 수많은 여성 환자들을 상담해보니 마음의 상처가 치유되지 않은 채 곪고 곪다가 병환이 생긴다는 분석이다. 여성 질환은 마음의 상처를 치유해야 한다는 몸의 절규다.

우리는 몸의 신호를 민감하게 읽어내어야 한다. 예컨대, 얼굴에 뾰루지가 나는 건 어떤 음식과 맞지 않으니 조심하라는 표시일 수 있다. 심해진 달거리통은 유제품을 덜 먹으라는 주의일 수 있다. 만성 질염은 원치 않는 성관계를 거부하라는 신체의 저항일 수 있다. 월경 전의 불면과 두통은 커피를 마시지 말라는 신호일 수 있다. 갑자기 이뤄지는 하혈은 가까운 사람들과의 사이에 문제가 있음을 자각하라는 경고일 수 있다. 사람마다 처한 환경이 다르기에 똑같은 증세라도 다르게 해석될 수 있는데, 자신이 자기 상황을 헤아려 증세를 해독해야 한다.

건강한 여성은 자신을 연구하기를 즐기며, 굉장히 진솔하고, 자신의 감정과 욕망을 스스럼없이 표현하며, 세상과 원활히 소통한다. 그리고 눈물을 잘 흘린다. 눈물은 삶의 건강함을 증명하는 신호다. 세상엔 감동 있는 일들로 가득하고 먹먹한 순간 눈물샘은 약수처럼 흘러나온다. 눈물을 흘리고 나면 마음이 개운해지고 정갈해진다. 눈이란 먼저 보기 위해서가 아니라 울기 위해서 만들어진 것임을 눈물이 말한다고 프랑스의 철학자 자크 데리다Jacques Derrida는 통찰한다.

여성이 남성보다 건강하게 오래 사는 이유 가운데 하나는 아마도 더 잘 울기 때문일 것이다. 소리 내어서 감정을 분출하고, 울고 싶을 때 눈물 흘리는 일은 자연스러운 치유 과정이다. 한 연구를 보면, 유방에 혹이 생긴 지 5년 이내에 이혼이나 사랑하는 사람의 죽음이나 실직 같은 충격을 겪을 때 악성종양이 될 가능성이 증가했다. 그런데 유방에 혹이 있더라도 슬픔을 제대로 표현했던 여성은 감정을 숨기며 억제했던 여성보다 암으로 발전할 가능성이 세 배나 낮았다.

수많은 여자들이 타인을 어르고 토닥여주고 있지만 정작 자신을 위해서 울지 않다가 나중에 흐느끼며 무너진다. 삶에 고통이 찾아왔을 때 참고 참으면 눈물이 증발된 것처럼 보이지만 먹구름이 된 뒤 한꺼번에 여자비가 되어 쏟아져 내리게 되는 것이다. 안현미는 이렇게 시를 쓴다.

여자비

아마존 사람들은 하루 종일 내리는 비를 여자비라고 한다
여자들만이 그렇게 울 수 있기 때문이라고 한다

울지 마 울지 마 하면서
우는 아이보다 더 길게 울던 소리
오래전 동냥젖을 빌어먹던 여자에게서 나던 소리

울지 마 울지 마 하면서
젖 먹는 아이보다 더 길게 우는 소리

오래전 동냥젖을 빌어먹던 여자의 목메이는 소리

몸을 쓰지 않으면

글로리아 스타이넘은 일본 도쿄의 번잡한 거리를 걸으면서 편안한 느낌을 받아 놀랐다. 익숙하지 않은 나라의 낯선 거리였음에도 평생 처음으로 마주치는 남자들보다 자신의 키가 더 컸기 때문이었다.

여성과 남성의 평균 통계를 내면 남자들이 약간 키가 크고 몸무게가 더 나간다. 그런데 이 약간의 차이가 여성에게는 위협이자 선망이 된다. 여성은 남성에게 위압감을 느끼면서 주눅 들게 된다. 어릴 때는 남자와 여자의 몸집 차이도 별로 없고, 여자들은 남자들과 어울려 논다. 말뚝박기도 하고 공기놀이도 한다. 그러다 더 이상 남자들과 섞이기를 꺼려 하고는 멀리서 운동하는 남자애들을 바라보면서 배시시 웃기 시작한다.

여성이 남성과 대등하게 운동하지 못하는 건 신체의 차이에서 비롯된다. 여성의 신체는 남성의 신체보다 근력이 떨어진다. 대개의 남성은 대부분 여성보다 더 많은 근육을 갖고 있고, 특히 가슴과 등 그리고 팔의 근육에서 차이가 확연하다. 여성의 다리 힘은 남성의 4분의 3 정도인데, 상체의 인력과 압력에서는 3분의 1에 미치지 못하는 경우도 많다. 남성은 남성다움을 높이고자 더욱더 상체의 힘을 키우고, 여성은 여성답고자 신체의 곡선미를 가꾸려 하면서 힘의 격차는 벌어진다.

고전평론가 고미숙은 여성의 몸이 너무 무겁기 때문에 자신은 여성을 차별한다고 밝힌다. 여자들이 앉아서 하는 일은 정말 잘하지만 몸을 써야 하는 일에는 뒷전이라고 지적한다. 세상을 바꾸는 일은 행동을 통해 이루어지는데, 체력이 받쳐주지 않는 여자들을 보면서 고미숙은 여성의 신체가 보수 반동이라고 안타까워한다. 여러 운동을 통해 몸을 바꿀 수 있는 기회가 있는데도 많은 여자들이 기회를 살리지 않는다고 고미숙은 비판한다. 남자들은 소심하고 운동 신경이 떨어지고 뚱뚱해도 일단 하려고 하는 반면에 여자들은 시도도 하지 않은 채 몸이 말을 안 듣는다면서 한탄하는데, 이건 원인과 결과가 뒤바뀐 꼴이라고 고미숙은 논평한다. 몸을 안 쓰니까 말을 안 듣는 거지, 말을 안 들어서 몸을 안 쓰는 게 아니라는 얘기다. 고미숙은 여자들의 기혈이 적체되면 우울해지고 성의 능동성 발현도 어려워진다고 우려한다. 연애에는 중독되어 있으면서 성에 대해선 왜곡되고 부정적인 시각으로 일관하는 것도 여성의 몸이 건강하지 않기 때문이라는 것이다.

뼛속까지 남성 우월성과 가부장 의식으로 범벅된 사람마저도 차마 입 밖으로 내기 힘든 말을 고미숙이 서슴없이 구사하는 건 '여자라서 못한다'는 마음의 쇠창살을 깨뜨리기 위해서다. 고미숙은 중학생 때도 축구를 했으며 다른 친구들과 온종일 산과 들로 내달렸다고 술회한다. 고미숙은 여성이 시달리는 질병의 90퍼센트는 운동 부족이 원인일 것이라고 장담한다.

성별에 따른 분별이 해체되었다지만 여전히 운동은 남성의 영역으로서 한정되어 있다. 많은 여자들이 살 빼기와 몸매 관리와 연관해서 요가나 필라테스, 에어로빅을 하더라도 여성성과 충돌하는 운동을 적극 하지는 않는다. 근대 올림픽을 창시한 피에르 드 쿠베르탱Pierre de Coubertin은 여자들이 공을 던지는 모습을 차마 눈으로 보기조차 괴롭고, 여성이 가장 아름다울 때는 박수칠 때라고 말했다. 오늘날에도 운동경기를 보면서 사진 찍고 손뼉 치는 여자들은 많지만 몸소 하는 여자들은 그리 많지 않다. 대신에 구기 종목을 관람한다. 남자들이 몸을 부딪치면서 생겨나는 열기에 매혹되는 것이다. 과거에 '오빠부대'라면서 남자 운동선수에 열광하던 수많은 여자들 가운데 과연 그 운동을 실제로 해본 이는 얼마나 될까?

아직 생활체육이 여성들 삶에 자리매김하지 못한 현실이다. 선진국은 여자들이 학창 시절에 구기운동을 의무로 경험하도록 교육하지만, 한국은 여성의 체육 참여에 제약이 있다. 학업 성취도와 상관없이 학창 시절에 여자들은 땀 흘리며 운동할 기회를 거의 갖지 못한다. 학교 밖에서도 남자애들은 끼리끼리 모여 운동하는데, 여자애들이 뛰어놀 공간은 턱없이 부족하고 사회에서 권장하지도 않는다. 대학교와 대학원에서는 더더욱 운동하지 않는다. 세상이 여자들을 정숙해야 한다며 행동을 단속하다 보니 기운이 넘치는 여자더라도 차츰차츰 몸을 덜 쓰게 된다.

많은 여자들이 운동을 잘 못한다는 이유로 몸 쓰는 일에 겁을 먹고 무력감을 갖는데, 남자라고 해서 처음부터 운동을 잘하지 못한다. 연습을 꾸준히 하다 보니 운동 능력이 나아지고, 어려움을 극복하고 성취하는 기분을 맛보게 된다. 반면에 여자들은 몸조심하라는 염려만 듣다 보니 자신이 너무나 약하다는 자의식만 강해진다. 성별에 따른 몸의 사용 습관과 신체 능력은 확연하게 벌어진다. 세상에 몸을 내던지면서 자기 세계를 열어가기보다는 기존 질서에 복속되어 세상의 흐름에 자신을 내맡기기 쉬워진다. 몸이 처지면 기분도 우중충해지고 몸을 사리면 인생도 음습해진다. 움직이기 싫어하는 사람은 자유로운 존재가 될 수 없다.

세상에서 강조하는 여자다움을 수행하는 건 여성을 제한하는 일이라고 보부아르는 설명했다. 보부아르는 실존주의자답게 육체란 하나의 상황이라고 이야기했다. 육체는 세계를 파악하려는 수단이고, 자신을 세상에 내던지면서 세상을 파악하게 된다는 사상이 실존주의다. 그런데 과거의 여자들은 자신을 내던지는 결단성과 인내력이 약했으므로 여자의 생명은 남자의 생명보다 풍부하지 않고 여자의 세계 이해는 제한되어 있었다고 보부아르는 언급했다. 세상을 향해 적극 달려가기보다는 기다리는 데 길들여진 사람의 자신감이 드높을 리 없다. 몸을 쓰지 않는 여자일수록 우울함에 시달리고 잔병치레가 잦다.

100미터 달리기를 할 때 설렁설렁 뛰면서 20초가 넘어서야 들어오는 여자들이 흔하다. 달음박질치는 일이 미덕으로 칭송되지 않으므로 사뿐사뿐 걷듯 뛰는 것이다. 물론 승패에 목숨 거는 극성의 남자들보다 오히려 더 바람직하게 운동을 향유하는 모습일지도 모른다. 남성은 경쟁 자체가 도화선이 되어 이기는 데 집착하는 경향이 있는데, 여성은 운동을 통해 타인과 교류하는 즐거움을 중시하는 경향이 있다. 하지만 체력은 일상의 뼈대이다. 몸이 튼튼하지 않은데 삶이 탄탄할 수 없다. 꾸준히 운동한 여자아이들이 나중에 커서도 사회에 영향력 있는 자리에 올라갈 가능성이 높다. 실제로 여성 지도자를 조사하면 대다수가 어릴 때 운동 경험이 있다는 연구도 있다.

여자들이 어릴 적 고무줄을 넘고 술래잡기하면서 뛰놀던 기억을 되살린다면, 남자들의 운동경기를 관람하거나 '치어리더'가 되기보다는 몸소 운동하는 일이 많아질 것이다. 여성이 몸의 주인이 되어 신체의 힘을 누리게 되는 건 사회에 커다란 혁명을 불러오는 일이다.

몸을 믿고 자신을
방어할 줄 아는 여성

학교와 사회에서 운동을 안 시켜줬다

고 해서 여성이 저질 체력으로 머물지는 않는다. 요즘 여자들은 인공 암벽 등반, 주짓수, 권투, 이종 격투기, 산악자전거 라이딩, 마라톤 등등 남자들도 도전하기 힘든 운동을 취미로 즐긴다.

근육을 키우는 일이야말로 몸매를 날씬하게 유지하는 비결이다. 근육에는 인슐린 수용체가 있다. 꾸준한 운동을 통해 근육에서 열이 발생하면 몸 안의 체지방과 탄수화물이 활발하게 연소된다. 살찌지 않을 수 있는 가장 좋은 방법은 운동하면서 근육량을 유지하는 것이다. 대부분의 운동선수들은 꾸준히 훈련하면서 일반인들보다 더 날씬하고 더 건강한 편이다.

몸은 내 삶의 기운이 샘솟는 장소다. 여성이 자기 삶의 주도권을 갖고 원하는 대로 일상의 동선을 바꾸면, 몸의 상태가 달라진다. 여자들에게서 종종 나타나는 귀찮음, 변덕, 짜증, 우울, 게으름, 권태, 의지박약, 주저함은 여성 특유의 기질이라기보다는 남자든 여자든 신체의 근기가 떨어질 때 불거지는 현상이다. 미국의 영양학자 미리엄 넬슨Miriam Nelson은 근력 운동이 유산소 운동과 마찬가지로 우울증과 관절염 치료에 효과가 있다고 밝혀냈다. 근력이 강화되면 활기와 자신감이 상승한다.

2,766명의 일반인과 2,622명의 전직 운동선수를 비교하니, 운동한 여성이 유방암, 난소암, 자궁내막염의 발병률이 한결 낮았다. 지나친 남성 호르몬이 남성의 건강에 해를 미치듯 지나친 여성 호르몬도 문제를 일으키곤 하는데, 운동하는 여자들은 여성 호르몬 수치가 조금 낮아지게 된다.

미국의 과학저술가 나탈리 앤지어Natalie Angier는 운동하면서 깨달은 통찰을 들려준다. 나탈리 앤지어에 따르면, 남자들은 자신이 누구보다 강하다는 확신 속에서 자란다. 편을 갈라서 운동할 때 늘 꽁지로 뽑히는 남자들조차 자신이 여성보다 강하다고 단언한다. 남자들은 어떤 상황에서도 여자를 때려서는 안 된다고 배운다. 하지만 예외 없는 규칙이 없고, 부작용이 없는 교리가 없다. 여자에게 폭력을 행사하지 말라는 규칙은 여성이 남성의 폭력에 저항할 수 없을 만큼 취약하다는 인식을 수반하기에 기대에 어긋나는 결과를 가져올 수 있다. 여성 스스로 자신을 지킨다고 생각하지 못하고 법이나 남성을 통해 보호받아야 한다는 생각이 널리 퍼지면, 남자들이 여성을 지키려 하는 동시에 폭력을 쉽사리 휘두르게 된다. 저항하지 못하리라 예상되기 때문이다.

나탈리 앤지어는 남녀 사이의 몸집과 신체 능력을 과대평가해서 평소에 몸을 안 쓰는 배 나온 남자들까지도 여자 앞에서 우쭐하게 만들고, 운동으로 단련된 여자들에게까지 두려움을 심어주는 상황에 의문을 제기한다. 파타스원숭이, 바빗원숭이, 꼬리감기원숭이, 마카쿠원숭이들은 암수의 체격 차가 인간보다 더 크지만 암컷이 수컷과 일대일로 싸우면 이기곤 한다는 사실을 나탈리 앤지어는 인용한다. 나탈리 앤지어는 여성이 보호받아야 한다는 생각이 여성 스스로 힘을 기르지 못하도록 막는 건 아닌지 우려한다.

남성과 여성의 평균치가 있을지언정 신체 형태를 절대화할 수 없는데, 세상에서 길들이는 방식대로 살다 보면 여자들은 자기방어 본능마저도 방기하는 사태가 벌어진다. 강한 남성에게 보호받아야 한다는 의식 자체가 쇠고랑을 찬 수인처럼 여성을 무력하게 만드는 것이다. 미국의 정신분석가 필리스 체슬러Phyllis Chesler는 이상화된 여성은 어떤 물리력도 피하고, 심지어 자기 보존마저 회피한다고 지적한다. 가부장제 사회는 마음에서 자연스럽게 우러나오는 자기 보존 욕망을 금지시키는 것이다. 여자들은 패배하도록 훈련받는다고, 남성이 살도록 훈련받는 동안 여성은 죽도록 훈련받는다고, 여성들은 희생 제단에 기꺼이 올라가도록 훈련받는다고 필리스 체슬러는 분노한다.

프랑스의 활동가 비르지니 데팡트Virginie Despentes는 스스로 방어하는 법을 배우지 못하면 어떤 결과를 초래하는지 알려준다. 많은 여자들이 남성의 폭력에 대항하지 않고 고통을 감내하거나 법 제도에 호소하는 도리 말고는 없다고 배운다. 그리고 폭력은 답이 아니라고 도리질을 한다. 하지만 남성이 여성에게 폭력을 저지를 때 자기 음경이 갈가리 찢겨 나갈 수 있다고 두려워하게 된다면 남자들이 충동을 더 잘 조절하게 될 테고, 여자들의 "안 돼!"라는 말이 무슨 의미인지도 이해하게 될 것이라고 비르지니 데팡트는 주장한다.

　남자들에게 강간당할 때 비르지니 데팡트의 주머니 안에는 안전장치가 달린 훌륭한 칼이 있었다. 비르지니 데팡트는 평소에는 자주 매만지고 손쉽게 휘둘렀던 칼을 사용해야겠다는 생각이 전혀 떠오르지 않았고, 오히려 강간범들이 제발 칼을 발견하지 않기를 바랐다고 술회한다. 폭력이 여자의 영역이 아니었기 때문에 감히 방어하려는 생각조차 하지 못했음을 뒤늦게 깨달은 데팡트는 자신이 철저하게 비겁하게 길들여졌다며 울분을 토해낸다. 남자에게 절대로 해를 입히지 않도록 훈육되어 자신은 남자를 피 흘리게 할 수 없었다고, 강간하는 남자를 죽이지 않은 것에 대해서는 화가 나지 않지만 남자가 자기 다리를 강제로 벌리고 있는데도 그의 몸을 다치게 하면 안 된다고 주입한 사회에는 분노를 느낀다고, 특히 화가 치미는 건 스스로 방어할 용기가 없었던 자신에 대해 아직도 죄의식을 느끼는 점이라고 비르지니 데팡트는 쓴다.

　한국에서도 왜 과거의 여자들이 대침으로 허벅지를 찌르면서까지 자신을 억압하고 위기 상황에서 상대를 공격하는 게 아니라 은장도를 사용해 목숨을 끊으려 했을까? 권력이 빚어낸 관념에 세뇌되면, 인간은 스스로를 해치는 행동도 불사한다.

미국의 언론인 로빈 월쇼Robin Warshaw는 '안전한 피해자'를 언급한다. 안전한 피해자란, 가해자에게 저항하기보다는 자신을 책망하고 성폭력 피해 사실을 신고하지 않고 가슴에 묻은 뒤 시간이 해결해주기만을 기다리면서 다시 위험에 노출되는 피해자를 지칭한다. 성폭력 가해자들은 안전한 피해자를 노린다. 안전한 피해자가 되지 않기 위해서라도 자신의 신체 능력과 마음가짐을 단련할 필요가 있다. 미국의 여성운동가 수전 브라운밀러Susan Brownmiller는 어린 시절부터 체계화된 자기방어 훈련을 해야 하며, 자기방어 훈련을 통해 여성 내면의 장애물을 극복할 수 있다고 주장한다. 수전 브라운밀러는 일주일에 세 번씩 수단과 방법을 가리지 않고 싸우는 자기방어술을 수련한다. 수전 브라운밀러는 자신이 방어 전투를 사랑한다는 사실, 그리고 팔꿈치와 무릎이 타고난 무기라는 사실을 배운다.

여성은 원래 약하지 않다. 성차별 사회가 여성에게 약한 역할을 부여하고 오랫동안 나약하게 길들이기 때문에 약해지는 것이다. 여성은 어때야 한다는 성규범이 여성을 온실 속 화초로 만들어버린다. 현대에 들어서 성규범이 해체되자 젊은 여자들은 과거보다 공격성을 드러낸다. 여성의 공격성은 여성의 순종성이 본연의 모습이 아니었음을 알려준다. 인간은 환경에 맞춰 적응한다. 육체 폭력을 조금도 사용하지 못하는 여성보다는 상황에 따라 자신을 믿고 방어할 줄 아는 여성이 많아야 하고, 그곳이 더 좋은 사회일 것이다.

몸을 쓴다는 건 자기 신체를 긍정하는 일이다. 인류사에서는 종교 교리의 왜곡된 영향으로 몸에 대한 혐오가 일정하게 작용했다. 현재의 삶과 육체를 부정하고 죽은 다음의 세상을 그리워하고 관념의 세계를 숭상했던 것이다. 하지만 현대에 들어 인간은 더 지혜로워졌고 마음과 몸의 조화, 정신과 육체의 융합을 이해하고 있다. 운동을 한다는 건 자신의 세계를 구축하고 통제하는 힘을 키우려는 노력이다.

왜 우리는 살을
혐오하는 것일까?

몸도 착해야 하는 시대다. 몸을 상품
으로 개념화시킨 자본주의 체제에서 여자들이 받는 압박은 옴팡질 수밖
에 없다. 대부분 남자들에게 몸은 삶에 수단처럼 여겨지나 대개의 여자
들에게 몸은 목적처럼 여겨진다. 남자들은 좀 오동통해도 업적과 재능
을 통해 얼마든지 인기가 치솟는데, 살이 붙은 여자들은 지위에 상관없
이 여성으로서 대우받지 못하기 일쑤다. 뚱뚱한 여자는 곧 못생긴 여자
로 취급되는 세태이다.

세계보건기구는 42개국 20만 명의 젊은이를 조사했다. 그 결과 소녀들
이 소년들보다 자신이 뚱뚱하다고 대답하는 비율이 훨씬 높았다. 2차 성
징이 일어나면서 지방을 축적하는 몸의 변화에 충격을 받는다. 여성은 어
릴 때부터 신체에 불만을 품고 몸무게와 내전을 치르게 된다. 성인이 되어
도 여자들의 신체 불만족은 개선되지 않는다. 외려 성별에 따른 몸의 만족
도는 가파르게 벌어진다. 여자들은 어련히 밥을 남기는 것이 습관이 된다.

대다수 집단에서 흡연율이 줄어드는데 젊은 여성층에서는 높아진다.
그런데 담배를 피우는 여성 가운데 39퍼센트는 몸무게를 유지하고자
흡연한다고 고백한다. 흡연해서 아주 조금이나마 몸무게가 줄는지 모르
지만 흡연이 유발하는 질병으로 인해 여성의 신체는 더 많은 고통을 겪
는다. 또한 흡연하면 안면 홍조를 경험할 가능성이 훨씬 높아진다.

여성의 살 빼기는 더 높은 지위를 얻으려는 구슬땀일 수 있다. 비만을

연구하는 제프리 소발Jeffery Sobal과 알버트 스턴카드Albert Stunkard가 사회 경제 지위와 몸무게의 상관관계를 면밀하게 조사한 결과, 과거 사회나 개발도상국에서는 정비례한다면 영양분이 풍요한 사회에서는 역관계로 나타났다. 물질이 넘쳐나는 시대를 맞았고, 여성은 자신의 위신을 높이기 위해 운동과 식이요법을 통해 맵시를 가꾼다. 미국과 독일, 영국에서 조사된 결과에 따르면, 지위 상승을 모색하는 여성은 사회 지위가 같거나 낮은 남성과 결혼한 여자들보다 훨씬 날씬했다.

이제 외모는 타고나는 게 아니라 만들어야 하는 결과로 인식된다. 프랑스의 철학자 클로딘느 사게르Claudine Sagaert는 각자가 자기 외모를 만들어내는 창조주가 되어야 하는 사회 분위기를 지적한다. 아름다움은 개인의 노력에 대한 요구로 전환되었다. 태어난 대로 돌아다니는 것은 잘못이고, 외모를 향상시키지 않은 사람은 실패자이며, 외모의 추함은 곧 도덕의 추악함과 연결되는 시대가 되었다. 날렵한 몸을 지닌 사람은 자기 관리가 철저한 능력자로 평가되는 반면에 비만은 절제하지 못하는 무능의 표시가 되었다. 비만은 빈곤한 경제력의 상징이고 방탕하고 나태하다는 자기 고백이 된 것이다. 신체는 타인들에게 전시되는 볼거리이자 자기 가치가 실시간으로 표시되는 전광판이며 신분을 드러내는 증명서가 되었다. 몸은 자기 관리의 영역이 되면서 과도한 체중은 낙인으로 작용한다. 몸에 대한 평가 방식은 권위주의를 획득했고, 우리에게 살벌하게 명령하고 있다. 우리는 살을 빼야 한다. 그래야만 하기 때문이다.

영화 〈가타카〉에서 그려진 미래 사회는 유전자에 따라 계급을 미리 판정한다. 근시와 장애와 작은 키와 낮은 지능은 열등 유전자의 표현형으로 간주된다. 여기에 비만을 추가시킬 수 있다고 소설가 배수아는 의견을 보탠다. 배수아는 모든 사람이 지방을 극도로 혐오하는 상태가 극단으로 치닫는다면 비만은 범죄가 될지도 모른다는 발상까지 내놓는다. 키 165센티미터에 45킬로그램의 몸무게를 지니고 살 빼기에 자주 돌입하는 여자가 솔직하다면 이렇게 말할 것이라고 쓴다. 자신은 군살이 찌는 것을 참을 수 없고 내 몸에 지방이 끼는 것만큼 살에 무신경한 사람을 증오한다고. 그런 사람과는 잠자리도 하고 싶지 않고 단순한 친구로도 지내기 싫다고. 뚱뚱한 여자와 우정을 쌓게 되면 사람들은 나도 매도할 거라고.

왜 우리는 살을 혐오하는 것일까? 특정한 몸매만이 아름답다는 인식이 대중매체를 통해 우리의 욕망과 생각을 조종하고 있기 때문이다. 미국의 심리의학자 앤 베커Anne Becker는 피지를 연구했다. 피지에서는 풍만한 몸매를 귀하게 여겼고, 왕성한 식욕이 장려되었다. 운동을 해서 몸매를 호리호리하게 만든다거나 살 빼기를 한다는 문화 규범이 없었다. 1995년에 텔레비전이 보급되면서 사정이 달라졌다. 3년 만에 소녀들 가운데 74퍼센트가 자신이 뚱뚱하다고 자책했고, 11퍼센트는 일부러 구토했다. 대중매체를 통해 서구화된 여성의 몸이 피지의 여자들에게 내면화된 결과였다. 프랑스의 한 연구에 따르면, 160센티미터의 여성을 기준으로 1929년엔 이상화된 몸무게가 60킬로그램이었는데 10년 만에 10킬로그램이 줄었다. 지금은 더 줄었다. 대중매체가 확산되고 특정한 몸매가 각광받는 만큼 여성은 살과 전쟁을 치러야 하는 상황이다. 지구촌의 한쪽에선 사람들이 굶어 죽지만 반대쪽에선 사람들이 굶주리며 살을 빼다가 죽어가고 있다.

너무나 정형화된 몸을 대중매체가 퍼붓자 수많은 여자들이 공포에 휩싸여 있다. 공포는 극단의 행동을 하게 만든다. 무작정 굶으면서 무기력해진다. 한국에서도 많은 여자들이 섭식 장애를 앓고 있다. 섭식 장애는 먹는 일에 문제를 겪는 질환이다. 우리의 신체는 음식이 섭취되지 않으면 강력하게 비상사태를 선포하는데, 그 증상으로 음식에 대한 강박과 갈망이 폭발한다. 섭식 장애를 앓는 여자들은 먹지 않아 무기력하게 지내다가 애인과 삐걱거리거나 일상에 문제가 생기면 폭식한 뒤 곧장 화장실로 달려가 토한다. 너무 먹기 싫은데 멈출 수가 없어 울면서 먹고 난 뒤엔 폭식한 죄책감으로 몇 시간씩 운동하기도 한다. 44사이즈에 48킬로그램 몸무게라는 이상화된 몸매에 도달해야만 하는데 그렇지 못한 몸은 자신이 아니라며 학대하는 것이다. 살 빼는 약을 마구 사먹으며 돈을 엄청나게 쓰기도 하는데, 약을 통해 잠깐 몸무게가 줄더라도 신체의 항상성이 깨진다. 신체의 항상성이 깨지면 살이 잘 빠지지 않게 되고, 그럼 더 센 약을 찾는 악순환에 빠진다.

독일의 심리학자 배르벨 바르데츠키Bärbel Wardetzki는 폭식증을 앓는 여성의 반수 이상이 여성적 자아도취에 사로잡혀 있다고 진단한다. 여성적 자아도취에 빠지면 자기 비하에 시달리는 마음 상태를 화려한 옷차림과 잘 가꾼 외모로 감추려 한다. 자신이 특별하다는 우월감과 자신이 하찮다는 열등감이 뒤엉킨 상태가 여성적 자아도취다. 누군가 자신의 진실을 알까봐 두려운 나머지 자신감 있는 척 굴지만, 늘 불안에 시달린다. 여성적 자아도취의 증세를 지닌 여자들은 타인의 칭찬과 애정을 갈망하며 날씬한 몸매, 예쁜 얼굴, 사회에서의 성공 등등 모든 것을 다 가지려고 몸부림친다. 그리고 자신이 원하는 수준에 이르지 못하면 가혹하게 자학한다. 자기애적 인격 장애이고 혼자서는 치료가 어렵다고 배르벨 바르데츠키는 설명한다.

섭식 장애를 앓는 여자들은 대개 날씬한 몸매라서 섭식 장애로 고통당하고 있다는 사실을 타인들이 좀처럼 감지하지 못한다. 허기에 시달리는 여자들은 활력이 저하되고, 타인과 음식을 나눠 먹는 일을 불편해하면서 사람들과 멀어진다. 외로움에서 발생하는 공허한 결핍을 음식의 포만감으로 채우고자 폭식하게 된다. 결국 마음에 문제가 있다는 걸 자각하고 심리 문제를 치유해야만 섭식 장애를 고칠 수 있다. 또한 여성에게 특정한 미의식을 주입하는 환경이 바뀌어야만 가능한 일이다. 여성운동계는 섭식 장애를 심각한 문제로 여기고 여성의 몸을 긍정하고 아름답게 여기는 풍조를 조성하려고 부단히 애면글면했다. 하지만 마른 몸매가 자신의 가치를 결정하리라는 여자들의 믿음은 수그러들지 않았다.

섭식 장애는 너무나 고통스러운 상태이지만 한편으론 여성의 절제력이 엿보이는 측면이 있다. 섭식 장애를 앓는 여성은 대개 완벽주의 성향이 강하고 매우 성실하다. 이들은 공복일 때 눈앞에 있는 음식에 손을 뻗으려는 당연한 충동을 억제한다. 물론 음식에 대한 절제력을 마냥 치켜세울 순 없다. 음식에 손사래 치는 건 여성 자율의 선택이라기보다는 사회에서 부과된 마른 몸매에 대한 압박의 강도를 보여주기 때문이다. 여성이 허기를 견디는 데 쓰는 기운과 시간을 오롯이 자신의 삶에 투자한다면 얼마나 일상이 풍요롭고 행복해질지 상상해보라!

정상화의 척도가 된 몸

요즘 우리는 자기 몸을 식민지 삼아 살을 수탈하려 한다. 평생 그치지 않는 살 빼기는 일상이 전투이며 우리의 몸이 전쟁터라는 증거인지 모른다. 살과의 전쟁에서 승리하려면 정확한 수치를 얻어내어야 한다. 명령받은 수치를 달성하지 못하면 수치스러워진다. 먹고 싶은 만큼 먹는 건 제정신으로 할 수 있는 짓이 아니게 되었고, 식욕은 사회에서 치료를 받아야 하는 질병이 되었다. 수척한 신체만이 정상으로 판명받고 있다.

현대 사회에 들어서면서 신체는 능력과 노력의 영역으로 포섭되었다. 몸은 생활의 반영이자 개인의 능력이 발휘되는 공간이 되었다. 살을 빼려는 노력은 특정한 여성의 문제가 아니라 현대 사회의 자유를 반영한다. 오늘날 각자 삶을 책임지고 관리하는 자유가 주어졌다. 우린 자유롭게 신체를 통제해야만 하는 부자유한 상황에 처했다. 대중매체에선 온갖 먹거리들이 화려한 영상과 사진으로 유혹하는 동시에 날씬하지 않은 몸을 희화화한다. 살찐 사람은 목욕이 필요한 것처럼 더럽게 여기며 모욕한다. 살 빼기는 모욕을 피하는 자기 보호 행위가 되어버렸다. 살 빼기에 관여하는 감정은 공포. 우리는 사회의 부정의와 경제 불평등에 무관심하더라도 자기 삶이 망가지고 있다는 두려움을 느끼지 않지만, 몸에 군살이 찌면 곧장 두려움을 체험한다.

사회에서 숭상하는 이상화된 몸이 더 견고해졌고 엄격해졌다. 이젠 식욕을 원수처럼 대하고, 온갖 살 빼기 요법과 끼니 거르기를 생활화해야 한다. 그런데 우리의 노력에도 아랑곳하지 않고 현대 사회는 우리를 비만으로 이끈다. 먹는 데 들어가는 화폐 비용과 시간 비용이 엄청나게 감소했다. 예전에는 통닭 한 마리를 먹으려면 기르던 닭을 잡아 죽인 다음에 털을 뽑고 내장을 발라낸 뒤 물을 뜨겁게 끓여서 닭을 익힌 다음 밀가루를 묻혀 기름으로 튀겨야 하는데, 지금은 전화 한 통 한 뒤 약간의 돈을 지불하면 어디서 어떻게 살다 어떻게 죽임을 당했는지 알 수 없는 닭을 흡입할 수 있다. 미국의 경제학자 데이비드 커틀러David Cutler와 동료들은 기술의 발달로 요리 시간과 부엌 청소 시간이 확 줄면서 기름으로 튀긴 음식을 쉽게 먹게 되었고, 열량 섭취의 증가가 비만율을 높인다는 유력한 증거를 제출했다. 고열량을 쉽게 먹을 수 있는 환경이 비만을 만연하게 한 원인이라고 미국의 심리학자 피터 우벨Peter Ubel은 강조한다.

자본주의는 인간의 욕망을 반영하면서도 인간의 취약점을 공략한다. 자본주의는 소비자의 요구에 부응하여 음식을 저장하고 포장하는 방식을 개선시켰고, 유통하는 체계를 발달시켰다. 우리는 고열량의 음식을 저렴한 가격으로 섭취하게 되었다. 자본주의는 온갖 고열량 음식을 제공하면서 우리를 비만으로 만든 뒤 살을 빼도록 압박해 주머니를 털어간다.

어릴 때부터 자본주의 식문화에 길들여진 체질은 쉽게 변하지 않는다. 몸매는 한 인간의 성장 과정을 보여준다. 성장 기간에 어떤 음식을 먹었고 어떤 정도의 시련이 가해졌는지 몸은 고스란히 기억한다. 식이 요법 하면서 운동을 열심히 하여 신체를 잠시나마 진압한 결과 체중계의 숫자가 줄어들더라도 육체의 반격에 어김없이 패배한다. 살 빼기의 95퍼센트가 실패한다. 인간의 체형과 체중을 바꾸는 일이 굉장히 어렵다는 증거가 수두룩하다. 유전 또한 위력을 발휘한다. 몸매의 차이를 유전자의 차이로 설명할 수 있는 상관관계는 0.7 정도로 성격 특성보다 높다. 내 몸을 이루는 속성의 많은 요소가 지금 나의 노력만으로는 어찌할 수 없는 것이다. 몸에 대한 세상의 요구와 몸의 진실은 어긋난다. 살찐 건 내 탓이라고 세상은 몰아붙이지만 조금만 먹어도 몸무게의 눈금이 확 올라가는 체질이 있다. 절제하면서 식사하고 꾸준히 운동하면 연예인 같은 몸매가 될 수 있다는 다그침은 우울을 낳을 뿐이다. 체중이 개인의 몫이자 노력의 결과라고 믿는 여자들은 거울을 쳐다보면서 자책감의 침울함 속으로 빠져든다.

악착같은 닦달과 억척스런 버팀으로 간신히 살을 빼더라도 끝이 아니다. 요요 현상을 두려워하며 졸라맨 허리띠를 더 바짝 죌 수밖에 없다. 테러를 걱정하며 자국민을 감시하는 국가처럼 자기 몸을 의심하고 경계하며 불안해해야 한다. 몸매를 유지하기 힘들 뿐 아니라 세상의 요구 자체가 시시각각 달라진다. 우리는 끊임없이 요동치는 신체를 증오하면서 자기 몸을 투쟁의 대상으로 삼는 혁명가가 된다. 우리의 신체는 레이저, 리프팅, 필러, 보톡스, 클렌징, 셀룰라이트 제거, 지방 흡입, 제모, 각질 제거, 네일 케어, 아로마 마사지 등등 첨단 기술에 의해 관리된다. 긴장은 한순간도 늦춰지지 않는다.

지금 우리의 몸에 요구되는 건 건강이 아니다. 현대 사회는 균형 잡힌 몸을 요구한다고 폴란드 출신의 사회학자 지그문트 바우만Zygmunt Bauman은 설명한다. 산업화 시대에 건강은 노동할 수 있는 조건과 맞물렸다. 노동자의 몸 상태가 생산력에 영향을 미치던 시대에 건강은 사회 구성원들이 달성해야 하는 의무였다. 건강하다는 건 고용 가능하고 현장에 투입해 곧장 일할 수 있음을 의미했다. 오늘날 각광받는 균형 잡힌 몸매란 기존의 질서가 허물어지고 어떤 상황이 발생할지 모르는 세태에 신속히 적응하려는 신체다. 균형 잡힌 몸매에 대한 추구는 시대의 불안에 따른 파생물이므로 종결될 수 없다. 시대가 불안하게 일렁이니 우리의 육체도 울렁인다. 균형감은 콕 집어 뭐라고 정의하기 어렵기 때문에 끝없이 긴장해야 하고 하염없이 관리해야 한다. 언제 만족할 수 있을지는 불확실하지만 아직 충분히 균형 잡히지 않았다는 사실은 확실하다.

책망과 고뇌는 우리 모두가 거울을 보면서 겪는 공통된 감정이 되었다. 몸은 정상화 기준의 척도가 됐다. 스스로 신체를 감독하고 검열하면서 세상이 원하는 정상의 육체를 생산해내게 된다고 여성학자 수전 보르도Susan Bordo는 갈파했다. 몸은 하나의 과업이 되었다. 과거에 인간은 몸을 생산의 수단으로 사용했다면 이제는 특정한 형태의 몸을 생산하는 일이 과업이다. 세상은 살을 뺐는지 결과만 따지면서 결과의 책임을 여성에게 전가한다. 우리는 여성의 몸에 대해 품평할 뿐, 여성의 몸을 혐오하는 시선의 억압성을 따지지 못하고 있다. 여성학자 한서설아는 획일화된 신체 기준을 제시하는 세상을 향해 문제 제기 못 하는 현실에 문제 제기한다. 정상이 되려면 살 빼야 한다며 비정상의 강박을 주입하는 것 자체가 문제이다. 비판 의식을 지닐 때 우리는 몸이 어때야 한다는 비정상의 세뇌 상태에서 벗어날 수 있을 것이다.

그 순간만
뚱보가 아닌 뚱보 여성

임상수 감독의 〈하녀〉는 몸이 이 시대에 타인과 구별하는 중요한 수단이 되었음을 도드라지게 보여준다. 영화 속에서 상류층 여성(서우)은 육체에 대단히 신경을 쓴다. 태교만을 위한 게 아니다. 몸매를 상층 계급에 맞게 유지하기 위함이다. 하녀(전도연)는 자기 몸이 이만하면 아직 쓸 만하지 않느냐고 관리인(윤여정)에게 묻는다. 비록 하층이지만 상층으로 도약할 수 있는 자원이 있다는 걸 넌지시 암시한다. 상류층 남성(이정재)이 근육질 몸을 드러내며 몸에 투자할 여력이 있는 유한계급임을 밝히자 하녀는 홱 달려든다. 돈과 권력이 묻어나는 몸에 끌리는 것이다. 영화 속 인물들의 몸은 적나라하게 계급화 되어 있다. 영화 〈하녀〉의 여배우들은 다 노출한다. 서우와 전도연에 이어 윤여정마저 탕에 들어가는 장면이 잇달아 나온다. 서우가 이정재의 아내로서 어울리나 싶고 두 아이를 낳고 다시 임신한 엄마로 설정된 게 어색하지만, 뒤집어 읽어내야 한다. 세 아이의 엄마인데도 서우처럼 젊은 것이다. 같은 맥락에서 할머니(박지영)의 외양은 도저히 할머니 같지 않은 상류 계급 여성을 상징한다. 하녀 친구(황정민)는 뱃살을 일부러 보여주면서 하층 계급임을 드러낸다. 하녀 친구가 하녀에게 자기 몸에서 비린내가 나냐고 묻듯 사람들의 몸은 냄새가 다르고 때깔이 다르다. 신분 상승하려면 몸의 가치를 높여야 한다. 남편과 하녀가 관계를 맺은 일에 아내가 길길이 날뛰는 이유다. 대사에도 나오지만 '뭐 볼 거 없는' 하녀의 몸이 자신과 똑같은 대우를 받는다는 데 참을 수 없기 때문이다.

여성은 몸이 삶에 중요한 자원이라는 사실을 한시도 잊지 못한다. 그리고 몸에 살이 찌는 건 단지 몸무게가 늘어난 게 아니라 하층으로 신분 하강했다는 의미로 받아들인다. 여성이 살에 공포를 갖는 이유다. 한국에서 사랑받던 예능 〈무한도전〉은 여성의 날 특집으로 "여성은 (   )를 원한다"를 설문 조사했다. 관심과 자유를 원한다는 답변도 나왔는데, 많은 여성들이 다이어트를 원한다고 답했다. 날씬하다 못해 마른 사람들도 살을 뺄 생각을 하고 있다. 매일 운동하는 글로리아 스타이넘은 자신은 날씬한 여성이 아니라고, 그 순간만 뚱보가 아닌 뚱보 여성이라고 술회한다.

여자들이 자신을 뚱뚱하다고 하는 말이 영 잘못된 인식이 아니라는 인지과학의 연구가 있다. 인간은 시각 신호를 화학 신호로 재처리해서 전달된 결과를 뇌신경으로 지각해 외부를 인식한다. 인간의 인식 체계는 현실 그 자체를 고스란히 지각하지 않는다. 지각하고 처리하는 과정에서 얼마든지 왜곡이 일어날 수 있다. 대개 여자들은 있는 그대로의 몸매보다 자신을 더 뚱뚱하게 인지한다. 수많은 여자들이 자기 육체를 왜곡해서 인지한다는 건 여성을 에워싼 사회 문화 환경이 왜곡되어 있음을 알려준다.

한편, 자신이 뚱뚱하다는 여자들의 말에는 복잡한 의미가 작동할 수도 있다. 사람의 언어는 글자 그대로의 뜻만 전달하지 않고 그 안에 숨은 뜻이 있기 마련이다. 너무나 마른 여자가 자신이 뚱뚱하다고 자책한다면, 이 말은 사실 남들보다 자신을 은연중에 과시하는 방법일 수 있다. 몸무게가 워낙 첨예한 사안이 되다 보니 말조심을 해야 한다. 몸매를 드러내며 우쭐해하는 건 짧은 기간 즐거울 수 있지만 길게 보면 반감을 사서 괴로운 처지가 되기 쉽다. 따라서 날씬한 여성이 몸매를 뽐내고 싶을 때 자신이 뚱뚱하다고 생뚱맞은 말을 하면서 자기 몸으로 타인의 시선을 유도한다.

자신이 뚱뚱하다고 말하는 것이 주변 사람들로부터 지지를 얻으려는 요령일 수도 있다. 여자들은 서로 칭찬하면서 관계를 유지하는 특성을 보인다. 자신이 뚱뚱하다고 말하면 친구들이 부정해주면서 예쁘고 날씬하다고 살갑게 기운을 북돋워준다. 상대방이 자신의 말에 맞장구치면서 뚱뚱하다고 하면 감정이 팍 상한다. 여성이 원하는 대답은 뚱뚱하냐 아니냐가 아니라 자신에 대한 관심과 호의이다. 이걸 모르고 남자들은 뚱뚱해 보이냐는 애인의 질문에 어떻게 답해야 할지 몰라 식은땀을 흘리곤 한다. 여자들은 자신이 뚱뚱하다거나 돼지 같다는 시험지를 건네고 상대가 얼마나 애정을 보이는지를 간접 방식으로 채점하는 것이다. 이때 나름의 모범 답안은 활짝 웃으며 내 눈에 얼마나 당신이 멋진지 모를 거라는 사랑 고백이다.

뚱뚱하다는 자기 비하가 정말로 자신을 낮추는 측면도 있다. 무의식 중에 생겨날 수도 있는 오만함을 경계하기 위해서 여자들 머릿속엔 무서운 딱따구리가 산다. 딱따구리는 틈만 나면 "나는 뚱뚱해"라고 쪼아대면서 자기 겸손을 강제한다. 여자들은 '살 수다'를 떨면서 함께 자기 겸손을 수행한다. 미국의 심리학자 러네이 엥겔른Renee Engeln의 연구에 따르면, 여학생의 90퍼센트 이상이 살 수다를 하고 30퍼센트는 살에 대해 매우 자주 이야기하는데, 살 수다의 대부분은 자조와 비하다. 여자들은 누군가 외모에 대해 칭찬해줘도 마음이 편안하지 않을 만큼 외모 강박을 지녔다. 자기 몸을 편하게 대하지 못하는 여자들은 다른 여성의 외모 역시 앙칼지게 채점하려 든다. 불만족스러운 부위를 고백하고 타인의 외모를 흠잡는 대화가 일상에서 너무 자연스럽게 이뤄진다. 많은 여자들이 문제의식조차 느끼지 못한다.

서로 자기 단점을 털어놓고 타인의 외모를 흠보는 살 수다를 자주 하면, 외모에 대한 집착과 강박이 심화된다. 또한 자신의 외모를 지적해도 된다는 잘못된 신호를 타인에게 줄 수 있다. 살 수다가 여자들의 일상을 잠식하면 여성은 항상 외모를 염려하고 자기 몸을 싫어한다는 인식이 공고해진다. 여자들 사이에서 외모가 아닌 다른 주제로 이야기하는 방식이 확산되어야 한다. 거울을 보는 시간이 늘어날수록 세상을 둘러보는 시간은 줄어든다.

인문학을 공부한다고 소비 사회의 유혹에서 자유로울 수가 없듯 여성학을 공부한다고 해서 체중에 대한 압박에서 자유로울 수는 없을 것이다. 수전 보르도는 체중 감량 프로그램을 통해 11킬로그램을 줄였는데, 문화가 여성의 몸에 가하는 압박을 연구한 학자가 살 빼기에 나서는 건 앞뒤가 맞지 않다고 몇몇 동료들이 비판했다. 수전 보르도는 여성학을 통한 문화 규범 비판이 사회 문화를 초월하거나 페미니즘의 순교자가 될 힘을 주는 건 아니라고 술회한다. 수전 보르도는 여성학 이론이 체중을 줄일 것인지 말 것인지에 대한 답을 알려주지 않는다고, 여성학 비평의 목표는 상호 연결된 그물망 같은 문화의 힘과 복잡성을 이해하고 더잘 의식하게 하는 것이라고 주장한다.

끊임없이 변하는 복잡한 세상 속에서 언제 어떻게 행동하면서 살아갈지는 각자에 달려 있다. 살 빼려고 하는 자신을 세상의 압박에 굴복하는 나약한 존재라고 비하할 필요가 없다는 얘기이다. 그럼에도 지금까지 자신이 했던 행동을 돌아보면 진정으로 무엇을 원하는지 알 수 있는 여지가 생긴다. 그 약간의 가능성을 획득하고자 우리는 공부하는 것이다. 자유는 그렇게 조금씩 어렵사리 얻어진다.

한편 여성의 살 빼기가 무의식중에 출산을 통제하려는 전략일 수 있다고 미국의 정신과 의사 마이클 맥과이어Michael McGuire는 주장했다. 동물은 먹이를 제한하고 일정 기간 굶주리면 더 오래 산다. 암컷의 난소는 천천히 늙는다. 여자들이 원하는 상대와 원하는 상태에서 출산하고자 자신의 생식 능력을 무의식중에 조절한다는 주장이다. 과거에 남성 중심 사회에서는 여성은 평생 아이를 무수히 낳고 키우다가 급속히 늙었는데, 이제 여성의 삶은 여성이 주도할 수 있다. 여성이 때때로 식사량을 줄이고 가끔 끼니를 거르는 건 그저 예뻐 보이고 싶거나 남성 중심 사회가 마른 몸매를 폭력으로 강권해서만이 아니라 무의식중에 노화를 늦추면서 젊게 살려는 의지의 발휘일지 모른다.

늙은 여자가 된다는 것은
보통 일이 아니다

여자는 특정한 연령대일 때 금관을 잠깐 썼다 금세 빼앗기는 경향이 있다. 텔레비전은 나이 듦에 따른 여남의 차이를 대놓고 보여준다. 뉴스를 보면, 나이 지긋한 남자와 미혼의 여자가 소식을 전한다. 나이 든 남자와 나이 어린 여자의 연애를 다룬 드라마는 쎄고 쎘지만, 나이 든 여자와 나이 어린 남자의 사랑은 찾아보기 쉽지 않다. 여자 아나운서와 기상 예보관의 나이와 외모도 의미심장하다. 여자 아나운서들의 '연예인화'만큼 세상이 여자들에게 무엇을 요구하는지 일러주는 것도 없다. 대중매체에서 떠받들어지는 '여신들'은 죄다 특정한 연령대의 여성이다. 영화계에서도 나이가 들어도 남배우들은 주연급이지만 여배우들은 입지가 좁아진다.

여성에게 나이 듦은 괴로운 사태이다. 보부아르는 늙은 여자가 된다는 것은 보통 일이 아니라고 말했다. 보부아르는 1975년엔 한 영화에 출연해 늙고 있다는 사실이 어떤 의미에선 죽음의 공포보다 더 싫다고 털어놓았다. 마흔이 되면서 불안에 시달렸던 미국의 작가 수전 손택Susan Sontag은 여성에게 아름다움은 언제나 젊음과 동일시되기 때문에 여성이 나이 드는 일에 더 깊이 상처받는다고 썼다.

많은 여자들이 나이가 들수록 외모가 피곤해 보이거나 화난 것처럼 보인다며 퉁명스레 푸념한다. 사람의 얼굴이 노화되면 피하지방이 줄어들면서 입술이 얇아지고 눈썹은 처지는데, 그 결과 입술을 꽉 다물고 눈썹을 내리깐 화난 표정과 유사해진다. 또한 여성의 노화는 얼굴을 좀 더 남성스럽게 만든다. 여성은 남성보다 눈썹과 눈의 사이가 멀고, 코는 더 작으며, 입술은 더 도톰하고, 얼굴은 더 작은데, 나이가 들면서 여성스러운 특징이 옅어진다. 여자들은 여성성의 변화를 성적 매력의 상실, 사회 가치의 저하로 인식한다. 여성학자 김은실은 여성이 나이 들고 살찌면 중성적인 인간으로 취급받는다고 분석한다. 여자들은 나이를 발설하지 못한 채 숙명의 원수처럼 노화를 상대한다. 나이가 들면서 피부에 주름이 생기고 탄력이 떨어지고 살이 늘어지는 건 자연스러운 변화이지만, 어느새 해결해야만 하는 문제가 되었다. 화장품도 '안티에이징'이라고 이름 붙이고 효능이 입소문 나면 불티나게 팔린다.

나오미 울프는 자연스러운 노화를 치료할 수 있는 병으로 둔갑시킨 세상을 비판한다. 아름다워야 한다는 의식이 나이 드는 일에 죄책감을 느끼게 하고, 여성으로 태어난 것이 원죄가 되도록 만들었다고 나오미 울프는 분노한다. 프랑스의 철학자 올리비아 가잘레Olivia Gazale도 젊고 탄탄한 육체를 숭상하는 신흥 종교가 부흥하자 노쇠한 육체에 피부가 늘어진 사람은 이단자이자 신성 모독자로 지탄받고, 스스로도 죄인 같은 느낌에 빠지게 된다고 논평한다. 여자들은 죄책감을 경감하고자 어려 보이는 데 시간과 돈을 쏟는다. 미국의 노년학자 마거릿 크룩생크Margaret Cruikshank는 신체 외양이 여성 자체를 압도한다면서, 나이 든 여성은 늙어 빠진 몸으로 간주된다고 비평한다. 피지배자가 검은 피부라면 그들의 고유성을 헤아리지 않고 그저 검은색으로 싸잡아지는 것과 비슷하게, 나이 든 여성은 노쇠한 몸뚱이로 등치되는 것이다.

언론인 김선주는 '할마씨'라는 빈정거림을 겪으면서 성차별화된 현실을 새삼스레 실감한다. 동갑내기 홍세화나 이윤기에게는 어느 누구도 할배라고 부르지 않고, 나이가 더 많은 이문열이나 황석영을 비아냥거릴 때도 할아방구라거나 할부지라고 하지 않는다. 여성의 나이 듦은 그 자체로 가치 없는 게 아니라 여성을 차별하는 사회이기 때문에 가치절하되는 것이다. 오스트리아의 작가 엘프리데 옐리네크Elfriede Jelinek는 『인형의 집』의 노라가 집을 나간 뒤 어떻게 됐을지를 썼다. 노라는 새로운 남자를 만나 사랑에 빠지는데, 그 남자는 시간이 지나자 헌신하기를 멈춘다. 노라는 우리 둘은 운명으로 엮여 있으니 자신이 새로 시작할 수 있도록 도와달라고 요청한다. 하지만 남자는 당신의 허벅지와 팔뚝의 피부가 귤껍질이 되고 있고 성기는 곰팡이가 슬기 시작했다며 거절한다. 남자의 삶은 외상이지만 여자의 삶은 할부라고 남자의 대사를 통해 엘프리데 옐리네크는 성차별한 현실을 까발린다.

가부장제에서 여자는 나이에 따라 값어치가 달라지고, 시간이 지날수록 몸값이 싸지는 흐름이 나타난다. 여자는 성탄절 케이크라는 어이없는 말마저 나돌았었다. 12월 25일이 지나면 팔리지 않는 케이크처럼 스물 다섯이 넘으면 남자들이 찾지 않는다는 것이다. 영화 〈깊은 밤 갑자기〉의 주인공(김영애)은 겨우 서른이지만 어린 하녀가 집에 들어오자 심각한 불안에 사로잡힌다. 가부장제 아래에서 여자란 젊고 날씬하고 예쁘고 장애가 없는 여성만을 함의한다. 이 협소한 조건에 들어가지 않는 여성에겐 관심이 싸늘하다. 여자는 생물학과 해부학에서 가리키는 우가 아니라 사회에서 욕망의 대상이 되도록 인정된 신분증이다. 일본 사회에선 중장년의 여자를 업신여기며 '전직 여자'라고 부르고, 한국에선 아줌마를 '제3의 성'이라고 일컫는다.

여자에게 나이와 매력이 반비례하는 건 성차별화된 결과일 수 있다. 여성은 나이가 들면 임신하지 못한다고 하지만, 남성도 나이가 들면 정자가 불량이 되어 건강한 아이를 낳을 확률이 낮아지기는 매한가지다. 그런데 나이가 들어도 많은 남자들은 중후하다는 평을 들으며 매력을 뽐낸다. 남자는 나이 들고 경험이 쌓일수록 사회에서 권력이 세지는 경향이 있다. 여성학자 정희진은 남성 자원과 여성 자원은 동등하게 평가되지 않는다고 지적한다. 여성 자원인 몸과 성은 유한해서 특정 연령대의 여성만 우대받고, 나이에 따라 가격이 다르다는 설명이다. 이에 반해 남성은 평생 남자로서 산다고 정희진은 비평한다.

나이 듦에 따른 성행태에서도 격차가 컸다. 여태껏 나이 든 남자의 성행태는 주책없다고 핀잔을 받더라도 남자이기 때문에 인정해주는 분위기였는 데 비해, 여자가 나이 들면 뒷방 구석으로 내몰렸다. 대다수 사람들은 나이 든 여자의 성욕을 상상조차 하지 못했다. 대중매체에서 나이 든 여인의 성욕은 전혀 재현되지 않았다. 여자가 쾌락을 추구하는 것 자체를 탄압했기 때문에 나이 든 여자의 육욕은 더더욱 말살된다. 하지만 남자든 여자든 나이가 들면 기운이 쇠락할 뿐이지 성욕 자체가 없어지는 건 아니다.

늙음은 자연스러운 변화이지만, 우리가 어떻게 늙음을 이해하고 평가할지는 사회에 따라 판이하다. 세상에 큰 변화는 없고 비슷한 일이 반복되었던 옛날에는 노인의 조언이 마을 공동체에 큰 도움이 되었다. 경험 많고 연륜 있는 노인이 우대받았다. 현대 사회는 끝없이 줄기차게 달라진다. 변화에 더디게 반응하는 노인은 소비도 덜 하고, 생산력도 떨어진다. 현대는 늙음에 대한 혐오 현상이 거세게 일어난다. 자본주의는 늙어감과 죽음을 감춘다. 오늘날 늙음은 숨겨야 하는 수치이자 치료해야 하는 병처럼 되었다. 우리는 노인과 거리를 두려 한다. 적잖은 노인들이 혼자 밥 먹고 소화도 안 된 채 꾸벅꾸벅 졸면서 텔레비전 보다가 고독사 하고 있다.

자본주의는 오로지 젊은이들의 생동성만을 부각시키고, 모든 사람들이 젊어 보이는 상품을 소비하게 만든다. '동안' 열풍이 부는 배경이다. 어려 보인다는 말을 들으면 좋아하는 사람들이 차고 넘치고, 실제로 자기 나이보다 어려 보이는 사람들이 쌔고 쌨다. 인간이 성숙해지면 자본주의가 닦아놓은 소비 회로에서 벗어나므로 자본주의는 우리들을 미성숙하도록 세뇌시킨다. 나이가 들면 그에 걸맞게 할 일이 있는데, 현대인들은 나이가 들어서도 외모 경쟁하느라 바쁘다. 웃으면 주름살이 생긴다면서 웃지 않으려 하는 사람도 있다. 동안이 되는 동안 정신은 동면에 빠져든다. 우리 내면을 식민지로 삼은 욕망의 자본주의 제국으로부터 해방된 사람은 아무도 없다.

인간의 삶은 융성하다가 쇠퇴하기 마련이다. 하지만 나이 듦을 두려워하면 삶 자체에 겁먹게 된다. 늙음에 대한 거부는 미래를 두려움으로 먹칠하는 꼴이다. 원숙함에 대한 기대가 없는 사람은 젊은 시절의 외관에만 집착한다. 주름살과 싸우느라 인생을 소모하면 인생의 주름을 이해하지 못한 채 어리숙하게 늙은 사람이 되어버릴 뿐이다. 어려 보이려는 노력은 건강함의 지향이 아니다. 건강의 추구가 스스로 삶을 가꾸고 꾸려갈 수 있는 활력을 키운다는 의미라면, 어려 보이려는 노력은 남들에게 어떻게 보이는지 골골하면서 타인의 시선에 종속된다는 뜻이다. 인생에서 겪어야 하는 일을 제대로 겪어내지 못할 때 시간은 얼굴과 몸에 성숙의 무늬를 남기지 못하고 허무하게 휘발해버린다.

평균 수명이 남성보다 여성이 높기 때문에 노년이 될수록 여성은 혼자될 확률이 높다. 자식의 독립이나 남편의 사망 등을 겪으면서 여성은 자신의 정체성을 새로이 정립해야 하는 시련에 부딪힌다. 위기는 기회라는 말처럼, 여성에겐 노년이 기회일 수 있다. 노년은 자기 재창조의 시기이다. 그동안 숨겨뒀던 내면의 보물을 찾는 모험과 세상을 향해 나아가는 여정을 시작할 때, 노년은 축복이 될 수 있다. 2,000명의 50세 이상 여성을 조사한 결과 나이가 들면서 외모 강박으로부터 자유로워지는 경향을 보였다. 나이 든 여자들은 신체 기능이 저하되는 가운데 아직 건재한 기능에 감사하였다.

청춘은 푸른 봄이란 뜻이다. 비록 몸의 봄은 쉬이 저물고 우리도 어리석게 봄을 쉽게 흘려 보내지만, 우리의 정신은 영원히 봄일 수 있다. 내 마음이 푸른 봄이면 청춘인 것이다. 우리가 두려워해야 할 건 몸의 늙음이 아니라 마음의 낡음이다.

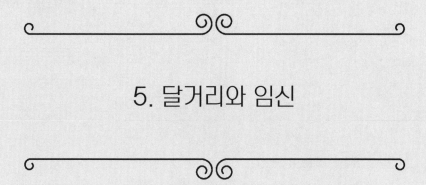

5. 달거리와 임신

초경을 축하하다

여자들은 달마다 짧으면 이틀, 길면 일주일 월경한다. 월경은 생리라고도 지칭되나, 월경을 언급하기를 꺼려 해서 인간의 생리 현상 전반을 아우르는 생리란 말이 사용되었다. 순우리말은 달거리다. 달거리라는 말은 오묘하게 적합하다. 달의 주기와 월경 주기는 궤를 같이하고, 여성의 심리는 달의 변화와 나란하게 이뤄지는 경향이 있다. 배란기가 될수록 달이 차오르는 것같이 외향성이 되다가 배란기가 지나면 그믐달처럼 내향성이 된다. 외향성이 세상에 대한 관심을 키우면서 행동하게 한다면 내향성은 자신을 들여다보게 이끈다.

과거의 인류사를 들추면, 피에 대한 두려움으로 말미암아 달거리하는 여자와 접촉하지 않으려는 관습이 퍼져 있었다. 영국의 문화인류학자 메리 더글러스Mary Douglas가 정리한 부족 사회들의 풍습을 보면, 월경혈을 오염으로 간주하면서 남자들은 달거리하는 여성과의 접촉을 기피했다. 불가리아 출신의 기호학자 줄리아 크리스테바Julia Kristeva는 육체의 분비물에 대한 혐오와 공포를 논의하면서 달마다 피 흘리는 여성에 대한 혐오가 인류사에 얼마나 깊게 각인되어 있는지를 서술한다. 줄리아 크리스테바에 따르면, 오염의 대상은 두 종류로 나뉘는데, 배설물과 월경혈이다. 미국의 법철학자 마사 누스바움Martha Nussbaum도 여성은 월경하고 남성의 정액을 받아들이고 출산하기 때문에 동물성과 연결되었다고 지적한다. 가부장 사회는 비록 정액이 남성의 몸에서 여성의 몸으로 넘어가는 것이지만 남성은 오염되었다고 생각하지 않았다. 한국의 개신교계를 봐도 '기저귀 찬 여자가 설교할 수 없는 것이 보수이고 신학'이라는 망발을 서슴지 않는 인물이 있을 정도다. 기독교 경전을 보면 달거리하는 이레 동안 불경하다고 기록되어 있기 때문이다. 기독교가 지배한 유럽의 중세시대에서는 종교와 의학이 구분되지 않아서 달거리 자체를 죄의 결과라고 간주했다. 불교, 유교, 도교, 이슬람, 힌두교 등등 여타 종교권에서도 여성의 월경을 오염으로 여겼다.

종교 문화의 영향으로 과거의 여자들은 달거리하는 신체에 수치심을 가졌다. 앞 시대 여성은 월경을 불편하고 불쾌한 일로 여겼고, 월경을 여자에게 닥칠 위험에 대한 적신호로 간주했다. 월경에 대해 쉬쉬하는 분위기 속에서 초경을 대비하지 못했던 여자들은 넓적다리 사이로 흘러내리는 핏물을 보면서 숙녀가 된다는 의미를 수치스럽게 익혔다. 사춘기 시절에 자신이 받은 성교육 중에 좋은 소식은 별로 없었다고 저메인 그리어는 회고한다. 초경이 시작되자 타인들이 짐작하거나 냄새 맡지 못하도록 흔적을 감추고자 분주했던 저메인 그리어는 달거리를 알려주지 않고 여자들이 알아서 해결하도록 내버려둔 사회를 한탄한다. 사회의 성 감수성에 따라 여성은 월경을 좋게도 생각하고 나쁘게도 생각할 수 있는데, 워낙 여성 혐오가 강했던 인류사라 여자들은 월경을 업보처럼 여기며 숨기려 했다.

세상은 여자들이 거짓말을 자주 한다고 비난하지만, 여자를 둘러싼 상황이 여성을 음험한 거짓말쟁이로 만들었다고 보부아르는 통찰했다. 여성은 사춘기를 맞아 월경하고 성욕이 강해지고 연애하게 되는데, 이 모든 것을 이야기하기 어려웠다. 달거리대를 감추고 자신의 월경을 감춰야 하는 현실 속에서 여자들은 거짓말로 인도된다고 보부아르는 분석했다. 한국에서도 소녀들은 달거리대가 없어도 말을 못 한 채 쭈뼛거리며 얼굴만 붉히거나 옷에 묻은 핏자국을 숨기고자 아등바등할 것이다. 달거리대가 너무 비싸 빈곤층 소녀들이 신발 깔창을 사용한다는 안타까운 소식도 들려왔다.

여성운동은 달거리를 바라보는 시각을 바꾸고자 애썼다. 남우세스럽게 여기던 달거리에 대한 정보가 사람들 입에 오르내렸고 언론에 실렸다. 특히 초경에 의미를 두고는 첫 달거리를 축하하면서 성교육하는 부모들이 늘어났다. 시인 김선우의 작품 『캔들 플라워』에는 할머니와 엄마가 밤새 달이 지나가는 길과 별들의 자취를 망원경으로 바라보면서 소녀의 초경을 축하하는 장면이 나온다. 초경을 맞아 의미 있는 행사를 치르면 여성에게 잊지 못할 기억으로 남을 것이다. 전 세계에 감동을 안긴 안네 프랑크Anne Frank의 일기에는 그동안 일반인에게 공개되지 않은 내용이 많은데, 그 가운데 달거리에 대한 기대가 있다. 안네 프랑크는 자신의 속옷에 흰 얼룩이 계속 묻는 걸 보고 엄마를 통해 곧 월경하리라는 사실을 알게 된다. 안네 프랑크는 정말 기다려진다고 썼다. 달거리대를 구할 수 없어서 쓸 수 없는 게 안타깝지만 중대한 사건이라고 안네 프랑크는 일기에 썼다.

안네 프랑크보다도 달거리 교육을 받지 못한 소녀들이 많다. 그래서 학교에서는 달거리 용품을 챙겨놓았다가 갑자기 찾아온 학생에게 알려 줘야 하는 상황이 발생한다. 10대 시절엔 달거리가 불규칙하게 이뤄지기 십상이라 학생들이 달거리 용품을 빌려달라고 하거나 갑자기 의무실에 가서 쉬겠다고 선생님을 자주 찾아오는데, 남자 교사의 경우 제대로 감지하지 못해 소화제를 먹으라는 웃지 못할 경우도 생긴다. 남성의 상당수가 달거리를 배웠으나 유명무실한 상황이다. 여성 역시 창피해하며 달거리를 제대로 이야기하지 못하는 분위기이다.

월경은 그동안 부당하게도 음지에 방치됐었다. 사회 담론 차원에서 다루는 건 바람직해 보인다. 다만 월경을 둘러싼 담론 가운데 이제 진짜 여자가 되었다고 하는 것은 곱씹어볼 말이다. 월경해야 진짜 여자가 된다는 말은 달거리하지 않는 여성을 가짜 여자로 몰게 된다. 또한 여성을 아기 낳는 기계로 보지 않고서는 이 말을 쓸 이유가 없다. 달거리하지 않더라도, 임신을 하지 않더라도 여성은 인간이고 존중받아 마땅하다.

한편, 서구 문화권을 중심으로 초경의 시점이 매우 빨라졌다. 고열량 음식과 육류에 농축된 성장 촉진제의 영향으로 추정된다. 소녀가 혈연이 아닌 남성과 같이 지내면 초경이 당겨지고 어른 여성과 같이 지내면 늦춰진다는 연구도 있다. 지난 수십 년 동안 여성의 사회 진출로 초경이 앞당겨졌다는 주장이 제기되기도 한다. 임신 가능한 어머니와 날마다 자주 접촉하는 소녀는 어머니의 페로몬에 영향 받아 초경이 늦어지는 경향이 있는 것이다.

월경에 대한 연구가 더 본격화되어야 할 것이다. 여성을 존중하는 사회라면 달거리는 감춰야 하는 당혹이 아니라 새로운 변화의 상징으로서 정당한 관심을 받게 된다.

여자도 모르는 배란

여성은 사춘기를 맞아 양쪽의 난소에서 번갈아가며 한 달에 한 번 난자를 배출하는데, 이를 배란이라고 한다. 배란되면 자궁 내막이 두꺼워지면서 임신을 준비하는데, 난자가 정자와 만나 수정란이 되어 착상하지 않으면 자궁벽이 허물어지며 밖으로 배출된다. 이것이 월경이다.

월경 주기가 일정할수록 건강한 편이고, 건강한 여성은 대개 28일 주기로 배란과 월경을 반복한다. 그런데 여성의 몸은 미묘하고 복잡해서 때때로 배란되지 않아도 달거리할 때가 있다. 또한 월경하고 14일 뒤에 배란한다는 보장도 없다. 배란일이 아닐 때에도 배란이 이뤄지기도 한다. 많은 아기들이 배란기가 아닌 시기에 잉태된다. 여성의 월경 주기에 관해서 확실한 사실은 배란이 이뤄지고 난 뒤에 착상되지 않으면 월경한다는 것뿐이다.

여성의 신체는 일부러 임신을 피하는 비수태기를 갖고 있다. 여성의 비수태기를 세 가지 유형으로 분류할 수 있다. 먼저, 월경하지 않고 배란도 하지 않을 때가 있다. 두 번째는 월경하지만 배란되지 않는 경우다. 세 번째는 배란도 하고 월경도 하지만 배란에서 월경까지의 14일이라는 일관된 간격을 10일로 단축시키는 경우가 있다. 이렇게 단축되면 난자가 수정되더라도 착상을 막게 된다. 여성의 신체가 비수태 시기를 갖는 까닭은 일생 동안 낳을 자녀의 수와 출산 간격을 조절하기 위함이고, 또 하나의 이유는 남자에게 혼동을 주기 위함이라고 영국의 생물학자 로빈 베이커Robin Baker는 주장한다. 로빈 베이커는 오랫동안 임신되지 않는 경우라도 여성이 타고난 잠재력을 발휘해서 가족계획을 실행하는 중일 수 있다고 추측한다. 건강한 20대도 배란 횟수는 월경 횟수의 절반에 못 미친다. 30대 전후엔 월경 주기의 약 80퍼센트가 수태기이고, 40대가 넘어가면서 급격히 수태기가 줄어든다고 로빈 베이커는 설명한다. 난자를 배출할지 안 할지는 여성이 겪는 일들과 자신을 둘러싼 환경에 달렸다. 출산에 대한 여성의 감정과 주변 남자들을 어떻게 느끼느냐가 배란 여부에 영향을 미치는 것이다.

일부 여성은 배란통을 느낀다. 심지어 난자를 배출한 난소가 왼쪽인지 오른쪽인지 느끼는 여자도 있다. 또한 배란혈이라고 해서 소량의 피가 묻어나는 경우도 종종 있어서 배란을 추측할 수 있다. 하지만 대대수의 여성은 자신이 언제 배란하는지 모르는데, 배란을 측정하는 방법이 몇 가지 있다. 먼저 체온 추이를 통해 배란을 확인하는 방법이다. 배란 직후의 아침엔 평소보다 체온이 높아진다. 체온이 3일 연속으로 높게 유지된다면 그 직전에 배란한 것이라 간주할 수 있다. 물론 피로가 쌓이거나 감기에 걸리면 체온이 달라지므로 확신하기 힘든 방법이기는 하다. 다른 측정 방법은 질 점액의 농도를 확인하는 것이다. 배란 전의 질에선 투명한 점액이 묻어나오는데, 이 점액은 정자의 전진을 도와준다. 여성은 소변을 본 다음 휴지로 닦으면서 분비물의 변화를 통해 배란기를 알 수 있다. 네덜란드의 성과학자 옐토 드렌스Jelto Drenth는 배란을 분간할 수 있는 가장 확실한 방법을 소개한다. 질 속에 손가락을 깊이 넣어 자궁 경부까지 이른 뒤 조금 닦아낸다. 자궁 경부와 접촉한 손가락을 다른 손의 손가락으로 살짝 눌렀다가 떼어냈을 때 점액 가닥이 20센티미터 넘게 늘어난다면 곧 배란한다.

배란기에 여성은 달라진다. 배란기가 가까워질수록 몸은 더 대칭이 되고 허리와 엉덩이도 곡선미를 띠면서 매력이 올라간다는 연구 결과가 있다. 남자들도 여자의 미묘한 변화를 무의식중에 감지한다. 배란할 즈음 평소보다 더 예뻐 보이는 것이다. 여자들은 배란을 앞두고는 사교성이 향상되면서 자신감 있는 태도를 갖고, 모험도 감행한다. 다른 여자들에 대한 경쟁의식이 강해지며, 성관계에 대한 몽상을 자주 하고 야한 꿈도 꾸게 되며, 좀 더 남자답게 생긴 남성에 대한 관심도 상승한다는 연구 결과도 있다. 처음 보는 남자와 시시덕거린 뒤 낯이 화끈거린다거나 예상치 못한 하룻밤을 보냈다면, 아마도 배란기일 확률이 높다. 미국의 진화생물학자 로버트 트리버스Robert Trivers는 여성이 배란기에 기만 행동을 하라는 압력을 받을 것이라고 예상한다. 배란 즈음에서 배우자가 아닌 훈훈한 남자에게 매혹될 가능성이 높아진다.

여성의 본능은 훌륭한 남성과 결합해서 임신하는 방도를 강구한다. 배란 무렵 성욕이 치미는 이유다. 배란을 앞두고 여자의 후각은 예민해지고, 땀 한 방울의 100분의 1에 해당하는 소량의 페로몬만 있어도 여성에게 강렬한 자극을 미친다. 미국의 과학저술가 메리 로치Mary Roach는 유전자는 우리를 임신시키고 싶어 하며, 호르몬은 유전자가 휘두르는 요술봉이라고 서술한다. 신경 화학물은 몸과 마음에 큰 영향을 미친다. 여성은 대개 배란 때 고양감을 겪다가 월경하기 전에는 기분이 처지고 주눅 들며 사교성이 저하되는 양상을 보인다. 배란 이후 여성의 신체가 취약해지는 건 자연스러운 면이 있다. 정자와 난자가 결합된 수정란을 이물질로 인식하고 거부하는 걸 방지하고자 여성의 면역 체계는 배란 전에는 까다롭게 점검하다가 배란 이후 황체기 때엔 약간 허술해진다. 수정란을 착상시키기 위해 여성의 신체는 어느 정도 위험을 감수하는 것이다. 이때 감시망이 약해지면서 질병에 걸리기 쉽고, 몸과 마음이 축 처지곤 한다.

월경 주기를 거치는 동안 여성 호르몬의 수준이 오르내리면서 여성의 기분과 몸 상태도 변한다. 시기에 따라 달라지는 여성의 감정은 오랜 진화사에서 생존하고 번식하려던 선조 여성의 노력이 응축되어 대물림된 결과다. 그런데 피임약을 먹으면 호르몬 추이가 평탄해진다. 피임약을 먹는다는 건 날마다 꾸준히 일정량의 여성 호르몬을 외부에서 공급하는 것이므로 신체는 여성 호르몬 생산을 중단하면서 배란되지 않는다. 갱년기와 비슷한 상태가 되는 것이다. 피임약은 글로불린(SHBG) 수위를 높이는데, 글로불린은 테스토스테론과 결합한다. 남성 호르몬이라 불리는 테스토스테론은 여성에게도 중요한 호르몬으로 성욕에 큰 영향을 미친다. 피임약을 장기 복용하면 성욕 저하라는 부작용이 생길 수 있다. 미국의 비뇨기의학자 어윈 골드스타인Irwin Goldstein의 연구에 따르면, 피임약을 끊어도 테스토스테론 수준이 회복되지 않았다. 그런데 피임약에는 부작용으로서 성욕 저하를 경고하지 않는다. 남자의 발기 불능은 어떻게든 고치려고 고뇌하지만, 여성의 성욕 부진과 만족감 저하엔 별 관심을 기울이지 않는다. 여자가 성욕 부진해도 남자의 요구를 거절하지 못하는 남성 위주의 관계 행태가 맺어지기 때문이기도 하다. 여자들 또한 임신 걱정이 없으면 성욕이 떨어져도 문제 삼지 않는 경우가 많다. 그리고 피임약을 먹으면 성관계를 부담 없이 더 많이 하는 경향이 생긴다. 메리 로치는 피임약이 그저 성욕을 감소시킬 뿐 성관계를 덜 즐기게 만들거나 반응성을 약화시키지는 않는다고 기록한다.

피임약은 성욕 감퇴뿐만 아니라 다른 부작용도 일으킨다. 여성마다 다르겠지만, 식욕이 과도하게 늘거나 감정 기복이 심해지거나 체형이 변하는 부작용이 생길 수 있다. 하지만 임신에 대한 불안을 줄이기 위해 여자들은 피임약의 괴로움을 감내하려 든다. 남자들이 어릴 때부터 성교육과 피임법을 제대로 교육받는다면 여자들이 피임약을 먹으면서 신체에 무리를 가하는 일은 줄어들 것이다.

달거리통과
월경전증후군에 대해서

달거리통은 달마다 꼬박꼬박 찾아와 여성의 삶을 장악하는 불청객이다. 월경할 때 일상생활도 영위하기 힘들 정도로 괴로워 진통제를 꼭 챙겨 먹어야만 하는 여자들도 많은데, 여성의 고통은 은폐되고 있다. 달거리통이 은폐되는 이유 가운데 여성에 대한 무지도 있겠지만, 뜻밖에 여성이 별로 달거리통에 시달리지 않았던 인류사가 한몫한다.

과거의 여성은 13~14세에 사춘기를 맞고는 머지않아 임신했다. 아이를 낳고 모유로 키우는 동안 월경하지 않다가 금세 또 임신했다. 여성은 평생 임신하고 아이를 낳았다. 선조의 월경은 평생 20~100회 정도였을 것이고, 월경 기간도 짧고 달거리통도 적어서 큰 문제가 되지 않았으리라 추정된다. 현대의 여자들은 임신을 몇 번 하지 않는 대신에 수백 번 월경한다. 의학자들은 현대 여성이 겪는 질환들 가운데 일부는 과거에 고작 수십 번 겪었던 월경을 수백 번 겪게 되면서 발생한다고 설명한다. 영국의 생물학자 로저 쇼트Roger Short는 여성의 몸은 번식 성공률을 최대화하도록 진화되었지 임신하지 않은 상태에서 오랫동안 살아가도록 설계되지 않았다고 지적한다. 에스트로겐은 자궁암, 유방암, 난소암의 발병률을 높인다. 평생 400번 넘게 월경하면서 호르몬의 양이 격렬하게 오르내리고, 유방과 자궁의 세포가 자주 교체되는 과정에서 문제가 발생한다. 세포가 분열하면 발암성 세포로 변이할 가능성이 생기고, 세포가 빈번하게 교체되는 만큼 변이의 확률이 높아진다.

여성의 신체는 출산과 번식에 초점을 맞춰 진화되었다. 미국의 진화 인류학자 웬다 트레바탄Wenda Trevathan은 정확한 비교는 무리지만, 출산 횟수가 적은 사회의 유방암 발병률과 가임기 동안 주로 임신과 수유로 보내는 지역의 유방암 발병률을 비교하니 최대 100배에 이른다고 이야기한다. 유럽이나 미국 같은 서구 세계의 여성은 대략 6일 동안 달거리하는데, 과거의 전통에 가까운 사회의 여성은 3~4일밖에 달거리하지 않는다. 달거리 기간도 난소 호르몬의 영향을 받는다. 월경 기간이 긴 여성이 짧은 여성보다 여성암 발병률이 높다. 웬다 트레바탄은 짧은 달거리 기간을 지닌 여성이 피임약을 먹으면 기간이 늘어나니 되도록 먹지 않는 것이 좋다고 충고한다. 미국의 신경 내분비학자 로버트 새폴스키 Robert Sapolsky는 임신 연령이 늦어지고 임신 횟수가 적을수록 자궁의 내막이 두꺼워지고 골반 속이나 복벽으로 내막 조직이 떨어지는 자궁내막증이 잘 생긴다고 진단한다.

여자들은 월경전증후군도 겪는다. 달거리하면서 겪는 통증과 불쾌감, 요통과 복통, 피로감, 식욕 부진 등을 월경통이라고 일컫는다면, 월경전증후군(Premenstrual Syndrome, PMS)은 달거리를 앞두고 감정 변화가 거칠게 일어나 여러 충동에 휩싸이는 상태를 일컫는다. 월경전증후군에는 몸이 붓고 어지럽고 토할 듯한 기분이 들고 몸이 오슬오슬 떨리고 잠을 이루지 못하고 집중력이 저하되고 짜증이 일어나고 침울해지고 무력감에 시달리고 성욕이 저하되는 등등의 증상이 있다. 그동안 월경전증후군은 여성의 변덕이라거나 기괴한 심리라고 묘사됐다.

이따금 여자들은 갑작스레 세상에 문제가 가득한 것만 같고, 기분이 매우 우울하다며 울컥한다. 그러나 여성의 감정 폭발은 세상이 불현듯

변했다기보다는 여성의 신체가 황체기를 맞아서 생겨난 심리의 변화다. 여성의 감정 폭발 현상은 영양생리학을 통해 설명할 수 있다. 황체기에 여성의 몸은 다른 기관에 쓰일 영양분까지 끌어와 임신을 준비한다. 황체기엔 식욕이 왕성해진다. 포도당을 곧장 공급해주는 초콜릿이나 단 음식을 평소보다 더 생각하고 실제로 더 섭취한다. 그런데 현대 사회는 마른 몸매가 아름다움이므로 여자들은 양껏 먹지 못한다. 몸은 임신을 준비하려고 영양분을 갈구하는데, 포도당을 필요한 만큼 섭취하지 않는다. 여성의 신체는 유입된 영양분을 끌어와 우선 임신 준비하는 데 총력을 쏟는다. 그 결과 의지력 발휘에 쓰일 포도당이 부족해지면서 자기 절제력이 떨어지게 된다. 자신을 절제하는 데 사용될 힘의 원천인 영양분이 모자라기 때문에 사나워진다. 황체기 때 여성은 평소보다 소비 지출이 늘어나고 충동구매도 많아지고, 흡연과 음주도 더 많이 하고 마약 사용도 늘어난다.

황체기 때 여성의 소비량이 늘지 않는 향정신의약품으로는 마리화나가 있는데, 마리화나는 역경에서 탈출한 것 같은 기분이나 극도의 희열감을 불러일으키지 않는다. 마리화나는 단지 감각을 심화시킬 뿐이다. 월경전증후군도 기분 나쁜데, 그런 느낌을 가중시키는 마약이 내킬 리가 없다. 더군다나 마리화나는 니코틴이나 알코올, 코카인이나 여느 마약처럼 중독성이 강하지 않으므로 자아 조절 기능이 약화되어도 마리화나의 유혹에 굴복하지는 않게 되는 것이다.

그렇다면 월경전증후군은 현대 여성이 겪는 문명 질환이라고 평가할 수 있다. 월경전증후군은 과거의 여자들이 평생 했던 임신으로부터 해방되고 달거리를 더 많이 하는 가운데 식사량을 제한하면서 생겨난 현상이다. 실제로 전통 사회에서는 월경전증후군에 대한 언급을 찾아보기 쉽지 않다. 인류학자들이 월경전증후군에 대한 관심이 높지 않아서 조사가 철저하게 안 된 면도 있겠지만, 현재 지구 마을을 연구해도 임신을 많이 하는 지역의 여자들보다 서구 사회의 여자들이 월경전증후군을 훨씬 심하게 겪는다.

현대 사회가 제공하는 영양분의 풍요로움이 월경전증후군을 심화시키는 경향이 있다. 프로게스테론 수치는 배란 이후 높게 나타나다가 달거리 직전에 곤두박질치는데, 풍족한 지역에 사는 여성일수록 프로게스테론 수치의 격차가 크다. 프로게스테론은 여성을 침착하게도 하지만 우울하고 무뚝뚝하게 만든다. 프로게스테론은 불안함을 일으키고 때로는 강박 증세를 갖게도 하면서 혼자 있게 만드는데, 달거리가 시작되면 프로게스테론이 급감하면서 기분이 개운해지기도 한다. 그렇다면 월경전증후군은 배란 기간 동안 향상되었던 기분의 반전일 뿐인지도 모른다. 월경전증후군을 겪는 여자들은 일주일 또는 이 주일 전보다 기분이 안 좋다고 의사를 찾아가 하소연한다. 배란 전에 고양된 기분을 강하게 겪지 않는 여성은 월경전증후군처럼 기분이 추락하는 일도 없다. 현대 사회의 풍부한 영양분은 배란 때 호르몬 수치를 더 높이 올라가게 만든다. 봉우리가 높으면 골도 깊은 법이다.

월경전증후군은 극단의 감정 변화를 나타내는 월경전불쾌장애로까지 악화될 수 있다. 치료 방법으로는 과거엔 난소를 제거했는데, 최근엔 에스트로겐과 프로게스테론 양을 조절하면서 일관된 수준을 유지하는 처방이 이뤄지고 있다. 임신과 출산을 위해 충분한 영양소를 제공하지 못하는 환경이라면 여성은 배란 중에 오히려 저조하고 나쁜 기분을 겪다가 달거리 직전에 기분이 나아진다는 연구 결과도 있다.

한편, 미국의 사회학자 캐롤 타브리스Carol Tavris는 월경전증후군도 그저 몸의 호르몬 변화에 따른 자연스러운 현상이 아니라 사회에서 학습된 결과일 수 있다는 의견을 낸다. 가정 폭력의 원인을 연구해보면 사람들은 감정 변화가 생겨났을 때 어떻게 행동해도 되는지를 익히게 된다. 남자들의 폭력 행위도 생물학 자체의 필연이라기보다는 생물학이라는 변명을 통해 합리화되는 경우가 많은 것이다. 여성도 평소에 할 수 없는 말과 행동을 월경전증후군 탓이라고 배운다면 월경전증후군의 행동을 저지르게 된다. 월경전증후군 핑계를 대면서 어떤 여성은 물건을 훔치는데, 호르몬 때문에 한 달에 한 번 너그러워져서 베풀지 않고는 못 배기겠다고 말하는 사람은 없다. 언제나 잘못된 행동을 변명할 때 파편화된 생물학 정보가 악용된다.

달거리통이나 월경전증후군을 지나치게 부각시키면 여성의 정당한 반응을 신체 호르몬 탓으로 간주해버리는 문제가 발생할 수 있다. 여성의 저항이나 적대감은 자신을 에워싼 환경에 문제가 있어서 생겨난 자연스러운 반응일 수 있는데, 여성의 감정 폭발을 호르몬 변동에 따른 감정 변화일 뿐이라고 축소시켜 해석하는 것이다. 남자들 가운데 몇몇은 "그날이야?", "마법에 걸렸어?"라며 여성의 정당한 분노마저 생리현상과 연관 지은 뒤 당면한 문제를 여성의 감정 문제로 치환하는 습성마저 있다. 영화 〈러브픽션〉에서 주인공은 이렇게 말한다. "여자들이 정당한 이유로 화를 낼 때 무책임한 남자들이 하는 가장 폭력적인 말이 바로 그 말이야. 여자들은 자궁에 뇌가 달려 있다고 생각하는 남자들."

여성은 출산할 때 자신의 몸 안 물질이 많이 배출되면서 체질이 변화되는 경험을 한다. 많은 여자들이 출산하고 난 뒤 달거리통이 사라졌다고 이야기한다. 분만하면서 자궁의 위치가 달라져서 생겨나는 변화라는 분석도 있다. 하지만 달거리통을 막고자 임신하고 출산할 수는 없다.

현대 여성이 달거리통과 월경전증후군을 잘 극복하려면 꾸준히 운동하면서 먹거리를 꼼꼼하게 따져볼 필요가 있다. 내가 먹는 것이 나의 몸을 이룬다. 크리스티안 노스럽은 달거리통이 심하면 유제품 음식을 끊으라고 조언한다. 유제품을 피하는 것만으로 달거리통과 과다 출혈, 유방통, 자궁내막증에 따른 통증이 완화된다. 현대 자본주의 체제에서 만들어지는 유제품은 효율성과 생산성을 위해 성장 호르몬을 투여해 암소의 유선을 과잉 자극한다. 과도하게 젖을 짠 암소의 유선은 감염되기 쉬워 항생제를 맞아야 한다. 대량 생산된 우유에는 성장 호르몬과 항생제가 농축되어 있고, 여성이 유제품을 섭취하면 곧장 화학 작용을 일으킨다. 정제된 탄수화물, 가공식품 같은 과자도 달거리통을 유발한다. 육고기와 달걀노른자 또한 자궁의 통증과 여성의 신체에 해살을 끼치므로 제한해서 먹거나 아예 먹지 말라고 크리스티안 노스럽은 귀띔한다.

크리스티안 노스럽은 달거리를 앞두고 여성의 마음속에서 평소에는 떠오르지 않았을 문제들이 솟아나고 걱정과 고민이 심해지는 현상을 '월경 전 현실점검 현상'이라고 일컫는다. 월경을 앞둔 시기는 고통스러운 상황을 마주하면서 변화시킬 수 있는 가능성의 시간이다. 마음에서 우러나오는 감정에 귀 기울이지 않으면 월경전증후군에 시달린다고 크리스티안 노스럽은 설명한다. 달거리를 그저 불편한 일로 취급하거나 어서 빨리 끝나기를 고대할 게 아니라 나를 알아가는 과정으로 삼고, 달거리를 관찰하고 이해할 때 여성은 한결 더 건강해진다. 월경할 때 통증의 강도뿐 아니라 월경의 색깔과 양이 지난날과 비교해서 어떻게 변화했는지, 월경하는 기간은 늘어났는지, 주기는 어떠한지, 혹시나 어혈이 나오지는 않는지, 이번 달에 먹은 음식들은 무엇이었는지 세심하게 파악하는 것이다. 달거리는 한 달에 한 번씩 잠깐 멈춰 서서 자신을 돌아보라는 신호이다.

한 달에 한 번 치르는 달거리는 삶과 몸, 성과 죽음을 두루 생각하게 하는 고마운 손님일 수 있다. 달거리를 앞두고 꿈이 생생해지고 새로운 갈망이 일어나면서 미처 알지 못했던 자신을 만나는 기회가 생긴다. 달거리를 통해 몸의 거룩함과 놀라움을 체험할 수 있다. 내가 무엇을 먹고 어떻게 살았느냐에 따라 바뀌는 달거리 양상은 삶의 신성함에 눈뜨게 이바지하는 도우미다. 성性과 성聖은 이토록 가깝다.

수생 유인원의 질

사춘기를 맞아 성징이 나타난다. 대음순 주위로 피하 지방층이 발달하면서 굴곡이 도드라지고 탄력이 생긴다. 소음순은 커지면서 가장자리 색이 짙어지고 사람에 따라 꽤 어두워지는 경우도 있다. 음순 사이에는 점액선이 발달해 얇고 촉촉한 막으로 덮이면서 질에서 발생한 산성 분비물에 손상당하는 일을 방지한다. 겨드랑이와 성기에서 새로운 종류의 털이 돋아난다. 이 털의 모낭에는 독특한 피지선이 있어서 체취와는 다른 냄새를 풍겨 페로몬 작용을 한다. 프랑스 영화 〈사랑한다면 이들처럼〉을 보면 주인공은 열두 살 때 이발소 주인에게서 나는 암내를 미칠 듯이 좋아하면서 틈만 나면 이발소에 갔고, 이발소 주인과 결혼하는 꿈을 꾼다.

나탈리 앤지어는 질에서 때때로 생선 비린내가 풍긴다는 사실을 부정할 수 없다고 이야기한다. 성기의 냄새는 일주일 넘게 목욕을 하지 않았다는 위생의 문제이거나 질에 염증이 생겼다는 질병의 신호이다. 질의 생태계가 깨지면 혐기성 세균이 증식하면서 악취가 난다. 냄새가 지속되면 만성 질염을 시사한다. 만성 질염의 원인 가운데 하나는 질 세척이다. 나탈리 앤지어는 질 세정제를 쓰지 말라고 간곡히 호소한다. 냄새를 없애고자 질 세정제를 쓰면 질의 생태계가 파괴될 뿐 아니라 냄새의 근본 원인이 되는 것이다. 여성의 질은 외부의 침입에 대비하고자 산성으로 보호되고 있다. 여성은 유산균에게 수분과 단백질과 당을 제공하고, 유산균들은 젖산과 산화 수소를 만들어내면서 세균이나 미생물을 퇴치한다. 건강한 질은 ph3.8~4.5의 산도를 지녀 적포도주처럼 약간 톡 쏘면서도 달콤한 향이 난다고 나탈리 앤지어는 언급한다.

질에서 나오는 투명하거나 하얀 빛깔의 분비물에 여자들은 수치심을 갖기도 하는데, 이건 혈액을 분리하면 얻을 수 있는 혈청과 같은 성분이다. 질 분비물은 질 안에 있는 물질과 똑같다. 다만 인간이 두 발로 서 있고 중력이 작용해서 밑으로 나오는 것일 뿐이다. 소변이나 대변 같은 폐기물이 아니다. 나탈리 앤지어는 질의 분비물이 거북이의 등딱지 밑에 있을 것이라 추정되는 윤활유처럼 우리 모두가 수생 생물이었음을 알려주는 물질이라고 설명한다.

인간이 수생 생물이었다는 주장은 하나의 가설이다. 20세기 초중반 영국의 해양생물학자 알리스터 하디Alister Hardy와 독일의 막스 베스텐훼퍼Max Westenhöfer는 서로의 존재를 모른 채 인간이 물에서 살았다고 각각 주장했으나, 그들의 주장은 관심 받지 못한 채 묻혔다. 수중 유인원 가설은 최근에 와서야 웨일스의 연구자 일레인 모건Elaine Morgan이 본격 거론했고, 아직 논쟁 상태에 있지만 많은 과학자들이 지지를 선언한 상황이다.

수생 유인원 가설은 우리 조상이 고래처럼 내내 물에서 살았다는 게 아니라 나무 위에서도 살았고 땅에서도 시간을 보냈지만 물에서도 지냈다는 것이다. 물에서 살았다는 증거는 우리 신체에 남아 있다. 인간은 털이 사라졌고 피지선이 발달되었으며 아포크린선이 퇴화되었다. 피부 밑에는 지방층을 갖고 있는데, 이건 다른 유인원에게서 전혀 찾아볼 수 없지만 수생 포유류에게서는 한결같이 나타나는 특징이다. 또한 물에서 출산할 때 산통이 덜하고, 아기들은 태어나자마자 물속에서 헤엄친다. 이 또한 인간이 물속에서 아기를 낳았음을 보여주는 증거가 될 수 있다. 신생아는 물속에서 숨을 잘 참고 앞으로 추진이 가능한 움직임을 선보인다. 미국의 임상심리학자 머틀 맥그로Myrtle McGraw는 신생아가 물에서 하는 행동이 본능이라고 설명한다. 수중 친화 행동은 생후 4개월이 될 때까지 지속된다. 지금은 헤엄치지 못해 물이 두려운 사람이라도 누구나 아기였을 때 자맥질을 했다. 인간의 몸이 유선형이고, 훈련만 하면 오랫동안 헤엄을 칠 수 있는 까닭도 조상들이 물에서 살았기 때문일 것이다.

포유동물의 경우에 수컷은 암컷의 발정기를 후각으로 알아차리는데, 남성은 여성의 배란기를 후각으로 감지하는 능력이 퇴화되었다. 인간은 후각을 느끼는 대뇌 반구의 앞쪽 아래에 돌출된 부분인 후엽이 유인원에 비해 아주 작은데, 이것도 수생 포유동물의 공통된 특성이다. 고래나 물개의 후엽 또한 거의 보이지 않을 만큼 작아졌다. 페로몬 분비물이 씻겨나가는 환경이다 보니 후각 능력은 감퇴하고 후각 신호도 예전만큼 의미가 없어진 것이다.

대부분 포유류의 암컷은 질이 뒤쪽에 붉은빛을 띠면서 돌출되어 있는데 반해 인간은 질이 몸속으로 들어가 앞쪽에 위치해 있으며, 유인원에게 없는 두꺼운 대음순으로 덮여 있다. 이는 육상 포유동물에게는 매우 드문 일이지만 수생 포유동물에게는 아주 흔하다. 인간이 구사하는 남녀가 마주 보는 체위는 육상 포유동물에게서는 찾아보기 힘들지만, 돌고래, 고래, 매너티, 듀공, 비버, 해달 등등 대다수 수생 포유동물은 마주 보며 성애를 나눈다.

또 하나 주목할 대상은 처녀막이라 불리는 질 주름이다. 질 주름은 작은 원시 동물에게서 공통으로 발견되는 조직으로, 원래 기능은 아마도 임신 가능성이 가장 높은 기간에만 성생활하기 위함인 것 같다고 일레인 모건은 추정한다. 기니피그의 질 주름은 출산 시기가 지나면 재생된다. 대개의 원숭이들에게 질 주름이 없지만 마다가스카르 여우원숭이나 다른 원시 원숭이들은 갖고 있는데, 인간 여성도 질 주름이 있다. 그렇다면 인간의 질 주름은 원시 유물이라기보다는 수생 환경과 관련 있다고 간주하는 게 합리적인 추론일 것이다. 질 주름은 이빨고래, 물개, 듀공 등등 서로 관련이 없는 많은 수생 포유동물에게서 나타난다. 다른 유인원에게 없는 질 주름이 왜 불완전한 형태로 여성에게 있는지 수생 유인원 가설은 설명해준다. 물에서도 살던 인간이 이제 육지에서만 살게 되면서 질 주름이 퇴화되고 있는 것이다.

질 주름은 질 언저리를 감싸고 있는 점막 주름이다. 질 주름은 처녀막이라고 불렸다. 인류 사회는 오랫동안 여성의 성경험 부재를 신성시했고 질 주름 여부로 여성의 가치를 재단했다. 프랑스를 승전으로 이끈 잔 다르크Jeanne d'Arc조차 그녀가 신의 계시인지 이단인지 판가름하기 위해 질 주름 여부를 판별했을 정도다. 처녀성에 대한 떠받듦은 여성이 성을 회피하도록 압박했고, 지금도 많은 여자들이 자기 성기가 어떻게 생겼는지 잘 알지 못하는 실정이다.

많은 여자들이 성기에 대한 주도권을 스스로 갖고 있지 못하다. 마치 몸을 임대해서 살다가 나중에 남자라는 주인에게 줄 것처럼 행동한다. 사회 전반에 소개가 덜 되기도 했지만, 인체에 무해하고 편리한 탐폰이나 생리컵의 사용을 꺼리는 데는 성경험 여부로 여성의 가치가 평가되는 구습이 여성 안에 내면화되어서 성기 안에 무언가를 넣는 일에 거부감을 느끼기 때문이다. 요즘 네덜란드 여자들은 달거리대를 거의 쓰지 않고 탐폰을 쓰고 있다. 김보람 감독의 작품 〈피의 연대기〉를 보면, 초경에만 달거리대를 쓰고 그 뒤로는 단 한 번도 생리대를 쓴 적이 없다는 네덜란드 여성의 증언이 담겨 있다. 사회마다 여성의 몸에 대한 인식 수준과 문화 규범이 사뭇 다른 것이다.

세상이 더 성평등해지고 성지식도 확산되는 만큼 탐폰과 생리컵을 쓰는 여자들이 늘어날 것이다. 질 주름 여부를 두고 여성의 성경험을 재단하고 여성의 성경험을 통제하면서 신체를 구속하던 가부장제의 폭력도 시대의 저편으로 퇴치되고 있다.

태아 시절의 결핍은
세대를 넘어 대물림된다

세상의 환경은 끊임없이 변화한다. 생물도 세상에 적응하면서 진화한다. 생명이 탄생한 뒤 무성생식 하다가 유성생식으로 전환된 이유도 암수로 나뉘어 후손을 만들면 유전자가 섞이면서 다양한 자손을 낳을 수 있기 때문이다. 성행위란 교배를 통해 유전자의 배열을 새로이 조합하여 다양성을 확산하려는 자연의 산물이다. 독일의 시인 라이너 마리아 릴케Rainer Maria Rilke는 정신성의 창조는 육체성의 창조에서 비롯하고 육체성의 창조와 본질을 같이한다고 서술했다. 밤마다 쾌락 속에서 얼싸안는 연인들이 진지한 작업을 하는 것이라는 릴케의 통찰은 나름 의미심장한 것이다.

생명은 다양하게 재생산되어 이어지는데, 후손의 재생산을 맡은 쪽이 여성이다. 여성의 임신과 출산은 숭고하고 아름답게 여겨지지만, 인류사를 돌아보면 꼭 그렇지만도 않았다. 여성의 임신과 출산은 끈적거리고 냄새나고 오염되고 불결한 영역으로 상상되어왔다. 네덜란드계 프랑스 민속학자 아놀드 반 게넵Arnold van Gennep에 따르면, 과거에 여러 부족 사회에서는 여성이 임신하면 부정하고 위험스러운 존재 또는 비정상의 상태로 간주하여 임산부를 고립시켰다. 임산부는 환자나 이방인으로 간주되어 공동체에서 분리되었다가 출산 뒤의 일정한 절차를 거쳐 사회에 통합되었다. 임산부의 격리는 보호의 의미도 있겠지만 여성에 대한 차별이기도 했다.

임신한 여성을 사회에서 대하는 태도가 달라지듯 새로운 생명을 잉태한 여성의 신체는 달라진다. 여성은 임신 가능성이 없는 날보다 배란기 때에 피부색이 더 밝아진다. 인도 출신의 신경과학자 빌라야누르 라마찬드란Vilayanur Ramachandran은 밝은 피부가 어두운 피부보다 건강함, 나이, 성적 흥미에 대한 투명한 창이 된다고 설명한다. 투명한 피부는 질병에 걸리지 않았고 임신이 가능하다는 신호로서 작용한다는 분석이다. 수정란이 자궁에 착상되면 뇌하수체에서 멜라닌 세포 자극 호르몬의 분비가 늘어난다. 피부에 착색을 일으키는 멜라닌 세포가 증가하면 임산부의 피부 색감은 좀 어두워진다. 젖꼭지가 검어지고 음순의 색도 짙어진다. 얼굴에도 기미가 생겨나고, 특히 윗입술이 검어진다. 이런 변화 대부분은 아기를 낳고 난 뒤 사라지더라도 머리카락과 피부의 변화는 임신 이후에도 남는다.

외모의 변화뿐 아니라 몸이 무거워지면서 임산부의 일상은 제한된다. 슐라미스 파이어스톤은 임신이 종의 재생산을 위해 개인의 육체가 임시로 기형이 되는 일이라며 임신을 야만이라고 규정했다. 과학기술을 통한 인공 생식이 이뤄져 여성이 임신에서 해방되어야 진정한 여성 해방이 될 수 있다고 슐라미스 파이어스톤은 역설했다. 보부아르는 생리학으로 따졌을 때 임신이 여자에게 이익이 되지 않고 오히려 무거운 희생을 강요당하는 고생이라고 평가했다. 여성을 자기 것으로 삼으려는 인간이라는 종에 맞서 개별 여성은 식욕 부진이나 구역질을 한다고 보부아르는 해석했다. 재생산 수단이 되어 아이를 낳는 임무를 맡았지만 임산부들이 반항하면서 헛구역질한다는 것이다. 보부아르는 산모의 입덧이 정신적인 원인에서 발생하고, 여성의 가치와 종의 본능 사이에서 일어나는 투쟁의 성격을 지녔다고 주장했다.

하지만 입덧은 태아를 보호하기 위한 자연스러운 신체 반응이다. 모든 생명은 자신을 보호하는 기능이 있다. 식물도 자신을 보호하고자 온갖 화학성분을 분비한다. 이에 대응하여 동물은 독성을 중화시키는 간과 유독한 식물은 먹지 않고자 쓴맛을 느끼는 미각 그리고 쓴맛을 꺼리는 인지 기능을 발전시켰다. 아이를 낳아야 하는 임산부는 더 엄격한 보호 태세를 갖춘다. 미국의 생물학자 마지 프로펫Margie Profet은 독성 물질이 태아에게 끼치는 악영향을 막고자 임산부가 입덧하게 된다고 설명한다. 입덧하는 여자들은 후각이 과민해진다. 임산부들은 대개 맵고 쓰고 맛이 강하고 낯선 음식을 꺼리는데, 그런 음식에 독성 물질이 함유되었을 확률이 높기 때문이다. 입덧을 심하게 하는 여성은 유산 가능성이 낮고 결손증 아기를 가질 확률도 낮다. 마지 프로펫의 연구에 따르면, 배아의 성장 속도가 느려 기형을 발생시키는 물질에 심대한 타격을 입을 때 임산부가 입덧하게 된다. 배아의 기관 체계들이 거의 완성되고 영양분이 필요할 때 입덧은 약해진다.

새로운 생명을 기르기 위해 임산부는 평소보다 훨씬 많은 영양분을 필요로 한다. 자궁에서 섭취한 영양분의 양과 질은 태아의 신체에 각인된다. 태아는 엄마를 통해 세상이 어떤 곳인지를 가늠하고 대비한다. 영양분을 충분히 공급받지 못한 태아는 먹을 게 부족한 세상이라고 느끼고 영양분을 남김없이 흡수하는 데 능숙한 절약형 대사가 된다. 열악한 환경이라면 절약형 대사의 신체는 생존율을 높이지만, 일생 동안 고혈압, 비만, 당뇨병 등의 질환에 취약해진다. 2차 세계대전 때 나치에게 수송로를 차단당한 네덜란드는 극심한 허기에 시달렸고 그해 겨울에 16,000여 명이나 굶어 죽었다. 겨울에 엄마의 자궁 속에 있다가 태어난 아기들은 절약형 대사를 갖고 있었다. 풍요로운 환경에서 성장했어도 평생 대사 증후군에 시달렸다. 태아 시절에 영양 결핍으로 발달이 정체된 신체의 내부 장기는 출생한 뒤 풍족하게 먹더라도 회복되지 않는다. 현대 사회엔 고지방에 고열량의 음식이 넘쳐나는데, 낮은 체중으로 태어났다면 간과 췌장 등의 기능이 떨어져 과도한 지방과 설탕을 처리하지 못하고 질병에 걸리기 쉽다. 키를 보정하더라도 태아의 몸무게가 적을수록 성인이 되었을 때 대사 증후군의 위험도가 높은 것으로 조사된다.

태아 시절의 결핍은 세대를 넘어 대물림된다. 여자 태아는 정자와 난자의 수정 이후 불과 몇 주 안에 난자를 만들기 시작한다. 엄마의 자궁 속 여아는 이미 몸속에 난자를 갖고 있다. 난자는 태아인 어머니에게 영양분을 공급한 할머니의 환경을 반영한다. 그 난자가 정자를 만나 새로운 생명이 되니, 할머니가 겪었던 시절이 대를 넘어 손주에게 영향을 미치는 것이다. 세상에 대한 정보가 모계를 통해 태아에게 전달된다. 여성이 건강하고 행복해야 하는 이유다.

10대 임신에 대해서

사춘기를 맞아 생성되는 여성의 지노이드 지방은 골격 성장과 난소 기능에 영향을 미치는 렙틴leptin이란 호르몬을 분비시킨다. 초경은 렙틴 수치가 높을수록 일찍 일어난다. 미국의 인류학자 윌리엄 라섹William Lassek과 스티븐 가울린Steven Gaulin의 연구에 따르면, 둔부 지방이 뇌 발달에 꼭 있어야 하는 긴사슬 다가불포화 지방산의 주 원천이고, 임신과 수유할 때 태아에게 전달되는 영양소다. 엉덩이에 축적된 지방은 임신 가능성의 신호일 뿐만 아니라 아기의 두뇌 발달에 필요한 필수 지방산을 갖추고 있다는 신호가 된다. 미국에서 시행한 제3차 국가 보건 및 영양 조사 결과를 보면, 어머니의 엉덩이에 지방이 많을수록 아이의 인지 기능이 우수하다고 조사됐다.

아이의 인지 기능과 관련해서 10대의 임신은 문제될 수 있다. 아직 성장이 끝나지 않은 10대 소녀가 임신할 경우, 모체와 태아는 경쟁 관계가 된다. 10대가 임신해서 낳은 아기의 인지 기능은 성숙한 여성이 출산한 아기의 인지 기능보다 낮은 경향이 있다. 10대라도 큰 엉덩이를 가지고 충분히 영양분을 섭취한 소녀가 낳은 태아의 인지 기능은 성숙한 여성이 출산한 아이의 인지 기능과 별 차이가 없다. 라섹과 가울린은 남성들이 튼실한 골반에 끌리는 건 아이의 인지 기능과 연관되어 있다는 의견을 피력했다. 전 세계 58개 문화권을 연구한 결과, 거의 대다수 남성은 풍만한 엉덩이와 허벅지를 지닌 여성을 선호하는 것으로 조사됐다. 엉덩이의 지방에서 분비하는 지방산이 태아의 두뇌 발달에 유리하므로 남성은 엉덩이와 허벅지가 풍만한 여성을 매력 있게 느끼도록 진화한 셈이다. 많은 여성은 엉덩이가 너무 크다고 못마땅하게 여기는데, 웬다 트레바탄은 이런 과학 지식이 여자들에게 자기 엉덩이를 기쁘게 바라볼 수 있도록 도와준다고 얘기한다.

한편, 아버지가 없을 경우 성징이 조숙하게 발현한다는 가설이 제시된 바 있다. 심리학자 제이 벨스키Jay Belsky와 로렌스 스타인버그Laurence Steinberg는 여성의 짝짓기 전략을 진화론의 시각에서 고찰했다. 그들은 단 하나 최선의 짝짓기 전략이란 없으며 여성은 단기 전략과 장기 전략 두 가지를 갖고 있다고 간주했다. 아버지가 없거나 부모가 날마다 싸우는 가정에서 자란 여자아이는 단기 전략을 취하고, 안정된 아버지를 둔 가정에서 자란 여자아이는 장기 전략을 취한다는 것이다. 안정된 환경에서라면 소수의 자식을 낳고 집중해서 키우는 일이 번식에 적합하니 장기 전략을 사용하겠지만, 불안한 환경에서라면 빨리 많이 낳는 것이 번식에 유리해 여자들이 무의식중에 단기 전략을 사용한다는 얘기이다. 미국의 인류학자 헨리 하펜딩Henry Harpending과 패트리샤 드레이퍼 Patricia Draper가 여러 문화를 넘나들며 실시한 가족 구조 연구에서도, 아버지가 딸의 성숙에 영향을 미쳤다. 아버지가 불성실하다면 남성이 아이를 키우는 데 도움이 되지 않는다고 판단해 딸은 성관계를 일찍 가졌고 임신도 빨리 했으며 관계를 맺는 상대의 수도 많았다. 든든하고 성실한 아버지 밑에서 자란 딸은 믿음직스러운 충실한 남자를 기다리며 임신을 미루는 경향이 나타났다. 아버지가 없이 자랐거나 아버지가 죽은 소녀는 부모가 모두 있는 소녀에 비해 초경이 앞당겨지는 걸로 조사된다. 심지어 양아버지와 같이 사는 경우에도 초경의 시기는 빨랐다. 친아버지랑 가까이 지낼수록 초경은 늦어졌다.

유전학자들은 아버지가 없는 환경이 여성을 조숙하게 자극한다는 의견에 고개를 갸우뚱하면서 아버지에게서 물려받은 유전자의 중요성을 부각시킨다. 조숙한 여자가 조숙한 딸을 가진다는 사실은 오래전부터 널리 알려졌다. 또한 조숙한 딸은 아버지로부터도 유전자를 물려받는다. 최근에 유전학자들은 여자들이 아버지에게서 물려받는 유전자 하나를 확인했는데, 이 유전자의 특정한 변형체는 아들과 딸 모두에게 충동과 공격성을 강하게 물려주었다. 이 유전자의 특정한 변형체를 물려받은 남성은 공격성이 강했고, 아버지 없는 자식을 낳게 할 공산이 컸다. 이 유전자 변형체를 물려받은 여성은 남보다 일찍 성관계를 맺고 성관계 상대도 더 많은 경향이 있었다. 이 연구를 실시한 유전학자들은 오로지 하나의 유전자만을 조사했다. 인간의 성행태에 영향을 미치는 유전자가 분명 많이 있을 것이다.

유전학자들의 연구 결과는 단지 아버지가 없어서 여자들이 일찍 성관계를 시작하는 게 아니라 책임감이 높지 않은 아버지의 유전자를 딸이 물려받으면서 아버지와 비슷한 성관계 행태를 보인다는 설명의 근거가 된다. 그렇기 때문에 주디스 리치 해리스는 벨스키와 스타인버그 그리고 드레이퍼가 제시한 여성의 짝짓기 전략 이론은 잘못된 연구에 바탕을 두고 있다고 비판한다. 그들이 발견한 여성의 짝짓기 전략 차이가 유전자 차이 때문인지 아니면 가정환경의 차이 때문인지를 입증할 방법을 제시하지 못했기 때문이다. 이를테면, 다른 가정환경에서 자란 쌍둥이나 형제자매를 조사했다면 여성의 짝짓기 전략 차이가 유전자의 차이 때문인지 환경의 차이 때문인지 분간할 수 있었는데, 그들은 그렇게 하지 않았다. 미흡한 부분을 행동유전학자 데이비드 로우David Rowe가 연구했는데, 로우에 따르면 성활동이 일어나는 연령에 환경 요인이 영향을 미쳤다. 그러나 환경 요인은 어린 시절이 아니라 10대 시절에 작용했으며, 집 밖에서 또래들이 공유하는 환경과 관련 있었다. 집안의 가정환경만큼 아니면 그 이상으로 여자아이를 둘러싼 또래 문화와 주변 환경이 중요하다는 연구 결과였다.

가족 구성의 안정도에 따라 소녀의 생식 연령과 양태가 달라진다는 주장은 논란거리만 남기고 확실히 매듭지어지지는 않았다. 그럼에도 분명한 사실은 10대 소녀의 임신은 사회 불평등과 연관되어 있다는 점이다. 10대 임신율이 높은 지역이나 국가는 사회 불평등이 심한 곳이다. 영국의 사회역학자 리처드 윌킨슨Richard Wilkinson은 10대 임신의 비율을 보면 한 사회 안에서 어느 지역이 불평등으로 고통받고 있는지, 소득 불평등의 수준이 높은 국가가 어디인지 알 수 있다고 설명한다. 젊은 남자들이 벌이는 폭력 범죄와 사회에 대한 증오처럼 10대 여성의 높은 임신율은 사회 불평등에 연관된 수치라는 주장이다.

모체와 태아의 갈등

여성은 타자(other)를 품어내면서 엄마(mother)가 된다. 새로운 생명을 잉태하는 능력은 남성과 변별되는 여성만의 특성이다. 여성은 임신을 통해 새로운 우주를 창조한다. 초음파를 통해 태동하는 아기의 모습은 마치 밤하늘에서 바라본 우주와 흡사하다. 저 멀리 우주에서 별이 빛을 선사하듯 저 깊은 자궁에서 태아는 감동을 선물한다. 별빛이 우리에게 도달하기까지 오랜 시간이 걸렸듯 아기는 우리에게 도착하고자 우주선의 탑승객처럼 기다린다. 보이지 않아도 저 우주의 별은 우리에게 늘 빛을 내던지듯 지금 우리 눈에 보이지 않아도 아기는 우리와 연결되어 있다. 새로운 생명의 탄생처럼 경이로운 일이 없다. 여성은 자신의 몸을 통해 어마어마한 손님을 맞이한다. 밤하늘에 새로운 별이 떠오르면서 별자리가 바뀌는 것처럼 아기는 인간의 운명을 변화시킨다.

　우주의 탄생이 대폭발과 같은 혼란 속에서 빚어지듯, 자기 몸에서 새로운 생명을 품고 견디는 일이 호락호락할 리 없다. 미국의 생물학자 데이비드 헤이그David Haig의 연구에 따르면, 모체와 태아는 평화로운 공존 상태가 아니다. 어머니는 새로운 임신을 위해 자기 몸의 영양분을 간직하려고 하는데, 태아는 어머니가 저장하려는 영양분마저 흡수하려고 한다. 태반은 태아의 세포 조직이다. 태아는 태반을 통해 어머니의 혈류 안으로 들어가서 인슐린을 억제시키는 호르몬을 분비하여 혈당 수치를 높이고는 혈당을 양껏 빨아들인다. 이에 맞서 모체는 더 많은 인슐린을 분비하고 태아는 다시 인슐린 억제 호르몬을 분비한다. 두 호르몬 수치는 평소보다 1,000배나 높아진다. 태아는 어머니에게서 영양분을 더 짜내고자 혈압을 높이면서 모체의 건강을 침해한다.

　모체와 태아의 갈등은 전자간증과 자간증으로 이어지기도 한다. 전자간증과 좀 더 심각한 자간증은 지구 마을 곳곳에서 흔히 일어나는 임신 합병증이다. 임신중독이라고 불리는 전자간증이 발생하면 산모와 아이 모두 위험해진다. 전자간증을 치료하려면 얼른 태아와 태반을 모체 밖으로 꺼내야 한다. 임신을 끝내지 않으면 어머니의 신체는 큰 손상을 입는다. 전자간증은 다른 동물에게서 나타나지 않기 때문에 치료법 개발도 어려운 형편이다. 어떤 연구자들은 인간의 뇌가 커지면서 전자간증이 생겨났으므로 다른 종에게서는 전자간증을 찾아볼 수 없다고 추정한다.

　모든 포유류의 배아는 자궁에 착상하면서 영양포를 자궁벽에 뿌리를 내려 태반 내부로 어머니의 혈관을 끌고 온다. 다른 동물들과 달리 인간의 태아는 임신 3개월 무렵에 어머니의 혈관을 더 깊숙이 끌어들이는 영양포의 2차 침입을 시도한다. 2차 침입을 통해 태반은 자궁벽에 뿌리를 확고히 내리고 필요한 영양분을 안정되게 채굴한다. 그런데 때때로 어머니와 태아의 주 조직 적합복합체(Major Histocompatibility Complex, MHC)가 너무 비슷하거나 태아가 모체의 방어를 진작 제압해서 모체의 인슐린 분비를 막고 영양분을 이미 몽땅 가져가 영양포의 2차 침입이 제대로 되지 않는 경우가 발생한다.

태아는 성장하면서 영양분과 산소를 더 요구하는데, 영양포의 2차 침입이 불완전하게 이뤄져서 태반과 자궁의 연결이 원활하지 않다면 어머니의 혈압은 매우 높아진다. 약간의 고혈압은 임산부에게 흔한 증세인데, 영양포의 2차 침입이 제대로 이뤄지지 않은 상황에서 전자간증이 일어나면 태아와 산모 모두 생명을 잃기 쉽다. 세계보건기구는 해마다 약 7만 명의 여성이 자간증이나 전자간증으로 목숨을 잃는다고 추정한다.

전자간증이 주로 첫 임신에서 발생하는 데 착안해서 의학계에서는 성관계를 시작한 이후 최소 몇 달 동안은 임신을 미루라고 조언한다. 전자간증은 정자와 그에 따른 태아를 모체가 이종 이식물로 인식하면서 생겨나는 질환이라는 분석이다. 성관계를 자주 하면 여성의 면역 체계가 정자의 항원에 적응하면서 전자간증의 발병률이 줄어든다. 네덜란드의 연구진이 내놓은 결과에 따르면, 임신해도 고혈압에 시달리지 않는 여자들은 평소에 구강성교를 자주 했다. 특히 남편의 정액을 삼키는 여성의 경우 임신중독에 걸릴 확률이 아주 낮았다. 많은 여자들이 질을 통해 남성의 정액을 받아들이지만, 질보다는 입을 통해 정액을 흡수할 경우 내성이 더 빨리 생긴다는 것이다.

현재 의학 체계로서는 전자간증과 자간증에 대한 예방책이나 치료법이 완벽하지 않다. 두 사람의 사랑으로 만들어진 태아가 여성을 죽음으로 내몰 수도 있다니, 정말 끔찍한 일이다. 피임을 철저히 하고 사랑을 자주 나누다가 임신을 계획해서 한다면, 전자간증과 자간증은 줄어들 것이다.

완경은 자연이 여성에게 선사한
축복이 될 수 있다

여성이 나이 들면 폐경이 된다. 폐경 閉經은 글자 그대로 월경이 닫힌다는 뜻이다. 그런데 못쓰게 됐다거나 망가졌다는 뜻을 지닌 폐斃가 연상되어 여성운동계에서는 폐경 대신 완경이란 낱말을 쓰자고 제안한다.

완경을 맞을 즈음 여성은 갱년기를 맞이하고, 몸과 마음이 이전과는 사뭇 달라져 여러 고충을 겪는다. 이미 완경에 앞서 2~8년 전부터 징후가 나타난다. 이를 완경주위기라고 부른다. 완경주위기를 맞은 여성은 사춘기 소녀처럼 예민해져서 감정의 표출이 날카로울 수 있고, 외모나 미래에 대한 시름에 잠기기도 한다. 15퍼센트 정도의 여자들만이 완경주위기를 가볍게 지나가고 30퍼센트 정도의 여자들은 일상에 지장이 미칠 만큼의 불편을 경험한다. 얼굴이 화끈거리고 온몸에 열이 나며 땀이 너무 나고, 신경과민과 수면 장애 같은 증세도 발생할 수 있다. 이런 증세는 에스트로겐이 급감하면서 나타나는 금단 현상이다.

나이가 들수록 남녀 모두 생식력이 저하되는 건 비슷하다. 중장년의 여자들 가운데 절반은 성관계에 흥미를 보이지 않고, 실제로 성적 흥분도 좀처럼 잘 이뤄지지 않으면서 오르가슴의 강도와 빈도 또한 줄어든다. 완경 무렵의 여성은 젊었을 때 분비되던 테스토스테론의 양이 절반 이하로 대폭 감소된다. 그런데 남성은 비록 정자 수도 줄고 정자의 건강도 악화되더라도 생식에 참여할 수 있지만 여성은 더 이상 아이를 가질 수 없다. 성별에 따른 생식의 차이가 발생한다. 왜 여성은 완경을 할까?

완경은 여성을 보호하는 신체 변화로 볼 수 있다. 다른 동물 종에서는 출산 중 사망하는 일은 드물지만 인간의 경우는 아이를 낳다가 사망하는 일이 숱했다. 특히 산모의 나이가 많을수록 그 위험은 가파르게 치솟는다. 40세의 산모가 출산하다 사망할 위험은 20대의 산모보다 5~7배 높은 것으로 조사된다. 쉰 살을 기점으로 건강한 아이를 낳을 확률보다 출산하다 사망할 확률이 더 커진다. 아이를 낳는 일의 위험성은 출산 중에 사망하는 일뿐 아니라 수유하고 아이를 키울 때 지쳐 죽게 될 위험까지 포함한다. 이미 여러 명의 자녀를 둔 어머니가 또 다른 자식을 낳다가 사망할 경우 자신에게나 자식에게나 재앙이다. 나이가 들수록 자신이 돌보고 챙겨야 할 아이가 많아진 여성이 새롭게 임신할 때 감수해야 할 위험은 이전보다 더 크다.

게다가 고령의 산모를 둔 아기는 생존 가능성이 낮다는 잔인한 진실이 있다. 산모가 나이가 들어 임신하면 유산하거나 사산하거나 미숙아거나 장애가 있을 위험이 증가한다. 다운증후군을 예로 들면, 30세 이전의 산모의 경우 2000명 가운데 1명꼴인데 43세의 경우에는 50명에 1명꼴이고, 40대 후반의 경우 10명 중 1명꼴로 치솟는다. 나이 들어 아이를 낳을 때 얻는 이익은 감소하는데 위험은 증가하므로 여성은 완경하도록 진화됐다. 여성과 달리 남성의 신체엔 생식의 종결 기능이 왜 입력되지 않았는지 미국의 인류학자 재레드 다이아몬드Jared Diamond는 세 가지 사실을 제시한다. 첫째, 남자는 아이를 낳다가 죽을 위험이 없고, 둘째, 성교하다가 죽는 일도 드물며, 셋째, 아이를 보살피고 보듬느라 기력을 탕진할 가능성 역시 여성보다 훨씬 적다.

한편, 새로운 자식을 키우기보다는 기존의 자식에게 집중하는 동시에 손주를 키워주고자 완경한다는 학설도 있다. 1998년 미국의 인류학자 크리스틴 혹스Kristen Hawkes가 내놓은 '할머니 가설'이다. 여성은 그저 출산의 위험이 커지기 때문만이 아니라 자식이 낳은 자식을 돌보고자 달거리를 끝내는 쪽으로 진화했다는 이론이다. 어머니와 딸의 제휴가 완경을 낳았다는 주장이다. 할머니의 보살핌 속에서 손녀와 손자는 건강하게 성장한다. 크리스틴 혹스는 아주 예전부터 할머니가 여분의 식량을 채집해 공급하여 손녀 손자들의 생존율을 높였다고 역설했다. 기존 자식과 손주들을 돌보려면 건강해야 하므로 할머니들은 건강에 신경 쓴다. 그리고 손주들과 일상에서 어울리면서 살기 때문에 혼자 살 때보다 한층 건강해진다. 이것이 여성의 수명이 왜 남성의 수명보다 더 길고 더 건강한지 설명해주는 많은 이유 가운데 하나다.

머나먼 옛날엔 인간의 평균 수명이 40세가 채 되지 않았으나 성인 여자의 3분의 1은 평균 수명을 넘어서 오래 살았다. 일부 여자들은 60~70대까지도 살면서 식량 생산뿐 아니라 여러 모로 후손들에게 기여했으리라 추측된다. 젊은 여성이 아기를 낳으면 당황해서 어찌할 바를 모르지만 할머니는 그동안의 경험을 상기하면서 보다 능숙하게 돌본다. 어머니에게 애증의 감정을 품던 딸도 출산과 육아를 겪으면서 어머니를 더 이해하게 되고, 자신이 할머니가 되면 또다시 자식의 자식을 돌본다. 여성은 서로를 돌보며 아이를 키운다.

혼자서 새끼를 낳을 수 있는 유인원 암컷과 달리 인간 여성은 외부의 도움 없이 홀로 아이를 낳기 어려운 위치에 성기가 있다. 수생 유인원이 직립 보행하면서 생겨난 결과이다. 여성은 임신을 비롯해 출산과 육아에서 타인의 도움을 필요로 하고, 친밀한 관계 속에서 안정을 추구하려는 본능을 지니게 된다. 엄마와 딸은 가장 가까운 관계이다. 인류 사회에서 할머니들의 육아는 보편의 현상이다.

2008년엔 '생식 갈등 가설'이 등장해서 '할머니 가설'을 보완했다. 어머니가 딸과 동시에 번식에 나서면 새롭게 태어나는 자식의 생존율이 떨어지므로 어머니 세대가 생식을 포기한다는 이론이다. 딸이 출산하는 나이가 될 즈음해서 어머니의 출산 가능성이 사라진다. 여성의 번식과 완경은 자신만의 선택이 아니라 다른 존재들과의 관계 속에서 결정된다는 것을 알 수 있다.

완경이 일어나면 생식 호르몬이 감소하면서 칼슘 흡수 능력이 저하된다. 예전처럼 아기를 낳는 임무에서 벗어났으므로 높은 수준으로 칼슘을 유지하는 기능이 멈추는 것이다. 칼슘은 식사를 통해서 잘 흡수되지 않는다. 완경기의 여성은 필요한 칼슘을 뼈에서 빼오면서 골다공증에 취약해진다. 비타민D는 칼슘 흡수에 아주 중요한데, 나이가 들수록 햇빛을 받으면 비타민D로 변환되는 전구체가 줄어든다. 노화 방지를 위해 조금도 햇빛을 받지 않으려는 여성은 골다공증의 위험을 자초하는 꼴이다. 음식물도 골다공증과 관련된다. 미국으로 이주한 아시아계의 1세대와 2세대를 연구한 결과를 보니 서구 생활에 녹아든 2세대가 훨씬 높은 골다공증에 걸렸다. 식생활 변화에 따른 신체의 변화였다. 골다공증 환자의 80퍼센트가 여성이다. 나이 든 여성들은 채식주의 식단을 고려해야 한다.

여성은 완경할 때 울적할 수 있다. 아이를 낳는 존재로서만 여성을 간주하는 사회일수록 여성은 완경을 고통스럽게 여긴다. 완경은 노화의 과정으로서 어쩌면 쓸쓸할 수밖에 없을지도 모른다. 그러나 달마다 치르던 귀찮음과 괴로움에서 벗어나 새로 거듭나는 자유일 수 있다. 미국의 문화인류학자 마거릿 미드Margaret Mead는 세상에서 가장 위대한 창조력은 완경기 여성의 열정에서 나온다고 말했다. 마거릿 미드는 완경기의 열정이 모든 문화에서 공통되게 나타난다고 역설했다. 완경기는 영어로 menopause인데, 이 단어 자체가 남자(men)를 위해 희생하던 삶의 방식을 중단하고(pause) 일상을 변화시킨다는 의미를 내포하고 있다. 완경기를 맞아 대부분의 여성은 혼자 있는 시간을 갖고 싶어 하고 자신을 위한 일을 하고 싶어 한다. 그동안 아내이자 엄마로서 헌신하고 타인의 욕구를 채워주는 데 전념해왔다면 이제 자기 자신의 엄마가 되어 스스로를 돌보는 시기가 완경기이다.

완경기의 여성은 타인의 시선을 덜 의식하고 삶을 갱신한다. 이전의 여성다움에서 벗어나 더 높은 수준의 인간성을 이룩할 수 있다. 완경기를 맞아 홀가분해진 여성은 세상을 향해 무르익은 정열을 발산한다. 현대 사회에서 완경은 자연이 여성에게 선사한 축복이 될 수 있다.

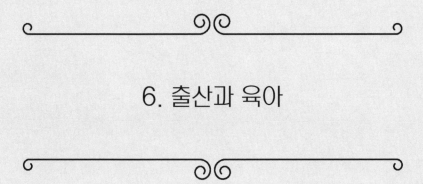

6. 출산과 육아

자신의 몸에 대한 믿음

모든 여성이 아이를 낳지는 않는다. 역사 내내 아이를 낳지 않는 여성은 늘 있어왔다. 그럼에도 여성은 임신을 할 수 있는 가능성을 갖고 있다. 이와 달리 남성은 니체의 말마따나 불임의 동물이다. 남자도 생식에 중요한 역할을 담당하지만, 재생산은 여성의 몸을 통해서 이뤄진다. 남자와 여자는 대부분 비슷하더라도 출산 능력의 유무에 따른 성차가 존재한다. 여성은 남성이 결코 알 수 없는 출산과 관련된 여러 욕망을 품게 된다.

신체는 욕망한다. 여자들은 아이가 없어도 자기 아기가 어떤 모습일지, 아이를 안고 흔들 때 기분은 어떨지 때때로 몽상한다. 아직 미혼이고 미래를 같이 열어갈 남자가 없더라도 아이를 품에 끌어안고 싶은 갈망에 휩싸이기도 한다. 여성은 복잡한 감정을 갖고 있다. 임신하고 아이를 낳고 싶지만 과연 자신이 엄마가 될 자격이 있는지 아이를 잘 낳고 키울 수 있는지 불안해한다. 더구나 출산의 고통은 두렵기만 하다.

인간은 고통을 겪으면서 자신의 바닥을 만난다. 출산은 인간이 겪을 수 있는 가장 고통스러운 상황일 것이다. 대중매체에선 출산할 때 남편 머리카락을 잡으며 욕설하는 장면이 그려지기도 하는데, 실제로 분만하면서 악의에 찬 욕설을 하는 경우가 있다. 너무 고통스럽기 때문에 나오는 행동일 수 있지만, 크리스티안 노스럽은 오래전부터 감춰온 분노와 불만이 진통과 함께 터져 나오는 것이라고 설명한다. 여성은 살아오면서 품었던 마음가짐에 따라 분만한다. 크리스티안 노스럽은 자기 생식 능력을 믿지 못하는 여자들을 셀 수 없이 만났다고 회고한다. 남성에 비해 열등하다는 편견을 주입당한 여자들은 자기 몸을 불신한다. 여성이 자신을 신뢰하지 못하는 만큼 출산은 괴로워진다. 한 연구 조사에 따르면, 진통 시간이 긴 여자들은 대개 자기 생식 능력과 모성애에 회의감을 품고 있다. 여성의 불안감은 자궁 운동을 방해하고 분만을 지연시킨다. 무기력한 의존자로 길들여졌다면 자기 힘으로는 아이를 낳을 수 없다면서 의료진이 어떻게 좀 해주길 기대한다. 수많은 산모들이 자신은 아무것도 느끼지 않고 싶다면서 아기만 자신에게 건네달라고 의료진에게 요구한다. 진통은 원시인들이나 느끼는 것이고 세련된 현대인에게 임신과 분만은 어울리지 않는다고 여기는 습성이 퍼져 있는 상황이다. 제왕 절개 수술이 늘어난다. 요즘엔 수익을 높이고자 제왕 절개를 권유하기까지 한다.

현대 의학 체계는 여성의 신체를 질병의 장소처럼 간주하고, 월경과 완경, 임신과 출산마저도 특별한 치료가 필요한 증세로 취급한다. 미국에서는 자궁이 없어도 되거나 위험하다는 잘못된 정보가 퍼져서 자궁 제거술이 시행되었다. 60대 미국 여성 가운데 무려 3분의 1이 자궁이 없고, 자궁을 적출한 여성 가운데 거의 절반은 난소암 예방이라는 명목으로 난소까지 제거했다. 대다수의 여성은 난소암에 걸리지 않으며 난소에서 생성되는 호르몬은 노후에도 중요하고 유익한데도 공격적 예방 조치가 무지막지하게 이뤄졌다. 남자라면 아이를 더 낳지 않으니 고환을 제거하라고 부추겨지는 상황을 상상해보라.

의학 체계는 여성을 보호한답시고 자율권을 빼앗는다. 독일의 여성학자 마리아 미즈Maria Mies와 인도의 생태운동가 반다나 시바Vandana Shiva는 현행 의료 체계가 어머니와 아이의 공생 관계를 파괴할 뿐 아니라 여성이 검사되고 실험되면서 품질 관리되는 생식 물질 덩어리가 된다고 분노한다. 의료진이 여성을 출산 기계처럼 취급하고, 그저 분만을 빨리 끝내고 치료해야 하는 응급 환자 정도로 대하며, 임신과 출산을 완벽한 아이를 낳아야 하는 공정으로서 간주한다는 비판이다. 병원에서는 여성의 신체를 고쳐야 할 사물처럼 대상화한다. 차갑고 싸늘한 콘크리트 바닥과 시멘트 벽, 피로에 절어 있는 의사와 바쁘기 그지없는 간호사, 낯모르는 사람들이 드나들며 붐비는 병원의 분위기, 정체를 알 수 없는 기기들과 사람을 위축시키는 의학 용어까지, 많은 것이 불편함을 초래한다.

출산을 앞두고 생겨나는 여성의 불안과 공포는 자연스럽다. 인류사 내내 출산은 너무나 고통스러웠고, 산모에게 큰 위험이었다. 아직도 출산 도중에 목숨을 잃는 일이 드물지 않다. 의학의 발전으로 산모의 안전과 신생아의 생존율이 높아졌지만, 유독 출산에서 여성들이 겪는 고통은 경감되지 않고 있다. 산고를 남성은 겪지 않는 데다 모성애의 숭고함으로 여기면서 남성 중심의 의료계는 산고의 고통을 줄이려는 방책을 모색하지 않았다는 비판이 나온다. 가부장제는 여성의 건강을 소홀히 여겼고 제대로 대우하지 않았다. 1860년 클로로포름이 발명되기 전까지 산욕열과 분만 합병증으로 수많은 여성이 고통을 겪어야 했고, 1880

년대에 소독약이 나오기 전까지 여자들은 아이를 낳다 수없이 죽었다. 메리 울스턴크래프트도 산욕열로 죽었다.

여성은 분만할 때 타인의 도움을 받아야 한다. 특히 나이 많은 여성은 자기 경험을 살려서 출산이 수월하도록 돕는다. 인간의 출산은 협력 작업이었고, 아기는 여러 사람들의 환영을 받으며 태어났다. 그러나 서구화가 이뤄지면서 출산을 도와주는 공동체가 허물어졌다. 공동체의 빈자리를 의료 체계가 장악했다. 출산부터 죽음까지 모두 의료화된 세상이다.

그렇다면 여자들은 서구 의학 체계를 무시하지는 않되 내 몸은 나의 것이라는 주체성을 회복할 필요가 있다. 여성은 아이를 건강하게 분만할 능력이 있다. 대다수의 네덜란드인들은 축제 같은 사건으로 받아들이면서 집에서 출산하려고 하는 데 비해 미국에서는 분만할 때 마취를 통한 의료진의 개입이 보편화되었다고 옐토 드렌스는 지적한다. 미국의 영향을 막대하게 받는 한국에서도 산모는 주체가 아니라 보조 역할 하는 신세거나 환자 취급을 받는 형편이다.

자연 분만에 대해서

여성은 자신을 점검하고 질환을 예방하고자 산부인과에 자주 가야 하는데, 여러 모로 불쾌함을 겪는다. 남자들뿐 아니라 여자들도 오해와 편견의 시선으로 산부인과에 가는 여자를 바라본다. 산부인과에 가면 묘한 수치심이 생겨난다.

산부인과에 가서 취해야 하는 자세도 굴욕을 선사한다. 등을 대고 양다리를 벌리는 쇄석위(lithotomy)를 해야 한다. 검사받을 때는 어쩔 수 없다고 하더라도 분만할 때 쇄석위는 문제의 원인이 된다. 쪼그리거나 앉는 자세뿐 아니라 서 있는 자세보다도 못하다. 누운 자세에 비해 쪼그리고 앉을 때 여러 방향으로 산도가 확장되어 출산에 유리하다. 꼿꼿한 자세로 아기를 낳으면 아기의 뒤통수 부근에 자궁 수축의 압력이 가해지는데, 태아의 정수리는 가장 발달한 뼈라서 잘 견딘다. 쇄석위처럼 산모가 거의 평평하게 누우면 태아의 무게 중심이 어머니의 등 쪽으로 향하게 되는데, 태아의 약한 이마 쪽 머리뼈가 어머니의 엉치뼈에 눌리면서 위험한 경우가 발생한다. 쇄석위로 분만할 때 어깨뼈가 산도에 걸리는 견갑난산이 생긴다. 의료진의 편의를 위해 관행상 이뤄지는 쇄석위가 난산을 낳는 셈이다. 프랑스 출신의 의사 미셸 오당Michel Odent은 난산을 문명화에 따른 장애라고 설명한다. 의학 체계를 거치면서 출산이 비인간화되었다는 주장이다. 산모와 신생아의 안전을 위해 산부의학 체계가 정립됐지만 의료진의 편의성과 효율성을 위해 쇄석위를 강요하는 만큼 여성의 산고는 증폭되었다. 미셸 오당은 여성의 본능에 따라 이루어지는 출산이 바람직하다고 주장했다.

미국의 작가 앨리스 워커Alice Walkers는 소설에서 출산 체험을 상세하게 기록했다. 유능하고 쾌활한 산파였던 이모는 앨리스 워커의 외음부에 기름을 바른 뒤 끊임없이 주무르고 두드려서 엉덩이가 열리고 질액이 흘러나오게 했다. 앨리스 워커의 황홀경이 최고조일 때 아이는 세상으로 미끄러져 나왔다. 아기는 눈을 뜨기 전부터 평온히 웃고 있었다. 미국의 안무가 키머러 라모스Kimerer LaMothe는 아이 셋을 병원에서 낳고 제왕 절개하면서 진통에 시달렸던 경험을 다시 겪지 않고자 농가에서 조산사와 함께 자연 분만을 시도한다. 분만은 자연스러운 과정이고 몸은 어떻게 할지 다 알고 있다면서 조산사는 몸을 믿고 몸의 소리에 귀 기울이고 몸이 이끄는 대로 따라하면 된다고 안심시킨다. 국회의원이었던 장하나도 2015년에 분만 촉진 주사 등 일체의 의학 처치를 받지 않고 조산원에서 자연 출산 방식으로 아이를 낳았다.

배우 최정원은 수중 분만을 통해 아이를 낳아 사람들의 이목을 끌었다. 소련에서 1960년대에 개발된 수중 분만은 1980년대 서구에서 유행하기 시작했다. 기존 의학계에서는 감염과 익사의 위험이 있다며 우려를 표명했는데, 1999년 런던 아동 건강연구소에서 수중 분만이 안전하다고 발표하면서 논란은 가라앉았다. 2005년에 이탈리아에서도 8년 동안 진행한 1,600건의 수중 분만을 전통 분만과 비교해보니 수중 분만은 안전할 뿐만 아니라 큰 장점이 있었다. 태아는 얼굴에 공기가 닿으면 폐 호흡을 시작한다. 얼굴을 닦아내기 전에 폐 호흡을 시작하기 때문에 출산 과정에서 묻은 오물이 유입되어 폐가 감염되곤 했다. 물속에 있을 때 태아는 숨을 참는다. 따라서 수중 분만하면 사람들이 물속에서 태아의 얼굴을 깨끗이 씻어준 다음 물 밖으로 나와 첫 호흡을 하면서 흡인성 폐렴을 방지할 수 있다. 또한 수중 분만으로 첫아이를 낳는 여성의 경우 제1기 진통 시간이 훨씬 짧다. 물속에서는 분만 속도가 빨라진다. 수중 분만을 하면 회음 절개술 시술도 대폭 감소한다. 회음 절개술은 여성의 회음부가 찢어지면서 생기는 합병증을 예방하고자 으레 시행되는 외과 수술인데, 수중 분만할 때는 물의 도움으로 질 입구가 넓게 확장되어 불필요해진다. 가장 눈에 띄는 점은 수중 분만한 대부분 여성이 진통제 처방을 받지 않았다는 점이다. 수중 분만한 여성의 경우 100명 가운데 5명만이 경막외 마취를 요구했으나 전통 분만을 한 여성의 경우 100명 가운데 66명이 마취를 받았다.

한편, 산고가 아이에게는 어느 정도 필요한 면이 있다는 연구도 있다. 영국 출신의 인류학자 애슐리 몬터규Ashley Montagu는 좁은 산도를 지나는 분만이 신생아에게 도움이 된다고 목소리를 냈다. 여성이 첫아이를 낳을 때 평균 열여섯 시간이 소요되며 두 번째 분만부터는 평균 일곱 시간이 걸린다. 태아는 오랜 시간 자궁의 수축을 받으면서 피부 자극을 받는다. 아기가 세상에 나오면서 겪는 접촉은 여타 동물이 갓 낳은 새끼를 핥아주는 효과와 비견할 수 있다. 다른 포유류는 분만 직후 새끼를 핥으면서 호흡계와 소화계를 자극한다. 새끼 쥐를 어미로부터 짧은 시간이라도 떼어놓으면 새끼의 성장 호르몬과 신체의 화학 작용 효소가 조금밖에 생산되질 않았다. 태어난 직후 열흘 동안 어미가 핥아주고 단장해준 새끼는 스트레스 호르몬이 낮았고 더 건강했다. 어미가 핥지 못한 새끼는 목숨을 부지하기 힘들었다. 인간도 비슷하다. 조산했거나 제왕 절개로 태어난 아기는 호흡계와 소화계에 문제가 많이 생기고 방광과 조임근의 조절력도 떨어지는 경향이 나타난다. 진통 과정을 겪으며 아이의 몸에서 생기는 스트레스 호르몬은 신생아의 폐가 성숙하도록 자극하며 폐 속에 가득한 양수 등의 액체를 배출시키고, 태아의 혈류량을 증가시켜 혈액이 뇌로 왕성하게 공급되도록 자극한다. 섭취한 열량에 대한 효율성이 좋아지고 백혈구 수치가 올라가면서 면역력도 상승한다. 아직 체온 조절 능력을 갖추지 못한 신생아는 진통을 통해 체온이 올라 침입될 수 있는 감염원을 방어하는 것이다. 게다가 진통은 분만 중에 발생할 수 있는 저산소증을 견딜 수 있도록 도와준다. 제왕 절개로 태어난 아기들이 때때로 호흡 곤란을 겪는데, 스트레스 호르몬 카테콜아민이 충분히 분비되지 않기 때문이다. 제왕 절개로 태어난 아이들은 풀 죽은 모습을 띠는 데 반해 자연 분만으로 태어난 아이는 카테콜아민 덕분에 생생하게 활동하는 모습을 보인다. 카테콜아민은 동공을 확장시켜 아기를 또렷또렷하게 만들고 후각 능력의 발달을 촉진시켜 어머니의 체취를 금세 지각하게 만든다. 태어나자마자 각성이 높게 유지되면 엄마와 애착을 보다 쉽게 맺는다.

갓 태어난 신생아는 엄마와 교감하려는 본능이 있다. 아기를 감염으로부터 보호한답시고 엄마로부터 떼어낸 채 신생아실에 격리시키는 경우가 있는데, 인간의 본성에 대한 무지와 의료진의 편의에서 파생된 황당한 실태이다. 태아는 엄마 품에 안겨 세상이 따뜻한 곳이라고 믿게 된다. 또한 아기가 엄마를 필요로 하는 만큼 엄마도 아기를 필요로 한다. 해산은 엄마와 아기에게 힘겨운 일이다. 엄마와 아기 모두 서로의 존재를 확인해야 한다. 엄마는 아기가 자기 가까이에서 냄새가 느껴지고 가슴에 안겨 있을 때 환희와 위안을 얻는다. 또한 신생아가 젖을 빨면 몸의 회복이 촉진된다. 자궁 혈관에서의 출혈이 멎고, 태반이 분리되어 배출되며, 자궁이 원래 크기로 되돌아가게 된다.

아기들은 엄마의 몸에서 편안함을 느낀다. 콜롬비아 보고타에서는 조산아를 위한 설비가 부족했다. 그래서 의사들은 하루에 몇 시간씩 엄마의 배 위에 조산아를 눕힌 뒤 쉬게 했는데, 오히려 따로 떼어서 돌볼 때보다 조산아 사망률이 엄청나게 줄었다. 엄마의 몸은 아기의 몸에 따라 체온마저 변했다. 아기의 체온이 내려가면 재빨리 엄마 몸에서 열기가 나면서 아기를 보호했고, 아기가 더워하면 엄마의 체온이 곧장 내려가 아기를 시원하게 했다. 미국 마이애미 의과대학 연구진도 조산아를 날마다 어루만지고 접촉했더니 만져주지 않은 영아보다 50퍼센트 빨리 몸무게가 늘었고 더 민첩했고 더 건강했다고 보고했다. 쓰다듬어주고 매만져주는 피부 접촉은 생존의 필수다. 엄마와 아기의 공생 관계는 분만과 함께 끝나는 것이 아니라 더욱 생생한 상호 작용을 통해 강화된다.

출산할 때 아버지의 참여는 중요하다. 요즘 남자들은 아내와 같이 라

마즈 호흡을 하다가 아이가 출생하면 손수 탯줄을 자른다. 한 아이를 이 세상에 데려온 경이와 책임을 아빠에게 각인시키는 행위이다. 아내가 임신하면 체중이 늘어나고 입덧하는 남편이 생기기도 한다. 쿠바드 증후군(couvade syndrome)이다. 영국의 정신분석학자 트리도우언Trethowan이 '알을 품다'라는 뜻의 프랑스어 'couver'에서 착안해 붙인 증상이다. 임신이 일어나고 출산하는 과정에서 남자들의 코르티솔은 두 배 이상 상승하면서 경계심과 민감성이 높아진다. 프로락틴 수치가 20퍼센트 상승해서 돌봄과 양육할 태세를 갖춘다. 아이가 태어나면 테스토스테론 수치가 3분의 1로 급감하고 에스트로겐 수치가 훨씬 높아지면서 육아에 적합한 마음가짐이 된다. 출산은 여성뿐 아니라 남성에게도 삶의 전환점이 된다.

임신 중절에 대해서

과거에 여성은 임신을 스스로 결정하지 못했다. 임신이 여성을 지배했다. 선조들은 언제 어떻게 임신이 되고 왜 멈춰지는지 정확히 알지 못했다. 임신은 보통 38주 동안 이뤄지는데, 자연계에서 38주 전에 임신이 끝나는 경우가 비일비재하다. 자신이 임신했다는 사실을 알지 못한 상태에서 임신의 절반가량이 자연스레 중단된다. 그리고 임신 사실을 알고 있는 상태에서도 20퍼센트가량이 유산된다. 이런 사실은 현대 여성도 대부분 모른다.

수렵 채집 시절의 여자들은 갓난아이를 포대기에 안고 어린아이의 손을 잡은 채 이동하기 어려웠을 것이다. 수렵 채집하면서 유랑하는 여성은 유아 살해, 임신 중절, 수유기의 무월경, 금욕 등의 방안을 통해 4년

정도의 터울을 유지하는 경향이 있다. 우리에게 익숙한 산아 간격 2년은 농경 사회로 접어들고 정주하면서 시작되었다. 농경 사회가 본격화되고 가부장제가 강화되자 여성은 신체 자율권을 상실했다. 여성은 출산 기계처럼 아이를 무수히 낳아야 했다. 너무 잦은 임신과 출산은 여성의 삶을 단축시켰고, 여성은 임신을 통제하는 힘을 얻고자 저항했다. 19세기에 이르러서야 임신의 횟수가 줄어들기 시작했고, 피임과 임신 중절은 여성의 권리가 되었다. 물론 아직도 여러 사회에서는 피임법을 제대로 교육하지 않는다. 여전히 사람들의 자유와 행복 수준이 낮은 지역에서는 여성 인권 침해와 더불어 임신 중절도 보장되지 않는다. 임신 중절의 권리는 사회 발전을 보여주는 한 가지 척도이다.

서구 사회라고 해서 임신 중절 권리가 처음부터 주어지지는 않았다. 미국의 운동가 마거릿 생어Margaret Sanger는 어머니가 열한 번째 아이를 낳다가 죽은 사실에 분개하고는 피임법을 보급하고 무료 진료소를 열고 출산제한운동을 벌이다 연방정부에 기소당했다. 가톨릭 전통이 강한 남유럽 쪽에서도 피임을 죄로 여겼고, 출산하지 않는 여성은 창녀와 다를 바 없다는 비난이 가해졌다. 출산을 도덕성이자 여성의 의무 그리고 국력으로 생각하는 보수주의자들은 종종 임신 중절하는 여자들을 싸잡아 삿대질했는데, 여성은 임신 중절을 원하지 않고 임신 중절을 필요로 할 뿐이라고 캐나다 출신의 역사학자 앵거스 맥라렌Angus McLaren은 반론을 펼쳤다.

임신 중절은 역사 내내 이어졌다. 열악한 환경에서 원치 않은 임신을 했을 경우 여성은 목숨 걸고 중절했다. 가부장 사회는 여성의 현실을 직면하지 않고 임신 중절하는 여성을 처벌하는 데만 골몰했다. 여성은 고발당할까 전전긍긍했고, 위험하게 임신 중절하면서 몸이 망가지곤 했다. 과거의 공산주의는 자신들이 여성을 해방시킨다고 주장했지만 공산주의 국가 루마니아에서는 임신 중절을 탄압했고, 비참한 일들이 발생했다. 이 시절을 담아낸 영화 〈4개월, 3주… 그리고 2일〉은 칸영화제에서 황금종려상을 받았다. 미국에서도 여자들이 자신의 몸에 대한 자율권을 가지려고 하자 임신 중절하는 진료소에 총격을 가하고 폭파시키면서 수많은 의사와 여성이 다치거나 죽었다.

금기 중의 금기로 입에 담지 않던 임신 중절 문제가 20세기 후반이 되어서야 공론화되었다. 시몬 드 보부아르는 여성들끼리 뒤에서 에둘러 수군대던 임신 중절을 수면 위로 끄집어 올렸다. 1971년에는 임신 중절 경험을 선언한 343명의 여성 명단이 언론 매체에 실렸다. 배우 카트린 드뇌브Catherine Deneuve, 소설가 프랑수아즈 사강François Sagan을 비롯해 온갖 분야의 여자들이 참여했다. 같은 해 독일의 여성운동가 알리스 슈바르처Alice Schwarzer가 비슷한 운동을 벌였고, 374명의 여성이 서명했다. 이어서 수십만 명의 여성이 시위하여 임신 중절을 범죄로 규정한 법을 폐지시켰다.

여태껏 출산 중에 문제가 생겨 위태로울 때 의사는 아이의 생명과 어머니의 생명 가운데 무엇을 선택할지 물었다. 관습에 따라 아버지는 어머니를 선택했지만 그렇지 않을 수 있는 권한이 가부장에게 있었다. 그동안 여성은 당연히 임신하고 어쩔 수 없이 낳아야만 했다. 집회와 저항을 거치면서 서구 국가들은 임신 중절을 합법화했다. 남성과 친족이 거머쥐던 출산의 권리를 여성이 환수한 조치였다. 임신 중절의 합법화를 통해서 여성의 자유가 태아의 권한이나 어머니로서의 책무보다 앞선다는 현대 윤리가 탄생했다. 현대에 이르러서야 여성은 자신이 아이를 원하는지 고민하고는 임신을 선택하게 되었다. 생식의 통제권을 확보하게됨에 따라 여성은 진심으로 원할 때 아이를 갖는다. 임신은 여성이 희생하면서까지 수행해야 하는 신성한 의무가 아니게 되었고, 여성은 출산을 선택할 수 있는 자유를 확보하게 되었다.

출산 능력이 출산 의무를 출산하지는 않는다. 그런데 세상은 마치 여성이 출산을 해야만 하는 것처럼 여기고, 아이를 낳지 않으면 백안시한다. 세월호 사건의 진상 규명을 방해하고 책무를 방기한 박근혜 전 대통령에게 질타가 쏟아졌을 때 성별을 끄집어내어 공격하는 사람도 많았다. 한 여자는 대통령이 애를 안 낳아봐서 세월호 유가족에게 공감하지 못한다고 비난했다. 자신의 발언이 출산하지 않은 여성에 대한 모독일 수 있음을 그 여자는 자각하지 못했다. 벨 훅스는 페미니즘이 성차별을 몰아내기 위한 노력이고, 여성의 신체 통제권을 인정하는 일이 페미니즘의 기본 원칙이라고 천명했다. 임신을 이어갈지 중단할지 선택할 권리가 여성에게 있다는 믿음이 페미니즘이라는 설명이다. 벨 훅스는 임신 중절 권리를 부정하는 건 여성의 자유를 제한하므로 페미니즘에 대한 공격이라고 일갈했다. 뤼스 이리가레는 여성은 처녀이자 잠재적 어머니로서 정의되어야 한다고 역설했다. 임신과 출산의 능력을 지녔기에 여성은 임신 여부와 임신 횟수를 선택할 권리를 갖고 있음을 법률에 명시하는 것이 여성의 지위 향상에 중요한 점이라고 이리가레는 강조했다.

한국은 위헌 판결을 받은 낙태죄를 개정하면서 성문화를 돌아봐야 하는 상황이다. 한국에서 벌어지는 임신 중절의 숫자는 공식 통계로만 한 해에 30~40만 건에 이른다. 실제론 50만 많게는 100만 건에 이른다고 추산되기도 한다. 아이 키울 환경을 갖추지 않은 채 임신 중절을 단속해봤자 실패할 수밖에 없다. 임신 중절하는 여성을 공격할 게 아니라 왜 임신 중절을 선택하는지 여성의 입장에서 생각하면서 사회 변화를 모색할 때 임신 중절을 줄일 수 있다. 공교육에서 피임 교육과 성에 대한 지식을 제대로 가르치고, 마음 놓고 아이 키울 수 있는 사회 환경을 마련하는 게 우선이다. 보부아르는 여성 노동의 필요성과 가난 그리고 주택난이 임신 중절의 가장 큰 원인이라면서, 부부가 아이를 낳아 기를 수 없는 상황에서 임신했을 때 임신 중절이 일어난다고 실태를 고발했다. 임신 중절하는 추악한 여자는 알고 보면 품에 두 명의 아기를 안고 사회에서 추앙받는 숭고한 어머니라는 지적이다.

인류의 어머니들은 아이를 키우기 어려운 상황에서는 임신을 멈추기 위해 노력했고, 때로는 갓 태어난 아기를 유기하기도 했다. 태아를 죽이는 건 가장 나쁜 악행처럼 느껴지지만, 생존이 팍팍했던 시절에 아이들을 다 먹여 살릴 수는 없었다. 집단의 생존에 해가 된다면 한 아이쯤은 포기하는 일이 큰 허물이 되지 않았다. 지금 우리의 관점에서는 태아 유기가 임신 중절보다 섬뜩하게 느껴지지만 과거 여성에게는 태아가 배 속에 있느냐 배 밖에 있느냐의 차이일 뿐이다. 게다가 태아 유기보다 임신 중절이 조상의 건강을 더 해쳤기 때문에 태아 유기는 임신 중절의 한 방법으로서 사용되었다.

임신 중절하는 여성은 이기심에 사로잡힌 냉혈한이 아니다. 그들은 자신의 선택을 비극으로 느끼고, 몹시 슬퍼하며, 평생 가슴 한쪽에 묘비를 간직한다. 어찌할 수 없이 여성은 임신 중절하는 것이고, 임신 중절의 경험은 고통과 상처를 안긴다. 임신 중절의 고통은 여성 심리에 해를 끼치기도 한다. 임신 중절의 고통을 치유하기 위해 충분히 슬퍼할 시간과 공간이 여성에게는 필요하다.

임신 중절은 여성의 권리다. 임신 중절을 줄이기 위해서라도 더 많은 성지식이 보급되고, 여성이 주체성을 갖고 피임하거나 출산할 수 있는 사회가 되어야 한다.

산후 우울증과 딸을 낳는 일

아기를 낳은 여성은 이루 말할 수 없는 기쁨을 느끼는 한편 우울함에 휩싸이기도 한다. 산후 우울증이다. 왜 갑자기 산후 우울증에 빠질까?

한 진화심리학자는 약간의 산후 우울증이 태아의 생존에 이롭다는 이론을 내놓았다. 산모가 저조한 기분이면 다른 건 신경 쓸 여력 없이 당장 급한 아기 돌보기에만 집중하게 되기 때문이다. 산후 우울증이 외부 세계에 대한 관심을 줄여서 아이가 엄마를 독차지할 수 있도록 만든다는 설명이다. 한 인류학자는 산후 우울증이 아이의 아버지와 친족으로부터 동정과 지원을 받아내는 기능이 있다고 추측했다. 우울한 산모는 아이의 생명이 부지하기 어렵다는 신호이므로 남편과 친족들로부터 관심과 도움을 끌어낼 수 있다. 산후 우울증이 남편이나 집단과 벌이는 교섭 기술이라는 주장이다.

산후 우울증에 대한 또 다른 이론이 있다. 인간은 일정 기간 부모에게 의존할 수밖에 없는 미숙아로 태어나고, 여성의 헌신은 아기의 생명에 직결되었다. 아기는 태어나기 전부터 생존율을 높이고자 포동포동 살을 찌운다. 아기의 외모에 따라 어머니가 투자하는 헌신의 강도가 달라진다. 연구에 따르면, 아기가 귀여울수록 산모는 자주 놀아주고 자주 바라보면서 더 많은 애정을 쏟는다. 이 말은 모든 아기가 귀여움을 받지는 않는다는 뜻이기도 하다. 상황에 따라서 여성은 태아를 살릴지 죽게 놔둘지 결정해야만 했는데, 이때 결정하는 동력이 산후 우울증이라는 설명이다. 출산 후 우울한 상태는 태아와 애착 관계를 곧장 맺지 않도록 지연시키고, 무엇이 가장 좋은 선택일지 냉정하게 판단하도록 자극한다. 우울할 때 인간은 보다 냉철하게 현실을 지각한다. 과거의 여성은 아기를 보자마자 길러야 할지 말아야 할지 고민해야 했다. 그 흔적이 자기 아이를 보면서 여자들이 겪는 양가감정이다. 다른 영장류에 비해 인간 어머니는 아기를 포기할 가능성이 훨씬 높다고 세라 블래퍼 허디는 분석한다. 자신이 낳은 아기 모두에게 무조건 헌신하는 어머니보다 차별해서 판단한 어머니의 아이들이 더 생존하고 번성했다. 산후 우울증에 따른 행동이 여성에게 이익이 되었으므로 현대의 여성도 일정 기간 우울한 상태에 빠지고 아기를 좀 더 차갑게 평가하는 시기를 거치는 것이라 추정된다.

과거의 여성은 10대 후반부터 아기를 낳기 시작해 중년까지 아이를 수두룩 낳았는데, 태어난 아기들이 다 성인이 되지는 못했다. 사람들도 아기가 태어난다고 곧장 이름을 붙이면서 축복하지 않았다. 영아 사망률이 워낙 높아 일정한 시기를 지날 때까지 아기에게 애착을 갖지 않고 거리를 뒀다. 한국의 돌잔치도 이제부터는 구성원으로서 받아들이겠다는 기념행사였다. 인류사를 돌아보면, 운이 좋은 여자라야 2~3명의 성인 자식을 둘 수 있었다. 아이에게 쏟는 정성과 양분은 소중한 자원이므로 모든 종의 부모는 발육이 좋지 않거나 병약한 새끼는 죽게 놔둔다. 그 새끼에게 쓰일 시간과 음식을 다른 새끼에게 투자하거나 비축하는 것이 번식 가능성을 높이기 때문이다. 전통 사회를 조사하면 영아 살해가 보편화된 현상은 아니더라도 심심찮게 발생한다. 아기에게 장애가 있거나 쌍둥이거나 남편이 없거나 집단에서 도와주지 않거나 이미 아이들이 많거나 아직 젊어서 다시 아기를 가질 수 있거나 자연재해로 먹을 식량이 없을 때 아기를 죽게 내버려뒀다. 현대 사회에서도 영아를 죽게 방치하는 어머니들은 연령이 낮고 빈곤층에 속하며 미혼이다. 아이 키울 충분한 자원이 있고 남편이 전폭으로 헌신하는 상황이라면 산후 우울증은 줄어든다.

성차별에 따른 산후 우울증도 있다. 가부장제에서 여성은 우울할 수밖에 없었다. 딸을 낳으면 구박받으며 우울증에 빠졌고, 딸도 자신이 축복받지 못하고 태어났다는 사실에 상처를 받았다. 남아 선호 현상은 한국뿐 아니라 전 세계에서 공통된 현상이므로 유교의 남존여비 사상만 타박할 게 아니라 생물학 원인을 분석할 필요가 있다. 인간은 다른 생물처럼 핏줄에 대한 맹목의 집착이 있다. 여태껏 딸보다 아들이 부모의 유전자를 더 퍼뜨릴 가능성이 높았다. 딸보다 아들에게 투자하는 것이 자기 유전자 확산에 도움이 되었다. 같은 여성인 어머니도 아들을 선호했다. 남아 선호 사상은 유전자를 퍼뜨려야 한다는 냉혹한 생물학 법칙에 따른 무의식중의 욕망이었다.

하지만 현대 사회는 아들을 낳았다고 해서 유전자가 더 퍼져 나가지 않는다. 오히려 딸을 낳아 잘 키우면 확실하게 유전인자를 영속시킬 수 있다. 시대 변화에 따라 남아 선호 현상은 사그라진다. 한국 정부는 미래의 부모들에게 자녀 성별 선호도를 조사했는데, 여성은 장남보다 장녀를 조금 더 원한 반면 남성은 거의 두 배 가까이 장녀를 선택했다. 이미 사회는 크게 변화했는데 우리의 인식이 미처 따라가지 못해 남아 선호 사상이 도사린다고 여기는지 모른다. 물론 여자아이를 둘 낳은 뒤에 셋째 아이부터는 남아를 선택하겠다는 비율이 높게 나오고, 실제로도 첫째와 둘째가 딸이었다면 셋째의 성비는 남성이 월등히 많다. 태어나야 할 여아가 살해된다는 얘기다. 물론 이건 다둥이 가정의 얘기이다. 다둥이 가정이 희소해졌으니 남아 선호는 구시대의 흔적처럼 되어가는 것일까?

미국의 언론인 마라 비슨달Mara Hvistendahl은 결코 그렇지 않다는 걸 심도 있게 조사해서 널리 알린다. 시야를 넓혀서 세계를 보면 수많은 나라에서 경제 성장이 이뤄지고 아이를 적게 낳고 있는데, 과학기술이 도입되면서 출생아 감별이 적극 이뤄진다. 동유럽부터 아시아까지 광범위하게 여아들이 사라진다. 더구나 서구 국가들은 저개발 국가에서 인구가 많아지면 공산주의가 침투할까봐 인구 조절 정책을 펼치는 정부에 지원을 아끼지 않았다. 한국도 후원을 받기 위해 가족계획을 실시했다. 산아를 제한하는 과정에서 초음파 탐지 등을 통한 태아 감별이 이뤄졌고, 대부분 여아들이 태어나지 못했다. 한 프랑스 인구학자는 자연 성비를 유지했다면 1억 6천만 명이 넘는 여자가 더 살아 있어야 한다는 연구 결과를 발표했다. 대규모 여아 살해는 단지 인권 유린의 문제로 그치지 않고 앞으로 펼쳐질 사회 문제를 태동하고 있다. 짝을 찾지 못하는 과도한 남성 인구가 생겨나고 있고, 전 세계에서 큰 문제가 되고 있다.

한국도 남아 선호 사상이 사라져가고 있지만 1970~1990년대 여아 낙태가 광범위하게 이뤄졌다. 그 당시엔 별 문제의식이 없었어도 시간이 흘러 그때 태어난 아이들이 혼인 연령대가 되자 사회 문제의 원인이 되고 있다. 젊은 남성이 젊은 여성에 비해 과도하게 많으면 인구 규모 감소, 사회의 긴장 고조, 폭력 범죄 확산, 성병의 창궐 등의 문제가 생긴다.

한편, 자연계에서 태아의 성비는 49대 51로 남자가 약간 더 많은데, 태어날 때부터 여성이 더 많을 때가 있다. 재난이 들이닥칠 때이다. 1952년 런던의 스모그, 1965년 브리즈번의 홍수, 1990년 독일이 통일되면서 발생한 동독 지역의 혼란, 1990년대 슬로베니아의 10일 전쟁, 그리고 1995년 고베 대지진 직후에 태어난 아기의 성별을 조사하니 여성이 더 많았다. 덴마크에서 1980년에서 1992년 동안 출산한 여성 23,000명을 조사했더니, 가족 가운데 누군가 입원한 적이 있거나 병에 걸린 적이 있는 경우가 15퍼센트였고 이중에 51퍼센트는 딸을 낳았다. 미국에서도 2001년 9·11테러 직후 몇 달 동안 유산이 속출했는데, 유산된 태아의 성별은 대부분 남성이었다. 10월과 11월에 캘리포니아주의 남아 유산율은 25퍼센트 상승했다.

어려운 시기에 왜 남아가 유독 유산되는지 명확하게 밝혀지지는 않았다. 여러 가지 이유를 추론할 수 있다. 남아는 산모의 체내에서 더 많은 양분을 취하려 하고, 태어나서도 영양 공급이 부족하면 생존율이 떨어진다. 생식의 차원에서 남성은 많은 번식의 가능성을 갖고 있지만 아예 번식을 못 할 수도 있는 데 반해 여성은 남성보다 안정된 번식 가능성을 갖고 있다. 임신했을 때 비상경보 체계가 가동되면 산모는 안정을 중시하면서 딸을 선호하게 된다. 위기 속에서 자연 성비가 변경되는 이유다. 실제로 여성이 다수이고 남성이 소수일 때가 그 반대의 경우보다 전체 개체의 생존율이 더 높은 것으로 연구된다.

한편 산모의 마음가짐이 성비에도 영향을 미친다는 증거가 있다. 1차 세계대전과 2차 세계대전 이후에 영국 글로스터셔의 산모 600명을 조사한 결과 본인이 오래 살 거라고 답한 여성이 일찍 죽을 것 같다고 답한 여성들보다 아들을 낳을 확률이 높았다.

힘든 시절에는 딸이 더 많이 태어나고, 여건이 좋아지면 아들이 더 많이 태어나는 현상으로 미루어 보아 여성은 상상 이상으로 사회 환경에 민감하게 반응한다는 사실을 알 수 있다.

모유 수유와 애착

그동안 모유 수유를 경시했는데, 요즘엔 모유 수유가 중시되고 있다. 여성계가 세상의 의식 재고를 위해 운동한 결과 모유 수유는 긍정되는 분위기이다. 그리고 인간에 대한 연구가 더 많아지면서 모유 수유의 중요성이 확산된 결과이다.

임신 중에는 프로게스테론과 에스트로겐이 젖 분비를 막는데, 출산이 이뤄져도 종종 젖이 분비되지 않는 경우가 생긴다. 태반이 아직 체내에 남아 있거나 제왕 절개 수술을 했거나 출산하면서 너무 심하게 스트레스를 받은 경우 모유 분비가 늦어진다. 산모가 안정이 되면 가슴에선 초유가 나오기 시작한다. 엄청난 시간과 정성을 들여 자궁에서 키운 아기를 병원균이 우글거리는 세상에 그냥 내보낼 수 없다. 모체는 아이를 지키기 위해서 초유를 마련한다. 초유는 열량이 낮고 지방도 적지만 단백질은 모유보다 두 배나 많은 데다 높은 면역 성분을 함유하고 있어서 갓 태어나 면역 기능이 원활하지 않은 태아를 보호한다. 아기는 엄마와 같은 사회 환경에 놓이므로 주변 환경에 적응된 어머니의 면역 인자가 초유를 통해 아기에게 들어가 방어 태세를 갖추게 한다. 초유를 통한 면역 성분 전달 방식은 포유류에게서 일관되게 관찰된다. 오리너구리나 바늘두더지 같은 단공류도 피부를 통해 면역 인자를 분비하면 새끼가 어미의 피부를 핥아 먹으면서 면역 기능을 강화한다. 초유가 열흘쯤 나오다가 그 뒤로 8일 정도는 이행유가 나오고, 출산하고 18일째부터는 영구유가 나온다. 아기의 발달 단계에 부응하여 모유의 성분이 변화하는 것이다. 모유는 85퍼센트가 수분으로 구성되어 있고 출산 첫 달에는 한 시간에 4~5번을 주게 된다. 모유를 지속해서 먹이면 여성은 아이와 떼려야 뗄 수 없게 된다.

여성은 후각이 뛰어나다. 여성은 출산하고 여섯 시간 안에 냄새만으로 자신의 아기를 찾아낸다. 갓난아기의 체취, 체액 등이 엄마 뇌에 각인되면서 엄마는 많은 아기들 틈에서 자기 아기를 알아볼 수 있다. 아기들도 어머니의 냄새를 분명히 인지한다. 아기는 태어나자마자 후각을 통해 젖꼭지를 찾는다. 막 출산한 여성의 한쪽 유방을 중성 세제로 닦아내면 아기들은 대부분 닦지 않은 가슴 쪽으로 얼굴을 돌리고 젖을 문다. 젖은 빨리는 만큼 나온다. 쌍둥이를 낳은 엄마도 젖이 부족하지 않다고 한다. 오히려 모유가 아닌 다른 걸 먹이면 그만큼 젖을 빨지 않게 되고 젖 생산도 감소한다는 연구가 있다. 젖이 부족해서 수유를 멈추고 분유를 먹인다고 생각하지만, 알고 보면 젖을 물리지 않았기 때문에 젖이 나오지 않는 것이다. 물론 영양을 충분히 섭취한 산모에 해당하는 얘기이다.

처음 젖을 물릴 때 젖꼭지가 아파 고통스러울 수 있다. 3~4주 정도 견디면 모유 수유가 여성에게도 커다란 즐거움이 된다. 아기가 유방을 잡고 젖을 빨 때 옥시토신과 도파민, 프로락틴의 홍수가 나면서 엄마 마음은 기쁨과 평화로 흠뻑 젖는다. 수유의 쾌감과 마약을 비교한 실험도 있다. 어미 쥐에게 새끼에게 젖을 먹이거나 코카인을 흡입할 수 있게 했더니, 모든 어미 쥐가 새끼에게 젖을 먹였다. 모유 수유가 마약의 쾌감보다 더 큰 황홀감이었던 것이다.

젖 생산을 하는 동안 배란은 억제된다. 아기는 동생과 경쟁하지 않고자 엄마의 한쪽 유방을 빨면서도 다른 쪽 가슴으로 손을 뻗쳐 자극하여 배란을 억제하려 한다. 여자들은 수유성 무월경을 들어봤을 것이다. 하지만 젖을 자주 먹여야만 피임 효과를 얻는다는 걸 아는 여성은 별로 없다. 수유하면 배란하지 않으리라고 생각한 뒤 성관계를 맺다가 또 임신하는 경우가 빈번하다. 젖 물리는 빈도가 잦지 않으면 수유 중에 배란될 수 있다. 요즘은 워낙 영양이 넘쳐나는 환경이라 수유를 통해 많은 열량을 소모해도 체지방 수치가 배란이 가능할 만큼 웃돌아 열심히 수유해도 배란되기도 한다.

그런데 모유 수유가 여성의 인지 기능에 미치는 부작용이 있다. 수유할 때 여성의 집중력이 저하된다. 출산 후에 많은 여자들이 몽롱한 상태를 호소하는데, 모유 수유는 명료하지 않은 의식 상태를 지속시킨다. 아기는 시시때때로 깨어나 울면서 젖을 찾기에 엄마들은 푹 못 잔다. 젖이 통통 부어서 짜놓아야 하기에 수유는 고달프고 고단한 일이다. 엄마들은 너무 지친 나머지 우는 아이를 방치하고 정해진 시간에만 젖을 물리려 하는데, 이것은 아기에게 큰 상처가 될 수 있다. 웬다 트레바탄은 모유 수유를 강조한다. 최소 6개월은 완전히 수유하고, 생후 2년까지는 보조 수준의 수유를 지속하고, 아기가 원할 때는 언제든지 수유하고, 생후 3년까지는 동생을 갖지 않아 영양 공급이나 보살핌이 분할되지 않아야 하고, 밤에도 젖을 먹이면서 같이 잠들고, 생애 첫 1년 동안은 몸과 마음을 아이와 긴밀하게 애착해서 지내야 한다고 설파한다. 이처럼 육아가 어려우니 여성은 끈끈한 친구와 이웃과 친족과 결속되어 도움을 받아야 한다. 아기들은 아주 오랜 세월 어머니의 몸에서 생존하고 적응해왔다. 엄마가 젖을 주고 안아주는 환경에서 자란 아이는 잘 먹고, 덜 울고, 돌연사도 줄어든다.

아기가 운다는 건 자신에게 문제가 있으니 돌봐달라는 신호이다. 돌봄을 받지 못하거나 배고프거나 어디가 아프기 때문에 아기는 운다. 인류 사회에서 어머니들은 아기와 결속해서 지냈다. 수렵 채집 사회와 영장류 사회를 연구하면, 어머니와 아기는 살을 맞대고 지낸다. 90곳의 전통 사회를 조사한 결과, 어머니와 아기가 따로 떨어져 잠자는 경우는 단한 건도 없었다. 그렇다면 아기의 울음은 어딘가 아프다는 긴급 신호이거나 어머니가 곁에 있어도 자신을 방치하고 있으니 다른 사람들이 와서 도와달라는 구조 신호이다. 이걸 알고 우리의 조상들은 아기가 울면 곧장 반응했다. 아기의 울음소리를 그치게 하고자 우리는 아기를 안고 도리도리 쥠쥠을 하는 본성이 있다.

오스트리아 출신의 심리학자 르네 스피츠Rene Spitz는 2차 세계대전이 끝난 뒤 보호시설에 맡겨진 아기들을 연구했다. 아기들은 깨끗한 옷을 입고 알맞게 먹으며 따뜻한 데서 잤으나 하나둘 시름시름 앓다가 죽어갔다. 아기가 생존하려면 신체의 돌봄만이 아니라 양육자의 애착이 필수 요건인데, 보호시설은 양육자와의 상호 작용을 누락했던 것이다. 영국의 심리학자 존 볼비John Bowlby는 어린 시절 애착 관계를 맺는 일이 중요하다는 인류의 오래된 지혜를 새삼스레 발굴해서 알렸다. 아기는 태어나면서부터 어머니에게 반응하고 관심을 끌려고 움직이고 행동한다. 부모에게 관심받고자 울기도 하고 떼쓰기도 한다. 이건 치유해야 할 어린아이의 잘못된 행동이 아니라 관심받아 안정감을 얻으려는 본능의 행위이다. 존 볼비는 영아들의 칭얼거림을 애착 행동의 일부로 간주하면 아기를 보다 이해할 수 있고 공감해서 바라보게 된다고 설명한다. 아이를 달래면 응석받이로 클까 걱정되어 방치하는 건 아기를 학대하는 행위다. 부모의 수고와 고생을 머금고 아기는 건강하게 자란다.

아이가 엄마로부터 떨어지면서 겪는 분리 불안은 엄마도 겪는다. 아기와 함께하면서 충만한 옥시토신을 향유하다가 아기와 분리되면 옥시토신 수치가 떨어지면서 금단 증상이 나타난다. 아이와 떨어진 엄마는 공포와 두려움에 휩싸여 마음이 좀처럼 진정되지 않게 된다. 취약한 아기를 보호하려는 어머니는 외부인에 대한 적대감이 높아진다. '수유 공격성'이 생기는 것이다. 엄마들은 자기 아이를 위해선 폭력도 불사한다.

여성의 뇌를 자기 공명 영상 장치로 찍으면 자신을 지각할 때와 자식을 지각할 때 동일한 부위가 활성화된다. 엄마에게 남편 사진과 아이 사진을 번갈아 보여줘도 동일한 뇌 부위에 불이 켜진다. 엄마는 아기와 사랑에 빠진 셈이다. 낭만적 사랑에 빠져서 환희를 향유할 때처럼 여성은 아이를 돌보면서 애착의 쾌락을 얻는다. 그러나 사랑하는 사람이라도 늘 붙어 있으면 서로가 괴로워지듯 엄마와 아이의 관계에서도 여유가 필요하다. 그런데 많은 여자들이 여유를 용납하지 못한다. 미국의 심신의학자 앨리스 도마Alice Domar는 한 시간의 여유가 생겼을 때, 놀이방에 일찍 가서 딸을 데려올까 하다가 오롯이 자기만의 휴식 시간을 가진 일화를 강연 중에 언급했다. 그러자 많은 여자들이 앨리스 도마를 나무랐다. 마치 사랑하는 사람을 버린 나쁜 사람인 것처럼 말이다. 앨리스 도마는 한 시간 동안 재충전하면서 활력이 생겨 딸에게 집중할 수 있었다고 자신의 행동을 옹호해야 했다.

엄마와 아기가 친밀한 관계라고 해서 수유와 육아가 여성의 책무로만 전가되는 건 부당한 일이다. 여성은 아이를 돌보는 일뿐만 아니라 자신이 해야 할 일이 많기 때문에 늘 심란한 갈등에 처한다. 아이를 낳고 기르는 일을 통해 삶이 풍요로워졌다고 느낀 여자조차도 자신을 위해 무언가를 할 때마다 아이에게 애정을 덜 쏟는 것 같아서 미안해한다. 자식이 아닌 자신을 위해 시간을 쏟는 것에 죄책감을 갖도록 여성의 인지 기능이 구성되어 있다. 많은 여자들이 아이 곁에 있어주려고 노력하지만 자신의 관심사와 육아가 충돌할 때마다 몸이 찢기는 것 같은 고통을 겪는다. 여성이 아이에게 충분한 보살핌을 해주지 못한다고 느낄 때는 사회생활을 잘하지 못한다고 느낄 때와 차원이 다른 고통이 생긴다. 마치 인간으로서 실격된 것 같은 상처를 받게 된다. 여성의 죄책감을 덜어주기 위해 필요한 건 남자의 육아 동참이다.

아빠가 육아에 발 벗고 나설 때 아이가 달라지고 가정이 변하고 세상이 바뀐다. 가장 중요한 건 자신이 성장한다. 타인을 돌보지 않고 인간은 성숙하기 어렵다. 유모차를 끌고 밖을 나가 보면, 그동안 자신의 눈에 띄지 않던 아이를 챙기는 부모들의 모습이 갑자기 많이 보인다고 남자들은 언급한다. 누군가를 돌보면서 인간은 새로운 시야를 얻게 된다.

　남성이 성장할 수 있도록 여성의 태도 변화도 요청된다. 여자들은 남성의 육아에 한숨을 내쉬면서 자신이 전담하려는 경향을 보인다. 겉으로는 남편이 무능력하다고 탓하지만, 속으로는 모성의 우월성을 남편과 나눠 갖고 싶지 않은 욕망이 있을 수 있다. 육아 독점을 통해 자신의 여성성을 확인하면서 돋보이려 하는 것이다. 남성이 육아할 때 못마땅하더라도 꾹 참으면, 처음엔 불안하더라도 차츰차츰 육아 분담이 자리매김하면서 집안의 분위기가 훨씬 나아진다.

모성이란 무엇인가

　　　　　　한 생명에 전적인 책임이 있으므로 어머니의 관심은 온통 아이에게 쏠릴 수밖에 없다. 모성에 대한 찬사는 여성을 가정의 요구에 적극 응답하게 만드는데, 그 과정에서 여성은 자신을 잃어버리는 경우가 많다. 작가 목수정도 주체성을 갖자고 스스로 다짐했지만 아이를 낳은 뒤 관심사가 아이에게 모조리 빨려 들어가는 느낌을 받은 적이 있다고 술회한다. 어지간히 단단한 자아를 구축한 여자가 아니라면 평생 엄마로만 살게 된다.

　여자에서 엄마가 되는 과정은 뇌의 변화를 통해서도 설명된다. 임신하는 동안 뇌의 구조 변동이 생긴다. 임신 6개월 즈음부터 여성의 뇌 크기가 줄어든다. 뇌 회로를 새로 배치하고 재구성하면서 여자의 뇌에서 엄마의 뇌로 전환되는 것이다. 출산하고 6개월이 지나면 여자의 뇌는 원래 크기로 복귀하지만, 이전과는 다른 사람이 되어 있다. 여성은 아이를 낳으면 자아가 확대되어 아이를 자신과 동일시하면서 아이에게 집중할 수 있도록 진화했다.

전 세계 어디서나 여자들은 아이와 얼굴을 마주 보면서 달래고 꾸짖고 구슬리고 어르면서 돌보는 데 많은 시간을 보낸다. 엄마가 아이의 행동이나 소리가 무엇을 요구하는지 재빨리 알아차리는 건 신비로운 모성의 발현이 아니라 아이와 오래 지내면서 익힌 감각일 뿐이다. 남자가 아이의 말을 잘 못 알아듣고 돌봄 행위가 서툰 건 함께 보낸 시간이 적기 때문이다. 아버지도 어버이다움을 익힐 수 있다.

육아는 자연스럽게 구가하는 본능이 아니라 사회 문화에 영향을 받아 노력해서 터득해야 하는 기술이다. 양육 능력은 유전자를 통해 내려오긴 하는데, 후성 유전의 형태로 전해진다. 후성 유전이란 환경을 통해 유전자 발현이 영향을 받는다는 뜻이다. 아무리 양육 능력이 뛰어난 조상의 유전자를 물려받더라도 환경이 쪼들리거나 자녀가 너무 많으면 육아를 담당하는 유전자 발현이 안 되거나 덜 될 수 있다. 모성은 여성의 신체에 씨처럼 심어져 있다가 임신하고 출산하는 과정에서 불거지는 호르몬의 영향으로 싹트기 시작하고 아이와 상호 작용하면서 개화한다. 육아 기술을 좀 더 쉽게 익히도록 여성의 몸에서는 화학 변화가 일어난다. 여성이 출산하고 젖 먹이는 과정에서 프로락틴 같은 호르몬이 대량 방출된다. 인간이 타인을 사랑할 때 뇌에서 마약 성분의 호르몬이 분비되어 생생한 감정으로 사랑에 몰두하게 만들듯, 여성이 아기를 젖 먹이며 돌볼 때 마약 성분의 물질이 분출되면서 굉장한 만족감을 얻는다.

타인을 돌보면서 쾌락을 얻는 여성의 뇌 구조는 태어나기도 전에 성별이 결정되는 순간 이미 뇌 회로에 입력된다. 타인을 보살피고 돕는 일을 하는 데서 강렬한 즐거움을 느끼는 뇌 회로가 작동되므로 분만한 여성은 말할 것도 없고 동성애자와 비혼주의자도 이른바 모성의 행동 방식을 때때로 하게 된다. 전혀 아이에게 관심이 없던 여자라도 잠깐 아기를 안으면서 돌볼 때 아이에 대한 갈망이 증폭되는 것이다. 여성은 귀엽고 작은 생명체에 애정을 느끼며 돌보고 싶은 충동이 강한 편이다. 길고양이에게 밥을 주는 성별은 대개 여성이다. 아기의 부드러운 살결과 달콤한 냄새는 페로몬 효과를 일으키며 옥시토신을 분비하게 만든다. 입양한 아이더라도 끌어안고 보살피다 보면 옥시토신이 분비되어 엄마로서 필요한 신경 회로를 구성하기 시작한다. 아이를 몸소 낳지 않고 기른 어머니도 모성애가 뛰어날 수 있는 이유다.

물론 모성의 행동 방식을 모든 여성이 전매특허처럼 행하지는 않는다. 아이를 낳고 수유하면 호르몬 분비에 따라 모성이 나타나지만, 모든 여성이 갑자기 헌신의 주체가 되지는 않는다. 여성에게 모성 기능이 잠재되었더라도 모든 여자가 모성을 발휘하면서 살고 싶은 것도 아니다. 많은 여자들이 아이를 기르는 일에 두려움과 부담을 갖고 있다. 한 인간을 책임지고 키워내는 일이 만만치 않은 데다 희생해야 하는 바가 크기 때문이다.

미국의 정신분석학자 낸시 초도로우Nancy Chodorow는 여성의 어머니 노릇이 불변하는 보편성은 아니라고 주장했다. 육아 방식은 사회 환경과 가족 형태, 그리고 남녀의 성평등 의식에 대응하여 변했다. 산업 자본주의의 발달에 따라 여성이 자식을 돌보고 심리의 안정감을 주는 역할과 연결되었고, 여성은 아이와의 관계 속에서 위치 지어졌다. 낸시 초도로우는 어머니가 자식을 키운 결과 여자아이와 남자아이는 서로 다른 관계 능력과 정체성을 지니게 된다고 언급했다. 딸과 아들은 육아에 전념하는 어머니를 통해 육아는 여성의 몫이라고 생각한다. 여성의 어머니 노릇이 남성의 육아 노동 능력을 생략하고 금지하고, 가정 영역에서 여성의 위치와 책임을 재생산하며, 사회 영역에서 성별에 따른 역할을 재생산하게 만든다는 분석이다. 낸시 초도로우는 여성의 어머니 노릇이 여성의 본성에 대한 믿음을 생산하고 남성 지배의 심리를 생성하는 남녀 분업 체계의 근본 특성이라고 강조했다.

많은 여자들이 어릴 때부터 희생양 역할을 받아들이고 자신이 꾹 참는 역할에 편안해했다. 일찍이 희생을 떠맡는 어머니를 통해 여성은 희생당하는 존재라고 무의식중에 받아들이게 된 것이다. 여성운동은 여성의 목적으로 여겨졌던 어머니 역할에 비판을 쏟아냈다. 여성운동에 힘입어 여성이 어머니 되는 걸 당연한 통과 절차로서 여기지 않게 되었다.

그러나 여성은 여자이자 인간이므로 어머니로서 욕망과 인간으로서 욕망이 늘 갈등한다. 여성운동 안에서도 서로 다른 쪽을 지향하면서 다툼이 벌어졌다. 모성을 강조하며 여성성을 찬양하는 여성운동이 주류가 되었던 시절도 있었다. 가부장 체제 아래서 폄훼되어온 여성성을 재평가하는 건 바람직한 시도였다. 하지만 이들은 여성성의 가치를 복권하는 것이 아니라 남성성과 여성성의 자리를 뒤바꾸고자 했다. 남성과 관련된 모든 것은 나쁘다고 매도하면서 여성성은 무조건 칭송하는 데 열을 올렸다. 미국의 여성학자 게일 루빈Gayle Rubin은 성역할에서 해방되는 것이 여성운동의 의도였는데 여성성과 모성을 강조하면서 여성을 구속하는 페미니스트들이 득세했다고 비판했다. 정숙함을 강조하는 여성운동가들은 여성은 도덕성이 우월하고 아이를 낳아 키우면서 타인을 헤아리는 능력이 더 뛰어나니, 여성이 더 많은 권력을 쥐어야 한다고 주장했다. 출산 여부에 따라 인간을 평가하는 여성운동이 힘을 얻자 여성 안의 다양함을 담아내지 못하게 되었다. 여성이 권력을 잡는다면 좋은 사회가 되리라는 믿음은 마치 프롤레타리아 독재를 한 뒤 공산주의로 넘어가면 이상 사회가 이뤄지리라는 고릿적 마르크스주의자들의 신앙과 몹시 닮았다.

모성이 본능이라는 선입견과 달리, 엄마 노릇을 잘해야 한다는 공공연한 으름장은 모성이 자연스러운 것이 아님을 폭로하는지 모른다. 보부아르는 아기가 젖을 먹을 때 생명과 행복도 빨아 먹는 것처럼 느껴져 불쾌해하고, 유방을 찌그러뜨려서 언짢아하는 여자들을 서술했다. 여자들은 수유와 육아에 지친 나머지 아이가 자신의 자유를 빼앗은 뒤 노예 노동을 강요하는 폭군으로 느껴진다고 고백했다. 엘리자베트 바댕테르는 모성이 본성에 깊게 새겨진 것이 아닐 수 있다고 문제 제기했다. 인류사를 되돌아보면, 자식에 대한 어머니의 관심과 헌신은 지속되긴 하지만 그렇지 않을 때도 있었다. 상류 계층 여성들은 유모에게 맡긴 채 사교 생활을 즐겼다.

모성애는 다른 감정과 마찬가지로 불확실하고 불안정하고 불완전하다. 경제 구조와 가족 형태의 변화로 여성의 위치와 역할이 달라지고 모성에 대한 기대와 요구 수준도 변화한다. 현대 사회를 보면, 출산이 국가 경쟁력과 연결되면서 임신하지 않은 여성은 주눅 드는 분위기가 조성되고 있다. 의무와 책임과 희생만을 이야기해봤자 여성이 출산과 육아에 전념하지 않는 상황이 되자 세상의 권력은 육아에 대한 즐거움과 행복에 대한 말들을 쏟아내고 있다. 프랑스의 역사철학자 미셸 푸코Michel Foucault가 갈파했듯, 현대의 권력은 생명에 개입하고 인구를 조절하려

든다. 그렇다면 모성이란 용어는 끊임없이 인간 세상에서 요구되어 만들어지고 사용되는 담론의 생산품이라고 볼 수 있을지도 모른다. 모성은 여성의 특질 가운데 하나일 수 있으나 유일한 본질은 아니다. 여자들은 때로 상상 임신을 하는데, 여성의 가치를 생식 능력으로 판단하고 평가하는 사회에서 흔하게 일어나는 현상이다.

여성은 어머니가 되어야만 하는 것도 아니고, 어머니가 된다고 해서 존경받을 만한 사람으로 성장하지도 않는다. 타인을 사랑으로 감싸지 못한 채 가족 이기주의에 사로잡히는 엄마가 수두룩하다. 모성이란 자아도취, 이타주의, 몽상, 성실, 기만, 헌신, 쾌락, 멸시의 기묘한 혼합이라고 보부아르는 말했다. 어머니가 아이를 늘 사랑하는 것도 아니다. 아이들을 복종시키고자 소리 지르고 때리는 경우가 자주 있다. 여성은 남성만큼이나 아이를 학대한다. 엄마가 되어서 인격이 원숙해지는 사람도 있겠지만 자기 안의 야만성에 소스라치는 사람들도 많을 것이다. 아이가 제 앞가림할 때까지 밥을 차분히 먹거나 혼자 책을 읽거나 푹 잘 수 없다. 피로에 누적되어 일상이 피폐해지면 자신의 바닥을 보게 된다. 육아의 보람과 기쁨을 위안으로 삼기엔 대가가 참혹하다. 모성을 이상화하면서 여자들이 성숙해지리라 기대하는 건 여성이 아이를 낳아 기르는 상황에 대한 이해가 낮을 때 나오는 안일한 발상이다.

엄마라는 역할은 어렵고 훌륭하지만 여자의 정체성이 어머니로 붙박일 때, 자신의 욕망이 사라지고 어머니로서의 욕망만이 강요될 때, 비극은 시작된다.

그래서 어미는
고독하고 아프다

20세기 초에 독일은 형법 218조에 따라 임신 중절을 못 하게 쐐기를 박아두었다. 이때 두 명의 의사가 임신 중절 금지법을 표결에 부치고 폐기하는 운동을 벌였다. 이에 동조해 독일의 공산당은 "당신의 몸은 당신 것이다(Dein Körper gehört Dir)"라고 여성의 성적 자기 결정권을 내세웠다. 원치 않는 임신과 출산은 여성을 빈곤의 구렁텅이로 몰아넣는 일이라는 공산당의 주장에 여자들은 고개를 끄덕였다. 그런데 이듬해 선거에서는 수많은 여자들이 임신 중절 금지법을 시행하려는 가톨릭 중앙당과 나치당에 투표했다. 아돌프 히틀러Adolf Hitler는 여성이 결혼했을 때만 국가의 시민이 된다고 믿었다. 아이를 낳지 않는 여자는 지탄받아 마땅하다고 생각한 히틀러는 여성이 출산과 양육을 위해 희생해야 한다고 강조했다. 여성 교육의 목표는 어머니를 만드는 일이라는 히틀러의 신념에 따라 나치는 여성의 참정권을 제한하고는 더 많이 임신하고 양육하도록 총력을 기울였다. 히틀러를 욕하는 건 쉬운 일이다. 하지만 여성이 어머니가 되어야 한다는 히틀러 같은 시선에서 벗어나는 일은 어려운 일이다.

당시의 독일 여자들은 나치가 선전한 순수한 모성에 끌렸다. 여자들은 모성이 여성의 임무이자 목적이어야 한다고 믿으면서 여성의 이익을 제약하는 나치를 지지했다. 자유인이자 시민이란 그루터기에서 어머니란 꽃을 피워내는 게 아니라 권력이 씌워주는 모성의 위대함이란 가시 면류관을 받아들일 때, 어머니들은 여성 권익 신장에 반대 세력이 된다. 가부장제는 그저 남자들의 위압이나 억지가 아니라 여자들의 공모 속에서 유지된다.

그동안 여성운동은 남자들만의 성채를 쌓은 뒤 봉건 영주처럼 떵떵거리며 아내와 아이를 소유물처럼 여기는 가부장제에 맞서 싸웠다. 하지만 타인을 손아귀에 넣고 지배하려는 욕망을 어머니도 갖고 있다. 불가리아 태생의 작가 엘리아스 카네티Elias Canetti는 어머니가 아이 때문에 최고의 권력을 누릴 수 있다고 지적했다. 어머니는 아이를 식물처럼 기르거나 동물처럼 가두고 움직임을 통제할 수 있으므로 어머니와 자식의 관계만큼 철저한 권력 형태도 없다.

자식에게 가해지는 어머니의 권력은 대부분 사랑을 빙자한다. 요즘 젊은이들에게 문제가 있다면 어머니의 사랑이 부족하기 때문이 아니라 너무나 지나쳐서 발생한 측면이 있다. 내 새끼만 잘되길 바라며 키운 어머니의 헌신이 자식에게 독약으로 작용한 것이다. 자식 걱정을 자신의 정체성으로 삼고 자신의 존재 이유를 부모 역할에서 찾는 사람들이 너무 많다. 자식에게 집착하는 어머니들은 겉으로는 자식이 성장하길 바라지만 속으로는 자식이 독립해서 자신을 떠날까 불안해한다. 자식이 독립하는 순간 자신의 존재 근거가 허물어질까 두려운 나머지 자식들을 품에서 내보내지 않으려는 어머니들이 굉장히 많다. 자식을 위해서만 사는 부모들은 자식으로부터 독립되지 못했기에 자식 또한 스스로의 힘으로 서지 못한다.

엄마의 자식 사랑 속엔 탐욕이 숨겨져 있기 마련이다. 어머니들이 흔히 자식에게 목청 높이는 "널 위한 거야"란 말 뒤엔 "넌 내 거야"란 욕심이 꼼지락댄다. 아이들의 미래를 자신의 입맛대로 쥐락펴락하려는 어머니들이 적지 않다. 소설가 정아은의 『잠실동 사람들』에서 주인공은 서울에 올라와 문화 충격을 받고 직장을 그만둔다. 비록 자신은 주류에 끼어들지 못했지만 내 아이만큼은 중심에 선 주류로 살게 하리라 다짐하면서 아이 교육에 인생을 건다. 멋진 학벌과 세련된 인상을 갖게 하고 싶다고, 미래의 장차관이 될 인물들과 죽마고우로 지내게 해주고 싶다고 갈망한다. 자신의 욕망을 희생으로 탈바꿈하고 자식에게 마음의 빚으로 짊어지게 한 뒤 평생 우려먹는 심리의 사채업자가 되는 길을 선택한 것이다.

자식이 인생의 모든 의미가 되어버리는 일만큼 여성에게 해로운 일이 없다. 자식만을 위한 어머니는 자식에게 감당하기 힘든 부담이며 자식의 성장을 가로막는 족쇄다. 프랑스 혁명 시절에 작가 사드Sade는 자식들이 어머니에게 무언가를 갚아야 한다고 믿지 않는다고 주장했다. 사드는 부모의 야망과 탐욕으로 말미암아 아이들에게 부모에 대한 의무를 억지로 부과한다고 갈파했다.

모성은 자연스러운 여성의 능력일 수 있다. 하지만 엄마로서 자식에게만 열중하는 건 성차별의 결과일 수도 있다. 가부장제에서 여성은 자식을 통해 자신의 존재 가치를 확인받아야 한다. 자식의 성공이 곧 자기 가치가 된다. 자식의 대학 간판과 직업에 따라 엄마의 위신과 자부심이 오르내린다. 아이는 여성의 기쁨이자 정당화이므로 여성은 아이를 통해 자기를 실현한다고 보부아르는 지적했다. 어머니들이 입시 교육에 열내며 '치맛바람'을 일으키는 배경엔 여성 스스로 자기실현 할 수 없었던 성차별 구조가 도사리는 것이다. 자식에 대한 부모의 애정은 생물학 현상이지만 과도한 집착은 사회학 현상이라는 얘기이다.

여성이 자식에 집착하는 건 사회 구조의 변화도 한몫한다. 오늘날 부부 관계가 쉽게 흔들리고, 모든 인간관계가 쉬이 끊어진다. 지인들이 많지만 막상 친밀하게 지내지는 않는다. 너무나 외로운 시대다. 아이는 여성에게 단 하나의 튼튼하게 맺어진 결속 관계이다. 다른 사람과의 관계는 언제 멀어질지 몰라 불안한 가운데 아이는 나를 떠날 수 없다는 사실은 묵직한 닻이 되어준다. 아이는 여성의 일생에 종교와 비슷한 위안을 제공한다.

김정란은 어미에게 내려진 본질의 명령이 겸손이라고 이야기한다. 꼬물거리는 생명을 배 속에 품고는 죽을 고통을 이겨내어 세상에 내놓은 뒤 잘 살 수 있도록 눈물겹게 키우지만 자신은 아무것도 주장할 수 없다는 사실을 받아들여야 하기 때문이다. 그래서 어미는 고독하고 아프다고 김정란은 쓴다. 자식은 끝내 타인이다. 배 아파 낳았지만, 자식은 엄연히 타인이다. 훌륭한 어머니란 자식을 자신의 소유물로 삼지 않고 자식에게 자신의 삶을 본보기로 선사하는 존재다. 어머니가 자신의 삶에 충실할 때, 즐거운 인생을 살 때, 자식 또한 인생을 책임지는 인간으로 자란다.

부모가 있어야 자식이 있지만 뒤집어 생각하면, 아기가 태어나야 아버지나 어머니가 된다. 어머니가 자식을 낳은 동시에 자식이 어머니를 탄생시킨다. 어머니로서 살아온 경험은 벅찬 기억이자 소중한 자산이지만, 사회와 세상에서 정한 역할이다. 그런데 그 역할에 감옥처럼 갇힌 수인들이 많다. 영화감독 봉준호의 〈마더〉에서 자식(원빈)을 면회 온 엄마(김혜자)의 모습을 보면 마치 엄마가 갇힌 것처럼 보인다. 엄마라는 노릇이 바로 감옥이며, 엄마 역할은 자신을 버리고 광기에 사로잡혀야만 해낼 수 있다는 사실을 봉준호는 말하고 싶었을 것이다. 영화 속에서 엄마는 이름조차 갖고 있지 않다.

목사 문익환은 남자들이 아무리 해도 생명의 소중함을 여자들만큼 알 수 없을 거라고 술회했다. 인생이라는 나무는 죽음의 고비를 번번이 넘긴, 아픔이 짙게 밴 모성애에 뿌리를 내리고 있다고 문익환은 얘기했다.

문익환은 자기 새끼를 아프게 생각하는 마음이 다른 어머니들의 마음을 알아주는 훈훈한 인정으로 솟아나는 거 같다고 설파했다. 여성의 따뜻한 마음이 오직 자기 자식에 대한 집착으로 치닫지 않고 세상으로 흘러넘칠 수 있도록 모성을 받쳐주는 사회를 상상하고 열망해야 한다. 그곳이 여성도 살기 좋고 남성도 살기 좋은 사회다.

엄마의 희생을
희생시켜라

친구를 만났거나 전화기만 붙잡았다 하면 넋두리하는 중년 여성이 꽤 많다. '자식 잘 키운 엄마'라는 평가를 받고자 아등바등하며 살았는데, 희생의 결과는 빈 둥지 증후군이다. 여성이 어머니로서만 살게 되면, 나중에 신세 한탄하거나 남편이나 자식 흉이나 보면서 여생을 견디는 일이 기다리고 있을지도 모른다.

어머니의 불행을 우리는 다 알고 있다. 엄마라는 말에 뭇사람들의 눈시울이 붉어진다. 엄마는 사무침과 절절함을 자아낸다. 군대에서 탈영을 막고자 어머니를 상기시키고, 경찰과 대치하는 용의자에게 자수하라고 설득할 때도 어머니의 하소연을 이용한다. 어머니는 거룩함으로 세상에 자리매김했다.

우리가 모성이라는 식민지를 수탈하면서 생긴 죄의식만큼 어머니는 거룩해진다. 우리는 어머니들의 살과 삶을 파먹으며 컸다. 서양 국가들이 수많은 지역을 쥐어짜고 착취하면서 근대를 이뤘고 지금도 세계의 많은 지역을 채무 관계를 통해 뜯어 먹듯 우리들 또한 엄마에게 기생해 쾌락을 빨아 먹고 있다. 모성애에 대한 치켜세움 뒤에는 어머니의 고생을 이부자리 삼아 편히 뒹구는 가정 구성원들의 뻔뻔함이 도사린다. 세상은 여자답게 헌신하지 않으면 나무라기 바쁘다. 특히나 아이에게 무슨 문제라도 생기면 모든 것이 엄마가 양육을 잘못한 탓처럼 몰아가면서 죄책감을 가중시킨다. 영국의 정신분석학자 도널드 위니캇Donald Winnicott이 사용한 '그만하면 충분한 어머니'라는 용어가 중요한 이유다. 워낙 어머니에게 가혹한 기대와 지나친 질책이 쏟아졌고 여자들은 엄마 노릇을 잘 못한다는 자괴감에 시달리는데, 현실의 대다수 여성은 그만하면 충분한 어머니다.

자식을 낳고 기르고자 하는 욕망은 원초성에서 파생되는 강렬한 본능이더라도, 가슴 한쪽엔 자신만의 바람이 불어오기 마련이다. 소설 『마요네즈』는 김혜자와 최진실 주연의 영화로도 만들어졌는데, 가족의 안위보다는 자기 삶을 즐기는 데 집중하는 어머니를 통해 새로운 여성상을 제시했다. 영화 〈코파카바나〉에서도 프랑스의 국민배우 이자벨 위페르 Isabelle Huppert는 자식을 위한 헌신이 아니라 자기 인생을 즐기는 여성으로 등장했다.

가부장제는 어머니가 무언가를 시도하려고 하면 아이가 있으니 그만두라고 제지했다. 모성 칭송에는 어머니가 앞으로도 줄기차게 희생하라는 압박이 곁들여져 있다. 엄마라는 말에 마음이 찡해지기만 하면 엄마의 희생은 완고한 관성이 된다. 여성 스스로 남을 돌보고 챙기다 보니 가족들은 여성의 희생을 무덤덤하게 받아들이는 지경이다. 삶을 희생하면서 획득한 어머니의 명예는 자식을 옭아매는 멍에가 된다. 가라타니 고진은 여성이 아이를 소중하게 생각하기 때문에 아이를 구속하고 자신도 구속된다고 지적한다. 자식을 돌본다는 명분으로 자신을 희생하게 되면, 자식과 엄마의 관계는 응어리진다. 아이 때문에 꿈을 접고 희생만

하는 건 자식의 마음에도 부채 의식이라는 말뚝을 박는 꼴이다.

슬로베니아의 사상가 슬라보예 지젝Slavoj Žižek은 엄마의 끊임없는 불평은 계속해서 자신을 착취하라는 요구라고 의견을 피력했다. 자신이 희생하고 포기할 각오가 되어 있음을 각인시켜놓았기 때문에 집안의 가족들은 엄마의 불평을 들으면서도 예전처럼 엄마를 무자비하게 착취한다. 따라서 가정의 착취로부터 해방되려면 여성은 희생 자체를 희생시켜야 한다고 슬라보예 지젝은 주장한다. 착취당하는 희생자 역할을 부여하는 가족이라는 연결망을 받아들이지 말고, 능동성을 발휘해서 자식들 부양과 수발하는 일을 멈추어야 한다는 것이다.

희생이 여성의 올바른 모습이라는 가부장 체제의 규율이 여성들에게 내면화되어 있으므로 희생을 희생하라는 조언을 여자들이 받아들이기는 쉽지 않을 것이다. 여성은 너무나 기나긴 세월 동안 자기희생을 해왔고 여전히 자기희생이 문화의 형태로 대물림된다. 자유롭고 평등해진 현대라고 해도 문화 관성은 거의 본능처럼 작동한다. 자신을 위해 삶을 펼치라는 현대의 구호에 동의하더라도 여성은 남자와 아이를 보살피면서 찬사를 받고 싶어 할 수 있다. 자기 자신을 잃어버리는 지경이 될 때까지 희생하는 길을 갈 수 있다. 그 길에 무엇이 있는가?

중년의 남녀에게 소원을 물어보면 남자는 직장에서의 승진이나 자식의 성공이나 안정된 노후를 얘기한다면 여자는 집안의 행복과 가족의 건강이다. 남자는 '나'를 중심으로 사고한다면 여자는 '우리'를 중심으로 사고하는 것이다. 여성은 '우리'로서 사고하는데, 현대 사회의 가족은 여성을 덜 생각한다. 대가족 제도가 허물어지면서 자식들이 보살피고 돌보리라는 기대가 사라졌다. 늙은 엄마들은 어느 때보다 외롭고 괴롭다. 정신없이 자식을 보듬다 돌아보니 남은 건 1년에 얼굴 몇 번 보기도 힘든 자식들과 늙고 약해진 몸뚱이뿐이다. 희생과 죄의식이라는 악순환의 굴레를 끊어내고, 보상 심리와 피해 의식을 줄이기 위해서라도 자식이 먼저 변화를 꾀해야 한다. 엄마가 갑자기 달라지기는 어려울 수 있다.

사람과 사람이 평등하게 관계 맺는 일은 언제나 어려운 숙제인데, 특히나 가족 안의 민주화는 버겁다. 사랑이라는 이름으로 여성의 희생을 당연하게 여기면서 단물만 빨아먹는 일이 얼마나 흔한지 모른다. 우리는 물어야 한다. 엄마라고 해서 정말 엄마가 살아온 대로 살고 싶었을까?

자식들은 엄마를 한 인간으로서 대하는 방식을 익혀야 한다. 엄마를 인간으로서 생각하고 관계할 때, 엄마의 희생이 줄어들 마당이 열릴 수 있다. 나중에 평생 죄의식을 짊어지고 살지 않기 위해서라도 지금 이 순간 엄마의 손을 잡아보고 그 작아진 등을 껴안아봐야 한다. 그리고 집안일을 시작해야 한다. 엄마와 함께할 날이 어쩌면 그리 많이 남지 않았는지도 모른다. 이성복은 이렇게 시를 쓴다.

문을 열고 들어가

문을 열고 들어가 너의 어미를 만나라
어미가 누워 있다 오래전부터 앓아왔다
무슨 병인가 묻지 말고 뜨거운 이마를 짚어라
어미의 熱이 너의 이마에 오를 때까지
기다려라, 뜨거운 어미의 熱이 너의 가슴을 태울 때까지

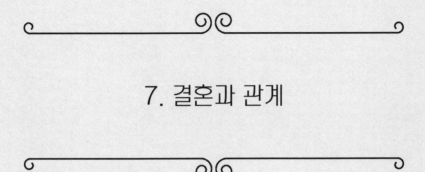

7. 결혼과 관계

더 나은 환경에서
살고 싶은 양혼

과거에 결혼은 여성의 가치를 높일 수 있는 유일한 통로였다. 실제로 하층 계급의 여성이 결혼을 통해 신분 상승을 한 경우는 종종 있었다. 최근에 인류학자들은 유전자 조사를 통해 어떻게 핏줄이 섞이고 이동했는지를 파악했더니, 하층 출신의 남성 유전자가 상층으로 이동한 경우는 드물었지만 하층 출신의 여성 유전자가 상층으로 이동한 경우는 적지 않았다.

자기보다 신분이 높은 사람과의 결혼을 '앙혼仰婚' 또는 '상향혼上向婚'이라고 부른다. 오랜 세월 남성 중심의 가부장제 아래에서 여자들은 앙혼을 시도했다. 지금도 앙혼의 양태는 남아 있다. 여자 연예인이나 아나운서가 재벌 2세나 부유한 집안의 남자와 결혼하는 현상을 예로 들 수 있겠다.

미국의 페미니스트 인류학자 셰리 오트너Sherry Ortner는 하층 계급 여성이 상층 계급 남성과 결혼하는 것이 동맹을 발달시키고 사회 통제를 견인하는 데 중요했다고 분석한다. 상향혼을 맺을 때 순결은 필수 조건이었다. 여성의 성과 몸은 가족의 재정 자원이었던 셈이고, 여성은 친족에 의해 재산처럼 보호받았다. 셰리 오트너는 앙혼이 여성 스스로 종속에 협력했다는 증거라고 언급한다. 여자가 가부장제에 희생당한 피해자가 아니라 당시의 상황에서 최대한 자신과 친족의 욕망을 실현하고자 결혼을 이용했다는 것이다. 거다 러너는 가부장제 역사를 분석하면서 앙혼이 부인, 첩, 노예의 지위가 상호 침투했음을 보여주는 증거라고 자신의 해석을 덧붙였다.

과거의 혼인이 남자의 돈과 여자의 성이 거래되는 일처럼 비쳤으므로 결혼을 성매매와 연관시켜서 생각하는 일은 흔했다. 비극의 연인이었던 엘로이즈가 아벨라르에게 쓴 편지에서 남편의 인격이 아니라 재물이나 지위 때문에 시집가는 여자는 자기 자신을 파는 여자라고 규정했다. 욕망에 이끌려 결혼한 여자는 그에 대한 대가를 받을지언정 사랑받을 가치는 없다고 질타했다. 엘로이즈는 남자의 됨됨이에 관심이 없고 재산만 탐한다면 더 부유한 사람에게 몸을 팔 것이 확실하다고 역설했다. 엘로이즈가 자기의 순정을 돋보이게 하기 위해 다른 여자들을 비난하는 걸 감안하더라도 남자의 재력에 따른 결혼이 예전부터 흔했음이 드러난다.

보부아르는 원시 문명에서 현대에 이르는 과정을 샅샅이 살핀 뒤 남성은 여성을 부양하고, 여자는 침대를 봉사의 장소로 삼아 감사를 대신해왔다고 기록했다. 보부아르는 결혼의 구조가 성매매와 마찬가지로 대등하지 않으며, 여자는 몸을 주면서 이익을 도모하고 남자는 대가를 지불한 뒤 주인으로서 여성을 소유한다고 분석했다. 필리스 체슬러는 결혼을 통해 노예 상태가 된 여자는 남편에게 받는 용돈이나 제한된 성행위에 기초한 단기간의 보상만 주어질 뿐이며, 아내는 남편으로부터 돌봄을 받지 못하는 성차별한 현실을 강조했다. 프리드리히 엥겔스Friedrich Engels는 불평등한 경제 구조 때문에 혼인이 성매매와 그리 다르지 않게 이뤄진다며 돈 때문에 결혼하는 일을 끝낼 수 있게 혁명이 필요하다고 주장했었다. 알리스 슈바르처는 원하지 않아도 남편이 원하면 성관계하는 걸 성매매라고 간주하고는 불행한 결혼 생활을 빨리 마감해야 한다고 여성들을 독려했었다. 비르지니 데팡트도 여자들이 성관계에는 흥미가 별로 없더라도 성을 통해 이득을 보는 법을 알고 있다고 말했다. 돈과 권력을 가진 남성과 맺는 여성의 관계는 결국 다 비슷해 보였다며, 비르지니 데팡트는 남자가 먹여 살리고 극진히 보살펴주면 성공했다고 믿는 여자들에게 슬픔을 느꼈다. 데팡트는 결혼이란 명목 아래 섹스를 대가로 남자를 붙잡고자 자주성을 포기한 여자들이 좀 멍청해 보인다고 센 소리도 한다.

여성의 양혼 행태와 성매매의 유사함을 비교하는 일도 의미 있는 작업일 수 있지만, 이보다 중요한 건 부유한 남자와 결혼하는 것이 여성의 삶에 정말 좋은 일인지 사유하는 일이다. 우리는 자산가나 전문직 남편을 둔 여성에게 시집 잘 갔다고 한마디씩 하지만, 현실을 보면 돈이 넘쳐나는 만큼 불행이 넘쳐나는 가정이 부지기수다. 고소득 전문직이지만 밖으로만 싸돌아다니다 훗날 자식과 심각하게 부딪치는 남자들이 널렸다. 이들은 경제 방면으로는 능력자일지 모르지만 인생에서는 무능력자이다. 평생을 함께할 사람을 선택할 때 단순하고 획일화된 잣대를 사용하는 건 파국을 예고하는 일이다. 재레드 다이아몬드는 인간이 짝을 고르는 데 매우 형편없다고 논평한다. 성적인 매력이 있는 여자거나 비싼 외제차를 모는 잘생긴 남자가 다른 면에서는 굉장히 열등한 현실 때문에 얼마나 많은 배우자들이 고통 속에 몸부림치는지 생각해보라는 것이다. 반려자를 선택하는 기준이 얼마나 부실했는지 깨달을 때는 이미 늦었다.

여자들이 남자에게 바라는 기대는 현실에서 충돌되기 일쑤다. 남편감으로 어떤 사람이 좋으냐고 물으면 여자들은 문화와 지역을 넘어서 친절함과 소통 능력을 손꼽는 동시에 높은 지위와 안정된 경제력을 중시한다. 문제는 이 두 조건이 합치되기가 어렵다는 사실에 있다. 공감을 잘하는 남자에게 성공은 멀기만 하다. 회사든 대학이든 조직 사회에서 승진하고 권력을 쥐는 남자들은 대개 추진력이 있지만 완고하고 다정함이 부족한 편이다. 여성에게 화려한 삶을 선사할 수 있는 남자는 함께 걸어가기에는 부적합한 사람일 가능성이 크다. 혹시라도 백마 탄 왕자의 뒷자리를 차지하게 되면 당장은 그 속도감에 들뜨지만 머지않아 남자가 돌아보지 않고 내달린다는 걸 깨닫게 된다. 여자들이 오직 돈이란 창을 통해 결혼을 바라본다면, 그 창은 여성의 인생을 고통스레 관통할 것이다.

물론 결혼을 앞두고 안정을 중시할 수밖에 없긴 하다. 경제 형편이 안정될수록 출산과 양육 기반이 탄탄해서 아이에게 좋은 환경이 될 수 있다. 마거릿 미드는 인간 가족의 고유한 특성은 모든 남성이 아내와 자식의 생존에 필요한 것을 마련해주는 양육 행위에 있다고 분석했다. 번식에서의 성역할 말고는 남녀 사이에 아무런 차이가 없다고 명백히 선언했던 사회는 어느 곳도 없었다고 마거릿 미드는 논평했다. 더 나은 환경에 대한 욕망은 인간 안에 장착되어 있고, 여성은 좋은 상황에서 아이를 키우고 싶어 한다. 프랑스 식민지 출신의 혁명운동가 프란츠 파농Frantz Fanon을 파리에서 만난 고향 여자들은 흑인과는 결혼할 수 없다고 솔직하게 고백했다. 흑인 여자들은 애인을 고를 때나 잠시 바람을 피울 때 조금이라도 덜 검은 남성을 원했다. 인종 차별과 온갖 폭력에 시달렸던 흑인들 내면은 열등감으로 얼룩졌다.

더 나은 환경에서 아이를 키우고 싶은 여성의 욕망은 농촌으로 시집 가지 않는 현상과 맞물리고, 농촌 총각들이 해외 이주 여성과 결혼하는 현상과 연결된다. 자신이 살던 지역보다 타국의 농촌이 더 나은 곳으로 가정하는 여성은 이주 결혼을 감행한다. 이민을 가서도 여자들이 좀 더 생활력이 강하고, 성풍속 변화에도 여자들이 빠르게 녹아든다. 베를린영화제 황금곰상을 비롯해 각종 상을 휩쓴 영화 〈미치고 싶을 때〉도 여성 태도의 유연성을 보여준다. 독일엔 터키 이민자들이 굉장히 많이 산다. 터키계의 젊은 여자들은 독일에 퍼져 있는 자유로움을 자신들도 누리려 하는데 터키계의 남자들은 여자들을 통제하려 든다. 영화 〈미치고 싶을 때〉의 주인공은 독일 남자와의 결혼을 통해 터키 남자들의 예속에서 벗어나려고 시도한다.

여성은 결혼을 통해 국경과 문화를 초월하여 좀 더 나은 환경을 찾는 모험가라고 볼 수 있는 셈이다. 여성은 열악한 여건 속에서도 자기 삶을 개척하려는 주체이다.

결혼 시장에서 요구되는 성역할

인간은 결혼을 앞두고 자신을 점검한다. 여성은 교육 수준, 지성, 직업, 성적 매력, 용모, 포부, 의존 욕구 등등을 헤아리면서 자신이 결혼 시장에서 얼마나 가치가 있으며 어떤 남자를 만날 수 있을지 재본다. 인간은 자신에 대한 정보를 수집하고 세상의 평가를 근간으로 자기 태도를 조정한다. 예컨대 여자들 가운데 일부는 수선화 같은 인상을 주기 위해 레이스 달린 치마를 입고 긴 생머리를 기르며 눈을 동그랗게 뜨고 살포시 짓는 웃음을 선보이며 연애 시장에서 자기 가치를 높이려 한다. 또 다른 여자들은 똑 부러진 말과 책임감 있는 태도로 자신이 현명하고 성실한 아내감이라는 사실을 홍보한다.

이미 세상엔 보이지 않는 각본이 쓰져 있고, 저마다 자신에게 적합하다고 판단한 배역을 수용하고 수행하기 십상이다. 성역할은 가장 오래되고 가장 억센 압력이다. 성역할은 쇠사슬처럼 우리를 강력하게 얽어매는데, 특히 결혼을 앞두고 무지막지한 위력을 발산한다. 결혼 시장에서 우대되는 건 여자다운 여자이고 남자다운 남자이다. 성별에 맞지 않게 행동하는 사람은 결혼 시장에서 선호도가 몹시 낮다. 성역할에 자신을 끼워 맞추지 않고 결혼하기란 쉬운 일이 아니다. 아름다움의 신화를 깨뜨리고 여성을 해방시키고자 분투한 나오미 울프도 자신이 새하얀 드레스를 입고 결혼해서 전통의 아내 역할을 할 것이라고는 상상조차 못했으며 엄마가 되어 이렇게 만족스럽게 살 것이라고는 전혀 생각해보지 않았다고 털어놓았다.

결혼하면서 생기는 변화의 양상은 성별에 따라 상이하다. 남자 가운데 아내를 따라 이사하거나 직장을 바꾸는 경우는 드물다. 좀 더 정확히 말하면, 남자들은 인생의 궤도를 바꾸는 상대와 결혼하지 않는 편이다. 남성은 누구의 남편으로 불리게 만드는 여성보다 자신의 부인으로서 불리는 여성을 원해왔다. 남자들은 바깥일 하고 집에 돌아왔을 때 나긋나긋하게 맞이하고 시중들어주는 아내를 바랐다. 젊고 귀여운 여성에 대한 선호는 여자를 통제하려는 욕망을 내포한다.

남성과 달리 여성은 결혼을 통해 인생이 송두리째 변한다. 사회 여건의 변화뿐 아니라 임신과 출산에 따른 신체 변화로 삶이 급변한다. 남자들은 머릿속에 지우개라도 들었는지 자신이 결혼했다는 사실조차 곧잘

잊고는 미혼일 때처럼 굴기도 하는데, 여자는 출산하고 육아하면서 미혼처럼 행동할 수 없다. 결혼하면서 동반되는 임신과 육아는 여성의 삶을 단절시키고 비약시킨다. 미국 같은 경우는 심지어 성을 갈아야 한다. 여자는 거의 다시 태어나는 것 같은 변화를 치르기 때문에 결혼을 대하는 태도가 진지할 수밖에 없다. 다시 태어날 때 기존 생활보다 하락하고 싶은 사람은 없다. 남자들의 조건을 곰곰이 꼼꼼히 따지는 배경이다.

여성이 남성에게 바라는 조건에는 성품부터 취미, 정치 성향부터 종교까지 다양하겠으나 특히 경제 형편이 부각된다. 설문 조사에 따르면 요즘 젊은 여자들은 돈 잘 버는 남자보다는 대화가 잘 통하는 남자와 결혼하는 게 더 중요하다고 답변한다. 그런데 아이가 있는 여자에게 배우자의 조건을 물으면 부양 능력을 더 중시한다. 여성은 결혼해서도 감정을 교류하는 낭만을 원하지만, 아이가 생기면 감정과 인식이 변화하는 경향을 보인다. 남편에 대한 아내의 신뢰란 자신과 아이에 대한 헌신과 부양 능력을 기초로 세워진다.

은희경의 단편소설 중에는 부모의 등쌀에 떠밀려 선을 자주 보는 주인공이 나온다. 주인공은 감흥 없는 남자와 조건 보고 결혼하는 건 아니라고 생각한다. 서로의 신상 정보를 다 알고 만나는 것에 넌더리낸다. 치과의사나 변호사 집안이나 고급 공무원 집안의 아들을 만나고 난 뒤 싫다고 말하면, 어머니는 늙어가는 부모 생각은 손톱만큼도 하지 않는다면서 도대체 마음에 안 드는 이유가 뭐냐고 다그친다. 주인공이 어쩐지 끌리지 않는다고 더듬거리면서 답하자, 어머니는 큰일 났다면서 나이를 생각하라며 더욱 화냈다. 아무하고나 결혼하길 원하는 거냐고 주인공이 대들자 언니가 끼어들어서 한마디 한다. 결혼은 아무나 하고 하는 거라고. 감정이란 변하고 사라지기 때문에 결혼은 변하지 않는 걸 계산해서 결정하는 게 좋다고. 서로 계산을 끝낸 뒤 결혼식을 올리면 서로 사랑하는 일만 남은 거라고.

주인공의 언니가 냉혹해 보이지만, 그녀는 낭만을 기대하지 않기 때문에 결혼 생활에 질리지 않을 가능성이 있다. 미국의 교육학자 마이클 거리언Michael Gurian에 따르면 결혼 생활을 안정되게 잘하는 여성은 남편에게 요구하는 내용을 바꿨다. 결혼해서도 낭만 어린 관계에 집착하는 여자는 불행한 결말을 맞는 경우가 있다는 통계도 언급한다. 아이를 잘 키울 수 있는 남편의 경제력을 중요하게 인식한 여자는 낭만에 대한 기대를 아예 내버리지는 않더라도 일정 정도 낮춘다. 애인이 아니라 아버지로서 성역할을 요구하는 것이다.

오랜 세월 가부장제가 진행되면서 남성은 여성을 책임지고 여성은 남성에게 의존하는 관행이 지속되었고, 현대 들어서도 기존의 성역할이 철폐되지는 않았다. 남자다움과 여자다움은 과거부터 이어져오는 일반화된 관념이고, 우리는 어릴 때부터 보고 들으면서 자연스럽게 익힌다. 너무나 뼛속 깊이 내면화되었고 오랜 시간 반복해서 수행되었기 때문에 자신의 행동이 타고난 본성이라고 믿을 정도다. 대찼던 여자들도 결혼하면 남자 뒤에서 내조하려 드는 걸 편하게 여기기도 한다. 이처럼 성역할은 남녀 모두가 공모하면서 굳세게 지속된다.

어려워진 결혼

요새 젊은이들은 더 많은 것을 성취하고 더 크게 성공하라는 자본의 명령 속에서 성장했다. 저성장의 시대를 맞았어도 우리는 수축하거나 퇴보하기를 원치 않는다. 남자들은 생활 수준을 유지하기 위해서 아내가 맞벌이하기를 원하고, 여자들은 혹여나 생활 수준이 하락하는 결혼이라면 내킬 리가 없다.

작가 임경선은 여자들이 신데렐라까지는 과분하더라도 현상 유지는 하려는 욕망을 갖고 있다고 지적한다. 결혼 상담을 요청하는 여자들의 가장 큰 두려움은 결혼으로 삶의 질이 지금보다 떨어지는 것이다. 결혼하고 싶은 여자들은 현재 사귀는 남자를 배우자로 맞아도 괜찮을지 하루에도 여러 번 곱씹는다. 일본의 사회학자 야마다 마사히로[山田昌弘]는 여성이 배우자를 고를 때 아버지를 기준으로 삼는다고 설명한다. 아버지의 경제력보다 뛰어나지는 못하더라도 뒤처지는 남자라면 배우자로 삼고 싶지 않은 것이다.

과거에 아버지가 딸의 손을 잡고 식장에 들어선 다음 사위에게 딸을 인계했듯, 여성의 생활 수준은 결혼하기 전에는 아버지에게 달렸다면 결혼하고 나서는 남편에게 달렸다고 해도 지나친 말이 아니었다. 하지만 저성장 시대를 맞아 젊은 세대들은 기성세대가 누리고 있는 안락을 얻을 수 없게 되었다. 비정규직이 넘쳐나고, 불안이 심화된 사회에서 자력으로 안락한 생활을 영위하는 남자는 많지 않다. 생활 수준을 낮추고 싶지 않은데 남성의 경제력이 떨어졌으니 여성은 결혼을 꺼리게 된다. 갈수록 결혼 초령은 늘어나고 결혼 성사 자체가 어려워진다.

임경선은 낭만도 원하고 안온함도 포기할 수 없어서 어정쩡한 태도를 보이는 여자들이 결혼하고 난 뒤 불평불만과 자기 연민에 빠지는 걸 보면서 자신이 원하는 바를 이해하고 솔직히 인정할 줄 아는 여자가 낫다고 논평한다. 임경선의 충고도 일리가 있으나, 결혼할 때 조건과 사랑 모두를 헤아리는 건 인간의 자연스러운 욕망이다. 결혼 생활이 너무 궁핍하다면 하루하루가 곤란이지만, 그저 경제 공동체로 전락하는 건 치욕이 되는 시대다.

결혼이 늦춰진 데는 경제 구조의 변동 말고도 여러 이유가 있다. 먼저, 낭만화된 사랑이 결혼을 가로막는다. 요즘 사람들은 과거처럼 중매를 통해 혼인할 수 없다. 마음에 맞는 사람과 결혼하고 싶어 한다. 하지만 깊게 통하는 사람을 찾아 평생 함께하기란 말처럼 쉬운 일이 아니다. 정말 원하는 상대가 나타날 때까지 결혼은 뒤로 늦춰진다.

성의 영역이 자유화되면서 한 여성에게 군이 정착하려 하지 않으려는 남자들의 욕망이 결혼을 막는 원인이 되기도 한다. 남성은 여자들이 우러르는 소수와 그 밖의 집단으로 나뉘고, 여자들은 조금밖에 없는 전리품을 얻고자 다툰다고 해나 로진은 결혼 시장 풍경을 묘사한다. 잘난 남자는 여자들의 수요가 높아 좀처럼 한 여자에게 안착하지 않고, 인기가 없는 남자는 그다지 매력이 없다. 남성은 결혼하지 않거나 못 한다. 이에 따라 여자들도 결혼하기가 어려워진다.

무엇보다 주요한 건 여자들의 각성이다. 기존의 결혼 제도가 불공정하므로 현대 여성이 결혼 파업을 벌이는 것이다. 요즘 여성은 남성보다 학력이 높아지고 경제력도 생겼는데 결혼의 실태는 고리타분하다. 남성에게 순종하라는 관습에 여자들이 염증을 내고 있다. 보부아르는 자신이 결혼하지 않는 이유를 이렇게 말했다. 결혼하면 사람들이 자신을 기혼자로 보고, 스스로도 결혼한 사람으로 생각하면서 결혼하기 전과 후의 사회생활이 확연하게 달라지기 때문에 결혼은 여성에게 위험하다고.

저메인 그리어는 자기 상태를 현저하게 개선하려면 결혼을 거부해야 한다는 사실이 분명하다고 역설했다. 결혼하면 여자는 더 나은 보수와 조건을 얻기 위한 시도를 하지 못한 채 남자에게 고용되어 평생 일하겠다고 서명한 꼴이라며, 해방을 추구하는 여성은 결혼해서는 안 된다는 단언도 괜찮다고 강조했다. 남자의 처분에 따라 일상이 달라지는 불공평함에 여자들은 분노하면서 결혼 자체를 거부하고 있는 것이다.

고학력의 전문직 여자들이 짝을 찾지 못한다면서 마치 여성의 배움 자체가 잘못인 양 여론 몰이 하는 언론이 숱하고, 여전히 '골드 미스의 문제'를 다룬 기사들이 쏟아진다. 그런데 과거로 돌아갈 순 없다. 시대의 변화에 발맞추어 결혼관의 변화도 일어나리라 예상된다. 여성이 자신보다 경제력이 뛰어나지 않으나 정서가 풍부한 남성과 함께 사는 일이 흔해질 것이다. 이미 전 세계에서 남자들이 앙혼하는 추세가 늘어나고 있다. 스페인의 인구통계학자 알베르트 에스테베Albert Esteve는 여성의 상황 변화가 결혼 형태에 미치는 영향을 추적했다. 여성의 교육 수준과 지위가 높아지면서 앙혼 추세는 거의 사그라졌으며 일부 국가에서는 역전된 현상까지 나타났다. 프랑스, 포르투갈, 헝가리, 벨라루스, 브라질, 콜롬비아, 몽골, 이스라엘 등등의 국가에서는 여성 대다수가 자신보다 교육 수준이 낮은 남자와 결혼하고 있다.

아직 많은 사람들이 성역할에 따른 남성 주도의 안정된 가정을 바람직한 모습으로 여길지도 모른다. 하지만 집안의 주도권은 남성에게 고정되지 않는 형국이 되고 있다. 성평등하게 협력하는 부부의 모습이 대세가 되어간다. 영화 〈미스터 주부 퀴즈왕〉에서처럼 아내(신은경)가 바깥일을 하고 남편(한석규)이 전업으로 육아에 종사하는 경우도 늘어날 것이다. 과거의 결혼이 남자에게 책임감을 부여하면서 여성을 보호하는 속성이 강했다면, 요즘의 결혼은 남성이 여성과 동행할 몸가짐을 갖추지 못했다면 유지될 수 없다.

남편이 아닌 다른 남자가
꿈에 나타난다

인간은 수많은 사람과 알고 지내길 원하더라도 누군가와 맺어지면서 생겨나는 특별한 관계의 깊이를 원한다. 결혼은 인간의 욕망을 반영한 결과이다. 인간이 결혼과 상극이라면 결혼이 이토록 유서 깊은 제도가 될 수 없었을 것이다. 다만 인간은 결속을 원하면서도 자유도 원한다는 모순을 지녔다. 결혼이 축복이면서도 올가미처럼 사람들이 인식하는 까닭이다.

그동안 가부장제는 자율성을 지니려 하는 여성을 처벌했고, 여성은 결혼을 통해서만 성의 세계로 들어가는 입장권을 얻을 수 있었다. 여자들은 결혼에 대한 지나친 환상을 품을 수밖에 없었다. 에리카 종은 당신이 아무리 똑똑한 여자이고 물리학과 철학과 역사학을 깊게 공부했으며 세상에 나가 힘든 분야에 도전하고 싶더라도, 당신의 마음은 여전히 여고생들이나 품는 감상과 갈망으로 가득 차 있을 거라고 이야기한다. 여자라면 한눈에 반해서 사랑에 굴복하기를, 남자가 자신을 가득 채워주기를 열망하면서 결혼하게 된다는 것이다. 그런데 막상 결혼하면 자기혐오의 공황 상태에 빠져들게 된다고 에리카 종은 묘사한다. 낯선 남자들에게 매혹당하고 남편이 아닌 다른 남자가 꿈에 나타나면 자신이 사악한 여자처럼 느껴지기 때문이다.

에리카 종의 작품 속 주인공은 남편과 자신이 끌리는 남자 사이에서 괴로워한다. 남편은 안정감과 편안함을 상징한다. 주인공은 남편을 욕망하고 사랑한다. 하지만 새로 만난 남자가 불러일으키는 열정과 설렘 역시 욕망하고 사랑한다. 주인공은 자기 안에서 그 두 욕망을 결코 화해시킬 수 없다고 비통하게 쓴다. 주인공은 남편과 새로 끌리는 남자랑 같이 귀가하는 길에 남편을 보내버리고 그 남자와 집으로 들어가고 싶은 욕망에 휩싸인다. 그러나 그 남자를 보내고 남편과 들어가야 했다.

나혜석도 비슷했다. 나혜석은 김우영과 결혼하면서 일생을 두고 지금과 같이 자신을 사랑해달라는 조건을 내걸었다. 나혜석과 김우영은 폐병으로 죽은 나혜석의 약혼자가 묻힌 벽산으로 신혼여행을 갔고, 김우영은 무덤에 비석까지 세워주면서 나혜석에게 잊을 수 없는 추억을 안겼다. 하지만 나혜석은 김우영의 친구였던 최린과 사랑에 빠졌다. 나혜석은 다른 이성과 좋아 지내면 자기 배우자와 더 잘 지낼 수 있다고 생각했지만, 김우영은 노발대발하면서 이혼을 감행했다.

결혼을 지키고 한 사람만을 사랑하겠다는 의지는 숭고하지만, 우리의 인생은 자신의 의지만으로 완전히 제어되지는 않는 경우가 자주 일어난다. 결혼해도 다른 사람에게 끌리게 된다는 것을 아무도 이야기해주지 않는다. 시간이 지나면 배우자는 식구처럼 된다. 아이가 생기면 육아 동료가 된다. 신혼 생활이 달달하고 화끈하더라도 기쁨의 감창소리는 시나브로 사라진다. 수많은 사람들이 결혼을 사랑의 무덤이라고 하는 까닭도 두 사람이 가까워지는 만큼 성욕은 감퇴되기 때문이다. 스위스 출신의 작가 알랭 드 보통Alain de Botton은 1년에 여섯 번밖에 성관계하지 않는 부부의 상황을 묘사한다. 결혼만 하면 타인과 성행위하기까지의 불안과 고역에서 벗어나게 되리라 기대하지만, 실제로는 그렇지 않다. 결혼했기 때문에 무한한 가능성이 담보되었지만 성관계 횟수는 줄어들어 오히려 곤란한 처지에 놓인다. 방금 술자리에서 만난 상대와 잠자리를 하지 못하는 건 놀랄 일이 아니지만, 평생의 동반자로서 서약한 사람과 성행위하지 않는 밤이 길어지면 이건 누구에게도 말할 수 없는 창피한 일이자 곤욕스러운 상황이 된다.

현대 사회는 성욕을 죄악시하는 흐름에서 벗어나 해방하고 긍정하는 방향으로 나아갔다. 이제 성관계는 장막 뒤에 감춰진 채 비밀리에 치러야 하는 행위가 아니다. 성행위는 부부 생활의 필수이자 삶의 행복으로서 찬양받는다. 인생은 한 번뿐이고 삶의 매 순간을 즐기겠다는 시대정신이 현대인들을 휩쓰는 가운데 결혼했는데도 성관계를 제대로 하지 못하는 상황은 분노의 원인이 된다.

가정 안의 성이 감퇴하면 가정 바깥으로 성욕이 강력하게 뿜어진다. 도시의 밤은 온갖 환락으로 현대인을 유혹하고 타락시킨다. 거기다 통신 수단을 통한 유혹의 바람이 우리의 시린 옆구리를 파고든다. 우편이나 집 전화와 달리 개인의 사생활이 보장되는 이메일과 휴대전화 그리고 요즘엔 스마트폰 앱을 통해 타인과 은밀하게 교류하는 일이 빈번하게 일어난다. 하룻밤 부담 없이 누군가를 만나려는 남녀로 무도회장은 북새통이고, 주말이면 산과 바다에서 서로 추파를 보낸다. 남자들이 정숙하지 않듯 여자들도 바람기가 다분하다.

체코의 생리학자 얀 하블릭Jan Havlick은 논쟁이 되는 연구 결과를 내놓았다. 고정된 짝이 있는 여자가 배란기를 맞을 때 보다 높은 지위의 남자 체취를 선호하는 데 반해 독신 여성은 그렇지 않다는 주장이다. 독신 여성이라면 가족을 챙기는 남자를 원하지만 가정을 꾸려서 안정된 부양을 받는 상황의 여성은 보다 지배성이 강한 남자를 은밀히 원하게 된다는 것이다. 또한 남편의 정액은 금세 방출하는데 밀회하는 애인의 정액은 더 많이 간직한다는 연구 결과도 있다. 여러 조사를 보면, 자식이 자기 새끼라고 믿지만 실제론 혈연관계가 아닌 아버지의 비율이 꽤 높게 나온다.

또 다른 흥미로운 연구 결과도 있다. 애인을 몰래 따로 두고 만나는 여성의 경우, 배우자와의 잠자리에서는 오르가슴 연기를 더 많이 연출한다는 것이다. 여성의 신체는 오르가슴을 경험할 때 정액을 자궁으로 더 흡입해 수태 가능성을 높인다. 남자는 자기 아이를 임신한 여성에게 더욱더 책임감을 느낀다. 이런 역학 관계를 의식에서는 헤아리지 못하더라도 남성의 본능은 자신과 성관계를 통해 절정을 경험했다고 간주되는 여성에게 애착을 강하게 갖는다. 그래서 여자들은 남자의 마음을 붙잡고자 무의식중에 오르가슴을 느낀 척한다. 오르가슴 연기는 상대의 자존심을 치켜세우는 기술이자 자신의 부정을 은폐시키는 기능도 숨어 있는 셈이다.

혼외 관계는 예나 지금이나 비일비재하다. 그런데 배우자가 아닌 사람을 사랑하게 되어 이혼하고 갈라서는 부부도 있지만, 들키지만 않으면서 은밀한 행각을 즐기는 이들이 부지기수다. 여성학자 조주은은 사람들이 애인을 찾으면서도 이혼하지 않는 이유를 분석한다. 먼저, 한국의 이혼 제도는 유책주의라서 가정 파탄에 책임이 있는 사람은 이혼 청구가 허용되지 않는다. 바람을 피우고 누군가를 사랑하게 됐더라도 이혼할 수 없다. 이보다 더 중요한 이유는 경제 사정이다. 자녀 양육비의 부담과 터무니없는 부동산 가격을 고려할 때 이혼은 경제적으로 큰 타격이다. 비정규직과 정리 해고가 일상화된 사회에서 경제력은 특권의 가치를 지녔다. 이혼하고 애인과 새로 시작할 때 발생하는 손실을 감수할 만큼 경제력이 탄탄한 사람은 드물다. 대부분의 부부는 경제 공동체를 유지하되 배우자 몰래 또는 묵인 속에 바깥 활동에서 낭만의 기회를 노린다. 배우자가 아닌 사람과 연애하는 기혼자들이 대거 등장했음에도 기존의 일부일처제는 굳건히 유지된다.

구타당하는 여자들

한국에서 여성 혐오가 사회 문제라는 데 다들 고개를 끄덕인다. 하지만 여성 멸시가 느닷없이 사회 문제가 되었다고 생각하는 건 우리의 둔감함을 보여준다. 여성 폄훼는 늘 자행되었다. 이에 여자들이 격분하여 오랫동안 저항한 결과 드디어 여성에 대한 멸시와 폭력이 문제라고 부각된 것이다.

여성 혐오는 고샅고샅 퍼져 있고, 가정은 여성 비하의 기초 공장이다. 툭하면 부부 싸움 끝에 칼부림하거나 집에 불 질렀다는 소식이 들린다. 언론 기사를 살피면, 이런 소식은 끊임없이 줄기차게 걷잡을 수 없이 터진다. 그런데 어처구니없는 사실은 아내가 죽어나가는데도 아직도 '부부 싸움'이라고 보도한다는 점이다. 부부 싸움을 칼로 물 베기라고 하는데, 대개의 부부 싸움은 칼로 여자 베기다. 남편에게 맞고 사는 여자를 찾기란 길거리에서 박씨 성을 찾는 일보다 쉬울지 모른다. 통계를 찾아보면 가정 폭력 피해자가 박씨 성의 숫자만큼 많다. 다른 나라도 비슷하다. 미국을 보면, 살해당한 여자들 가운데 42퍼센트가 현재 남편이나 예전 남자의 폭력에 살해당한다는 통계도 있다. 미국 여성 네 명 중 한 명이 가정 폭력의 영향을 받으며, 날마다 여성 세 명이 가정 폭력으로 죽는다.

여성에 대한 폭력은 몇몇의 콩가루 집안에서 망나니가 벌이는 깽판이 아니라 인류 사회의 일상이고 가정의 속살이다. "암탉이 울면 집안이 망한다", "여자와 북어는 사흘에 한 번씩 때려야 한다"는 속담이 버젓이 회자되던 사회에서 하루아침에 여성에 대한 폭력이 멈출 리 없다. 여자들은 집 안에서 울부짖었지만, 다들 쉬쉬했다. 여성의 비명을 개인의 가정사로 치부했다. 정희진은 절도와 아내 구타를 비교한다. 국민의 몇 퍼센트가 절도 피해를 당했다면 정부는 절도 근절을 위해 강력한 대책을 시

7. 결혼과 관계　　251

행한다. 절도범의 분노를 탓하면서 손 놓고 있을 리가 없다. 그러나 아내가 폭력에 시달리는 일은 절도보다 훨씬 빈번하게 일어나지만, 바로 그렇기 때문에 '일상다반사'로 취급된다. 여성이 피해자가 되는 범죄는 개인 문제로 치환되어 무시되는 것이다.

아내 구타를 교육이자 자신의 권위 세우는 일이라 믿는 남자들이 널렸다. 그런데 많은 여자들이 남성의 폭력으로부터 벗어나지 못하는 실정이다. 구타당하는 여자들은 애정 결핍에 시달리는데, 애정이란 가까운 관계에서 충족된다. 애정을 기대하는 사람에게 학대당하니 더더욱 결핍감이 심해지면서 애정의 필요성과 의존성이 증가한다. 자신을 함부로 대하는 사람에게 매달릴 수밖에 없는 악순환이 벌어진다.

폭력에 시달리는 여성은 길들여진다. 피해자가 도망치려 할 때마다 가해자는 죽인다고 협박하거나 주변 사람들에게 해코지하면서 피해자는 공황 상태가 된다. 매 맞는 여성은 공포와 무력감에 빠지고, 다른 사람과 관계도 끊어지면서 고립된다. 자신이 통제할 수 없는 폭력에 노출되어 불안에 사로잡힌 여성은 가해 남성에 저항하는 건 부질없는 짓이고, 순종을 통해 자신을 너그럽게 대하도록 유도하는 게 낫다고 판단하게 된다. 가해자의 목표는 피해자에게 죽음에 대한 공포뿐만 아니라 삶을 허용해주었다는 감사의 마음을 주입시키는 데 있다. 폭력 속에서 죽음의 문턱까지 갔다가 목숨을 건지는 일이 반복되면, 피해자는 가해자를 마치 구세주처럼 여기게 된다고 미국의 정신의학자 주디스 허먼Judith Herman은 분석한다. 아내를 길들이는 방식은 포주들이 성매매 여성에게 행하는 강압 기법과 흡사하다. 포주나 포르노 제작자들은 강압 기법을 서로에게 알려주고 행사한다.

세상과 단절되어 폭력을 당하다 보면 인간은 자신을 괴롭히는 상대에게 복종하는 일에 적응하게 된다. 도리어 맞지 않으면 긴장될지 모른다. 오랜 종속 생활에서 해방되었을 때 자유로움을 느끼기보다 다시 노예 생활을 원한 흑인처럼 족쇄에 길들여지면 사슬이 없어질 때 불편해진다. 영화 〈쇼생크 탈출〉이 보여주듯 감옥에 익숙해진 사람은 자유로운 세상으로 나가는 일이 두렵다.

구타당한 여성은 상담 받을 때 처음엔 자신을 비난하면서 폭력을 휘두른 사람을 옹호한다. 자신을 구타자와 동일시하고 구타자를 생존의 중요한 조건으로 여기기 때문이다. 다른 여자들과 연대할 수 있어야만 구타자와 동일시하는 데서 벗어날 수 있다. 여성이 폭력으로부터 벗어나려면 믿을 만한 사람이 곁에 든든히 있어야 하고, 이 사회에 자기편이 있다는 걸 몸소 느껴야 한다.

여성을 향한 폭력은 정도의 차이는 있지만 전 세계 어디서나 일어난다. 다행히도 여성운동의 결과로 많은 사회에서 피해 여성을 위한 쉼터가 마련되었다. 상당수의 상담가와 활동가들은 과거에 구타당한 피해자였다고 여성학자 낸시 프레이저Nancy Fraser는 언급한다. 폭력 피해 여성의 심정을 충분히 공감하면서 도와줄 수 있는 것이다.

한편, 구타당하는 아내는 사회의 시선에 갇혀 있을 수도 있다. 요즘 결혼은 대부분 자신의 선택이다. 결혼이 불만족스럽거나 비참하다면 자신이 잘못 선택했다는 걸 인정하는 꼴이 되어버린다. 헤어지려고 마음 먹어도 이혼녀라는 낙인, 자식 양육의 어려움, 이혼하고 나서 추락할 사회 지위와 열악해질 생활 수준, 친밀함의 상실이 두렵다. 용기 내는 일은 뒤로 미뤄진다. 매 맞는 여자들 가운데 많은 수가 남편 곁으로 되돌아간다. 이때 여성은 자신이 혼자가 되는 걸 두려워한다고 인정하기보다는 내가 남편을 버리지 않고 가정을 지킨다고 생각하면서 자존심을 지키려

한다. 때리는 남자를 걱정하면서 자기가 그 남자를 버리지 않았다고 자신을 두둔한다. 남자의 인생을 자신이 결정하는 것처럼 자기기만을 하는 것이다. 그들은 폭력을 겪고 있다는 건 당신이 썩어가고 있다는 상담자의 충고를 듣더라도 아픈 몸을 이끌고 다시 집으로 들어간다. 폭력의 흔적은 몸에 남지 않더라도 마음에 새겨진 상흔은 지워지지 않는다. 자존감은 이미 너덜너덜해졌지만, 남들이 보기에 그럴싸한 가정인 것처럼 불행한 결혼을 꾹 참는다.

여성의식이 있다고 폭력에 당차게 맞서기도 쉽지 않다. 공지영은 여성주의에 기초한 소설을 쓰고 수많은 자리에서 여성주의를 강연했으나 남편에게 매를 맞았다. 이혼하고 나서야 그때의 환멸과 분노, 상처를 토로하였는데, 과거의 공지영 같은 여자들이 우리 주위에 여전히 많을 것이다. 최근 데이트 폭력이 사회 문제로 떠오르는 가운데 진보 논객이나 예술가의 폭력 문제가 불거졌듯 배운 남자라고 해서 위압을 사용하지 않는 것이 아니고, 여성주의자라고 해서 폭력으로부터 해방된 게 아니다. 여성에 대한 멸시와 폭력은 우리 안에 똬리를 틀고 있다. 인류의 비열함과 야만성을 극복하기 위해서라도 우리는 자기 안의 폭력성을 직면할 필요가 있다.

우리 안의 야만은 여성이라고 예외가 될 수 없다. 25년 동안 50여 개국에서 이뤄진 가정 폭력을 조사해보니, 여성주의자들이 주로 참가해 조사했음에도 남녀 모두 거의 똑같이 서로를 때리거나 오히려 여자가 더 남자를 때리는 사회가 많았다는 충격의 결과도 있다. 여자가 먼저 폭력을 휘두르고 훨씬 더 심한 폭력을 가한다는 것이다. 그동안 남성에 대한 선입견으로 말미암아 여성의 폭력성이 은폐되는 경향이 있었다. 폭력은 모든 생명의 특징이다. 어떤 생명도 생존하고 번식하는 과정에서 일말의 폭력이 없을 수가 없다. 그렇다면 폭력을 그저 반대하는 수준을 넘어서 어떻게 하면 폭력을 줄일 수 있을지 사회 차원에서 깊이 궁리해야 한다.

이혼에 대해서

결혼해서도 행복한 부부가 많이 있다. 문제는 결혼한 쌍에 비해 다수가 아니라는 사실이다. 남들에게는 행복한 척 연기하지만 속은 문드러진 부부들이 사방에 넘친다.

결혼은 두 사람이 함께 걸어가겠다는 의지의 선포이고, 사회 공동체를 향한 의무의 선언이다. 하지만 인간 안에는 의지와 의무만으로 완벽하게 통제되지 않는 온갖 정동이 들끓기에 결혼 생활은 순탄하기 어렵다. 더구나 여성과 남성의 차이에 대한 이해 부족으로 남녀가 같이 살면 문제가 생기기 마련이다. 시간이 지나 장밋빛 환상이 가실 때쯤, 많은 부부가 함께 살아서 얻는 이익보다 함께 살면서 겪는 고통이 더 큰 건 아닌지 의구심을 갖게 된다.

여자는 결혼 생활이 유리할 때 얻는 이득보다 불리할 때 받는 피해가 더 크고, 여자는 남자보다 결혼을 덜 필요로 한다고 프랑스의 사회학자 에밀 뒤르켐Émile Durkheim은 주장했다. 여성은 결혼을 통해 삶의 안정을 기대하는데, 가정이 보금자리가 되지 않을 때가 흔했다. 남편이 듬직하게 중심을 잡아주는 부부도 많지만 여성이 흔들리는 가정을 지키려고 무던히 애쓰는 경우도 숱하다. 미국의 감독 대런 애러노프스키Darren Aronofsky의 영화 〈마더!〉를 보면 남주인공(하비에르 바르뎀Javier Bardem)은 자기 멋대로 군다. 여주인공(제니퍼 로렌스Jennifer Lawrence)은 인내하며 남편을 이해하려 들다가 왜 자신과 상의하지 않고 마음대로 하냐면서 역정을 낸다. 많은 부부 관계에서 나타났던 양상이었다. 과거엔 남성이 일을 벌이면 아내가 뒷감당하는 경우가 많았다.

부부 관계는 모닥불과 같다. 무책임한 행동이라는 찬비를 계속 맞으면 재만 남기고 꺼져버린다. 수많은 상담소에는 신뢰를 상실한 남자와 계속 살아도 괜찮을지 묻고자 방문하는 여자들로 득실하다. 여성은 신뢰가 깨지고 사랑이 식으면 결혼을 파기하려고 한다. 여성은 감정 소통과 인간 관계를 매우 소중하게 여기고, 남성과 원활하게 정서 교류가 되지 않으면 고독과 환멸에 휩싸인다. 마음의 문이 닫힌 타인과 살아야만 할 때 우리는 혹독한 외로움에 시달린다. 신뢰가 깨진 자리에서 고독은 우라지게 우거진다. 결혼하면 안정되고 듬직한 내 편이 생길 거라 기대하고 결혼한 여자들은 남편이 '남 편'이라는 걸 깨닫고는 눈물 젖은 밤을 보낸다.

이미 마음은 떠났더라도 결혼 관계를 파기하지 못하도록 막는 여러 가지 요인들이 있다. 그 가운데 가장 큰 건 자식이다. 아이만 없으면 당장 이혼 서류를 제출하겠다는 여자들이 많다. 하지만 과연 자식 때문에 이혼을 안 하는 것이 현명한지는 의문이다. 자식을 핑계로 헤어지지 않고 망가진 가정을 유지하는 것이 자식에게는 더 큰 고통을 주는 일이기 때문이다. 너 때문에 헤어지지 못했다는 말이 비수처럼 자식들 가슴 깊숙이 박힌 경우가 흔하다. 이혼하더라도 자식을 양육할 수 있다. 남편과 아내로서의 관계는 끝냈지만 양육의 공동 책임자로서 관계를 재구성하는 남녀들이 늘어나고 있다.

미국에서는 50세가 넘어서 이혼하는 부부의 경우 65퍼센트 이상이 아내 쪽에서 주도한 것으로 조사된다. 완경을 맞아 그동안 중요했던 가정과 자식, 인간관계와 체면 등이 우선순위에서 밀리게 되기 때문일 것이다. 완경기로 이행할 때 사회생활 하면서 얻는 성취와 노동에 따른 수

입은 여자에게 행복의 핵심이 될 수 있다. 직업을 가질 기회를 잡는 여자들은 자기 긍정과 독립성이 매우 높다. 아이들도 다 컸기 때문에 행복하지 않은 결혼 생활을 더 이상 유지할 명분이 없어졌다고 판단한 여자들은 과감히 이혼 서류를 제출한다.

주류 경제학의 논리로도 이혼이 설명된다. 이를테면 남자가 더 좋은 자전거를 만들고 여자가 더 맛난 밥을 짓는다면 거래는 두 사람 모두에게 이득이다. 만약 여자가 더 튼튼한 자전거를 생산하기 시작한다면 무역을 통한 이익은 감소한다. 비슷한 상황이 남녀 관계에서 일어난 것이다. 여성이 집안일을 도맡고 남성이 돈을 벌어오는 분업 체계에서는 결혼이 이익이다. 하지만 집안일과 육아도 거의 도맡으면서도 직장 일까지 하는 상황이라면 여성의 입장에서는 굳이 결혼을 유지할 필요가 없는 것이다. 그동안 여자들은 이혼할 엄두를 내지 못했다. 폐허 같은 부부 관계더라도 가정 안에 머무르는 길 말고는 여성에게는 주어진 방책이 없었다. 최근 들어 여성이 경제력을 획득하면서 이혼은 선택 사항이 되었다.

시대의 변화가 이혼의 통계로도 드러난다. 이혼하면 수입이 줄어들 거라고 내다보는 여성과 남성의 비율은 비슷한데, 경제 형편과 처지가 좋아지리라고 예측하는 여성의 수가 과거보다 훨씬 증가했다. 이혼하면 집안일 하는 시간이 남성은 일주일에 열 시간 증가하지만 여성은 여섯 시간 감소한다. 이혼한다고 해서 일상이 팍팍해지기는커녕 오히려 나아질 수 있는 상황이라면 불행한 결혼을 견디고 싶지 않은 것이다. 과거의 문학 작품을 봐도 여성이 이혼하면서 겪는 비참함을 그렸다면, 요즘엔 이혼녀가 당차게 묘사된다.

이젠 친족과의 관계 때문에 억지로 결혼하지도 않을뿐더러 불행한 결혼을 유지하라는 압박도 옅어졌다. 자유주의의 확산으로 개인의 행복이 현대인들에게 최고의 덕목이 되었다. 엘리자베트 바댕테르는 아이가 없건 있건 이혼이 또 다른 사람과의 보다 행복한 결합에 대한 희망을 의미하기도 한다고 언급한다. 현대인이 공유하는 부부상은 사랑과 자유를 통한 신뢰이다. 억지로 유지되는 부부 관계는 위선이자 비겁한 비열함으로까지 의미된다고 엘리자베트 바댕테르는 설명한다. 죽지 못해 하는 결혼 생활이라면 오히려 죽을 각오로 이혼하는 것이 더 근사한 일이 된 상황이다. 요즘 사람들은 세월의 관성 속에서 마지못해 유지되는 앙상한 결합보다는 희망을 간직한 아픈 고독을 선택한다.

작가 이서희는 우연히 마주치는 지인들이 남편과 아이의 안부를 묻기에 침묵의 불가능성을 깨닫고는 주변에 이혼 소식을 알렸다. 이때 미국 친구들은 이서희가 이야기를 더 나누고 싶어 하면 이혼이란 주제로 대화를 이어갔지만 그렇지 않으면 다른 주제로 넘어갔다. 이제 젊고 멋진 남자와 기막힌 잠자리를 가져볼 수 있겠다는 축하나 응원도 받았다. 한국도 이혼에 대한 주홍 글씨가 완전히 사라지지는 않더라도 이혼은 인생의 선택 사항이 되는 흐름이다. 행복한 삶을 향한 인간의 열망이 결혼 관계의 해체까지 불사하게 하는 것이다.

고통스러운 결혼을 견디는 일이 미덕이었던 시대는 저물었다. 이혼하면 여러 가지의 부담을 지겠지만 불행을 끝낼 수 있다. 여성의 삶은 이혼 때문에 망가지지 않는다. 오히려 이혼에 대한 공포가 수많은 여성의 삶을 망가뜨린다. 결혼 생활이 건강하게 유지되기 위해서라도 이별이 더 나은 선택이라면 기꺼이 이별을 선택하는 지혜와 용기가 부부에게 갖춰져야 한다.

이탈리아의 감독 페데리코 펠리니Federico Fellini의 영화 〈영혼의 줄리에타〉를 보면, 주인공 줄리에타는 바람피우는 남편에게 진저리가 나지만 차마 떠나지 못한다. 자신의 처지를 털어놓자 상담하던 정신분석가는 이렇게 귀띔한다. "당신은 남편에게 버림받을까봐 두려운 것이 아니라 남편에게서 떠나 행복해질까봐 두려워하고 있어요." 그렇다. 적잖은 여성이 어쩌면 이혼해서 더 행복해질까 두려워하면서 불행한 결혼에 머무른다.

크리스티안 노스럽은 24년의 결혼 생활을 청산한 뒤 굉장히 고통스러웠다. 하지만 누군가가 자기 삶을 장밋빛으로 바꿔줄 거라는 안일한 환상과 남자에게 의존하려는 구태의연한 사고방식에서 벗어나는 중요한 성취를 얻었다고 고백한다. 이혼한 뒤 보살펴주는 남자 없이 꿋꿋이 견디면서 아이들과 자신을 혼자서도 돌볼 수 있게 된 노스럽은 자신이 더욱 담대하고 용기 있는 여성으로 거듭났다고 기록한다. 그동안 기다리던 백마 탄 기사가 바로 나 자신이었음을 깨달은 것이다. 좋은 만남을 통해 인간이 성장하듯 좋은 헤어짐은 인간을 성숙시킨다.

결혼식은 그토록 거창하게 하면서 이혼에 대한 준비는 섣부르고 서투른 사회 분위기이다. 우리는 만남의 감격에 황홀해하며 찬양할 뿐 이별의 비애를 좀처럼 다루지 못한다. 이제는 이별을 멋지게 하는 방법을 익혀야 한다. 도나 해러웨이는 새로운 남자가 생기자 이전의 남편과 이혼 여행을 떠났다. 이혼 여행을 갈 수 있는 사람과 우리는 결혼도 해야 한다.

늘어나는 독신 여성

오늘날 결혼은 과거처럼 친족의 중매로 강제되지 않는다. 결혼의 부당함을 어려서부터 보고 들은 여자들은 결혼하지 않고, 고양이나 개를 키우면서 혼자 사는 흐름이 생겨났다. 과거에 비해 여성의 교육 수준이 대폭 높아졌는데, 그에 반해 남자들의 성평등 의식은 상승하지 않아 빚어지는 결과다. 더구나 아직 앙혼을 바라는 여성의 경향과 자신보다 교육 수준이 낮은 여성을 고르는 남성의 경향으로 말미암아 고등 교육의 수혜를 입은 여자들이 혼자가 되는 경우가 많아지고 있다. 그 반대편엔 교육 수준과 사회 지위가 높지 않은 남자들이 혼자가 되는 경우가 대거 나타났고, 이들은 개발도상국 여성과 결혼하고 있다.

많은 사람들이 혼자서 지내는 시대이다. 하지만 여성과 남성이 만나 쌍을 이루는 걸 당연하게 전제하는 세상의 흐름이 여전히 강고하기 때문에 혼자가 두려울 수 있다. 게다가 주변 사람들이 놔두지 않는다. 꼬치꼬치 사생활을 물어보면서 결혼했어도 아이가 없다고 하면 이기주의라고 매도당하거나 결혼하지 않았다면 징글징글한 치근거림을 겪는다. 에리카 종의 소설 속 주인공은 결혼 안 한 여자로 사는 건 너무 성가신 일이었고 그 어떤 상황도 혼자인 것보다는 차라리 나았다고 술회했다. 결혼이 독신보다 훨씬 낫지는 않지만 나쁜 결혼마저도 독신보다는 낫다면서, 생계를 위해 저임금 노동을 하는 가운데 매력 없는 남자의 찝쩍임을 물리치면서 매력 있는 남자를 찾아다니는 것보다 더 끔찍한 일은 없었다고 주인공은 토로했다. 결혼 말고 다른 모든 삶의 방식은 이단이었고, 더구나 결혼하지 않은 여성이라면 최하층민 대접을 받았다고 주인공은 푸념했다. 주인공은 세상의 오해보다 여자들 스스로 혼자 있는 자신을 결코 내버려두지 않는 문제가 더 크다고 지적했다. 비록 친구들이 결혼해서 불행하게 살고 있는 걸 보고 들어도 혼자인 여자는 조금만 기다리면 자신에게 엄청난 일이 일어날 듯 살아간다고, 이 모든 현실로부터 환상의 세계로 데려가줄 매혹의 왕자를 기다리며 산다는 것이다.

우에노 지즈코는 결혼 제도 바깥의 여성과 달리 기혼 여성은 적어도 한 남자에게 선택된 여자라는 훈장이 존재한다고 분석한다. 여성에게 결혼이란 자신의 존재 증명이 되기 때문에 아무리 시시한 결혼이라도 기혼 여자들은 결혼 제도 바깥으로 나오려 하지 않는다고 설명한다. 남자에게 선택된 여성이라는 존재 증명을 확보하고 싶다는 강박 관념을 우에노 지즈코는 조명한다. 결혼 제도에 들어가지 않거나 빠져나오면 자기의 존재 증명을 상실한다는 두려움에 휩싸이게 된다는 것이다. 우에노 지즈코는 남자에게 선택받지 않아도 나는 나라는 선언이 여자들 입에서 좀처럼 나오지 않는다고 안타까워한다. 이건 여성의 용기가 부족하기 때문이 아니라 혼자인 여성은 무가치하다고 어릴 때부터 너무나 주입받아온 까닭이다. 그동안 결혼과 남자에 대한 가치를 너무 중요하게 부과하고 강조해온 터라 여자들 스스로도 결혼하지 못하면 열등감을 가지게 된다.

록산 게이는 남자를 굉장히 좋아하기 때문에 때로는 남자들의 덜떨어진 헛소리를 참아주기도 한다고 술회한다. 다이아몬드와 호화 결혼식을 좋아하고 아기들을 사랑하고 아이를 갖고 싶다면서, 그렇게 하기 위해서 타협할 각오를 했다고 고백한다. 록산 게이는 일만 하다가 남편과 아이 없이 홀로 늙어 죽을까 두렵다고 이실직고한다. 겉으론 깨인 여자로 보여야 하니 안 그런 척하지만 밤늦게까지 이런 생각에 괴로워한다고 허심탄회하게 말한다.

아무리 잘나가는 직종에서 일하며 독신을 고집해온 여성일지라도 타인과 친밀하게 관계 맺고 싶은 열망이 없을 수 없다. 인간은 관계 속의 존재이고, 특히 여성은 교제를 통해서 자부심과 정체성 그리고 삶의 의미를 획득하는 편이다. 혼자라는 건 사랑받지 못한다는 증거처럼 느껴지기에 여성에겐 더더욱 가혹한 고통일 수 있다.

미국의 심리치료사 플로렌스 포크Florence Falk는 두 번의 이혼을 겪으면서 혼자인 여성이 겪는 고통을 절절히 체험한다. 사회에서 결혼과 모성을 강조하기 때문에 혼자 사는 여성은 자신을 그대로 받아들이지 못한다고 설명한다. 얼마 전까지만 해도 결혼이라는 불행한 덫에 갇혀 평생을 사는 공포가 여자들 사이에 퍼졌다면 요새는 아무도 나와 결혼하려 하지 않고 나를 원하는 남자가 없다는 불안감이 새로운 공포가 되어 여자들을 엄습한다. 플로렌스 포크는 많은 여자들이 진정 무엇을 원하는지 알더라도 자신은 그럴 가치가 없다는 자괴감에 빠져 있다고 지적한다. 플로렌스 포크는 자신을 깎아내리는 말 대신에 스스로 선택할 힘이 있다고 북돋는 자기 안의 목소리에 귀 기울여야 한다고 역설한다. 소녀 시절에 자기 안에서 당당하게 튀어나오던 그 목소리를 다시 들어야 하는 것이다. 많은 여자들이 오랜만에 자기의 진실한 소리대로 행동하면 무례를 저지르는 것 같아 겁날 수 있다. 하지만 내면의 소리를 들을수록 더욱더 삶은 진실해진다. 미국의 발달심리학자 캐럴 길리건Carol Gilligan은 여성들이 자기의 목소리로부터 단절되면서 심리 문제를 겪게 된다고 지적한다. 캐럴 길리건은 어린 시절의 목소리를 찾을 때 여성은 잃어버린 기쁨을 회복할 수 있다고 주장한다.

워낙 타인의 소리를 귀담아듣고는 상대의 욕구를 채워주며 살았기 때문에 자신의 목소리를 들으며 자기 의지를 갖는 것이 어색할 수 있다. 하지만 자기답게 사는 가운데 누군가 함께한다면 좋은 것이지, 누군가와 함께하기 위해서 자신의 목소리를 숨기고 살아야 하는 건 인생을 불행의 수렁으로 내던지는 꼴이다. 혼자인 시간을 활용해서 원하는 삶이 무엇이고 나는 누구인지 스스로에게 묻다 보면, 자신의 세계를 더 넓게 개척할 수 있다. 비르지니 데팡트는 여행이라도 데려가주지 않으면 봐주기 힘들 것 같은 사내와 결혼해 그 아래에서 짓눌리며 살기보다는 차라리 독신을 고수하라고 충고한다.

독신 여성은 건강에 신경을 써야 한다. 김형경은 소설과 수필에서 독신 여성을 응원하는 한편 건강에 적신호가 켜질 수 있음을 환기시킨다. 여성이 임신하지 않고 달거리를 지속하는 건 여성의 신체에 무리를 가하기 때문에 독신 여성은 자궁근종부터 여러 문제를 겪을 수 있다. 어느 의사는 여자가 마흔을 넘으면 불혹이 아니라 물혹이라고 우스갯소리도 한다. 결혼한다고 해서 건강해지는 건 아니지만 독신 여자들은 거의 질병 하나씩은 기본으로 달고 사는 경우가 많다고 김형경은 언급한다. 몸이 아파 병원에 갔다가 산부인과 의사로부터 하다못해 자위라도 하라는 처방을 받는 일도 생기는 것이다.

시인 신현림은 "여자에게 독신은 홀로 광야에서 우는 일이고, 결혼은 홀로 한 평짜리 감옥에서 우는 일"이라고 말했다. 결혼을 하든 하지 않든 울음은 삶의 동반자인지 모른다.

연결자로서의 독립

혈연주의와 가족주의로 세상을 바라보고 살아가던 한국 사회가 몇십 년 만에 확 바뀌었다. 1인 가구가 대세다. 홀로 살아가는 사람들이 늘어난다는 건 함께할 때의 귀찮은 고달픔을 피해 혼자 있을 때의 호젓한 쓸쓸함을 고르는 사람들이 늘어났다는 뜻이다. 1인 가구의 증가 추이는 개인의 자유가 침범할 수 없는 가치가 되었음을 함의한다.

여성의 독립은 현대의 상징이다. 불과 얼마 전까지만 해도 여자 혼자 밖에 나가 사는 건 환영받는 일이 아니었다. 여자들이 집을 떠난다는 건 결혼한다는 의미였다. 하지만 경제력을 확보한 여자들은 결혼에 의문부호를 붙이거나 결혼했더라도 부당한 상황이면 이혼한다. 여성은 인간으로서 자기 삶을 만들어가기 시작했다.

여자들이 홀로서기를 시도할 때 남자들과 사뭇 다르다. 남자들은 부모와 거리를 두고 혼자 살 생각을 한다면, 여자들은 외부 세계로 나가서도 기존의 관계를 유지하는 경향이 더 강하다. 남자들이 독신이고 미래의 관계를 기대할 때 '나'의 관점에서 이야기한다면 여성은 자신에 대한 서사일 때조차도 '우리'의 관점에서 표현한다. 여성은 기존의 사람들과 애착 관계의 끈을 놓지 않으면서 새로운 사람들과도 애착 관계를 형성하는데, 완전히 독립하지 못한 것처럼 학자들은 평가해왔다고 캐럴 길리건은 분개한다. 독립성에 높은 가치를 부여하는 남성 중심 사회에서는 관계를 지향하는 여성의 특성을 낮잡는다는 지적이다.

남성은 성취를 통해 자신을 규정하려고 한다면 여성은 관계를 통해서 자신을 설명하려고 한다. 남성은 업적이나 직업을 통해 정체성을 얻는다면 여성은 누구의 딸이자 누구의 아내이자 엄마이자 친구이자 직장동료로서 정체성을 획득한다. 여자들은 남자들보다 타인과 깊은 관계를 맺고 정서 교류를 긴밀히 한다. 여자들은 친구와 날마다 통화하는 일이 드물지 않지만 남자들이 순전히 친교 수단으로 매일 통화하는 경우는 흔치 않다. 심지어 여자들은 어릴 때 화장실도 같이 갔다. 소설가 한은형의 작품 『거짓말』의 주인공은 여성의 행태를 분석한다. 어릴 때부터 "화장실 같이 갈래?"는 "우리 도시락 같이 먹을래?"와 같은 말이라면서, 이런 얘기를 너무 많이 들으면 귀찮고 듣지 않으면 문제가 된다고 설명한다. 여자들은 복도를 지나 화장실 문을 열고 비좁은 화장실 한 칸에 같이 들어가 친구의 오줌 소리를 듣고 서 있다가 교대한다. 때로는 달거리대를 교환하는 것을 지켜봐야 한다. 그리고 밖으로 나와 돌아가는데, 이건 진절머리가 나는 일이라고 소설 속 주인공은 토로한다. 주인공에게는 언젠가부터 화장실에 같이 가자고 하는 애들이 사라졌고, 화장실을 혼자 갈 때 쳐다보는 시선에 뒤통수가 따가워진다.

소녀들은 화장실에 같이 가면서 친밀함을 쌓고, 친한 친구들끼리 어울리면서 비밀을 교환하고 뒷소문을 공유하면서 결속한다. 은밀한 행위를 함께하면서 비밀을 나눠 갖기도 한다. 소녀들은 그 과정에서 안정감과 만족감을 얻는다.

관계의 집중과 깊이는 여성이 누리는 삶의 풍요로움이지만, 그만큼 여성은 관계 때문에 타격과 상처를 크게 받는다는 걸 암시한다. 애인이 아프거나 가족이 다쳤거나 친구 관계가 삐걱거릴 때 여성이 남성보다 심한 슬픔과 우울을 겪는다. 그리고 여성은 가까운 사람에게 관심을 가지다 못해 집착하기도 한다. 또한 남의 일에 너무 많은 신경을 쏟고 밤잠을 설치기도 하며, 인간관계를 유지하기 위해 자기희생을 감내하기도 한다. 이와 달리 남성은 자율성과 독립성을 일관되게 누리면서 여성의 사랑받고 싶어 하는 욕구를 이용해 여성을 지배하려는 경향을 보인다. 남자들이 여성에게 결합의 열망을 숨기도록 강요하고, 남들처럼 거리 두기와 자율성의 열망을 흉내 내도록 요구하면서 여성을 예속시키고 괴롭게 만든다고 에바 일루즈는 비평한다. 여성이 자율의 절박함을 느끼지 않는다거나 자율성을 포기하려는 게 아니다. 여성은 돌봄과 자율성이라는 이상을 동시에 짊어지면서 대단한 긴장 속에서 압박받게 된다는 분석이다.

안정을 중시하는 태도는 인간 본연의 속성이지만 어느 정도 성차가 있을 순 있다. 진화심리학에 따르면 여성이 좀 더 안정 지향적이다. 대개의 남자들이 무모한 일에도 뛰어들어서 만류해야 할 때가 많지만 대개의 여자들은 신중한 태도를 보인다. 이 차이는 사회 문화에서 조장된 측면도 있겠지만 아이를 낳고 키워야 했던 여자들에게 안전과 안정에 대한 욕망이 크기 때문이다. 아기를 낳고 기를 때 도와줄 어머니와 자매 그리고 가까운 친구들과 내 곁에 있어줄 남자에 대한 욕망이 여자들에겐 본성처럼 타고난다. 관계의 친밀함을 통해서 여성은 소속감과 안정감을 느낀다.

여성에게는 관계가 매우 중요하므로 남들이 자신을 어떻게 생각하는지에 따라서 여성의 자긍심은 오르내린다. 여성은 인간 세상을 상호 작용하는 곳으로 이해하고, 타인에게 도움을 주는 사람이 되고 싶어 한다. 여자가 외출할 때 가방을 들고 다니지 않을 때가 거의 없는데, 가방을 들여다보면 당장 자신에게 필요하지 않지만 언젠가 타인을 위해 유용하게 쓰일수 있는 자질구레한 물건이 많다. 남을 위한 물품을 가방에 넣고 다니는걸 여자들은 희생이라고 생각하기보다는 당연하다고 여길 정도다.

그동안 남자들이 남들과 동떨어져 영향을 받지 않는 단독자로서의 독립을 추구했다면, 여자들은 연결자로서의 독립을 추구한다. 인간은 연결되어 살아가는 존재다. 자신의 주체성을 키우더라도 연결망을 갖춘 독립이 요구되는 것이다. 우리는 홀로 설 줄 알되 관계를 소중히 지킬 줄알아야 한다.

자유의 세례를 받은 현대인들이 자유를 포기할 순 없다. 하지만 자유가 지나쳐 우린 각기 고립되어 외로이 시들어가고 있다. 여성들이 맺는관계 양상을 더 부각시켜야 한다. 여자들이 선보이는 관계 중시와 끈끈한 애착 형성은 현대 사회를 변화시키는 들불이 될 수 있다.

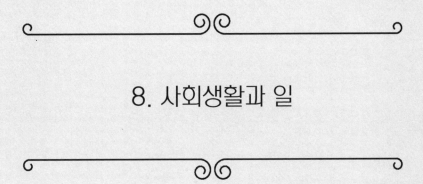

8. 사회생활과 일

여성의 사회 진출

성별을 가르던 뚜렷한 경계선이 허물어지고 있다. 여자들이 남성의 영역이라 알려진 분야에서도 맹활약하고 있다.

그런데 현대 여자들만 왕성하게 활동하는 건 아니다. 앞 시대 여성도 제한된 위치였지만 많은 걸 해냈다. 가축을 키우고 음식을 만들고 사람을 돌보고 밭을 매고 물건을 교환하고 돈을 관리했다. 여성은 농부이자 장사꾼이자 가정부이자 경영자로서 끊임없이 일했다. 그런데도 여성이 육아와 가사만 했으리라는 선입견이 퍼져 있다. 여성 노동의 가치를 푸대접한 남성 중심 사회의 시선이 우리에게도 내면화되어서 과거의 여성이 노동하지 않았으리라는 오해를 낳은 것이다. 거기다 산업화가 여성에 대한 편견을 강화했다. 여성과 남성이 협력해 농사짓던 방식에서 남성의 근력으로 돌아가는 공장식 산업화가 근대 세계의 표상이 되면서, 여성은 노동하지 않는 것처럼 비치게 된 것이다.

실상은 무수히 많은 여자들이 공장에서 일했다. 당시의 언론을 보면 노동이 여성의 도덕성과 건강을 해치며 자녀 양육에 써야 할 기운과 시간을 빼앗는다는 우려와 비난이 쏟아졌다. 여성은 어머니로서 대가 없이 희생하고 헌신해야 하는데, 노동하면서 돈을 받는 건 여성성과 어울리지 않는다는 선입견이 퍼져 있었다. 남자와 여자를 공과 사의 영역으로 나누어 사고하는 편견은 산업 사회에서 강고했다. 이와 아울러 자녀 양육의 중요성이 부각되면서 아이에 대한 책임이 강조되었다. 물질주의와 경쟁으로 범벅된 세상과 달리 가정은 여성이 보듬는 공간이어야 한다는 주문이 강제되었다.

대중은 여성이 직업을 가지면 남편이 없거나 스스로 돈을 벌어야 하는 불우한 처지로 바라봤다. 개인의 야망은 여성에게 해롭다면서 손가락질을 받아야 했다. 산업화 시대에 간행된 여성에 관한 책들을 보면 여성이 가족을 위해 희생하지 않는 건 이기심에 사로잡힌 잘못된 행동이라고 준엄히 꾸짖으면서 어머니로서의 의무를 주입했다. 여성은 직장에 나가더라도 아내와 어머니로서 할 바를 다해야만 했다. 여성을 둘러싼 담론이 하나같이 여성을 착한 딸이자 순한 아내로 교화시키려는 것들뿐이라 여성은 주변 탐색을 통해 새로운 미래를 도모하기 어려웠다.

어려움을 뚫고 여성들은 사회로 나왔다. 직장을 갖고 돈을 벌었다. 이것은 두 가지 변화를 내포한다. 첫째, 여성의 사회 진출은 산아 제한이 이뤄졌음을 의미한다. 피임 기술이 보급되지 않았고 산아 제한 인식이 없었던 과거에는 여성이 임신과 육아 때문에 집 안에 머물러야 했다. 여성이 생식권을 통제하면서 자기 삶을 원하는 대로 영위하게 되었다. 둘째, 여성의 직장 생활은 남성의 예속으로부터 해방되어 독립하게 되었음을 의미한다. 자신의 노동으로 돈을 버는 여성은 인류사의 새로운 이정표다.

세상은 노동을 통해 돌아간다. 살기 위해 하는 모든 것이 노동이다. 인간은 먹고살기 위해 노동해야 하고 정당한 대가를 받아야 한다. 1912년 미국에서는 열악한 환경에서 착취당하던 여성 일꾼들이 노동 조건 개혁을 요구하면서 '빵과 장미'를 내걸었고, 빵과 장미는 정당한 노동 대가 그리고 인간으로서의 품위를 보장하는 노동 환경을 가리키는 대명사가 되었다.

한국의 경제 발전에도 여성 노동이 이바지했다. 박정희 군사 정부는 섬유공장, 신발공장, 의복공장을 돌리고자 집에서 딸을 내보내지 않으려는 부모를 설득해야 했다. 고상한 여자는 바깥일을 하지 않는다는 당대의 편견을 깨뜨려야만 젊은 여자들이 공장에 진출할 수 있었다. 정부는 산업 성장, 근대화, 국가 안보, 민족 자존심 같은 용어를 사용하면서 부모의 감시를 받는 대신 공장에서 현장 주임의 감독을 받으며 노동하는 것이 새로운 시대를 맞이하는 젊은 여성의 바람직한 모습이라는 파격의 선전을 대규모로 했다. 수많은 여자들이 부모의 집을 나와 공장으로 대거 진출했고, 전 세계의 자본이 남한과 연계되기 시작했다.

그 과정에서 많은 여공의 희생이 있었다. 1970년에 전태일이 법전을 불태우면서 분신한 까닭도 자신의 누이 같은 여공들의 고통에 가슴이 저몄기 때문이다. 어린 여자들이 학교도 다니지 못하고 남자 형제들 학비와 집안 생활비를 버느라 죽어라 일만 했다. 전태일의 표현에 따르면 '때 묻고 더러운 세상의 거름'이 되고 있었다. 오늘날 전태일은 훌륭한 위인으로 기억되지만, 수많은 여성 노동자는 제대로 평가받지 못하고 있다. 한국 경제가 성장할 수 있었던 건 푼돈 받으며 하루 열여섯 시간씩 노동한 여공들 덕분이라고 해도 지나친 말이 아닐 텐데, 여공들의 눈물은 기억되지 않는다. 오랜 성차별 탓에 여성 노동자들에 대한 연구 자체가 별로 없다. 그마저도 여성 노동자들이 사회의식이 없다는 둥 연대를 못 한다는 둥의 꾸지람만 그들먹하다. 하지만 여자들은 노동조합을 꾸려서 사회 그늘에 불을 밝히고자 애썼다. YH무역 여성 노동자들은 신민당사로 올라가 한국 사회의 일그러짐을 까발렸고, 여성 노동자들의 저항은 도화선이 되어 독재 정권을 고꾸라뜨리는 불길을 일으켰다. 1970년대 최초의 민주노조가 조직되고 1980년대 전국의 작업장으로 퍼져 나간 민주화의 물결은 여성으로부터 비롯되었다. 미국의 국제정치학자 신시아 인로Cynthia Enloe는 남한의 여성 노동자들이 위험을 감수하면서 1980년대 중반의 격변기에 새로운 의식을 키웠다고 평가한다. 여성 노동자들의 의식이 달라지면서 학생 중심의 민주화 운동이 중산 계급이라는 좁은 한계를 극복하고 노동 계급과 동맹 맺기가 가능했다고 신시아 인로는 분석한다.

여성의 사회 진출과 새로운 의식은 시대 변화에 따른 자연스러운 귀결이자 세상 변화의 속도를 높이는 촉매였다. 누구나 평등하고, 원하는 만큼 자기 삶을 개척할 수 있다는 민주주의와 자유주의의 흐름은 여성을 매개로 더 강해졌다. 결혼하고 나서도 많은 여자들이 직장을 그만두지 않는다. 누구의 엄마나 아내가 아닌 개인으로서 자기 삶을 펼친다. 여성이 경제력을 확보함에 따라 남성에게 의존하지 않아도 된다. 여성이 경제력을 갖출수록 결혼 생활이 보다 평등하고 만족도가 높은 경향이 있다.

물론 인간의 관념이 쉽사리 사라지지 않는다. 지금도 바깥일은 남자가 하고 집안일을 여자가 해야 한다는 고정 관념이 이어진다. 인종 차별에 대한 항의가 오랫동안 이어졌으나 여전히 피부색에 따른 차별이 벌어지듯 성별에 따른 선입견도 쉬 해체되지는 않는다. 그럼에도 흑인이나 황인을 비하하는 것이 더 이상 용납되지 않듯, 여성 비하를 두남둘수 없다. 여성은 집 안에 있어야 하는 거 아니냐면서 집에서 밥이나 하라고 발언하는 사람이 있다면 민주주의와 자유주의에 역행하면서 문명사회에 야만을 주입하고자 주술을 걸고 있는 꼴이다. 여성의 사회 진출에 거북함을 느끼는 사람은 시대에 뒤떨어진 거북이가 되어 세상으로부터 거부될 것이다.

직장 내 성폭력

여자들은 성범죄자가 세상에 우글우글하다는 사실에 경악한다. 비정규직 단기 업무를 하다 보면 연령과 근무 태도를 핑계로 성희롱을 당하기 십상이다. 직장에서도 종종 상사나 동료 그리고 온갖 업무 상대자가 성희롱을 저지른다. 출퇴근 지하철과 버스에선 자기 몸의 일부를 버젓이 비벼대는 남자들뿐 아니라 여성의 신체를 아래위로 훑으면서 질퍽한 시선을 던지며 찝쩍대는 남자들이 바글바글하다. 학창 시절에도 존경하는 남교사보다 성추행한 남교사들이 더 많지 않나 싶을 만큼 문제가 득실하다.

온갖 수치스러운 짓거리를 겪다 보면 여자에겐 남성에 대한 경멸과 불안감이 각인된다. 여성성을 건강하게 표현하는 데 주저할 수밖에 없고, 남성에게 호기심과 설렘을 느끼는 것이 아니라 두려움과 분노를 갖게 된다. 수많은 여자들이 거칠게 노여움을 터뜨리며 시위를 벌이는 건 성폭력이 여성의 일상이었기 때문이다.

성희롱이라는 어휘가 한국에서 처음 사용된 해가 1993년이다. 이전에는 명칭이 없을 만큼 문제의식이 약했다. 여성은 고통의 비명을 질

렸으나 묵살되었다. 수많은 여자들이 들고일어나 법정 소송까지 불사한 끝에 문제의식이 퍼져 나갔다. 그렇지만 여성을 성욕의 대상으로 여기는 의식은 좀처럼 수그러들지 않았다. 남성이 권력을 쥐고 있는 곳에선 말썽과 사달이 생기기 일쑤다. 남자들은 권력과 명예를 성적 향락으로 환원하는 경향이 강하다. 권력자들이 성추행을 대놓고 하진 않겠지만 자신의 요구를 거부하기 힘들다는 사실을 알고 교묘히 치근거릴 수 있다. 직장 상사가 더 의논할 게 있다고 술 한잔하자고 한다면 부적절한 제안인지 아니면 남자 동료처럼 대하는 것인지 여자들은 혼란스러울 수밖에 없다.

여성의식이 있더라도 막상 성희롱을 당하게 되면 어쩔 줄 모르게 된다. 변호사 이은의는 학창 시절에 여성문제연구 동아리에서 활동했지만 직장에서 불쾌한 상황에 맞닥뜨리자 어떻게 해야 할지 알 수가 없었다고 술회했다. 군대처럼 상하 관계가 엄격한 직장 문화에 길들여진 탓에 상사의 행동이 잘못된 것인지 자신의 반응이 예민한 것인지 헷갈릴 지경이었다. 원치 않는 접촉에 몸을 움직여 손을 뿌리치거나 불쾌한 표정을 짓는 것이 자신이 할 수 있는 최선이었다고 이은의는 기록했다.

성폭력이 일어나면 가해자가 질책과 징계를 받는 게 아니라 피해자에게 2차 가해가 이뤄지는 일이 비일비재했다. 너무 일을 크게 벌이지 말라며 회유와 압박이 들어오고, 주위 사람들이 합의하라고 종용하고, 타인들의 무신경과 냉담함을 겪기도 한다. 성폭력의 피해를 무시하는 사람들의 처사에 대해서 미국의 종교학자 존 티한John Teehan은 인간이 집단의 응집을 중요하게 여겼기 때문이라고 분석한다. 여태껏 여성이 재산처럼 취급되었고, 성폭력을 저질러도 여성이 미혼이고 여성의 아버지에게 보상을 했다면 처벌받지 않았다. 집단의 결속과 체제 유지가 우선이었으므로 여성의 고통과 수치는 얼버무리며 넘어갔다. 여전히 우리는 불의를 보더라도 피해자와 연대하기보다는 꾹 참으면서 집단에 순응하려는 태도를 보인다. 직장이나 지인들 사이의 성폭력은 가해자가 자신의 위치에 별 탈이 없을 거라는 확신이 있을 때 발생한다. 성폭력 가해자는 피해자의 호소보다 자신의 위신을 사람들이 신뢰하리라는 걸 알고는 타인의 몸을 침해한다. 피해자의 목소리가 잘 들려서 가해자가 위협을 느낄 때 성폭력을 줄일 수 있다.

성폭력의 피해를 이야기하면 2차 가해가 발생하기 십상이라 피해자가 신고를 주저할 수 있다. 신고는 분명히 피해자의 선택이다. 누구도 강권할 수는 없다. 그럼에도 많은 이들이 신고를 제안한다. 그 이유는 가해자를 법으로 심판해야 또 다른 피해자가 양산되는 것을 막을 수 있기 때문이다. 여기서 말하는 피해자는 피해자 주변의 지인이나 다른 여성들뿐 아니라 바로 피해자 자신도 포함된다. 성폭력 피해자는 다시 피해를 받기 쉽다. 또한 성폭력으로 자존감이 무너지고 무기력해질 수 있는데, 파렴치한 가해자가 체포되어 처벌받으면 그나마 마음을 추스를 수 있게 된다. 피해자에게 신고를 권고하는 이유다.

전 세계에서 일어난 미투운동은 여자들의 성폭력 신고이고, 혁명의 일환이다. 단지 사회 제도와 권력 지형이 변하는 것만이 혁명이 아니다. 더 중요한 혁명은 일상의 관계 행태가 변하는 일이다. 시인 김수영과 관련해서 이야기하면, 공공 담론에서 "김일성 만세"를 외치는 일이 혁명이 아니라 자신이 여성에게 저지르던 폭력을 자각하고 멈출 때가 진정한 혁명이다. 미투운동의 영향으로 얼마 전만 해도 남자들이 별 문제의식 없이 저질렀던 '애정 표현'이 '성폭력'이었다는 인식이 사회에 자리 잡아간다. 여자들은 성폭력의 고통에 맞서 피해자가 단호할 수 있도록 지지하고 연대하고 있다. 뭘 그렇게 예민하냐면서 타박하는 야박한 언어에 피해자가 상처 입지 않도록 여성들의 목소리에 귀 기울이고 힘을 실어주는 곳이 건강한 사회이다.

성폭력의 피해를 줄이고자 직장이나 사회에서는 성감수성 제고에 나서고 있다. 회식 관행의 변화도 시도하고 직장 문화도 바뀐다. 조직 분위기가 달라지는 것이다. 조직 분위기란 무의식중에 작동하는 조직원들 사이에서 이뤄지는 상호 작용과 조직 안에서 알게 모르게 허용되는 행동 양식을 아우른다. 성폭력을 저지르라고 천명하는 조직은 없다. 하지만 조직 분위기가 여성을 비하하고 성적 대상화를 용납하기 때문에 성폭력이 발생한다. 성폭력은 성차별 의식을 등에 업고 기승을 부린다. 책임자들이 조직 구성원들의 의식 변화를 위해 명백한 조치를 취해야 조직 분위기가 쇄신된다. 조직 분위기를 바꿀 때 효과 있는 방법이 있다. 바로 성폭력 범죄자들이 몰락한 실태를 홍보하는 것이다. 자기밖에 모르는 인간은 자기 행태를 고집스레 반복한다. 고통이 가해져야 간신히 수정한다. 성폭력으로 철저하게 망가진 가해자 사례를 알릴수록 장난삼아라도 역겨운 우스개를 꺼내지 못하게 될 것이다.

요즘 조직에서는 성추행을 방지한다는 명분으로 여성을 배제하는 또 다른 형태의 성차별이 발생하고 있다. 남성이 여성을 같은 인간으로서 대하지 못함을 방증한다. 여성을 친구로 사귀고 여성의 관점과 감각을 이해하는 남자가 과연 성폭력을 쉽게 저지를 수 있을까? 여성에게 성희롱을 가하는 남자들의 학창 시절과 현재의 인간관계를 진단해보면, 인간으로서 여성과 어울린 일이 극히 드물다는 공통점을 찾을 수 있을 것이다. 성희롱을 일삼는 남성은 여자와 연애를 하려 할 뿐 우정을 맺지 못한다. 성장기에 여자와 벗으로서 관계를 맺어보지 못했으니 여성관이 구겨져 후질 수밖에 없는 것이다.

남녀가 인간과 인간으로서 맺는 관계를 들은 적도 배운 적도 없기에 입때껏 남자들은 뒤틀린 남성 중심 사회의 방식대로 행동해왔다. 성평등 시대에 맞추어 어릴 때부터 남녀가 서로를 존중하는 교육이 이뤄져야 하고, 지금부터라도 남자들에게 각인시켜야 한다. 학교에서 여자와 소통하며 교제하는 법을 가르치고, 피해 여성이 겪는 고통과 성범죄자가 겪는 수치도 확실하게 인지시켜야 한다.

군대 같은 직장 문화

사회생활은 여성에게 유독 힘들 수 있다. 여자들은 야근을 안 한다는 수군거림부터 남자들끼리 뭉쳐서 일하는 데 방해가 된다는 쑥덕임까지 능력과는 동떨어진 비난을 받기 일쑤다. 겉으론 성차별이 없다는 조직이더라도 임신과 육아 앞에서 헛기침을 내뱉고, 여성은 불이익을 겪는 일이 빈번하다. 아직도 다과 준비하는 일은 여성만 맡는다든지 술은 여자가 따라야 제맛이라면서 술 시중을 들게 한다든지 하는 성차별이 자행되고 있기도 하다. 여직원들이 나긋나긋하고 애교 있는 태도로 자신을 대해야 한다는 괴이쩍은 부담을 주는 남자 상사들이 여전히 곳곳에 포진하고 있다. 여자 동료들이 겪는 부당한 대우는 자기 아내가 겪는 일이자 여동생이나 딸이 사회생활 하면서 똑같이 경험하게 되리라는 사실을 남자들이 아직 깨닫지는 못하고 있다.

꼭 성차별 분위기가 아니더라도 여자들의 사회생활이 버거울 수 있다. 위계질서 속에서 생활하는 일은 여성에게 낯선 면이 있기 때문이다.

여자들은 보다 평등한 인간관계 속에서 소통하며 지냈다. 이 때문에 위계질서가 뚜렷한 직장 문화는 생경할 수 있다. 미국의 경영인 게일 에반스Gail Evans는 여자들이 자신이 준비한 사안에 대해서 동료나 상사가 'no'라고 하면 대인 갈등의 신호로 받아들인다고 주장한다. 업무에서 마찰이 생기면 여자들은 자신에 대한 거부로 받아들인다는 것이다. 여성은 기본 정보를 개인 차원으로 해석하는 경우가 많고, 직장 생활을 개인화하는 수위가 심하다고 게일 에반스는 언급한다. 또 여성은 어떤 특정한 인물이 마음에 안 들면 협조하기를 거부해서 자기 경력에 치명타를 자초하기도 한다는 말도 덧붙인다. 갈등을 피하도록 사회화된 여성은 업무 차원의 불화와 개인에 대한 비난을 혼동하면서 사회생활을 잘 헤쳐 나가지 못한다는 지적이다. 언제든 의견 불일치가 일어날 수 있는 상황에서 좋아하지 않는 사람과도 긴밀하게 협력할 수밖에 없는 곳이 일터인데, 여성이 관계 지향으로 사고하고 대인 관계를 고민하기 때문에 직장 생활에서 남자보다 더 예민하게 반응한다는 설명이다.

미국의 심리학자 수잔 놀렌 혹스마Susan Nolen-Hoeksema는 평가에 대한 남녀 반응을 연구했다. 남자들은 자신에 대한 긍정의 평가는 정당하다고 여겼고 부정의 평가에 대해서는 별 근거가 없다며 무시했다. 평가하는 사람이 뭐라고 하건 기분 변화가 별로 없었다. 이와 달리 여자들은 긍정 평가든 부정 평가든 모두 진지하게 수용했다. 특히 부정 평가를 받을 때 자긍심이 손상되었고 우울해졌다. 별것 아닌 일에 대한 평가에도 여성은 크게 반응했다. 수많은 사람들과 부대끼고 모두에게 좋은 사람이 되기 어려운 현실에서 많은 여자들이 대인 관계를 좋게 유지하고자 심한 스트레스에 시달리는 것이다.

권력에 따른 수직 위계 관계에 익숙한 남자들은 조직 생활 적응도가 높다. 모난 돌이 정 맞는다는 속담처럼 남자들은 하라는 대로 하는 품성을 익혔고, 조직의 관성에 의문을 품지 않는다. 크게 튀지 않고 하란 것만 하다 보면 국방부 시계가 돌아가서 제대하게 되듯 시간이 지나면 진급하는 삶을 남자들은 살게 된다. 한국의 남자들은 학교부터 군대 그리고 직장으로 이어지는 진급 과정을 거치는데, 이 셋은 매우 닮았다. 한국의 학교는 군대를 본떠서 만들어졌다. 입구의 위병소와 연병장을 지나면 막사가 있는 군대처럼 학교도 입구의 수위실과 운동장을 지나면 교실이 있는 건물이 세워져 있다. 위계 서열에 따른 복종을 강조하고, 머리도 짧게 깎아야 하고 동일한 옷을 입어야 한다. 질서를 강조하며 자율성을 억압한다. 오랜 시간 동안 몸에 스며든 습관은 관성이 된다. 군대에서는 선임 기분에 맞추며 사회 감각을 익혔듯 직장에서는 상사에게 딸랑거린다. 학교와 군대를 거치면서 남자들은 '철'이 들어 철근처럼 생각과 생활이 딱딱해진 채 조직 속에 자리 잡는다. 회사도 신입 사원을 뽑을 때 군대 경험을 중요하게 따진다. 조직은 구성원의 감정과 개성을 보장하기보다는 희생을 교묘히 강요한다. 신입 사원에게 천릿길 행군을 시키거나 단체로 해병대 연수를 받게 하는 이유다. 역사학자 박노자는 능력과 애사심이 강한 '씩씩한 남자'가 대한민국 남성성의 전형 중 하나라고 지적한다.

학교와 군대를 거치면서 몸에 배어든 권위에 대한 충성은 조직을 탄탄하게 만든다. 시간이 지남에 따라 상급자의 권력은 하급자에게로 넘어가기 때문에 위계질서에 순응하면 언젠가는 권력을 갖게 된다. 동기들 사이에서 피 튀기는 경쟁이 일어나겠으나 그 경쟁은 서열을 정하려는 갈등이므로 경쟁이 심할수록 위계질서는 단단해진다.

위계질서는 때때로 필요하겠으나, 조직의 발전을 가로막는 저해 요소로 꼽히기도 한다. 군대가 효율을 중시하지만 비효율성이 이루 말할 수 없듯, 회사 또한 단순한 위계로 조직을 구성해서는 효율성과 생산성을 기대할 수 없다. 그래서 오늘날엔 훨씬 느슨하면서도 유동성 있는 조직 구성으로 개편된다. 여자들의 사회 진출이 늘어날수록 병영화된 사회 조직이 민주화될 수밖에 없다. 여성은 남성 중심의 위계질서에 적응하는 동시에 새로운 조직 문화를 구성한다. 과거처럼 남자 지도자가 위엄을 가지고 사람들을 통제하는 방식은 위험하다. 현대 사회의 조직은 서로 의견을 나누고 감정 이입해서 문제를 함께 고민하기를 요구하고, 친화성을 바탕으로 돌아가는 조직이 경쟁에서 승리한다. 여성성이 성공의 밑거름되는 시대가 된 것이다. 여자들은 자신이 겪었던 어려움을 후배 여자들은 덜 겪도록 조직 구성을 변경하고 직장 문화를 개선하며, 사회로 나와서 글도 쓰고 강의도 하고 있다.

맞벌이의 괴로움

요즘 젊은 층에서는 독신 여성이 독신 남성보다 경제력이 더 높다. 결혼했을 때 여성이 주도권을 가질 가능성이 높다는 의미이다. 사회에서 조장되는 남녀 관계의 위계 도식에 영향을 받아 남편에게 굴복하고 싶은 마음이 굴뚝같더라도 여성이 능력을 펼치지 않으면 집안 형편이 팍팍해지는 상황이다. 여성은 자기 힘을 믿고 부부 관계를 이끌기 시작한다. 요즘 학계에서는 여성이 보호받아야하는 대상이 아니라 남성이 보호받아야 하는 연약한 존재가 되었다는 사실에 초점을 맞춰서 연구가 진행되기도 한다.

결혼하면 남성은 큰 이익을 얻는다. 마음의 안정을 얻을 뿐 아니라 집안 살림도 늘어난다. 미국에서 행해진 연구에 따르면, 은퇴 무렵 부부 자산에 비해 결혼을 한 번도 하지 않거나 이혼한 사람의 자산은 반 토막도 안 되었다. 게다가 기혼 남성이 미혼 남성보다 더 행복하고 더 장수한다는 사실이 수십 개 국가에서 증명되었다. 미혼 남성이 기혼 남성보다 병에 걸릴 확률이 더 높고 심각한 우울증에 시달릴 가능성도 더 높다.

물론 결혼한 남성의 건강과 부유함은 아내의 수고를 기반으로 얻어진 결과이므로 그저 결혼 예찬으로 흘러가선 곤란하다. 여성의 사회 진출로 맞벌이가 늘어나자, 집안일은 가정의 화약고가 되었다. 미국의 사회학자 앨리 러셀 혹실드Arlie Russell Hochschild의 지적처럼 '2교대' 하는 여자들이 꽤 많다. 가정생활에서 성별에 따른 여가 시간의 격차가 있다. 여성은 직장과 가정의 요구 사이에 심각한 분열을 겪고 있다. 많은 여자들이 밖에서 일하다가 귀가해 어질러진 집 안을 보면서 죄책감을 갖는다. 여자들은 집에서 청소하고 요리하고 빨래하는 게 여자다운 게 아닌지 고뇌하게 된다. 밖에서 중노동하고 돌아와 진이 빠질 만큼 바빠 가사를 하다 보면, 거의 가사 상태에 빠지게 된다.

여성이 남성과 동등하게 근무하더라도 집안일은 훨씬 많이 하고 있다. 여성이 집안일 하는 시간을 독수리에 견준다면 남성이 집안일 하는 시간은 비둘기에 가깝다. 최첨단 정보 통신화가 이뤄지고 있지만 가정의 풍경은 여전히 산업화 초기 시대에 머물러 있다. 교사와 공무원이 최고의 신붓감으로 치켜세워지는 현상도 이와 관련된다. 집안 살림에 요긴하게 쓰일 월급을 받아오면서도 퇴근 시간이 일정하여 육아와 가사에 충실하리라는 기대가 교사와 공무원에 대한 선호를 낳은 것이다.

가사 분담의 사정도 좀 더 세밀하게 살피면 불평등이 도사린다. 여자들은 요리나 청소처럼 날마다 해야 하는 일의 대부분을 담당하지만 남자는 아이와 놀아주거나 세차하거나 음식물 쓰레기를 버린다. 여자들은 남편이 집안일을 분담하면 자신이 운 좋은 여자라며 감사하게 생각하지만 남자들은 아내가 솔선수범해서 집안일 하는 걸 당연하게 여긴다. 운이 좋다고 느끼는 여자들은 불만을 내색하지 않은 채 더 많은 집안일을 묵묵히 감당한다. 아내의 불만은 시한폭탄이 되어 잠복해 있다.

왜 남자들이 집안일을 덜 할까? 집안일을 어릴 때부터 하지 않아 익숙하지 않기 때문이다. 거기에 더해 남자들은 남자의 시간을 더 가치 있게 여기면서 집안일 하는 건 낭비라고 느낀다. 가정을 재충전하는 쉼터로 간주하는 남성은 쉬고 싶어 한다. 반면에 여성에게 집은 아늑한 보금자리가 아니라 또 하나의 일터다. 퇴근해서 아이와 남편의 수발을 들다 보면 두 번째 직장에 출근한 기분이 된다. 직장에 다니는 여자들은 집안일과 육아를 가정주부처럼 깔끔하게 하지 못하는 데서 생기는 부담감과 아이 곁에 있어주지 못하는 데서 오는 미안함 그리고 집안일에 뒷전인 남편에 대한 미움이 뒤범벅되어 신경이 날카로워져 있다. 집안일과 육아를 두고 줄다리기가 벌어지는데, 대개 여성이 패배한다. '집안일에 적극 참여하지 않으면 나도 애한테 소홀할 거야'라는 식으로 협상할 수 없기 때문이다. 여성은 울며 겨자 먹기로 희생하게 된다.

직장에 다니면서 집안일도 챙겨야 하는 여성은 여러 불이익에 처해진다. 미국의 경제학자 게리 베커Gary Becker는 집안일을 하면 여성이 피곤해서 근무 시간에 남성과 동일한 노력을 기울일 수 없으므로 동일한 보수를 주지 않아야 합리적이라고 주장했다. 다른 경제학자들은 여성이 남성보다 수입이 더 낮아서 남성이 집안일을 하면 그에 상응해 수입 감소가 크니 여성이 집안일을 하는 게 더 낫다는 논리를 내놓는다. 여성은 집안일을 하기 때문에 남성보다 임금이 적어야 하고, 또한 수입이 적으니 집안일을 하는 게 낫다는 경제학의 주장은 성차별한 상황을 옹호하는 기득권의 궤변이다. 하지만 주류 경제학의 원리가 사회의 많은 영역에서 관철된다. 결혼한 여성은 직장에 전념하지 못하리라는 경제학의 가정 아래 임금부터 승진까지 불이익을 받게 된다. 여성에게 아이가 많을수록 승진은 어려워진다.

대개의 직장은 집안일에 소홀한 남성을 기본 구성원으로 전제하여 조직되었다. 고위직과 전문직에 여성이 적은 까닭은 여자들의 능력이 떨어져서가 아니라 남자들이 육아와 가사를 분담하지 않기 때문이다. 집안일과 직장 생활을 병행해야 하는 여자들은 동료 남자들보다 불리한 상황이고, 경쟁에서 차츰차츰 뒤질 수밖에 없다. 인사 고과에서 여성은 육아와 집안일과 연관되고, 조직에 대한 헌신이 떨어진다는 평가를 듣게 된다. 사회생활을 할 때 남성에게는 집안일에 얼마나 적극 참여하느냐를 참작하지 않는다. 반대로 여성에게는 엄마의 정체성을 부여하고 아이에 대해 묻는 일이 다반사다. 성공한 기업인이 여성이라면 일과 가정 사이에 균형을 어떻게 유지하느냐는 질문을 자주 받지만, 남성에게는 질문조차 되지 않는다.

여성이 승승장구하더라도 문제가 된다. 자신이 돈을 많이 버는 만큼 집에서 푹 쉬면서 남편에게 집안일을 더 하라고 주문하지 못한다. 남편 기분을 맞춰주면서 평소보다 집안일에 더 신경 써야 하는 것이다. 미국의 사회학자 줄리 브린즈Julie Brines의 연구에 따르면, 여성이 가정 경제에 기여하는 바가 크면 클수록 남편은 집안일을 등한시했다. 아내가 잘나가고 자신이 맡아야 할 가사의 몫이 늘어날수록 남자 구실을 못 한다고 느끼기 때문이다. 실제로 남성은 남성성이 훼손되면 건강에 치명타를 입기는 한다. 50대 남성을 연구한 연구에 따르면, 돈을 많이 버는 아내를 둔 남성의 건강 상태가 더 나빴다. 자신이 가장일 때보다 아내가 가장일 경우 건강할 확률이 60퍼센트 낮았다.

세상에서 능력을 펼치는 여성은 남편이 기죽을까봐 걱정했고 자신이 여자답지 않게 보일까 두려워했다. 권력의 추가 급격하게 기울지 않도록 여성은 집안의 결정권을 남편에게 양보했다. 최근 들어서는 여성의 소득이 높아질 때마다 여성의 집안일이 줄어드는 추세가 나타난다. 여성의 사회 진출만큼 남성의 집안 진출이 이뤄지는 것이다.

요즘 여자들은 어쩌면 지난날 여자들보다 더 채근당하고 있는지 모른다. 능력 있는 직장인, 자녀 성적 챙기는 엄마, 남편 뒷바라지 잘하는 아내, 시쳇말로 '슈퍼우먼'이 되라는 압박의 강도가 어마어마하다. 영웅은 언제나 사회 부조리 속에서 등장한다. 영웅처럼 가정과 회사에서 활약하려고 아등바등한다는 건 여성이 부조리한 상황에 처했음을 일러준다. 아이에 대한 책임이 온통 여성에게 지워지는 부당한 상황에서 현실 속 여성은 영웅이 되기는커녕 피로와 미안함에 허우적대다 결국 직장을 접기 십상이다. 남편이 아이 옆에 있지 않아 생기는 빈자리마저 자신이 메우고자 안간힘을 쓰다가 마지못해 선택하는 결과이다. 기혼 여성 다섯 명 가운데 한 명이 결혼과 임신, 출산과 육아 그리고 자녀 교육 때문에 직장을 그만둔다. 여성은 20대 때 경제 활동 참가 인구 비율이 높다가 30대 때 하락한 뒤 40대 때 증가한다. 경력 단절이 일어나는 것이다. 사회는 공백기만큼 여성을 낮게 평가하고, 복직하는 과정은 수월치 않다. 경력 단절 여성이 직장을 다시 구할 경우 단순 직종일 경우가 많다.

한편, 여성이 경력을 이어가려는 배경엔 관계의 불안도 도사리고 있다. 이혼율이 하늘로 치솟고, 여성이 결혼에 기대어 안정을 누렸던 전통은 땅으로 꺼져버렸다. 파경 위협이 높아진 현대 사회에서 직장은 이혼을 대비해 들어둔 보험 역할을 하고 있다. 앨리 러셀 혹실드는 많은 여자들이 자기 능력을 발휘하기 위해서가 아니라 결혼 생활에 대한 두려움 때문에 일하고 있다고 진단했다. 여자들에게 경제 수단으로서 결혼의 의미는 이미 퇴색한 것이다.

미래를 빚어내는 전업주부

현대 사회에서도 많은 여자들이 육아에 전념한다. 처음에는 회사 다니며 피곤한 것보다 아이들 키우는 게 훨씬 나은 것 같다는 생각이 들 수 있는데, 꼭 그렇지만도 않다. 전업주부로 가정에만 머무는 여자를 바라보는 시선이 따사롭지 않고, 세상 흐름에 동떨어져 고립감을 느끼게 되기 때문이다. 가정은 노동이 줄기차게 생성되는 일터이지만 제대로 보상이 이뤄지지는 않는다. 한가득 쌓인 설거지를 보면서 자기 신세가 돈도 받지 못하고 일하는 노예 같다며 비통해하는 주부들이 많다.

"신은 모든 곳에 있을 수 없기에 어머니를 만들었다"는 말에 사람들은 무릎을 치는데, 사실 어머니의 희생을 신과 비교하는 건 거꾸로 되어 있다. 우리는 신을 알기에 앞서 어머니를 안다. 우리는 어머니를 통해서 알 수 없는 신의 속성을 어림짐작한다. 속이 시커멓게 타들어가더라도 오로지 자식 걱정, 고생으로 주름진 얼굴과 갈라진 손, 자식을 먹여 기르는 노동, 아, 어머니! 훌륭하고 귀한 존재여!

그런데 이상하다. 여태껏 여성을 멸시하고 차별했던 역사인데 어떻게 어머니는 이토록 찬양받는가? 가부장 사회에서 모성에 대한 떠받듦은 여성 노동에 대한 낮잡음을 은폐하는 기능을 한다. 다들 어머니란 말에 울먹이면서도 어머니가 주로 하는 일은 높게 치지 않는다. 어머니를 치켜세우면서 여성의 노동을 값싸게 착취하는 것이다.

오늘날 어머니의 집안일은 파출부의 노동으로 전락했다. 미국의 사상가 이매뉴얼 월러스틴Immanuel Wallerstein은 자본주의에서 여성 노동에 대한 평가 절하가 계속되었다고 분석한다. 과거엔 남성과 여성이 각기 과업을 수행함에 따라 여성도 존경을 받았다면 자본주의 체제에서는 오로지 수입으로 평가받는다. 모든 것이 돈으로 환산되는 자본주의 체제에서 여성의 일로 간주되던 영역의 가치는 곤두박질쳤다. 여성이 직장을 가지려는 건 자기실현의 욕망이면서도 한편으론 집안일을 가치 절하시킨 자본주의 흐름에 따라 위신을 회복하려는 움직임이다. 성차별화된 의식과 돈을 숭배하는 감각은 여성에게도 깊게 배어 있다. 전업주부를 하고 싶어 하는 남자를 나무라는 여성의 발언은 개별 남자를 향한 핀잔 같지만 실제로는 집안일 하는 수많은 여성에 대한 업신여김이다. 그러므로 여성의 사회 진출 독려와 아울러 집안일의 가치를 재평가하는 일이 필요하다.

주류 경제학에서는 인간을 이기심의 존재로 간주한다. '보이지 않는 신'에 의해 자연계가 질서를 갖췄듯, 인간이 자신의 욕심을 펼치면 '보이지 않는 손'에 의해 시장 경제가 조화를 이룬다는 신앙을 주류 경제학은 품고 있다. 잘못된 신앙으로 종교가 인류사에 온갖 문제를 일으켰듯 잘못된 신앙을 바탕에 둔 주류 경제학은 인간의 탐욕을 부추기면서 끝없는 경제 위기에 공모하고 있다. 보이지 않는 손은 스코틀랜드의 철학자 애덤 스미스Adam Smith가 단 한 번 언급한 유명한 표현이다. 애덤 스미스는 인간의 도덕 감정도 깊게 헤아린 사상가였지만, 세상에 대한 이해엔 한계가 있었다. 애덤 스미스는 우리가 저녁을 먹을 수 있는 건 음식 재료를 만드는 사람들의 자비심 덕분이 아니라 자신의 이익을 추구하려는 그들의 욕구 때문이라고 주장하면서 경제학의 시작을 알렸다. 애덤 스미스는 세상을 조율하는 보이지 않는 손을 봤는지 모르지만 정작 자기 저녁을 차려주는 사람의 손을 보지는 못했다. 저녁을 먹을 수 있는 건 상인들의 이기심 때문이라는 애덤 스미스의 주장은 결혼하지 않은 자신을 평생 챙기면서 저녁을 차려줬던 어머니의 사랑을 간과한 어리석음이다.

우리는 밥을 짓고 음식 재료를 준비해서 정성껏 차려준 어머니의 사랑 덕분에 밥을 먹는다. 음식 재료를 판매하는 상인조차도 여자들이 많고, 남자 상인도 집에서 자식을 키우고 집안일 하는 아내 덕분에 마음 놓고 일할 수 있다. 시장 경제는 보이지 않는 손에 의해 조절되는 게 아니라 여성의 보이지 않는 노동을 배경으로만 작동한다. 여성의 돌봄 노동을 우리가 볼 줄 몰라 그동안 공로를 보이지 않는 손이 차지했던 것이다. 스웨덴 출신의 언론인 카트리네 마르살Katrine Marçal은 주류 경제학에서 사랑이 간과되었고 배려와 공감, 돌봄같이 일상에서 필요한 덕목도 밀려났다고 지적한다. 인간은 꼭 돈을 벌고자 움직이지 않고 사랑과 자비로서도 행동하는데, 주류 경제학에선 인간의 선함이 전혀 고려 사항이 아니었다.

여성의 노동이 없으면 인간 사회는 돌아갈 수가 없다. 여성이 도맡았던 육아는 세상을 지탱하는 주춧돌이다. 하지만 자본주의 체제는 여성의 노동에 대가를 치르지 않은 채 가치를 후려쳐 폄훼했다. 이에 여자들은 직업을 가졌다. 그 여파가 남자들은 물론이고 어린이나 노약자에게도 미쳤다. 미국의 경제학자 낸시 폴브레Nancy Folbre는 가부장제가 단순히 남성에게 특권을 부여하는 체제가 아니라 돌봄 노동을 안정되게 공급하는 체제라고 설명한다. 가부장제는 여성에게 공동체 구성원을 돌보도록 이타주의를 주입시켜서 세상살이에서 빚어지는 고통을 완충시켰다. 여성의 희생을 통해 세계가 그나마 버틴 것이다. 오늘날 가부장제는 더 이상 효력이 없고, 자본주의가 부추긴 이기주의는 지속 가능하지 않다. 서로를 돌보는 책임이 없다면 문명은 파탄날 수밖에 없다. 개인의 자비에만 의존할 수 없고, 과거처럼 여성에게 돌봄 노동을 강제시킬 수 없다. 우리는 타인을 챙기고 돌보는 능력을 재평가하고 적절히 보상해야 한다.

플로렌스 나이팅게일Florence Nightingale은 사회에서 천시하던 간호사가 되어 세상을 감동시켰다. 나이팅게일이 베푼 선행은 조명되지만, 정당한 대가를 받고자 평생 투쟁했다는 사실은 은폐된다. 나이팅게일은 누군가를 돌보는 행위와 풍족하게 살길 원하는 욕망 사이엔 아무런 모순이 없다는 말을 끊임없이 설파했다. 선행이 지속되기 위해선 안정된 보수를 받아야 한다. 우리는 남을 챙기고 보살피는 행위엔 돈이 개입되어서는 안 된다는 고정 관념에 사로잡혀 여성의 돌봄 노동에 정당한 비용을 지불하지 않고 있다.

전업주부가 세상 물정을 모른 채 편하게 산다는 시중에 떠도는 생각은 여성 멸시의 반영이다. 소설가 조남주의 『82년생 김지영』의 주인공이 '맘충'이란 말에 충격을 받았듯, 아이를 키우는 여성에 대한 천대는 우리 미래를 어둠으로 밀어버리고는 혐오의 가래침을 뱉는 행위나 다름없다. 여자들은 미래의 시민을 키우고 있다. 아이들이 없으면 미래도 없다. 모든 인간은 어린 시절에 타인의 돌봄을 받지 않고는 생존할 수 없다. 미국의 철학자 버지니아 헬드Virginia Held는 돌봄 윤리가 그동안 무시되고 가치 절하되었다고 지적한다. 돌봄 윤리로서 세상을 이해하기 시작하면, 아이들이 어떤 돌봄을 받고 있는지 사람들 사이에 어떤 신뢰가 구축되었는지 중요해진다. 인생에서 정말 중요한 건 더 많은 돈이 아니다. 어떤 애정을 주고받고 서로를 챙기며 살아가는 보살핌의 관계다.

돌봄을 당연하게 여기거나 업신여긴다면 여성은 돌봄에 정성을 쏟지 않을 것이다. 아이들이 엉망으로 키워진다면 미래도 암울할 수밖에 없다. 아이는 인류의 공공재이고, 여성의 노동은 미래의 공공재를 생산하는 귀한 땀방울이다. 우리 사회의 미래는 여성에게 달렸다. 남자들도 돌봄에 적극 참여해야 한다. 돌봄은 모든 인간의 권리이자 의무이다.

감정 노동의 부상

미국에서는 2000년부터 경제 구조의 변화로 제조업 분야에서만 600만 개가 넘는 일자리가 사라졌다. 제조업 노동 인구의 3분의 1이 직장을 잃었다. 미국발 금융 위기에 거품이 꺼지면서 주택 시장도 붕괴되었다. 건설업과 제조업과 운송업으로는 큰 고용 효과를 창출할 수 없다. 한국의 4대강 사업이 얼마나 시대에 뒤떨어진 토목 공사였으며 자연을 초토화시킨 탐욕의 삽질이었는지 엿볼 수 있는 대목이기도 하다.

전통의 산업 분야에서는 일자리가 사라지는 데 반해 교육과 건강 관련 분야에서는 일자리가 엄청나게 늘어났다. 새로 부상하는 분야들은 여성이 지배하고 있다. 정보 산업화와 통신 기술화가 진행될수록 차분히 앉아서 감정을 다스리며 소통하는 사람에 대한 수요가 급증한다. 타인을 헤아리며 감정을 어루만지는 일은 인간만이 할 수 있는데, 이건 여성의 주특기이다.

여성은 전통의 산업 분야에도 진출한다. 기계화와 첨단화에 힘입어 신체의 근력은 최우선의 고려 사항이 아니게 되었다. 현대 공장에서도 사람과 사람 사이를 조율하면서 생산성을 높이는 대인 관계 능력이 요구된다. 이것 또한 여성의 전매특허다. 심지어 군대도 변했다. 현대전에 적합한 군인은 단순히 총을 쏘고 산을 타고 오래 달리는 무력 전사가 아니다. 상대를 파악하고, 같은 편끼리 소통하며, 난관을 인내하고, 우리 쪽에 우위를 가져오는 전략적 통제자에 가까워지고 있다. 전 세계에서 여성 군인이 대폭 증가했다. 한국에서도 여성 군인은 만 명을 넘어섰다.

경제 영역의 여성화가 일어나고 있다. 인류사 처음으로 여성이 남성보다 성공의 가능성이 더 높은 시대를 맞이하고 있다. 회사는 혼자만의 힘으로 자신을 빛내는 곳이 아니라 여러 사람과 함께 일하는 곳이다. 어려서부터 타인을 배려하고 타인의 감정을 헤아리고 분위기를 조율하는 여성의 특징이 각광받는다. 헬렌 피셔는 여성이 섬세한 감수성, 감응력, 여러 가지를 한꺼번에 처리하고 생각하는 능력, 인내력, 어떤 일이든 전후 맥락을 살피는 시야와 멀리 내다보는 시각, 그리고 뛰어난 언어 능력과 협상력, 의견 일치를 선호하며 강압으로 상대를 굴복시키지 않으려는 평등주의 성향 등을 타고난다고 설명한다. 남자들 또한 여성성을 갖추고 감정 노동하고 있다. 부드럽고 다정한 남자들이 무덤덤하고 거친 남자들보다 더 인정받고 있다. 씩씩한 남자들이 싹싹해진다.

시대의 변화 흐름에 남자들이 아직 굼뜨게 반응하기는 한다. 남성이 주로 하던 산업이 쇠퇴하자 남자들이 직업을 가지려면 여성의 일로 간주되던 분야로 진출해야만 한다. 실제로 남자에 대한 수요도 높은데, 여성이 남성의 분야에 진출할 때만큼의 속도를 내지는 못하고 있다. 어릴 때부터 감정 노동하던 여성은 사회에 나와서도 감정 노동 능력을 발휘하지만, 무뚝뚝해야 남자답다고 믿는 남자들은 감정 노동을 하지 않으려 하다가 시장에서 도태되고 있다.

그런데 아직 여성의 감정 노동 가치는 제대로 환산되지 않고 있다. 여성의 평균 임금은 대개 남성 평균 임금의 3분의 2이다. 중하위 소득군에서는 성별에 따른 임금의 차이가 크지 않다. 고소득 직종으로 올라갈수록 성별 임금의 차이가 확 벌어진다. 여성의 일로 분류되는 직종은 적은 임금을 지급받는다. 성별 임금 차이는 성별에 따른 직종의 차이와 깊은 연관을 지닌다. 감정 노동을 담당하는 여성의 일에 대한 가치 재평가가 필요한 이유다.

감정 노동이란 개념은 앨리 러셀 혹실드가 처음으로 고안해서 널리 알렸다. 기존의 관점에서는 재료를 상품으로 만들어야만 노동 가치가 있다고 여겼는데, 현대 사회로 올수록 물건을 생산하지 않는 봉사업과 용역업이 대폭 증가했다. 앨리 러셀 혹실드는 봉사업과 용역업이 감정 노동을 한다고 정의하면서, 감정 노동이란 상대방에게 특정한 기분을 생산하는 노동이라고 설명했다. 자본주의가 발달할수록 자신의 감정을 조절하고 억제하면서 상대에게 편안함과 만족감을 주는 감정 노동이 모든 사람들에게 요구되는 시대로 접어들었다.

감정 노동은 오랜 세월 가정에서 여성들이 해오던 행동 양식이었다. 편안함은 누군가의 희생 위에서만 얻어진다. 집 안이 휴식의 공간이 되는 까닭은 여성의 고생 덕분이다. 누군가 노동하며 살림한 덕분에 집이 편안한 것이다. 누군가 과일을 준비하고 먹고 싶은 거 없냐고 묻고 화장실에 늘 뽀송뽀송한 수건을 걸어둔다. 그 누군가는 대개 여성이다. 감정 노동의 찰기가 오랫동안 사람 사이를 엮으면서 가족도 끈끈해진다.

그동안 여자들은 고군분투했다. 아이를 돌보고 지인들도 두루 살폈으며, 남편의 비위를 맞추고 남편 친구나 동료에게도 화사한 미소로 대하고, 시댁도 챙기는 가운데 틈틈이 친정도 신경 써야 했다. 가족의 위기는 여성이 홀로 떠맡던 감정 노동을 하지 않을 때 발생한다. 남자의 무관심은 쓸쓸한 노후로 앙갚음되는 현실이다.

현대 사회는 대가족이 해체되고 1인 가구가 대세가 되었지만, 인간은 타인의 돌봄 없이 건강할 수 없다. 인간은 남들의 도움 속에 살아가는 존재이므로 혼자 살더라도 타인의 돌봄을 요청하게 된다. 현대는 시장을 통해 돌봄 노동과 감정 노동이 이뤄지고, 싹싹하고 친절한 태도를 갖추지 않으면 고용되지 않는다. 물론 지나치게 감정 노동을 요구하는 건 우리 모두를 피로하게 만든다. 상대의 감정을 우선 배려하는 감정 노동 때문에 자기 감정이 상해되는 것이다. 감정을 다친 사람은 다른 곳에서 '갑질'을 해대면서 스트레스를 풀고, 그렇게 갑질당한 사람은 또 다른 누군가를 찾는다. 타인에게 감정 노동을 강요하는 '갑질의 악순환'이 벌어진다.

감정 노동은 피할 수 없는 시대의 흐름이다. 민주주의 시대에 맞게 권력자도 시민을 존경한다고 말이라도 해야 하듯 성평등 시대에 맞춰서 남성도 감정 노동하게 된다. 감정 노동이 꼭 강제로 해야 하는 고통이어야 할 까닭은 없다. 감정 노동이 서로가 서로를 배려하는 시민 의식으로 자리매김할 수 있다. 이것이 문명화이다. 우리가 보다 문명인이 될수록 타인을 돌보고 보살피는 일이 자연스러운 기쁨이 될 것이다.

유리 천장과
유리 장애물

대기업에 여자 임원이 늘어났다는 통계가 보도될 정도로 아직 고위직의 성별은 남성이다. 여성이 고위직으로 올라가지 못하는 현실을 가리켜 '유리 천장'이라고 통칭한다. 유리 천장이란 겉보기엔 열려 있는 것 같지만 막상 올라가다 보면 여자들만 부딪히는 배제를 가리킨다. 힐러리 클린턴은 미국 대통령 선거에서 낙방했을 때 유리 천장이란 어휘를 사용했다. 얼핏 보면 그런 것 같지만 과연 힐러리 클린턴이 단지 여성이라는 이유 때문에 선거에서 졌는지는 의문이다.

일군의 사회과학자들은 여성의 상승을 저지하려는 보이지 않는 장벽이 정말 존재하는지, 있다면 얼마나 위력을 발휘하는지를 검증하고자 조사에 착수했다. 그 가운데 네덜란드의 사회학자 아니타 피셔Agneta Fischer는 대기업에 들어가 정밀히 연구했다. 그녀에 따르면, 신입 사원 단계에서는 남녀의 수가 엇비슷한데 성취에 대한 태도에서 차이가 나타났다. 남성이 여성보다 야망을 크게 갖고, 자기 조직에 대한 충성도와 친밀감도 더 높았다. 남자 신입 사원들이 여자 신입 사원보다 동기 부여가 더 잘되어 있었다. 고위 간부직에서는 성차가 없었다. 고위 간부들은 성별에 상관없이 동일한 태도와 목표를 가지고 있었다. 남성이 고위 간부직에 훨씬 많을 뿐이었다. 아니타 피셔는 남녀가 동등하게 일을 시작하더라도 남성이 여성보다 정상에 오르길 원했고, 개인의 희생도 불사하면서 성공하려 한다고 분석했다. 여성도 정상에 오르기 위해 많은 시간을 투자하고 기꺼이 대가를 치른다면 실제로 성공한다면서 유리 천장은 없다고 결론을 내렸다. 아니타 피셔는 여성이 일상을 희생하면서까지 많은 시간을 쏟는 데 주저하면서 성공으로부터 멀어졌다고 설명했다.

미국의 심리학자 로이 바우마이스터Roy Baumeister는 여성의 승진을 막고자 성차별하려는 음모의 증거는 전혀 없지만, 남성이 직장에서 더 많은 시간과 노력을 쏟아붓는 증거는 헤아릴 수 없이 발견된다고 강조한다. 여학생이 남학생보다 학업 성적이 우수한 건 남학생이 차별받아서가 아니라 여학생이 더 노력하기 때문이듯, 마찬가지로 직장에서 남자들이 승진하는 건 남자들이 노력하기 때문일 수 있는데, 일부 여성주의자는 이것에 대해 생각하지 않고 불공정한 결과에만 분개한다. 성별에 따른 연봉 격차는 여성에게 일부러 돈을 덜 주는 게 아니라 직장에서 더 많은 시간과 헌신을 남성이 하기 때문에 발생한다고 보는 것이 합리적이다. 대니얼 네틀은 고위직 성별의 비율이 5 대 5가 아니라는 사실 자체가 성차별의 증거가 될 수 없다고 이야기한다. 성별에 관계없이 성공 기회가 동일해야 하는 게 당연한 이치이지만, 성공의 기회가 평등해야 한다는 사실이 실제로 남녀가 동일한 태도를 갖고 있다는 걸 의미하지는 않는다. 경쟁에서 이기고자 사생활을 포기하면서까지 정상에 서려는 남성과 달리 여성은 일상과 직업의 조화를 통해 가까운 사람들과 시간을 보내고 싶어 하므로 고위직에 동일한 비율로 남녀가 분포하지 않는 현실이 꼭 성차별에 따른 결과라 할 수 없다고 대니얼 네틀은 설명한다.

미국의 기업인 셰릴 샌드버그Sheryl Sandberg는 여자들이 자기 내부에 자리한 장애물에 걸려 넘어진다고도 이야기한다. 어릴 때부터 여자들은 겸손을 주입당한 나머지 완벽하게 알지 않으면 잘 나서지 않는 데 반해 남성은 조금만 알아도 다 아는 척 과시하는 경향이 있다. 여성이 열심히 일한 뒤 어련히 알아주기를 바라는 데 비해 남성은 허세 부리며 일하고 성취를 적극 홍보한다. 성별에 따른 태도 차이가 승진에 영향을 미치는 것이다. 여성은 사회생활에서 자신감이 부족하고, 적극 나서기보다는 망설이며, 자신의 목표와 기대치를 스스로 낮춘다. 유리 천장 문제를 분석할 때 만연한 불평등과 직장 생활을 병행할 때의 힘겨움은 귀에 못이 박이도록 들었지만 여성이 스스로를 주저앉히려는 성향에 대한 분석은 과소평가되거나 아예 거론조차 되지 않는다고 셰릴 샌드버그는 지적한다.

질 리포베츠키도 기업가 정신은 위험을 감수하는 의지, 대담한 모험 정신, 도전욕, 싸우고 승리하려는 열망과 분리될 수 없는데 과연 여성이 남성과 똑같이 도전에 직면하고 위험을 감수하는지 점검할 필요가 있다고 제안한다. 질 리포베츠키에 따르면, 여성은 남성보다 권력 자체에 대한 의지가 적다. 남자들은 권력 자체를 목적으로 삼아서 정상에 오르려고 한다면 여자들은 권력을 수단으로 삼는다. 여성은 위로 올라가 권력을 얻는 것을 자기 삶의 목적이라고 생각하지 않는다. 따라서 남자는 권력 성취와 성공을 위해 위험을 불사한다면 여자에게는 권력과 성공이 행복을 위한 도구이므로 위험을 회피한다. 실제로 여러 연구에 따르면, 위험에 대한 반응이 성별에 따라 다르다. 위험이 앞에 있을 때 남자 경영자들은 그 가치를 인정하는 반면 여자 경영자들은 실패의 가능성으로 해석하는 경향이 있다. 성공과 위험 감수는 동전의 양면이다. 성공한 남자가 많지만 그보다 훨씬 많은 남자들이 실패한다. 유리 천장 얘기가 나올 때는 성공한 사람의 성비만 거론될 뿐 도전하다가 실패한 남자와 여자의 비율이 거론되지 않는다.

그렇다면 직업에서의 성평등이란 성별에 상관없이 노력과 성취의 결과대로 승진해야 한다는 의미뿐만 아니라 여자들이 남성만큼 실패를 감수해야 한다는 의미일 것이다. 또 그렇게 되도록 사회 환경을 갖추는 일일 것이다. 남성이 두려움을 이겨내고 도전하다가 끝없이 실패하는 가운데 성공의 가능성을 높이듯 여성도 연거푸 실패할 수 있는 사회가 보다 성평등한 곳이다.

물론 위험을 감수하면서까지 성공하려는 남성의 성향이 파국을 몰고 오기 일쑤다. 회사의 경영 위기뿐 아니라 세계 위기는 죄다 남성에게서 비롯된다. 그리고 뒷수습은 여성의 몫이다. 별 탈이 없을 때는 남자들이 상층부를 장악하다가 문제가 곪아 터지고 나서야 여자들을 소방대원처럼 긴급 투입하는 현상이 전 세계 기업이나 정부에서 벌어진다. 위기 상황에서 여성 지도자를 내세우는 현상을 영국의 사회심리학자 미셸 라이언Michelle Ryan과 알렉스 하슬람Alex Haslam은 '유리 절벽'이라 부른다. 여성이 사회 권력 기관에 참여하지 못하는 건 그 자체만으로 위험 신호일 수 있다.

기업도 인간들이 운영하는 곳이라 성차별된 의식과 문화가 있을 테고 일정한 부조리가 있다. 동일한 자격 조건이더라도 남성에게 아이가 있다면 책임감이 강한 직장인이자 가정을 부양하는 사람이라며 높은 신뢰도를 부여하는데, 여성에게 아이가 있다면 금세 일을 그만둘 사람이라 간주하면서 승진 심사에서 누락시키고 구조 조정할 때 해고 1순위가 된다. 여성의 경험과 능력을 충분히 활용하지 못해 손해를 자초하는 회사도 많다. 스위스의 금융기관 크레디트스위스Credit Suisse는 2005~2011년까지 다국적 기업 2,400개를 조사했더니 여성이 한 명이라도 이사회에 포함된 회사 주가가 온통 남성으로만 이사회가 구성된 회사 주가보다 26퍼센트 높았고, 순수익 성장률도 40퍼센트 높았다.

유리 천장은 유리 장애물과 맞물린 현상이다. 여성에겐 정상에 오르지 못하게 가로막는 유리 장애물이 너무나 많다. 여성의 직장 생활은 그저 자기실현 하는 과정이 아니라 남자들이 알지 못하는 위험을 헤쳐가는 전투에 가까운 것이다. 여성이 남성과 비슷한 야심으로 출발하더라도 융통성 없는 직장 문화, 직장 내 성희롱과 남성 중심의 회식 문화, 여성에 대한 편견 등 다양한 장애물에 부딪히게 된다.

특히 남편을 뒷바라지하고 아이를 돌봐야 한다는 압박은 고위직에 오를 때 장애가 된다. 집에 돌아와 휴식을 취하는 남성과 달리 아내 역할을 해야 하는 여성 직장인은 고위직으로 올라가기가 너무 힘들고, 야심도 줄어든다. 수많은 거대 다국적 기업의 고위 간부 1,192명을 조사한 결과 남성은 모두 아내의 내조를 받았지만 여성은 대다수 맞벌이였다. 남녀 기업 대표를 각각 30명씩 연구했더니, 자기 분야에서 정상에 오른 남녀의 가정 풍경은 상이했다. 남자는 대다수 전업주부 아내를 두고 자식도 있었다. 이와 달리 여자에게는 내조하는 남편이 없었고, 자식이 없는 경우도 흔했다. 자식이 있을 때도 여성 기업 대표는 자신이 아이의 주 양육자라고 생각하고 책임지고 있었다.

기존 조직의 성비도 유리 천장을 만드는 데 일조한다. 대부분의 권력층엔 남자들이 포진되어 있다. 남성 간부는 젊은 시절을 떠올리면서 남성 후배를 적극 후원하는 경향이 있다. 일이 끝나면 술자리를 가지면서 인맥은 더 끈끈해지고, 서로 끌어주고 당겨주면서 성별에 따른 기득권은 공고화된다. 여성은 능력이 있어도 남성의 세계에 진입해서 친분을 쌓고 성공하기가 여간 어렵지 않다.

여성에 대한 편견도 유리 장애물이 된다. 자신이 성별에 대한 고정 관념이 있다고 시인하는 사람이 드물지만, 실상은 성별에 따라 편견과 차별이 횡행한다. 여성은 권력을 갖는 것이 어울리지 않는다는 편견이 사회에 넘쳐흐르면, 여성이라는 사실을 알려주는 것만으로도 승진에 대한 야욕이 감쇄한다. 미국의 심리학자 마티나 호너Matina Horner는 능력 있는 여자들이 성공에 대한 두려움이 있다고 주장했다. 치열하게 경쟁하면서 높은 성취를 하는 모습이 여성에 대한 기대치와 불일치할 때 여성은 승진에 불안해하고 남성과 경쟁하는 것에 죄의식을 느끼면서 성공을 향한 열정을 줄이고 한 발 뒤로 물러서게 된다는 것이다.

　편견으로 뭉친 세상은 여성의 성공을 그리 달가워하지 않는다. 실제로 이뤄진 실험을 간단하게 요약하면 이렇다. 김지훈이라는 남성이 열심히 뛰어다니고 수많은 사람들과 면담하며 자금을 유치해 사업을 성공시켰다는 사례를 들려주면 사람들은 김지훈이 유능한 사업가라고 평가하고 매력을 느꼈다. 하지만 똑같은 자격과 똑같은 행동으로 똑같은 성취를 이룬 사람의 이름을 김지훈이 아닌 김지영이라고 바꿔 들려주면 사람들은 김지영을 유능한 사람이라고 평가하면서도 가까이 하고 싶지는 않다고 생각했다. 모든 조건이 동일하고 성별만 다른데 호감도는 딴판이 되었다. 대중은 유능한 여성이 까칠하리라고 지레짐작한다. 남성이 자기 성과를 내세우며 보상을 요구하면 그러려니 하지만 타인을 챙기면서 희생해야 한다는 의무의 굴레를 쓴 여성이 기여한 바를 부각시키면서 자기 몫을 챙기려 들면 이기적이라는 딱지가 붙는다. 따라서 여성스럽게 행동하다 보면 적극 나서는 남성에게 밀려서 성공할 기회를 동등하게 얻지 못하고, 여성스럽게 행동하지 않으면 비호감이 된다. 이중 구속에 사로잡혀 있는 것이다. 자신의 업무만 해도 욕먹고, 성공하기 위해 노력해도 욕먹는다. 남자가 성공하면 남녀 모두에게 호감도가 대폭 상승한다. 여자는 성공한다고 해서 사랑받는 게 아니라면 여성은 정력을 쏟으면서 일하지 않게 된다. 사회의 성차별이 유리 장애물로 작용하는 것이다.

한편 유리 천장은 여성이 자신이 원하는 삶을 선택하면서 빚어진 현상일 수도 있다. 누구나 직장 일에 전념하다가 이렇게 살아야만 하는지 의문에 사로잡히는 시기를 겪는다. 게일 에반스는 여성이 승진의 사다리를 타고 올라가다가 어느 지점에서 멈추는 경우가 많은데, 그렇다고 유리 천장 탓으로만 돌릴 수 없는 복잡한 문제가 있다고 말한다. 여성은 최고위급으로 이어지는 전문가의 자리와 회사에서 영향력을 발휘할 자리를 추구하기보다는 좀 더 여유 있는 분야를 택한다. 많은 여자들이 승진 단계를 밟아가는 수고스런 일보다 엄마 노릇을 하거나 예쁜 찻집에서 책을 읽는 것에 더 끌릴 수 있다. 공공 영역에서 성공보다 가까운 사람들과 친밀하게 지내는 일상이 더 가치 있을 수 있는 것이다.

게일 에반스는 유리 천장 신화를 진실이라고 받아들이면 유리 천장은 실재가 된다고 우려한다. 게일 에반스는 유리 천장의 개념으로 말미암아 여성의 승진 문제가 개선되기보다는 여성 스스로 목표를 하향 조정하는 부작용을 낳기 때문에 권력을 정말 갖고 싶다면 유리 천장 같은 것은 없다는 걸 증명해 보이겠다는 의지를 가져야 한다고 강조한다. 유리 천장의 개념이 통용되면 이미 지는 경기에 뛰어든 기분에 빠지는 역효과가 발생하고, 인사권자들이 여성을 남성과 동등하게 평가하지 않아도 되는 구실마저 주기도 한다. 사회 차원에서는 유리 천장 현상을 없애는 정책을 펼치는 동시에 개인 차원에서도 부단한 노력이 요구되는 것이다.

고위직의 성비에 차이가 있다. 이건 다차원의 성차별이 결합되면서 빚어지는 현상이다. 하지만 여성이 삶의 조화를 추구하면서 빚어낸 결과일 수 있음을 간과해서는 안 된다. 물론 여성이 승진하기 위해 필사의

힘을 쏟아야 성평등한 것이라고 역설할 사람도 있을 것이다. 하지만 그
것이 과연 우리가 지향해야 할 성평등인지는 의문이다. 성별에 상관없
이 노력하는 만큼 고위직을 차지할 수 있되 누군가 일상의 평온을 중시
해서 소소히 살고자 한다면 그런 가치관도 존중해주는 사회가 진정으로
좋은 사회가 아닐까?

일과 일상의 조화

최근 서구 사회에서는 인생의 의미
찾기가 유행처럼 번지고 있다. 인생의 의미 찾기란 정부와 기업이 제공
하는 다양한 이익과 동기 부여에도 불구하고 상근직으로 일하려고 하지
않는 현상을 가리킨다. 치열한 경쟁을 뚫고 명예와 권력을 거머쥐기보
다는 자기 시간을 갖고 친구들과 어울리며 오붓한 시간을 보내고 싶어
하는 여자들이 꽤 많다. 성평등 지수가 높은 여러 사회에서 불거진 현상
이라 의미심장하다.

물론 여성이 승진하기 위해 죽을 동 살 동 안간힘을 쓰지 않는 것을
두고 여성성이 원래 부드럽다며 여성을 에워싼 성장 과정과 사회 환경
을 일축해서는 곤란하다. 성평등해지고 있지만 성별에 따라 주입되는
내용이 여전히 차이가 난다. 부모들은 딸이 크게 성취하기보다는 좋은
가정을 꾸리고 행복하게 살기를 바라고, 딸보다는 아들이 사회에서 이
름을 떨치기를 기대한다. 부모는 딸이 엄마가 되어서도 할 수 있는 안정
된 직업을 얻으라고 주문한다. 성평등해졌다고 해도 여전히 가정과 학
교에서는 성별에 따른 기대치가 다르다. 남자애들은 사회에서 높은 직
위에 올라가는 것을 성공한 삶이라고 믿게 되고, 여자애들은 애정을 나

누는 것이 성공한 삶이라고 생각하게 된다.

또한 사회의 시선도 아직 전근대성에 머물고 있다. 야망을 갖고 집안일이나 인간관계 등등 다른 모든 것에 무신경한 남성에게는 눈총이 별로 가해지지 않는 데 반해 직장에서 승진하고자 집안일에 소홀한 여성은 험담당하기 일쑤다. 집안일은 열심히 해도 티가 별로 안 나지만 하지 않으면 곧장 티가 확 나고, 그 티는 곧장 비난의 불티가 되어 여성에게 쏟아진다. 미국의 대중 매체는 여성운동에 용기를 얻어 취직하면 삶이 해방되리라 믿었던 수많은 여자들이 분노했다고 대서특필했는데, 미국의 언론인 수전 팔루디Susan Faludi는 여자들이 느끼는 상실감과 불만은 여성 해방의 속도가 너무 빨라서가 아니라 정체되었기 때문이며, 성평등이 여성의 기대만큼 이뤄지지 않으면서 낙심하고 무기력하게 되었다고 설명한다. 자본주의 체제는 여성의 노동력을 필요로 하고, 여성이 일자리를 갖도록 만드는 것도 소비 자본주의다. 중산층 가정의 생활 수준을 유지하려면 여성도 일해야만 하는 상황이다. 확장된 생활 형편을 간소하게 하는 일은 인류 사회 어디에서도 일어나지 않고 있다. 우리는 더 많은 걸 욕망하며 내달리고 있는 중이다.

여성이 집안일도 하고 밖에서도 일해야 하는 건 이중의 고통일 수도 있지만, 이건 남성이 집안일을 적극 분담하지 않아서 생긴 문제이지 여성이 직업을 가져서 생긴 문제라고 볼 수 없다. 문제의 해결책은 여성의 직장 포기가 아니라 남성의 가사 참여이다. 물론 남자들은 밖에서 여성보다 노동을 더 많이 한다. 밖에서 힘겹게 일하는 자신이 집안일도 버겁게 해야 한다면 남자 입장에서는 불공정하다고 느낄 수 있다. 하지만 남성의 집안일은 곧 가정의 행복도와 직결한다. 집안은 남자 하기 나름이다. 남자가 집안일을 더 할 수 있도록 사회 제도를 개선할 필요가 있다.

뒤늦었지만 주 52시간 노동법처럼 남자들의 노동 시간을 줄이는 흐름은 행복한 가정생활에 기여할 수 있다. 남성이 집에 있는 시간이 늘어날수록 가족과 친밀해진다.

여성은 직업을 가지면서 자존감이 올라가고 사회 공동체 활동에 적극 참여하게 된다. 일터에서 소속감을 느끼고 동료들과 유대감을 가지면서 큰 힘을 얻는다. 여성은 심심풀이로 직장을 갖거나 반찬값 벌려고 적당히 일하지 않는다. 자신의 분야에서 최선을 다해 일하고, 그 과정에서 삶의 의미와 보람을 얻는다. 그런데 출산과 수유에 따라 일을 쉴 수밖에 없고, 어머니에게 요구되는 책임과 부담으로 경력을 이어가기 쉽지 않다. 직장에서 보내는 시간만큼 아이와 함께 보내는 시간은 줄어든다. 여성은 고민 끝에 조화를 추구하는 것 같다. 야심으로 불타던 여성도 점점 고위직에 오르는 길이 아닌 퇴근 시간이 정해진 안정된 업무를 맡게 된다.

삶과 일의 조화가 화두로 떠오르고 있다. 일제침략기와 한국전쟁, 군사독재 등 암울하고 험난한 시절을 거치면서 오랜 세월 가난했던 한국은 스스로 채찍질하면서 근대화를 향해 정신없이 내달렸다. 그 결과 배부르게 먹고 살림살이는 즈런즈런해졌으나 너무나 많은 사람들이 우울해하고 자살하는 지경이다. 부자가 되고 성공하면 행복해지리라는 주술에 사로잡혀 있었기에 삶이 황폐해졌다.

여성의 사회 진출은 인생과 직업에 대해서 새로운 물음을 낳았다. 여성은 가정생활과 직장 생활의 균형을 중시하고 자기 삶이 한쪽으로 함몰되는 걸 원치 않는 편이다. 개인이 부속품처럼 소모되는 현실에 문제제기할 수 있게 된 것이다. 그 덕에 남자들은 자신을 잃어버리고 조직에 동화되는 과정을 되짚는 과정을 거치고 있다. 그저 돈만 많이 벌고 고위직으로 승진한다고 인생이 행복해지는 게 아니다. 삶의 의미를 찾아야 하고, 의미 있는 일을 해야 한다. 현대인의 고통은 입에 넣을 음식이 없어서가 아니라 마음에 담을 의미가 없어서 발생한다.

일과 일상의 조화는 행복을 바라는 모든 사람들의 숙제이다. 여성이 진작 터득한 조화 능력을 뒤늦게 남자들이 배우고 있는 요즘이다. 업무와 가정의 조화는 여자들이 의지를 발휘해서 얻어낸 결과이고, 요즘 젊은 남자들도 성취하려고 노력하는 바이기도 하다.

9. 언어와 소통

공감 능력이 뛰어나다

여성은 누군가 힘든 사연을 털어놓으며 눈물 흘릴 때 함께 우는 경우가 흔하다. 여성은 감정 이입 능력이 탁월한 편이다. 드라마를 여성들이 그토록 좋아하는 이유도 주인공에게 자신을 대입해 자신이 느끼는 것처럼 체험할 수 있기 때문이다.

공감 능력은 인간의 탁월한 특성이다. 다른 영장류도 공감 능력이 있지만 인간처럼 뛰어나지는 않다. 현존하는 92종의 영장류를 조사한 결과 인간처럼 눈동자에 흰자위가 있는 종이 없다. 간혹 침팬지에서 인간과 비슷한 눈 색깔을 지닌 돌연변이가 나타나지만, 대부분의 영장류는 눈동자를 에워싼 공막이 갈색에 가깝고 피부색도 어둡다. 자신의 눈을 노출시키지 않으려 했던 영장류들과 달리 인간은 어둠 속에서도 눈빛이 드러나는 흰자위를 통해 서로의 시선이 어디로 향하는지 바라보고 어떤 생각을 하는지 추측했다. 인간은 남들과 상호 작용하는 사회적 초유기체로서 진화한 것이다. 상대의 마음을 헤아리고 자신의 마음을 전달하면서 원활하게 협력하고자 서로의 눈을 들여다본 역사를 우리 눈동자의 흰자위가 증거한다.

벨라루스의 작가 스베틀라나 알렉시예비치Святлана Алексіевіч는 2차 세계대전에 참전해 독일의 침공에 맞서 싸운 여자들을 만났다. 남자들이 영광의 승리만을 요란하게 떠들어댈 때 여자들은 전쟁의 무시무시한 참상을 나지막이 들려줬다. 육탄전에서 상대를 죽일 때 눈을 보게 된다는 여군의 증언도 있었다. 스베틀라나 알렉시예비치는 이야기를 듣기만 하지 않았다. 오히려 사람을 죽이고 죽어간 이야기를 듣는 것은 상대의 눈을 바라보는 것과 같다고 탄식했다. 아무리 적군이라도 인간은 상대방의 눈을 바라보면서 상대를 죽이기는 너무 힘들다. 상대의 고통이 절절하게 전해지기 때문이다. 우리는 너가 아프면 나도 아프다는 드라마 대사에 공감하는 존재다.

얼굴은 얼을 담은 굴이라는 뜻이다. 얼굴에는 마음이 배어난다. 인간은 아기일 때부터 자신을 바라보는 타인의 눈빛과 얼굴 표정을 보고 상대를 예측하고 반응한다. 타인의 행동을 예측하려면 상대가 어떤 느낌이고 어떤 생각을 하는지 파악해야 하므로 우린 타인의 신체에서 풍기는 기운을 읽어내면서 상대를 무의식중에 가늠한다. 인간의 감정은 감추려고 해도 몸짓이나 눈빛이나 분위기나 여러 경로를 통해 끊임없이 불거진다. 그중에 언어는 뇌에 직통으로 연결되어 발산하는 신호다. 우린 상대의 발화를 통해 상대의 상태를 곧장 감지한다.

자신의 감정을 드러내고 타인의 마음을 읽어내는 능력은 인간이라면 다 갖춰졌지만, 여성이 좀 더 발달된 편이다. 여자들은 일찍부터 눈을 마주 보는 상호 응시의 욕구가 강하다. 남자아이들은 인간의 눈보다는 사물의 움직임에 관심을 갖고, 눈을 마주 보는 것을 꺼려 하기도 한다. 여성은 상대의 얼굴 표정을 흥미롭게 바라보는 경향이 있다. 여자들은 대화할 때 상대방과 얼굴을 마주 보는 걸 자연스럽게 여긴다. 여자들이 만나면 작은 변화도 감지하고는 예뻐졌다고 서로 칭찬한다. 남성은 여성보다 타인에게 덜 관심을 갖고 주의 깊게 보지 않는다. 아내가 미용실에 갔다 온 뒤 뭐 달라진 거 없냐고 물을 때 남편이 식은땀을 흘리는 이유다. 여자들은 애인에게 왜 자기를 쳐다보지 않느냐고 가끔 역정을 내는데, 남자들은 상대방에게 위협이 될까 정면으로 바라보지 않고 가끔 눈이 마주치면 금세 다른 곳으로 돌리면서 대화한다. 남성 사이에서는 상대를 빤히 쳐다보지 않으려는 예의가 여성에게는 무례함이자 무관심으로 오해되는 것이다.

자폐증은 성별에 따른 공감 능력의 차이를 알려주는 증거가 될 수 있다. 자폐증 환자는 상대의 눈을 보거나 타인의 마음을 읽어내는 능력이 결여되어 있다. 자폐증은 타인에게 관심조차 없는데, 성별을 보면 대개 남자이다. 자폐증 환자는 극도로 남성화된 뇌에서 발생하는 현상이다. 사이먼 배런코언은 성별에 따른 본질적인 차이가 있다면서 평균 여성이 평균 남성보다 공감하는 능력이 뛰어나다는 연구 결과를 발표한다. 여성과 남성의 차이는 남매를 키워본 부모라면 쉽게 이해할 것이다. 물론 아주 어릴 때부터 남녀가 다르게 반응한다는 연구 결과에 의문을 제기하고 반박하는 과학자도 있다. 우리가 어떤 믿음을 갖고 있느냐에 따라 실험을 의도하고 원하는 결과를 얻기 쉽기 때문에, 남녀의 차이를 논할 때는 신중함이 면밀하게 요구된다.

여성의 공감 능력이 뛰어나다는 연구가 무수히 많기는 하다. 한 예로, 아이의 사진을 보여주고 감정을 읽어내는 실험을 하면 성차는 확연하다. 여자들은 일찍이 타인의 마음을 헤아리는 공감 능력이 발달한다. 엄마가 아파서 울면 아직 말도 못하는 여자아이들이 같이 운다. 이와 달리 또래의 남자아이들은 엄마의 눈물에 여아들만큼 반응하지 않는다. 여자들은 타고난 상담가다. 상대의 얼굴 표정이나 목소리만으로도 심리 상태를 얼추 짐작한다. 여성은 타인의 얼굴을 민감하게 살피고 몸짓을 읽어내는 능력을 어릴 때부터 발휘한다. 공감 능력의 성차는 어느 정도 선천의 호르몬 탓이다. 테스토스테론을 주입하면 여자들도 공감 행위가 감소한다.

상대를 헤아리는 능력은 성별에 따른 신앙심의 차이를 낳는다. 인류사 내내 여성은 남성보다 더 종교에 관심이 많았고, 남편과 아이를 종교에 참여하게 만들었다. 종교의 확산에 여성은 중요한 도화선이었다. 그런데 현대 사회 들어 여성의 사회 진출로 말미암아 종교의 위세가 감소하는 경향이 나타났다. 영국의 역사학자 캘럼 브라운Callum Brown은 1960년대부터 영국의 여성들이 집 밖에서 일한 결과 종교 참여에 쏟을 수 있는 시간과 기운이 줄어들면서 남편과 아이들도 같은 양상을 보이게 되었다고 탈종교화 현상을 분석했다. 왜 여성은 종교를 좀 더 쉽게 갖고 가족들에게 권유하는가? 공감 능력이 남성보다 뛰어나기 때문이다. 자신의 행동에 상대의 마음이 어떨지 헤아리는 능력이 공감 능력이고, 자신의 행동을 신이 어떻게 받아들일지 예상해야만 종교가 성립된다. 타인의 마음을 읽어내는 기능이 결핍되어 있으면 아무리 종교 교리를 주입해도 결코 신앙을 갖지 못한다. 그 예로 자폐 증세가 있는 아이들은 좀처럼 신을 이해하지 못한다. 이것은 여성의 종교 성향이 더 강하고, 무신론자는 남성이 더 많은 원인과 연관된다. 연령, 학력, 소득과 같은 변인을 참작한 뒤에도 종교 성향이 낮은 남성일수록 마음을 헤아리는 기능이 떨어졌다고 캐나다의 심리학자 아라 노렌자얀Ara Norenzayan은 설명한다.

드니 빌뇌브Denis Villeneuve 감독의 영화 〈컨택트〉를 보면, 외계 생명체가 지구에 나타났을 때 남자들은 외계 생명체와 싸우려 하거나 지나치게 경계하는 반면에 여성 과학자만이 대화를 시도하고 의사소통에 성공한다. 여성이라고 다 공감 능력이 높은 건 아니겠지만 성별에 따른 공감 능력에 차이가 있다는 걸 부인하긴 어렵다.

맞장구쳐주는 여성

작가 서민은 중학교에 강의하러 갔다가 성별에 따른 격차를 새삼 느낀다. 한 여자 중학교의 학생들은 최소 5분마다 웃어주고 강사의 기운을 북돋는 격려를 쏟아냈다. 얼마 지나지 않아 근처의 남자 중학교에 갔는데 학생들이 심드렁해했다. 예전에도 몇 번 남학교에서 겪었던 일이다. 강의 내용은 비슷했으나 반응은 딴판이었다고 서민은 술회한다. 여성은 세대를 넘어서 상대를 배려하고 공감하면서 반응해준다. 방송국에서는 호응이 훨씬 좋은 여성 방청객을 쓴다.

여성은 연령대를 초월해 고개를 끄덕이고 감탄사와 추임새를 넣고 자연스레 맞장구를 치면서 대화를 맛깔나게 지속하는 경향이 있다. 자신의 생각과 상대의 주장이 부딪히더라도 면박하면서 망신을 주려고 하기보다는 에둘러 자기 의견을 표현한다. 이와 달리 남성은 자신의 생각이 옳다고 고집하는 경향이 강하고, 상대에게 상처가 되는 발언이나 명령투의 어법을 사용하면서 상대를 공략하고 설득하려 한다. 대화를 통해 여성은 친밀감을 나누려 한다면 남성은 자신의 능력을 입증하며 우월감을 느끼려 한다. 여성은 대화할 때 빈번히 상대방에게 동의와 아울러 자문을 구한다. 여성은 도움말을 요청하면서 소속감을 공고히 다진다. 반면 남성은 대화할 때 정보를 주고받으려 한다. 도움을 요청하는 경우는 진정 궁지에 몰렸을 때이다. 남성은 인간관계를 위계 구조로 인식하는 편이라 누군가 자신에게 조언을 요청하면 일장 연설하고, 자신이 상대보다 밑이라고 생각할 때만 도움말을 구한다. 웬만해서는 남에게 부탁하지 않고, 또한 남의 충고를 귀담아듣지도 않는다. 남자들은 약속 장소를 못 찾아도 좀처럼 주변 사람들에게 길을 묻지 않는다.

성격 연구를 통해서 밝혀진 성별에 따른 차이도 친화성이다. 평균 남성의 친화성 수치는 평균 여성의 친화성 수치에 견주면 70퍼센트가 되지 않는다. 친화성의 성차는 여성이 집단 구성원으로 조화롭게 지내는 일이 남성보다 더 중요했기 때문에 발생한다. 인류사에서 남성은 자신의 지위를 높이기 위해서 때로는 타인에게 냉담함을 무릅썼다. 이와 달리 오랜 세월 공동으로 아이를 양육해온 여성은 타인과 잘 지내지 못한다면 곧장 자신과 아기에게 불이익이었다. 육아와 생계를 위해 여성끼리 협력하며 유착하는 모습은 시공간을 넘어 여러 문화권에서 공통으로 나타난다. 여성은 남성보다 인간관계를 귀중하게 여기면서 친족을 살뜰히 챙기는 경향을 보인다. 또한 여성은 아기를 돌보고 키우면서 끊임없이 피부 접촉을 한다. 살갗과 살갗을 자주 부비면 친화성이 높아진다. 여자들은 어릴 때부터 아기들을 더 좋아하고 돌보려고 한다.

우리 뇌에서 공감 반응을 이끌어내는 신경 회로는 원래 모성애를 지원하기 위해 진화된 신경 회로였을 가능성이 높다. 여러 종의 포유동물에서 어미가 자식을 돌보고 챙길 때 중요한 신경 전달 물질이 옥시토신이다. 인간의 경우에도 뇌가 옥시토신에 민감하게 반응하도록 하는 유전자들과 공감 수준의 향상은 상관관계가 있다. 여성의 공감 능력은 오랜 세월 아기를 돌보면서 발달한 것이다. 여성이 아이에게 공감하지 않으면 아이가 건강하게 자랄 수 없다. 아기의 울음소리를 듣고는 어디가 아픈 건지 기분이 별로인 건지 배가 고픈 건지 단박에 알아차리는 엄마가 있을 정도다. 말도 못하는 아기의 눈빛, 표정, 몸짓, 울음의 높낮이, 울음소리에 배어 있는 감정 색채까지 여성은 포착하면서 대응한다. 낯선 아기가 울면 남성은 아이의 엄마가 어디 있는지 뭘 먹여야 하는지 생각한다면, 여성은 엄마가 없어서 아이가 불안해하는 것 같다거나 혹시 기저귀가 불편한 건 아닌지 아기의 입장에서 헤아린다. 남자들은 아기가 운다는 사실에 반응해서 울음을 그치는 대책을 세우려 한다면 여자들은 아기의 표정에 주목하면서 아기가 왜 우는지 세심하게 읽어내려고 한다. 거울 신경 세포는 상대의 표정을 읽고 목소리의 음조와 신체 신호를 해석해서 공감하는 기능을 하는데, 여자의 뇌에서 거울 신경 세포가 더 크고 더 활성화되어 있다.

인간을 비롯해서 영장류는 근친상간을 피하기 위해 여성이 새로운 공동체로 들어간다. 남자는 혈족과 어울려 살아가기 때문에 덜 예민하다. 이와 달리 여자는 혼인을 통해 이제까지 전혀 알지 못했던 사회 속으로 들어가 적응해야 한다. 훨씬 신중하게 타인을 파악하면서 인간관계를 조율하고자 더듬이가 곤두설 수밖에 없다. 공감 능력이 떨어지는 여성이라면 구박받으면서 건강한 삶을 영위하기 어려워진다. 여성의 공감 능력은 타고나기도 하지만 사회 문화 속에서 강화되는 것이다.

공감 능력이 높아지는 만큼 폭력을 예방할 수 있다. 폭력은 공감 능력의 부재에서 발생한다. 상대에게 감정 이입해서는 잔인한 짓을 할 수 없다. 공감 능력을 파괴한 사람만이 폭력을 저지르고, 폭력은 인간성을 말살시킨다. 인류사를 되돌아보면 극악무도한 행위는 거의 남성의 소행이었다. 지금도 대다수 섬뜩한 폭력 범죄를 남자들이 저지른다. 남성이 여성보다 공감 능력이 발달하지 못했다는 사실을 역사가 증명한다. 남성에게도 공감 능력이 있어서 폭력을 행사할 때 자기 안에서 비명 소리가 울려 퍼진다. 정상인이라면 피해자의 눈을 쳐다보면서 학대할 수 없는 이유다. 옛날처럼 부족과 부족이 싸우면서 서로 학살하는 시대가 끝나고 이방인들과도 어우러져 교감하며 살아가야 하는 시대이므로 남성의 공감 능력 향상은 현대 사회의 숙제가 되었다. 실제로 옥시토신을 투여하면 남자들도 협력하려는 경향이 강해진다. 평화를 위해 남자 지도자들에게 의무로 옥시토신을 주입하는 세계 협약을 상상해볼 수 있다. 남자 지도자들은 공감 능력이 일반 남성보다도 현격히 낮다.

민감하게 타인의 상태를 헤아리면서 반응하는 건 권력의 차이에서 발생하는 문제이다. 언제나 약자의 눈치가 발달한다. 공감은 약자의 몫처럼 되어 있다. 상대의 기분을 읽어내고 맞춰주는 건 고달픈 감정 노동이다. 약자의 감정 노동은 미국의 문학비평가 라이오넬 트릴링Lionel Trilling이 계급 상승의 열망을 강하게 지닌 중하층 사람들에게서 나타나는 위장 기술과 닮은 측면이 있다. 약자들은 눈치 빠르게 상대의 기분을 헤아리며 자기감정을 관리하는 위장 기술을 익혀왔다. 오랜 시간 여성이 약자였고, 여성은 좀 더 나은 연기자가 되는 데 관심이 많았으며, 실제로 더 나은 위장 기술을 펼쳤다. 여성은 안전을 위해 상대를 얼른 파악하려고 노력한다. 남성 또한 조직의 말단에 속하거나 약자의 처지가 되면 상대를 읽어내고 헤아리는 공감 능력이 상승한다.

어떤 여성은 어느 모임에 처음 들어갈 때 남성보다 꺼려 할 수 있다. 낯선 사람에 대한 자연스러운 거부감과 아울러 자신에게 호의를 보이지 않을 수 있다는 불안감 때문에 새로운 참가가 내키지 않을 수도 있다. 하지만 일단 모임에 들어가면 여성은 사람들과 금세 친해지는 경향이 있다.

한편, 상대방의 의견에 맞장구치면서 친밀하게 대하는 여성의 태도가 때때로 확증 편향에 빠지는 경우가 생긴다. 확증 편향이란 다른 관점에서 생각하지 않고 특정 관점을 고수하면서 자신의 입장을 강화하는 인간의 습성을 가리킨다. 캐나다의 철학자 조지프 히스Joseph Heath는 자신의 생각이 틀렸다고 가정하며 성찰하는 일이 자연스럽게 이뤄지지는 않으므로 자신의 생각이 오류일 때 외부에서 다른 관점을 제시해줘야 교정될 수 있다고 지적한다. 자신의 생각과 대립되는 의견을 표명하는 사람들이 주변에 있어야 나 스스로는 바라볼 수 없는 다른 관점을 알 수 있게 된다. 여성이 자기편이 되어주는 사람들로만 교우 관계를 맺을 때 놓치게 되는 부분이다.

수다의 즐거움

여자들은 말이 많다는 편견과 달리 공식 자리에서는 남자들이 훨씬 말을 많이 한다. 대학교의 교수회의를 여러 번 녹취해서 발언 횟수와 말의 길이를 측정했더니 남자들이 훨씬 더 길게 말했다. 발화는 권력이다. 직장에서 신입 사원이 상사에게 의견을 피력하기 어렵듯, 대개 중요한 결정을 내려야 하는 상황이라면 남성이 말을 더 하는 편이다. 여성은 친밀한 관계에서 말을 많이 한다.

여자들은 공감 능력이 뛰어난 동시에 언어도 잘 구사하는 편이다. 언어 능력과 공감 능력은 독립된 영역이지만 상호 작용한다. 한 조사에 따르면 여자는 하루에 약 2만 개의 낱말을 사용하는 데 비해 남자는 평균 7,000개의 단어를 사용했다. 남자들은 공공 영역에서 핏대 세우며 입을 열지만 사생활에선 함구한다. 전 세계 아내들의 가장 큰 불만은 남편이 자신과 충분히 대화하지 않는다는 것이다. 그다음의 불만은 자기 말에 남편이 귀 기울이지 않는다는 것이다. 한마디로 남성은 여성이 원하는 만큼 이야기를 나누지 않는다.

남성은 정보를 전달하는 수단으로 대화하기 때문에 새로운 정보가 없다면 굳이 대화할 필요를 느끼지 못한다. 하지만 여성에게 대화란 서로의 존재를 이어주는 애정의 표시이자 서로의 세계가 연결된다는 뜻이다. 상대의 얘기를 귀담아들으면 상대가 소중하다는 신호를 보내는 셈이다. 깊게 대화하면 친밀함과 아울러 고마움을 느끼게 되는 이유다. 자존감도 올라간다. 인간은 타인의 지지와 인정 없이 자존감을 가질 수 없다. 교감을 절실하게 원하는 아내에게 등 돌린 채 자신을 좀 가만히 놔두라는 남편의 태도는 아내에게 가하는 정서 학대일 수 있다. 남편과 원만히 소통하지 못하는 아내의 자존감은 대부분 낮다.

여자들은 친밀하게 대화하고 긴밀하게 연락하기를 원한다. 용건이 있을 때만 연락하면서 정보를 교환하는 남자들과 달리 여자들끼리는 수시로 연락을 취한다. 예컨대, 아주 가벼운 접촉 사고가 났을 때 남자라면 보험회사에 연락한 뒤 한참 지나 친구들을 만났을 때 이런 일이 있었다고 회고할 것이다. 반면에 여자들은 곧장 친한 사람에게 전화해서 접촉 사고가 났다고 자기 상황을 공유할 것이다. 사고가 났다는 전화를 받은 성별이 남자라면 어디 다쳤는지 안부를 물으면서도 딱히 자신이 해줄 수 없는 상황에 내심 당황할지도 모른다. 남자의 의식은 문제 해결 쪽으로 작동하기 때문이다. 하지만 수신자가 여자라면 '어머, 그런 일이 있었니' 하면서 곧장 공감하며 자연스레 대화할 것이다. 여자들은 문제가 생기면 가까운 사람에게 자신이 겪은 문제를 이야기하는 경향이 있다.

남성은 연락을 통해 어떤 내용을 전달하려고 한다면 여성은 연락을 통해 함께한다는 감각을 향유하려고 한다. 누군가와 연결되어 있다는 사실만으로 정서가 안정된다. 여성이 수다를 떨 때 뇌 속에서는 도파민이 분비된다. 도파민은 쾌감이나 의욕을 불러일으키는 신경 전달 물질이다. 방금 전까지 시무룩해하던 여성이 대화를 시작하면서 눈빛이 살아나고 손뼉을 치고 웃기 시작하는 건 도파민의 영향이다. 여자는 남자보다 15퍼센트 정도 더 많은 혈액이 뇌에서 순환하고 더 많은 신경 생리 혈관이 발달되어 있다. 여자는 몰입해서 대화할 때 옥시토신이 증가해서 기분이 좋아지고 상대방과 연결된 느낌을 받는다. 여성은 대화 자체에서 쾌락과 안정감을 얻는다. 대화가 도중에 그치면 노르아드레날린과 코르티솔이 분비되면서 스트레스를 받는다.

대화에서 쾌를 느끼고 침묵 속에서 불쾌를 얻는 여자와 달리 남자는 대화가 중단되어도 신경 전달 물질 균형에 변화가 별로 없다. 남성은 말하고 싶지 않을 때 말하려고 하면 스트레스가 생기는데, 여성은 말을 하지 않으면 스트레스를 받는다. 뇌신경이 다르므로 남녀가 같이 있으면 갈등이 생길 수밖에 없는 셈이다. 속된 말로 아내가 남편을 바가지 긁는 건 제발 대화하면서 자신에게 애정을 표시해달라는 신호인데, 남편은 자신을 괴롭힌다고 생각하고 말을 더 안 하면서 바가지를 더 긁히게 된다.

남자와 여자의 뇌를 측정하면 사고와 언어를 담당하는 신피질 구조뿐 아니라 화학 물질을 분비하는 방법에서도 차이가 나타난다. 여성은 대화할 때 옥시토신과 함께 세로토닌이 많이 분비된다. 세로토닌은 사람을 차분하게 하면서 편안한 행복감을 느끼게 한다. 문제가 생겼을 때 여성은 대화를 통해 풀어내려고 하고, 문제가 풀리지 않더라도 기분은 한결 나아지게 된다. 이와 달리 남성은 물리력으로 문제를 타개하려는 성향이 강하다.

1932년에 미국의 생리의학자 월터 브래드포드 캐넌Walter Bradford Cannon은 생명이 위협받을 때 투쟁 또는 도피(fight-or-flight) 반응을 한다고 주장했고, 그의 가설은 널리 수용되었다. 싸워서 이길 것 같으면 공격을 개시하고 아니면 잽싸게 도망치는 기능이 인간에게도 내재되어 있다는 이론이다. 최근 들어 미국의 심리학자 셸리 테일러Shelley Taylor는 투쟁하거나 도피하는 반응은 남성에게만 해당될 가능성이 크다며 반론을 펼쳤다. 아주 먼 과거에 위험한 상대와 맞닥뜨렸을 때 여성은 싸워서 이기기 쉽지 않았고 도망치기도 여의치 않았다. 여자들은 임신하고 있거나 어린아이들을 돌보고 있었기 때문이다. 여성은 압박받고 긴장하게 되었을 때 해결책으로 유대감을 높이는 사교 방식을 진화시켰다. 여자들은 무리 짓고 친밀감을 나누면서 갈등을 해소하려고 한다. 타인을 배려하고 친교를 맺어서 다툼을 미리 방지하거나 위기를 극복하려는 성향은 먼 조상에서부터 지금까지 여자들에게 유전되는 성질이다.

여성에게 살가운 대화는 본능이다. 여자들은 시간을 내어 만난 뒤 맛있는 것을 나눠 먹고는 마음껏 웃으며 기운을 되찾는다. 그동안 하지 못했던 얘기를 털어놓으면서 가슴이 뻥 뚫리는 후련함을 느낀다. 잡담은 여자들에게 동지애를 불러일으키면서 외로움을 물리친다. 자신의 감정과 생각을 들어주는 사람이 아무도 없을 때 우리는 고독을 절감한다. 철학자 루트비히 비트겐슈타인Ludwig Wittgenstein은 정제되고 정확한 언어 사용을 주장하면서 말할 수 없는 것에는 침묵해야 한다고 호방하게 단언했었다. 하지만 비트겐슈타인은 훗날 자신이 가장 그리워하는 건 말도 안 되는 말을 장황하게 할 수 있는 상대라고 편지를 썼다.

비트겐슈타인이 가장 그리워하는 것을 여자들은 날마다 향유한다. 태곳적부터 이어지는 유서 깊은 문화 전통이다.

언어의 유혹

남성과 여성은 공통점이 많다. 그래서 인간의 본성과 보편성을 논할 수 있다. 이와 동시에 약간의 다른 특성도 있다. 그래서 성별의 구분이 유효할 때가 많은 것이다.

여자들은 관계 속에서 느끼고 생각하기 때문에 많은 것들을 자신과 결부시키는 경향이 있다. 알고 보면 딱히 도움이 안 되는 정보라도 혹시나 자신에게 필요하지는 않은지 관심을 갖는다. 여자들은 사주나 점이나 타로카드에 흥미를 느끼며 역술인이 족집게처럼 잘 맞춘다고 감탄하는 경우가 많다. 이 또한 여성이 타인이 제시하는 정보를 어떻게든 자신의 경험과 관련짓기 때문이다. 사주나 별자리는 똑같은 사람이 너무 많아서 그런 단편의 정보로 인간을 예측하는 건 하나 마나 한 이야기가 되기 십상인데, 여성의 뇌는 자신과 관련지어 공감하고자 작동하면서 자신에게 맞는 부분을 어떻게든 찾아내어 몰입하게 된다.

많은 여자들이 사주나 별자리 운세 또는 타로카드를 좋아한다. 남들에게는 별로 믿지 않는다고 말하더라도 큰일을 앞두고 불안할 때 남몰래 찾아가 상담한다. 학력 여부와는 별 상관이 없다. 고학력 전문직 여성도 자주 찾는다. 이런 현상은 어쩌면 여자들이 그동안 주류에 속하지 않았기에 세상과 인생을 해석하는 지식의 부족을 메우려는 노력인지도 모른다. 또한 여성은 세상과 인생이 합리성만으로 설명될 수 없다는 사실을 직관으로 파악하고는 자신의 불안을 어떻게든 달래줄 수 있는 설명을 찾으려고 하는지도 모른다.

한편, 관계의 안정성을 추구하는 경향이 상담을 찾는 동력이 된다. 여성은 남성보다 훨씬 관계에 관심이 많고, 역술인을 찾아가서 묻는 내용은 거의 관계에 대한 것이다. 이 남자를 만나도 괜찮은지, 이 사람과 함께할 미래가 어떠할지에 여자들이 관심이 많고 역술인에게 가장 많이 묻는다. 안전을 보장받고 실패를 예방하려는 욕망이 미래를 미리 알고자 하는 행위로 나타나는 것이다.

여성이 사주나 별자리 운세를 좋아하는 원인 가운데 공감 받으며 대화하고 싶은 욕망이 숨어 있다. 유명한 역술인은 공감 능력이 출중해 여성의 민감한 표정 변화를 읽어내면서 대담을 노련하게 이끌어간다. 여성은 아무에게도 털어놓지 못하는 고민과 불안을 고백하는데, 끝나고 나면 개운해지면서 역술인이 속속들이 못 맞혀도 나름 만족한다. 수많은 상담실 문을 두드리면서 자신의 얘기를 꺼내는 대다수의 성별은 여성이다.

여성은 남성과 만족할 만큼 소통하지 못하는 형편이다. 남녀 관계를 보면 처음엔 남자들이 여자들에게 말 걸고 대화를 시도하지만 관계가 진전될수록 남자들은 시큰둥해하고 대화도 짧아진다. 그토록 다정했던 남자가 무뚝뚝해진다. 어떤 각본에 따라 진행된다는 생각이 들 정도로 지나치게 자주 반복되는 사태다. 미국의 진화심리학자 제프리 밀러 Geoffrey Miller는 여성은 줄기차고 한결같은 언어의 구애를 받고 싶어 하지만 남자들은 성관계를 시작하거나 재개하기 위해 달콤한 언어를 구사한다고 주장한다. 연애 초반과 권태기를 비교해보면 시간이 흐를수록 남자의 언어 사용량이 확 줄어드는데, 제프리 밀러는 언어 사용 자체가 남자에게는 꽤나 피곤한 일이라서 필요한 경우에만 말하는 경향을 보인다고 설명한다.

남자는 갈수록 말을 안 하는데, 여자마저 입을 다물면 둘 사이는 그냥 끝나버린다. 여성은 오랜 역사 속에서 남자들의 특성을 알아차리고 관계가 깨지지 않게 하기 위해 보다 더 많이 말하면서 상대와 대화가 이어지도록 애쓰는 경향이 발달된 것 같다.

남성이 정보 언어를 구사한다면, 여성은 관계 언어를 추구한다. 관계 언어는 곡선의 형태로 상대방을 감싸면서 애정을 전달한다. 말도 짧고 투박한 남자들은 직선 언어를 구사한다. 직선 언어는 화통하고 거침없지만 그렇기 때문에 상대를 다치게 할 수 있다. 남자들도 사랑에 빠지면 언어가 부드러워지고 조심스러워진다. 사랑을 한다는 건 상대를 배려하며 행복하기를 바라는 일이므로 언어를 매만지고 섬세하게 가다듬게 된다. 사랑하는 남자의 혀에선 곡선 언어가 신중하게 빚어진 뒤 상대 뇌로 부드러이 들어가 구애 춤을 화사하게 펼친다.

곡선 언어는 여성의 언어이다. 여자들은 언어를 에둘러서 표현하는 데 능숙하다. 여성은 작은 부탁일지라도 자기 의사를 재깍 표시하지 않을 때가 많다. 이를테면 아내가 운전하는 남편에게 목이 마르지 않느냐고 물어보면 남자는 그저 갈증 여부만을 생각하고는 아니라고 답한다. 하지만 여자의 목이 마르지 않느냐는 말은 자신이 목이 마르니 잠깐 쉬어 가자는 암시이다. 여자는 곡선 언어를 통해 자신을 표현한다. 여자들이 사랑을 그토록 좋아하는 까닭도 사랑에 빠진 남자는 여자가 구사하는 곡선 언어를 헤아리면서 살갑게 반응해주기 때문이다.

여자에게 사랑한다는 말과 예쁘다는 칭찬은 아무리 들어도 질리지 않는다. 사랑의 밀어는 여성의 갈증을 풀어주는 마력의 우물이고, 사랑에 빠진 사람은 언어라는 뒤웅박을 던져 그윽하게 농익은 말을 건져 올린 뒤 잎사귀 하나 띄워 건넨다. 여성은 자신에게 전해지는 언어에 몰두하고 향유한다. 여성은 연락, 편지, 약속, 선언, 다짐, 시구를 받고 싶어 하고, 자신에게 전해진 언어를 소중히 간직하면서 다시 보고 음미한다. 여성은 한결같은 사랑의 언어 속에서 마음을 연다. 최첨단 기술이 발달한 현대에 와서도 꽃과 함께 사랑 고백을 담은 편지에 여심은 찰랑거린다.

여심을 흔드는 남자들은 언어를 세련되게 구사하고, 여자들의 말을 잘 들어준다는 공통점을 갖고 있다. 여자는 자기 말을 들어주는 '큰 귀'를 가진 사람에게 마음이 열린다. 남자들이 그토록 중독되어 있는 포르노그래피에 여자들이 심드렁한 태도를 보이는 여러 이유 중에 포르노그래피에는 남녀 사이에 신음 소리밖에 없는 것도 한몫할 것이다. 어쩌면 포르노가 여성에게 폭력처럼 느껴지는 건 단지 여성을 대상화한 채 남성 위주의 성행위로만 점철되기 때문만이 아니라 사랑 나눌 때 서로의 마음을 확인하는 풍성한 대화와 사랑의 밀어가 제거되었기 때문인지 모른다. 여자들이 열광하는 드라마에는 심장을 타격하는 달달하고 고운 언어들이 향연을 벌인다. 여자는 언어를 즐기고 원한다.

상냥하고
웃어줘야 한다는 압박

어려서부터 성별에 따른 놀이의 양상이 다르다. 남자애들은 경쟁 속에서 승부가 판이하게 갈리는 놀이에 몰두하는 편이고, 여자애들은 함께 어울리는 놀이를 더 즐기는 편이다. 아이들의 숫자가 적으면 남녀가 어우러져 같이 놀지만 일정 수를 넘으면 성별로 갈리는 경향이 뚜렷하게 나타난다. 남자애들은 자기들끼리 남성스러운 놀이를 하고, 여자애들은 여자 같은 놀이를 한다. 남자애들은 어릴 때부터 서열 다툼과 투쟁을 시작하고 승자가 되기를 원하며 전쟁놀이를 즐기는 데 반해 여자애들은 승패에 그리 연연하지 않는다.

여자아이들의 소꿉놀이를 관찰하면, 서로 역할을 맡은 뒤 이야기를 나누면서 상호 작용하려 한다. 누군가의 도움을 구할 때도 남자아이들은 강요에 가깝게 부탁한다면, 여자애들은 정중하게 요청하면서 갈등의 불씨가 되는 사안을 조정하려 한다. 여자아이들은 어릴 때부터 자신의 의사를 강하게 드러내는 언어 방식이 아니라 합의를 도출하는 언어 방식을 구사하는 것이다. 여성은 타인과 협력하며 긴밀하게 도움을 주고받는 데 능숙하다.

이와 관련해서 이주 노동자들의 말투를 생각해보면 예상치 못한 통찰을 얻을 수 있다. 외국인 이주 노동자들의 말투는 남녀 모두 굉장히 부드럽다. 예전에 한 개그맨이 이주 노동자를 연기하면서 "사장님 나빠요"라고 할 때의 억양과 말씨를 떠올려보더라도 남자 이주 노동자는 여성처럼 말한다. 부드러운 말투를 지닌 남자들만 한국으로 이주 노동을 올 턱이 없다. 한국의 중년 여자들이 따뜻하게 대해주었고, 그들과 상호 작용하다 보니 말투가 여성화된 것이다. 외국인 이주 노동자들과 함께 일하는 여자들은 사회에서 높지 않은 대우를 받기에 때로는 피해 의식을 가질 법도 하건만 비슷한 계층의 남자들보다 훨씬 더 포용력 있게 이주 노동자들을 대하는 편이다.

한편, 여자들의 미덕이라 일컬어지는 타인을 향한 배려가 여성을 옭아매는 올무로서 작용하기도 한다는 우려의 목소리가 들린다. 부드러운 말투는 자상하고 평등한 관계를 지향하지만 세상에서 권위를 인정받지 못한다. 여성의 말투와 음조는 지도력이나 권위를 수반하지 못한다고 미국의 언어학자 데보라 태넌Deborah Tannen은 지적한다. 여성 지도자는 권위를 얻고자 대화 방식을 바꾸는데 그럴 경우 사람들은 여자답지 못하다고 낙인을 찍는다. 여성스럽게 말을 하면 지도자로서 적합하지 않다고 평가 절하하고, 강인하게 발언하면 여자로서 별로라고 수군댄다. 여성이 권력과 권위를 얻기도 힘들지만 정상에 서더라도 성별에 따른 편견과 싸워야 하는 현실이다.

여성이 늘 여성스럽지는 않다. 그런데 여성은 여성스럽게 상냥해야 한다는 기본값이 설정되어 있다고 믿는 일부 남성은 부드러운 호의를 당연히 받아야 한다고 여기기도 한다. 남성이 여성에게 말 걸었을 때 응대할지 말지는 여성의 선택인데, 여성이 정겹게 대답하지 않으면 자신을 무시한다면서 발끈하는 것이다. 많은 남자들이 여성의 감정 노동을 자신이 마땅히 누려야 하는 특권으로 착각한다. 권력자들은 여성과 아동, 흑인과 노동자의 투덜거림을 싫어하기 때문에 웃음을 강요한다며 슐라미스 파이어스톤은 '미소 거부'를 주장했다. 속에선 화가 치솟는데 미소를 띠어야 하는 현실에 분개한 슐라미스 파이어스톤은 여성해방운동의 일환으로 상대의 비위를 맞추는 가짜 웃음을 버리자고 제안한 것이다.

약자의 웃음은 강제된다. 상대의 기분을 거스르지 않으면서 자신을 보호하는 기술로서 약자들은 적당한 애교와 억지웃음을 익히게 된다. 인류사에서 여성은 약자였고, 여성은 입꼬리를 올리려고 노력했다. 행복한 일이 있어서 웃는다기보다는 웃어서 행복하다는 말처럼, 일부러 웃으려고 하면 조금 기분이 나아지는 면이 있다. 하지만 억지웃음이 오래 강요되면 분노가 내면에 적체되기 마련이다. 여자들은 평소에 생글생글 잘 웃지만 뒤돌아서선 굉장히 우울해한다. 가짜로 웃고 있는 여자들이 많은 것이다.

여성은 친절해야 한다는 압박을 거세게 받는다. 착하게 행동하지 않는 여성에 대한 돌팔매질은 인류사 내내 이어졌고, 착한 여자가 아니라는 책망은 무의식중에 작동된다. 그 결과 여자들은 상대가 무례한 요구를 할 때조차 거부 의사를 표현하지 못할 때가 많다. 상대의 행동과 태도가 거슬리고 불편함을 주는데도 참는 것이다. 상대의 요구를 거절하더라도 시간이 없다거나 몸이 좋지 않다거나 같은 핑계를 대면서 혹여나 상대의 감정이 다치지 않을지 배려한다. 많은 여자들이 어떻게 해야 예의 없이 보이지 않을까 번민한다.

자신의 말에 상대가 거북해하는 기색을 느끼면, 많은 여자들이 꼭 해야 했던 말을 이내 속으로 삼킨다. 삼킨 말은 가시처럼 목에 걸리지만, 애써 삼키려 애쓴다. 소가 여러 개의 위를 통해 음식을 반추하듯 여자들은 불쾌한 상황을 계속 곱씹는다. 여자들은 자연스레 발산되는 감정을 우선 억제하면서 지금의 상황에서 어떻게 의견을 제시해야 할지 생각하고 또 한다. 싫더라도 싫다고 말 못 한 채 일단 괜찮다고 맞장구쳐주고 훗날을 도모한다. 상대의 기분만 헤아리다 보니 자기 기분이 어떤지 자신조차 잘 모르고, 타인들과 잘 지내다가도 막상 가족들에게는 작은 일에 느닷없이 화내는 여자들이 있다. 반추하던 감정이 소화가 안 되어 토하는 것이다. 상대를 배려해야 한다는 압박 때문에 가짜 웃음을 짓다가 집에 돌아와서는 이불을 발로 차는 건 유명 인사들도 마찬가지다. 미국의 방송인 오프라 윈프리Oprah Winfrey는 자신의 최대 단점이 사람들과 대결할 줄 모른다는 것이라며, 자신을 공격하려는 사람을 마주 보면서 언쟁하기보다는 차라리 트럭에라도 받히고 싶다는 심정이 든다고 고백했다.

많은 여자들이 사람들 모두와 잘 지내려고 한다. 하지만 웃는 얼굴 뒤에는 말 못할 고충이 있는 법이다. 친근한 미소를 짓는 여자의 이면엔 상대가 자신을 싫어할까 두려워 자신이 하고 싶은 말을 두 번 세 번 곱씹고 상대의 기분을 해치지 않으려고 전전긍긍하는 또 다른 여자가 숨어 있다.

《허핑턴포스트》의 창립자 아리아나 허핑턴Arianna Huffington은 타인과 문제가 생길 때 아무렇지 않은 척하며 신경 쓰지 말라고 여성에게 말하는 건 바람직하지 않은 권고라고 주장했다. 관계 속에서 살아가는 인간이 타인의 공격에 분노와 슬픔을 느끼는 건 당연한 일이다. 하지만 상대를 미워하는 수렁에 빠지면 안 되기 때문에 자신의 감정을 정당하게 표현하고 난 뒤엔 재빨리 털어버리고 앞으로 나아가야 한다. 감정이 상했으면 표현하고 슬픈 일이 있을 때 충분히 슬퍼하면 한결 기분이 나아진다.

여자들은 자신의 배려가 훈육당한 결과 자동으로 행할 수밖에 없는 의무인지 아니면 자신의 훌륭한 관대함인지 스스로 되짚어볼 필요가 있다. 여성은 어려서부터 남에게 상처 주지 않도록 길러지지만 자신이 익힌 배려엔 자기희생이 섞여 있다. 상대와 동등한 위치에서 이뤄지는 따뜻함이기보다는 자신을 낮추면서 타인을 위하는 몸가짐이 갑옷처럼 입혀지면, 타인을 배려할수록 기분이 좋아지는 게 아니라 이상하게 꿀꿀해지고 갑갑해진다.

희생과 헌신을 구분하는 지혜가 요청된다. 진정으로 타인을 위하며 헌신한다면 타인도 도움을 받지만 자기 또한 건강해진다. 존재의 크기가 넓어진다. 남을 돌볼 때 너무나 괴롭다면 헌신하는 게 아니라 희생하고 있기 때문이다. 헌신은 그 자체로 기쁨이고 증여로서 만족감을 선사한다면, 희생은 과도하게 자신의 기운을 소모시키면서 피해 의식을 불러일으킨다. 희생하는 데 길들여지면 자기 노고를 인정해주길 갈망하면서 보상 심리에 사로잡힌다. 수많은 여자들이 착하게 행동하고 타인을 배려하지만 너무 희생했기 때문에 불안과 우울증에 시달린다.

여성의 '싫어요'는 '싫어요'인가

여자의 '싫어요'는 정말 '싫어요'일까? 누군가에겐 이런 물음 자체가 불쾌할 수 있을 것이다. 당연히 여자의 거부 의사는 거절이다. 많은 남자들이 여자의 'no'를 도전 의식을 불러일으키는 흥분으로 받아들이면서 온갖 추레한 짓거리가 벌어지기 때문에 여자의 '아니요'를 '아니요'라고 인식하는 교육이 절실하다.

그런데 이와 다른 층위에서 현실을 보면, 여자들의 '아니요'가 정말 '아니요'라고 잘라 말하긴 어려울 때가 종종 있다. 여러 상황 때문에 솔직하게 자기 의사를 표현하지 않는 것이다. 물론 솔직하지 못한 건 여성만의 문제는 아니다. 남성도 겉으론 거절의 뜻이 분명하더라도 내색하기 어려울 때가 있다. 한편 속으론 괜찮더라도 아니라고 말할 때도 있다. 존재와 언어 사이에 괴리가 있는 것이다. '음탕한 계집'과 '악녀'를 조명한 미국의 작가 엘리자베스 워첼Elizabeth Wurtzel은 가끔씩 그냥 좀 대담해지고 싶어서 하고 싶지 않은 짓을 하기도 하지만, 어떤 때는 쉽게 넘어가는 여자로 보이고 싶지 않아서 실제로는 하고 싶어도 싫다고 말한다고 고백했다.

거부 의사를 표현하더라도 맥락상 그것이 진정한 거부라고 단정하기 어려울 때가 가끔 있는 셈이다. '아니요'라고 답한다고 해서 이것이 지금은 아니지만 나중에는 괜찮아질 수 있는 건지, 현재 일단 긍정하기 어려워서 잠정 보류 상태를 의미하는 건지, 영원히 아니라는 건지 '아니요' 한 마디로는 명확히 전달되지 않는다. 인간끼리 언어로 의사소통할 때 글자 그대로의 의미만 전해지지 않는다. 해석의 여지가 있다. 언어만으로는 진심이 다 담기지 않아 상대의 속내를 투명하게 읽어낼 수 없어 인간은 괴로워하게 된다. 예컨대, 남자친구에게 꺼낸 "그만 만나자"는 말은, 문자 그대로 이별 통보일 수 있다. 이와 동시에 애정이 식은 것 같아 상대의 마음을 확인하고자 시험으로 꺼낸 말일 수도 있다. 흔들리는 자신의 마음을 꽉 잡아달라는 뜻을 전달하고자 헤어지자고 말할 때가 있는 것이다.

남자들의 말이나 행동은 대개 단순해 그 속내가 훤히 보이기 십상이라면 여자들의 말이나 행동은 대개 복잡해 좀처럼 헤아리기 쉽지 않다. 여자들은 갈등을 피하고 상대를 배려하고자 에둘러 언어를 구사하는데, 이 때문에 서로 속 터질 때가 있다. 여자는 자신의 감정을 고스란히 표현하는 일에 조심스럽다. 말하지 않아도 상대가 알아주기를 원한다. 꼭 말로 해야 아느냐면서 여자는 답답해하고, 남자는 여자가 왜 이러는지 알 수가 없어 갑갑해한다. 남성은 여성과 관계하면서 꽤나 어리둥절하고 곤란할 때가 흔하다.

'아니요'가 '아니요'가 아닐 수 있듯, '좋아요' 역시 '좋아요'가 아닐 수 있다. 여자가 "좋다"고 대답하더라도 정말 그래서 나온 대답인지 남자로선 확신하지 못한다. 예컨대 데이트할 때 남자가 안내한 음식점에서 식사할 때 여자가 "좋다"고 하더라도 음식이 자기 입맛에 맞는다는 의미인지, 썩 맛있지는 않지만 데이트 준비에 수고를 아끼지 않은 상대의 기분을 맞춰주려고 하는 말인지, 아니면 음식은 정말 별로이지만 분위기를 망치고 싶지 않아 긍정성의 주문을 스스로 되뇌는 것인지 명확하지 않다.

구애의 상황에서 여성의 행태는 더 복잡해진다. 호감 가는 남자가 고백했더라도 여자들은 받아주지 않을 수 있는데, 이건 단호한 거절일 수도 있지만 때로는 진심이 느껴지지 않으니 자신에 대한 관심과 사랑을 제대로 표현하라는 뜻일 수 있다. 남자의 구애에 대해 생각해보겠다면서 보류할 수 있는데, 이건 여성 스스로 자기 감정을 잘 몰라 시간을 두고 자신을 파악하기 위해 그리할 수 있거나 아니면 관계 진전을 위해서는 조금 더 시간이 필요하다고 판단해서 나온 행동일 수 있다. 여성의 머뭇거림을 자신에게 별 관심이 없다고 생각하면서 남성은 마음을 접기도 한다. 남자들 가운데는 줄기차게 들이대는 남자들도 있지만, 여성이 신중하게 생각하는 동안 방해하면 안 된다고 느끼면서 자주 연락하고 싶어도 꾹 참는 남자도 있다. 그런데 여자는 남자에게서 연락이 오지 않으면 자신에 대한 관심이 그 정도라고 생각하면서 자신을 쉽게 본 것 같아 화가 나는 동시에 연애의 잉걸불이 사그라졌다고 느끼면서 실망하게 된다.

여성이 솔직하게 자신을 표현하지 않는 건 여성이 약자였던 역사가 반영된 결과다. 가부장제에서는 정직하게 속내를 표현하는 여성을 처벌해왔다. 여전히 자기답게 사는 여성을 뜨악하게 바라보는 시선이 존재한다. 여자들은 사랑받기 위해서 자신을 당당하게 표현하지 않는다. 캐롤 타브리스는 같은 말을 하더라도 주저하면서 말하는 여자보다 자기주장이 강한 여자가 더 똑똑하고 유능하다고 평가받지만, 남자들은 머뭇거리는 여자를 더 좋아하고 더 신뢰할 만하다고 평가한다고 분석했다. 어떤 여자가 남자와 함께 있을 때 망설이면서 조심스럽게 언어를 사용한다면, 그 여자가 남자에게 도전하려는 의사가 없음을 알리기 때문에 남자들이 편안하게 여기는 것이다.

여성은 남성의 반대항으로 자라면서 여자다움을 익히게 된다. 여자는 남자와 똑같이 욕망하는 주체인데, 직접 화법으로 자기 욕망을 표현하지 못하니 간접 화법으로 알리게 된다. 그것이 내숭이다. 내숭이 오래 지속되면, 여자들은 자신이 내숭을 떤다는 사실조차도 자각하지 못한 채 내숭을 떨게 된다. 서슴없이 욕망과 언어를 뿜어내던 남자라면 여자가 왜 그러는지 이해하지 못한다. 물론 남자들 역시 자신의 속내를 솔직하게 꺼내 보이는 걸 두려워한다. 내숭은 욕망을 숨기는 약자의 전략이므로, 강한 권력자 앞에서 많은 남자들도 내숭을 떨게 된다.

어느 정도는 내숭을 떨 수밖에 없는 현실이더라도 우리는 솔직함을 연습해야 한다. 정직한 태도를 갖게 되면 예전의 거짓말이 탄로 날 수 있다는 불안에서 해방된다. 가슴과 입까지가 가장 거리가 멀다는 얘기처럼 타인에게 자신의 속내를 내보이는 건 누구에게나 어려운 일이다. 하지만 정직하려고 노력하는 만큼 삶이 개운해진다. 자신의 바람을 펼치며 솔직하게 의사를 표현할수록 여성은 건강해진다.

은밀한 관계 공격과
가까운 사람을 향한 폭력

여자가 공감 능력이 좋다고 해서 소통이 늘 원활할 수 없다. 여자들은 티격태격한다. 그런데 여자가 과격하게 타인과 부딪치는 모습은 생경하다. 여자들은 사람들과 잘 지내야 한다는 압박감이 강하다 보니 갈등이 있을 때 부딪치기보다는 갈등을 봉합하는 쪽에 무게를 둔다. 자신만 참으면 모든 게 잘될 거라는 최면이 여자들 내면에 잠복해 있다가 튀어나오는 것이다.

많은 여자들이 솔직하게 자신을 드러내는 걸 불안해하고, 갈등을 관계의 상실이라 여기며 누군가와 대립하는 걸 두려워한다. 그 결과 관계에서 생겨난 불씨를 방치한다. 그냥 넘어간 불씨는 나중에 들불처럼 번져 파국으로 치닫곤 한다. 인간 사이에서 생겨난 갈등의 불씨는 공격성을 촉발한다. 타인과 잘 지내야 한다는 명령이 내면화된 여자들은 대놓고 공격하지는 않는다. 대신에 관계 자체를 공격 수단으로 사용한다.

학창 시절의 여자들 관계를 보면, 친근하게 지내다가도 한순간에 토라졌다가 한참 시간이 지나 다시 가장 친한 친구가 되는 이합집산이 펼쳐진다. 나이가 들어서도 여자들은 누군가에게 못마땅한 구석이 있으면 진술하게 표현해서 해결하기보다는 친한 동료를 이용해서 상대를 따돌리려고 시도한다. 이때 공정한 관찰자의 관점에서 서로의 잘못을 꼼꼼하게 따지면 눈 흘김을 받기 쉽다. 인간의 친교 영역에선 누가 더 옳으냐보다는 누구 편인지가 더 중요하게 작용한다. 팔은 안으로 굽어야 팔의 기능을 하는 것이다.

따돌림은 발길질 못지않은 폭력이다. 뇌 촬영을 해보면 물리력으로 신체가 폭력을 당할 때와 사람들에게서 배제될 때 같은 뇌 부위가 활성화된다. 남성의 폭력만 비난하면서 여성은 마치 피해만 당하는 평화주의자처럼 이분화되곤 하는데, 실상은 양태가 다를 뿐 폭력성은 여성에게도 깊게 자리하고 있다. 남자들이 대놓고 주먹과 신체를 사용해서 싸운다면 여자들은 몸짓과 언어를 통해 싸운다. 헬렌 피셔는 남자들이 갈등이 생기면 정면으로 부딪치면서 해결하려는 경향이 있는데 여성은 말을 멈춰버리고 상대방을 일부러 무시하며 당사자가 없는 자리에서 거짓 소문을 교묘하게 퍼뜨리며 간접 공격하는 경향이 있다고 설명한다. 여자들은 뒤에서 흉보고 소문내고 따돌리고 험담하면서 상대를 곤경에 몰아넣는 전술을 사용하는 것이다. 남자들 사이의 싸움에서 피해자는 쉽게 드러나지만 여자들 사이에서는 공격이 일어나는지조차 알아차리기가 쉽지 않다. 남자들이 열전을 한다면 여자들은 냉전을 벌인다. 여자들은 침묵의 무기가 얼마나 강력한 공격인지 다 안다. 친하게 지내던 여자들이 갑작스레 등을 돌리면서 자기들끼리 이야기할 때 혼자 남게 된 여자는 당혹스러워하며 상처를 입는다.

가까운 관계에서는 여성이 남성보다 더 폭력성을 드러낸다는 연구 결과도 있다. 여성이 길 가다가 낯선 사람과 눈을 부라리며 싸우는 일은 거의 없다. 밤에 파출소에 연행된 남자들을 보면 대개 처음 보는 남자와 싸우다 잡혀 들어왔다. 남성은 생면부지의 사람일지라도 상대의 생각에 관심이 많고, 정치 성향이나 종교 등등을 놓고 맹렬하게 논쟁을 벌이다 못해 격투도 불사한다. 다양한 타인에게 관심을 분배하는 성향 때문에 남성은 잘 모르는 타인을 돕는 행위도 많이 하는 것으로 조사된다. 낯선 사람에게 도움이 필요한 응급 상황에서 여성은 가까운 사람에게 헌신하는 정도로 나서지는 않는다. 고대 로마의 민법에서도 'Raro mulieres donare solent', 여성은 거의 기부를 하지 않는다고 적혀 있다. 인간애는 여성의 덕목이지만 관대함은 남성의 덕목이라고 애덤 스미스가 논평했다. 여성은 가까운 지인들의 신상 변화를 시시콜콜하게 알고자 하고 자신과 맞지 않는 부분이 있다면 아웅다웅하지만, 자신과 상관이 없는 사람이 무슨 생각을 하는지 별 관심이 없어 부딪치지 않는다. 인간은 사회성의 존재이므로 타인에 대한 관심은 본능인데, 여성이 보다 적은 수의 사람과 관계를 깊게 맺으면서 관심을 집중한다면 남성은 보다 많은 수의 사람과 관계를 얕게 맺으면서 관심을 분산한다. 여성은 친밀한 사람이 어떤 생각을 하는지 관심이 많고, 그 사람들 사이에서 폭력성을 표출한다.

미국의 작가 토니 모리슨Toni Morrison은 1979년 5월에 행해진 버나드 대학 졸업식에서 여자들이 서로에게 가하는 폭력이 놀랄 지경이라고 연설했다. 자녀를 학대하고, 다른 여자에게 굴욕감을 선사하며 억압하는 여성이 많다. 여성이 저지르는 폭력에 동참하지 말라고 강력히 말해야 한다고 토니 모리슨은 역설했다. 여성운동가들이 좀처럼 발언하지 않고 외면하려고 하는 내용을 토니 모리슨은 과감히 설파했다. 실제로 여자들은 아이들과 함께 보내는 시간이 많은 만큼 아동 학대를 많이 저지른다. 또한 뺨 때리기부터 물건을 던지고 흉기를 휘두르는 것까지 가까운 사람을 공격할 가능성도 높다. 쌍방 폭력일 경우 대개 남성이 가해자이고 여성이 피해자라고 지레짐작하지만 그렇지 않을 때도 있다. 여성에게 폭력을 당한 남성은 알리기를 원치 않기 때문에 여성이 남성에게 가하는 폭력은 은폐되는 것이다.

여성은 남성만큼이나 공격성이 있고 경쟁심을 갖고 있다. 여성이 이기심이 없고 권력에 무관심하고 평화를 즐긴다는 기대야말로 여성에 대한 환상이라고 세라 블래퍼 허디는 단언한다. 여성은 오랜 역사 내내 여자들끼리 경쟁하면서 싸워왔다. 영장류 사회를 보면 더 센 암컷이 다른 암컷을 억압하고, 암컷끼리의 경쟁이 수컷과 평등한 관계를 맺는 데 저해하는 요소가 된다. 부계 상속이 이뤄지고 계층이 공고하게 형성된 사회에서 성차별주의 또한 극심하게 나타나는데, 이때 여성들 사이의 불화가 성차별을 강화시킨다.

인간들 사이에선 시샘과 질투가 늘 도사리고, 여성도 예외가 아니다. 학창 시절에 여자들은 자기 인기가 어느 정도인지 금세 파악하고 그에 따라 행동한다. 미국의 연구를 보면, 학생들에게 선망의 눈길을 받는 응원단에 인기 없는 여학생이 들어오면 기존 단원들은 신입 부원을 괴롭히고 따돌리며 평판이 나빠지게 소문을 퍼뜨렸다. 자신들의 지위를 독점하고 지배력을 유지하고자 일부러 독하게 굴어 쫓아내는 것이다. 여자들은 어릴 때부터 서로를 주시하고 검열하면서 여자답지 않거나 여자들 사이의 미묘한 권력 관계를 제대로 이해하지 못하는 여자아이를 공격하고 배척한다. 이와 비슷하게 기혼 여성은 비슷한 수준의 사람들끼리 어울리면서 배타성을 드러낸다. 여자들은 자녀 교육이나 재산 투자에 대한 정보를 교환하고 집값을 담합하고자 결속하는 가운데 옷차림이나 외모뿐 아니라 이웃집의 실내 장식을 날카롭게 가늠하면서 서로의 지위와 경제 수준을 비교한다. 여자들은 서로의 서열을 가늠하고, 자신과 같은 계층과 어울리려고 하며, 자기 위치를 지키고자 얼마든지 악랄해질 수 있다. 남성들이 그러하듯 말이다.

사람이 모이면 묘한 비교가 이뤄지고 경쟁심이 분출하며, 뒷담화가 이뤄지기 일쑤다. 서로를 존중하는 모임, 좋은 뜻으로 모인 사람들이더라도 그 가운데서 누군가가 돋보이면 어김없이 미움과 험담이 뒤따른다. 여자들끼리 우정을 깊게 맺지 못한다는 얘기에 페미니스트들이 발끈하여 자매애를 내걸었지만, 여성주의자들도 서로 부딪친다. 베티 프리단은 글로리아 스타이넘과 협력하기를 마다하고 악수조차 거부했다. 벨 훅스는 자신이 적이라고 생각조차 못 했던 여자들이 자신에게 적대감과 경멸을 표현하며 맹비난해서 당혹해했다. 남자들이 좀처럼 다른 남성을 인정하지 못하고 깎아내리려 하듯 여자들도 다른 여성을 인정하는 건 쉽지 않은 일이다. 벨 훅스는 다른 여자의 성공을 인정하는 건 페미니스트라고 주장하는 우리에게조차 어려운 일이라고 고백했다.

한국에서도 여성운동가들 사이의 반목이 덜 알려졌을 뿐 남성 정치인들만큼이나 심각하다. 정희진도 공개 지면에서 자신을 공격하는 여성주의자들을 언급했다. 현경은 힘 있는 남자에게서 떨어지는 한 줌의 사랑과 권력을 얻고자 빵 부스러기를 차지하기 위해 싸우는 강아지들처럼 서로를 의심했고 헐뜯었다고 술회했다. 현경은 여성운동가들 사이에서 벌어졌던 배신과 험담은 자신의 근본 믿음마저 뒤흔든 충격이었다고 고백했다. 현경은 남성 중심 사회가 던져주는 별것도 아닌 권력을 위해 다른 여성을 억누르고 혐오하며 무시하는 여자들을 너무도 많이 보아왔다면서 여자의 의리를 절실히 그리워했다.

이에 여성주의자들은 소모임을 갖고 의식화를 시도했다. 자신의 두려움과 증오를 직시하고 질투와 공격성이 표출되는 걸 자각하는 훈련을 했던 것이다. 여자들도 자기 안에 들어와 도사리는 성차별 의식을 점검하고 자신도 모르게 자행하는 성차별을 인식하는 과정이 필요하다. 사회 차원에서 성평등 법률과 제도가 갖춰지는 것도 큰 변화지만, 여성이 다른 여자를 바라보고 대하는 태도가 달라질 때 진정으로 큰 변화가 일어난다. 인간이 성장하는 과정에서 바깥의 남보다 우월해지려고 노력하는 만큼 내 안의 적들과 싸워 다스리는 일이 필수다.

좀 더 뻔뻔하게

남자와 여자는 우선시하는 가치가 조금 다른 양상을 보인다. 남자는 존경과 인정을 보다 원한다면, 여자는 사랑과 안정을 보다 원한다. 여자와 남자는 타인을 대할 때 언어 사용 방식도 약간 다르다. 예외가 없는 법칙이 없어서 남성 같은 여성도 있고 여성 같은 남성도 있지만, 성별에 따른 소통 방식의 경향은 있는 것이다.

남자들은 무뚝뚝한 편이다. 남자들끼리 있을 때도 대화는 매끄럽게 진행되지 않기 일쑤다. 남자들이 술을 마셔대는 건 남자들끼리 있으면 데면데면하고 묘한 긴장감이 흐르기 때문이다. 많은 남자들이 누군가와 도란도란 이야기 나누는 걸 어색해한다. 자기 느낌과 경험을 전하고 상대의 생각에 귀 기울이며 함께 시간을 일구는 대화의 태도를 익히지 못한 것이다.

남자는 단지 자기 느낌을 제대로 표현하지 못하거나 감정을 섬세하게 다루지 못하는 것만이 아니다. 자기 삶을 서사화하는 능력이 덜 계발되어 있다. 남자는 과시와 허세는 잘 부리지만, 자아의 서사를 구성해서 자기 삶이 어떤 변천을 겪었고 어떤 슬픔과 아픔이 있었는지 언어화 해서 소통하는 능력이 여성보다 미숙하다.

남자들이 서사를 구성하는 능력이 떨어진다면 여자들은 자기 서사를 과도하게 남발한다. 지금 어떤 문제가 생겼다면 지금 이 사안에 집중해서 논의하기보다는 아주 오래전 일까지 끄집어내어 들먹이기 일쑤다. 남자들이 남자다워야 한다는 압박에 짓눌리며 자라다 보니 자신의 감정을 제대로 전달하며 공유하기를 두려워하는 것처럼 여자들은 평소에 자신의 생각을 솔직하게 표현하지 못하다가 친밀한 사람에게만 두서없이 속내를 털어놓는 경향이 있다. 여자들이 시간 가는 줄도 모르게 수다를 떨며 소통하지만, 때때로 속 빈 강정일 때가 드물지 않은 이유다. 필요한 정보만 공유하는 게 아니라 자기 경험을 이야기하면서 논의가 진행된다. 여자들의 수다는 서로의 기분을 헤아리면서 북돋워주지만 한편 남들 흉보기와 뒷담화, 하소연과 넋두리가 이어지기도 한다. 여자들은 때때로 자신이 말하는 게 아니라 말에 지배당하게 된다. 전화기를 붙잡으면 아는 사람의 아는 사람의 아는 사람에 대해 몇 시간씩 말해놓고는 나중에 만나서 중요한 걸 이야기하자고 하며 끊는다. 정작 중요한 핵심은 꺼내지 못하고 변죽만 울릴 때가 많은 것이다. 나중에 돌이키면 이 말을 누구에게 했는지조차 모른 채 만나는 사람마다 족족 같은 얘기를 또 하고 또 하기도 한다. 그래서 시간 낭비라며 여자들 모임을 회피하는 여성도 있고, 남자들처럼 바로 할 얘기만 딱 하면서 정보 교환하는 모임을 선호하는 여성도 있다.

여자들이 자신이 느끼는 대로 표현하는 걸 사회에서 달가워하지 않기에 여자들은 눈치 보면서 자신과 친한 사람과만 정서 교감을 나눈다. 사회생활 하면서 당당히 밝히지 못한 감정은 속으로 들어가 쌓이게 된다. 쌓인 감정은 사라지지 않고 만만한 사람을 향해 뿜어지기 일쑤다. 스트레스를 많이 받는 여자 주변의 사람들이 괴로운 이유다.

남성과 여성의 행태는 여러 가지 다르게 나타난다. 자기감정보다는 목표를 중심으로 생각하는 것이 남성식이라면, 자신의 상황을 헤아리면서 목표를 고려하는 것이 여성식이다. 확신을 갖고 목표를 향해 강력하게 추진하는 방식이 남성식이라면 여러 상황을 따지고 변수를 헤아리면서 추진하는 방식이 여성식이다. 남성이 목표 지향형이라면 여성은 과정 지향형이다. 여자들은 인간관계에서도 자기 의견을 강하게 피력하기보다는 상대 견해를 묻고 논의하는 걸 좋아한다. 여성은 보다 많은 사람들이 마음 다치지 않게 헤아리면서 업무를 추진하므로 더 많은 걸 생각한다. 여자들은 남자들과 회의하다가 남성이 굉장히 단순하게 판단하는 것을 보고 놀라는 일이 자주 있다. 여성은 같은 사안이라도 업무 추진 과정에서 누가 배제되지 않는지, 혹은 이것이 누군가에게 어떤 여파가 미칠지 고민한다면 남성은 업무 추진 결과 성공 여부에 중점을 둔다.

수많은 학자들이 여성의 복잡한 인지 상태를 연구했다. 아무래도 아이를 돌보면서도 식물을 채집하고 동료들과 대화하며 공동체를 지켜야 했던 여자들은 오로지 사냥감만 노려보면서 집중하던 남자들보다 인지 회로가 병렬식으로 작동된다. 대부분 남자는 동시에 두 가지를 하는 데 곤혹스러워하지만 대개의 여자들은 통화하는 가운데 빨래를 척척 개면서도 가상 공간 검색을 한다. 여성의 머릿속에서는 수많은 생각이 오르내리면서 인지 기능을 수행하고 있다.

물론 여기에 대한 반론도 만만찮다. 여성이라고 동시에 여러 일을 집중해서 할 수 있는 건 아니다. 인지 기능 연구에 따르면 한꺼번에 여러 가지 일을 시도한다고 해서 효율성이 높아지지는 않았다. 외려 한꺼번에 여러 일을 처리하기 때문에 어떤 것도 제대로 수행하지 못하는 결과가 도출되었다. 여러 가지를 동시에 신경 쓰면 인지 신경에 과부하가 걸리면서 피로가 가중되었다. 그런데 자신의 능력이 대단하다는, 도취되는 효과가 나타나 기분은 좋아지곤 했다. 문제는 정작 성과가 별로 없었다는 점이다.

시대가 달라져 여성에게 주어지는 기대와 요구가 바뀌고 있다. 여자들은 인간관계도 새로이 구성하고 있다. 과거의 여성은 여성답고자 너무 노력했다. 대립을 피하려고 애썼고, 잘못을 저지른 상대를 비판하기보다는 이해하려고 노력했다. 갈등이나 논쟁이 일어나면 일신의 안전이 위험해질까 두려웠던 것이다.

21세기가 되었다고 해서 관계에 치중하는 여성의 성향이 갑자기 변할 리가 없다. 여성은 인간관계에 정성을 쏟는 만큼 그에 걸맞은 가치 평가와 대우를 받아야 한다. 이와 동시에 노력의 방향을 변환시킬 필요도 있다. 미국의 교육학자 파커 파머Parker Palmer는 21세기에 부응하기 위해 필요한 마음의 습관이 뻔뻔함과 겸손이라고 요약한다. 뻔뻔함에 묻어나는 나쁜 선입견을 잠깐 털어내고 다시 바라보면, 뻔뻔함이란 자신이 발언할 권리가 있음을 당당하게 받아들이고 필요한 상황에서 자기 생각을 표출하는 몸가짐이다. 겸손이란 내가 믿는 생각이 언제나 옳지는 않으며 전혀 진리가 아닐 수도 있음을 이해하는 마음가짐이다. 뻔뻔함과 겸손을 통해 우리는 자신의 느낌과 견해를 자신 있게 표현하는 만큼 타인 역시 나와 똑같이 표현할 권리가 있다는 걸 이해하면서 소통하는 태도를 지닐 수 있게 된다.

민주주의는 겸손함과 뻔뻔스러운 시민을 통해 작동된다. 인류사에서 여성은 충분히 겸손해왔다. 지금 여성에게 더 필요한 덕목은 뻔뻔함이다. 누구나 자기 스스로 생각하고 원하는 바를 표현하는 민주주의 시대이다. 여성이 좀 더 정직하게 말하고 뻔뻔하게 글을 써야 한다. 자신을 떳떳하게 표현하고 타인과 원활하게 소통할 때 인간은 행복하다.

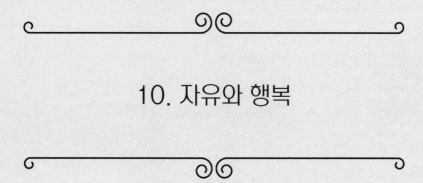

10. 자유와 행복

성폭력의 공포로부터의 자유

여성은 남성을 사랑하지만 두려워하기도 한다. 성폭력의 가해자가 남성이기 때문이다. 성폭력의 공포는 여성의 일상에 잠복해 있고, 성폭력 피해는 평생 여성에게 상흔을 남긴다. 버지니아 울프는 여섯 살 때 이복 오빠들에게 성폭행을 당했고, 그때의 충격과 상처가 쉰아홉 살에 물에 뛰어들어 죽을 때까지 버지니아 울프를 따라다녔다.

여성은 가까운 사람에게도 성폭행을 당하고, 잘 모르는 남자에게도 성폭행을 당한다. 아는 사람의 강간이건 낯선 사람이 저지르는 강간이건, 가해자는 자신이 성관계할 권리가 있다고 믿으면서 상대에게 자신이 원하는 바를 강제한다. 여성을 음식에 비유하고, 여성의 신체를 쾌감을 위해 사물처럼 이용하려는 남성 문화가 독버섯처럼 사회 곳곳에 도사리고 있다. 임솔아 시인은 자신의 시 「빨간」을 이렇게 시작한다.

사슴이라는 말을 들었다.

사슴은 태어나면서부터 갈지자로 뛴다

는 말을 들었다. 먹히지 않으려고

여자라는 말을 들었다.

먹고 싶다

는 말을 들었다.

여자들은 여성이란 사실만으로 치욕을 겪고, 언제 들이닥칠지 모르는 폭력 앞에 불안한 상태가 된다. 아무리 조심하고 노력해도 신체 성폭력과 언어 성폭력에 노출되기 십상이다. 남자들은 여성의 외모에 대한 찬탄이라고 접근하는데, 설령 의도가 순수했더라도 여자들은 불쾌와 공포를 체험할 때가 숱하다. 물론 남성에게 유혹당할 권리가 있다고 믿는 여자들도 적지 않다. 프랑스에서는 거리에서 휘파람(Cat call)을 불며 여자에게 치근거리는 걸 제지하는 법안이 상정되자 이에 반대하는 여자들이 시위를 벌이기도 했다. 여성과 남성이 행복하고 건강한 관계를 맺기 위해서라도 즐거운 유혹과 성폭력을 구분하는 일이 절실한 현대다.

여태껏 남성 중심 사회는 여자의 욕망을 무시했다. 남성 위주의 방식으로 관계가 이뤄지곤 했다. 성폭력을 성적 모험으로 혼동하기 일쑤였다. 인류사를 통틀어 헤아리면, 셀 수 없을 만큼 성폭력이 발생했다. 여자들은 피해를 최소화하기 위해서 침묵했다. 가해자와 친분이 있다면 상대가 곤경에 처할까 걱정한 나머지 입을 다물었고, 남자의 높은 사회지위 때문에 자신의 말을 믿어주지 않으리라는 불안감에 함구했으며, 성폭력이 일어났을 때 술을 마셨으면 부끄러움 때문에 입을 열지 못했다. 또한 가해자가 아닌 피해자인 자신에게 비난이 쏟아질지도 모른다는 두려움에 성폭력을 고발하지 못했다. 성폭력을 문제화하려고 노력하더라도 사회의 압박 속에서 강제로 침묵을 강요당했다. 시인 노혜경은 자신에게 가해진 성희롱과 성폭력에 침묵으로 응수하는 처세를 익혔으며, 폭력의 대상이 되지 않기 위해 세상으로부터 물러서는 악습에 물들었다고 고백하며 분노했다.

여성이 피해자이고 피해의 성격이 성폭력일 때, 그동안 그런 일은 일어나지 않았거나 범죄는 아니라며 대충 처리되었다. 성범죄는 처벌 여부가 아니라 범죄 성립 자체가 쟁점이 됐다. 재판은커녕 조사 자체가 부실해서 기소는 언감생심일 때가 흔했다. 남성 중심 사회는 여성의 체험을 부정했고, 여성의 말을 불신하면서 되술래잡곤 했다. 비난의 화살이 성폭력 가해자가 아닌 피해자에게 겨냥되었던 것이다. 성폭력 피해자는 평소의 행실부터 왜 그 시간에 거기에 있었는지, 왜 술을 마셨는지, 왜 그 남자와 동석했는지, 왜 그런 옷을 입었는지, 최선을 다해 저항했는지 같은 질문에 답변해야 했다. 어떤 누구도 밤거리에서 강도당한 피해자한테 왜 그 시간에 거기에 있었고 평소에 행실이 어떠했으며 정말 최선을 다해 저항했는지 묻지 않지만 성폭력 피해자는 증거를 제시하라고 요구받았다.

여전히 성폭력이 발생하면 사람들이 입안에 범죄자의 이름을 넣고 짓이기기보다는 피해자의 성명을 넣고 은밀하게 잘근잘근 씹어대는 경향이 잔존한다. 성범죄가 일어나면 사건의 이름도 피해자의 이름이 붙었다. 많은 남자들이 피해당한 여성에게 공감하면서 분노하기보다는 혹시나 가해자가 억울하게 범죄자로 몰리는 건 아닌지 지나치게 걱정했다. 무고죄는 엄연한 범죄로서 엄격하게 처벌해야 하는데, 우선 남자들이 알아야 할 것이 있다. 남자에게 강간이란 죄를 뒤집어씌우면서 모종의 이익을 얻으려는 여자는 드물다는 사실이다. 미국의 법학자 조디 래피얼Jody Raphael은 여성 범죄 통계를 샅샅이 분석한 결과 강간 범죄의 무고율은 2~8퍼센트 수준이었다. 조디 래피얼은 강간 근절 운동가들이 강간에 대한 사회 문제의식을 높이고자 여성 세 명이나 네 명 중 한 명이 살면서 강간을 당한다며 수치를 정확히 확인하지 않은 채 강변한 나머지 사람들이 믿지 않으려 하는 안타까운 현상을 지적한다. 조디 래피얼이 정밀하게 조사해보니 16퍼센트, 여섯 명 가운데 한 명 정도는 살면서 성폭력을 당하는 통계 결과가 나왔다. 미국은 강간뿐 아니라 폭력, 살인 등 모든 범죄 발생률이 다른 나라들을 압도하는 범죄 사회이므로 이 수치를 한국에 그대로 적용하기는 무리일 수 있다. 하지만 강간은 미국만의 문제가 아니다. 지금 여기에서도 성범죄는 일어나고 있고, 눈감아서는 안 된다.

강간 신고가 이뤄지면 100건 가운데 다섯 건 정도는 여성이 악의를 품고 거짓으로 신고한 결과일 수 있다. 하지만 95건은 실제로 성폭력이 일어났다는 얘기이다. 이 결과엔 성폭력을 당했지만 신고하지 않은 수많은 여자들이 배제되어 있다. 여자들은 강간을 당하거나 강간 위험에 노출되어 살아간다.

수전 브라운밀러는 강간이 실행되기도 전에 여성의 정신과 건강에 악영향을 끼쳐왔다고 분석했다. 여성은 항상 강간의 두려움에 시달리면서 자유와 독립성으로부터 동떨어진 채 자기 스스로를 단속하고 끊임없이 조심한다. 수전 브라운밀러는 남자들이 여성의 저항 의지를 무력화하면서 벌어지는 수많은 성관계를 성범죄로 처벌할 순 없을지라도 여성을 길들이고 여성의 의지를 마비시키는 과정이라고 고발했다. 강간은 어디서든 언제든지 벌어져왔다. 대다수의 남자들이 강간하지 않고 대부분의 여자들이 강간당하지 않아도 강간은 여성을 움츠리게 만든다. 여성은 성폭력을 방지해야 한다는 부담을 안고 살아간다. 성폭력의 공포는 여성의 행동을 제약한다.

대다수 여성들이 쫓기는 꿈을 꾸는 이유도 오랜 세월 축적된 경험이 대를 넘어 뇌에서 상연되는 것인지 모른다. 강간을 피하려고 도망가는 경험 말이다. 심리학자 클라리사 핑콜라 에스테스Clarissa Pinkola Estes는 거의 모든 여성이 괴한에게 쫓기는 꿈을 꾸고, 스물다섯이 되었는데 괴한에게 쫓기는 꿈을 꾼 적이 없다면 오히려 이상할 정도라고 언급한다.

우리는 세상이 정상이고 질서가 잡혀 있다고 믿고 싶기 때문에 성폭력 같은 사건에 손사래를 치거나 외면하려는 습성을 갖고 있다. 또한 강간 같은 사건을 속속들이 알게 되면 인간에 대한 혐오에 사로잡히거나 절망에 빠질 수 있으므로 아예 사실을 외면하고는 자신이 믿고 싶은 세계 안에 머무르려는 경향이 있다. 하지만 세계의 이면을 알지 못하는 자신의 무지는 결국 고스란히 자신뿐 아니라 자기 주변에도 해악이 된다.

용기를 내어 세상의 이면을 응시하려는 사람들의 분투 덕에 세상은 그나마 좋아졌다. 성폭력과 싸워온 덕분에 여성 피해가 줄어드는 추세다. 최근 연구에 따르면, 역사상 어느 때보다 살해, 강간, 폭력, 강도를 당할 가능성이 낮다. 국가 권력 안에서 안전을 구가하는 현대인들은 인류사 내내 벌어진 살육과 야만으로부터 멀어졌다. 아주 먼 과거는 말할 것도 없고 100년 전과 비교해도 더 안전해졌다. 2010년 미국 백악관 보고서에 따르면, 1990년 이후로 여성이 폭력을 당하는 비율이 공식으로 보고된 모든 폭력 범죄를 통틀어도 크게 하락했다.

여성의 안전이 곧 사회의 수준이다. 딱 그만큼 세상은 진보하는 것이다.

성차별로부터의 해방

역사를 돌아보면 쟁쟁한 여자들은 많았는데, 대중의 기억에 깊이 들어온 여성은 손에 꼽힌다. 선구자 여성이 참신한 주장을 펼쳐도 남자들이 가로채거나 자신의 것처럼 사용하기 일쑤였다. 이를테면, "만국의 프롤레타리아들이여, 단결하라"는 유명한 구호는 마르크스와 엥겔스가 『공산당 선언』을 쓰기 5년 전에 발간된 프랑스의 여성 노동운동가 플로라 트리스탕Flora Tristan의 책 『노동자 연맹』에 실려 있다. 마르크스와 엥겔스는 플로라 트리스탕을 조금도 언급하지 않고 플로라 트리스탕의 분석과 정보를 가져다 거푸 사용했다. 아마 마르크스와 엥겔스의 이름은 알더라도 플로라 트리스탕은 처음 들어볼 것이다. 그래서 누군가는 마르크스와 엥겔스가 여성인 플로라 트리스탕의 책에서 무단으로 가져다 쓰고는 함구했다는 사실 자체를 의심할지도 모른다.

여성은 명성을 얻기도 쉽지 않지만, 명성을 얻더라도 괴로움 속에서 살기 일쑤였다. 허난설헌은 자신이 지은 시의 우아함으로 중국에서 이름을 날렸다. 그 빼어난 능력을 알아채지 못해 머쓱해하기보다 조선의 지식인들은 허난설헌을 꾸짖었다. 박지원은 규중 여인의 시 짓기가 본래 좋지 않은 일이라면서 난설헌이란 호 하나만으로 과분한데 경빈이란 자로 불리는 건 천년에도 씻기 어렵다고 홀대했다. 홍대용은 품행이 방정한 여자의 시 작문은 괜찮으나 품행이 방정하지 못한 여자의 시 작문은 옳지 못하다면서, 허난설헌의 시는 훌륭하나 덕행은 시에 미치지 못하다고 깎아내렸다. 북학파라 불리며 실용주의를 내세웠던 박지원과 홍대용이 이 정도였으니, 조선 시대 사대부들의 여성관을 짐작할 수 있다. 여자의 재주 없음이 덕이라고 치부되던 시대였다. 허난설헌은 세상의 성차별과 몰이해 속에서 스물일곱에 죽는다. 허균은 누이가 병도 없었지만 한을 품고 돌아가셨다고 기록한다.

인류사에서 성차별은 가장 오래된 차별인데, 냉철하게 분석하면 나름 효율성 있는 관행일 수 있다. 여성이 사냥에 나서고 남성이 집에서 아기를 돌보는 부족이 있었을 수도 있지만, 남성끼리 뭉쳐서 조직화된 전투를 벌이고 여성이 육아를 전담하던 부족에게 패배해서 그들의 명맥은 끊겨버렸다. 우리는 성별화해서 번성했던 조상들의 후손이다. 성에 따른 구별이 자연스레 일상에 녹아 있다. 심지어 영국의 한 마을에서는 여자들은 창문 안쪽을 닦고, 남자들은 바깥쪽 창문의 청소를 담당하는 관습이 내려올 정도다.

남녀의 구별 자체는 문제가 아닐지 모르지만, 구별은 차별로 비화되기 일쑤다. 영화 〈자이언트〉를 보면, 주인공(엘리자베스 테일러Elizabeth Taylor)이 정치 토론에 참여하려고 하자 남자들은 주인공을 뜨개질하는 여자들에게로 내모는데, 이런 성차별이 현재도 여기저기에서 반복된다.

나름 쓸모 있었더라도 과거의 관행은 현대에 쓸모가 없어지는 경우가 많다. 세상이 달라지고, 인간의 인식이 나아지는 만큼 잘못된 관습은 개혁해야 한다. 인간은 차이보다 동일성이 훨씬 큰데 피부색으로 차별하는 건 어리석음일 뿐이다. 성별에 따른 차별도 마찬가지다. 성별보다는 개인으로서의 능력이 중요한 시대에 성차별은 과거의 잔재일 뿐이다. 하지만 대놓고 이뤄지진 않더라도 미묘한 행태로 이어지고 있다. 여성을 존중한다는 명분으로 하는 행위도 알고 보면 여성을 비하하던 과거로부터 넘어온 관습에 지나지 않을 때가 많다. 미국의 심리학자 에이브러햄 매슬로Abraham Maslow는 앉을 때 의자를 빼주거나 문을 열고 먼저 들어가라고 양보하거나 짐을 대신 들어주는 행위 등은 여성이 간단한 일을 하지 못하는 무능한 사람으로 간주하는 속성을 띤다고 지적한다. 여성을 보호하겠다는 기사도 정신이 알고 보면 여성을 어린아이처럼 취급하는 것이다.

여성은 성인으로서 자신의 일상을 통제하고 자신의 기호를 결정할 수 있지만, 여전히 눈치를 봐야 한다. 음주와 흡연만 해도 그렇다. 여성이 술을 마시고 담배를 피우면 남성보다 훨씬 가혹한 눈총을 받게 된다. 여성의 음주를 가로막으려는 이들은 알코올 해독률이 남성보다 떨어진다면서 자신의 성차별을 옹호한다. 그러나 음주 때문에 온갖 건강 문제와 사회 문제를 일으키는 남성의 음주를 제한할 생각은 별로 없어 보인다. 또한 흡연이 여성의 자궁에 미치는 바를 심각하게 염려하는 수많은 사람들이 여성보다 훨씬 지독하게 흡연하는 남성의 고환에 대해서는 별 걱정이 없다. 길거리에서 담배 피우며 걸어가는 여자를 만나기는 마른하늘의 날벼락 맞는 일처럼 드물지만, 길거리에서 담배 피우며 걸어가는 남자와 조우하는 일은 맑은 하늘을 새가 날아가며 똥 싸는 일처럼 흔하다. 길거리에서 담배 피우는 여자들이 적은 건 그만큼 여성이 사회 규범을 잘 지키기 때문일 수도 있지만, 사회 권력에 따라 음지로 숨을 수밖에 없기 때문이다. 여성의 음주나 흡연을 통제하려는 행위는 겉으론 여성을 염려하는 척하나 알고 보면 여성을 제지하고 지배하려는 속성을 띤다.

위에 서술된 내용은 흡연과 음주를 옹호하겠다는 얘기가 아니라, 흡연과 음주를 통해서 우리의 성차별이 적나라하게 드러나고, 여성을 위한다는 명목으로 차별이 이뤄진다는 점을 지적하고 있을 뿐이다. 여성 흡연자 중에 자신이 흡연자라고 가족에게 알린 여자는 소수다. 여전히 여성의 행동은 검열되고 제약받는다.

오랜 세월 여성은 집에 있어야 했고, 지금도 사회활동 하는 여성을 달가워하지 않는 시선이 잔존한다. 김 여사, 된장녀, 개똥녀, 맘충 등의 혐오 용어들은 여성이 집 밖으로 나올 때 가해지는 멸시를 반영한다. 앞 시대의 여자들은 장을 보거나 은행에 가는 일처럼 집안일과 연관되어 외출해야만 지청구를 당하지 않았다. 예전엔 동창회를 하거나 춤을 배우거나 여자들끼리 몰려다니면 꼴불견이라고 치부되었다. 택시 기사가 첫 손님이 여성이면 승차 거부하거나 상인들이 개시했을 때 첫 손님이 여성일 경우 재수 없다고 여기던 시절을 떠올려봐도, 자유롭게 돌아다니는 여성에 대한 거부감이 세상에 득실거렸다. 여성은 남성과 같이 있을 때만 외부 장소의 입장이 편안했고, 여성끼리 방문하면 묘한 불편함을 겪어야 했다. 여성은 집에서 가사와 육아에 헌신할 때만 칭송받았다. 집 밖을 벗어날 경우, 여성은 불신의 대상이 되었다.

시대가 무척이나 달라지고 성평등해지는 흐름이지만, 여전히 여자들은 길거리로 나설 때 모욕의 위협에 노출된다. 멋진 옷이나 자격증이나 직함도 보호막이 되지 못하고 있다. 인류학자 김현경은 여성의 지위 향상을 너무 과장해서는 안 된다고 주장한다. 김현경은 성공한 여성과 성공하지 못한 여성의 차이는 성공한 흑인과 성공하지 못한 흑인의 차이와 흡사하다고 언급한다. 인종주의자에게 습격당하는 흑인의 수보다 성폭행당하는 여성의 수가 더 많기 때문에 여성은 흑인보다 못한 존재라고 할 수 있다고 김현경은 역설한다. 미국에서 흑인 대통령이 나왔다고 해서 인종 차별이 없어진 게 아니듯 몇몇 여자들이 성공하고 부유해졌다고 해서 여성 전체의 지위가 변했다고 정의 내리기 어렵다는 것이다. 김현경은 여성은 이등 시민이라고 잘라 말한다. 김현경은 환대받을 권리를 얻기 위해 투쟁을 계속해야 한다고 외친다.

아직도 많은 남자들이 성차별 문제를 꺼내는 여성의 외모를 언급하면서 조롱한다. 논점 자체를 희석시키는 것이다. 못생겼기 때문에 차별을 당한 것이지 예쁘면 차별당하지 않으리라는 것이 성차별주의자들의 생각이다. 여성의 외모를 매도하는 것 자체가 처참한 성차별이자 저급한 성폭력이라는 인식을 하지 못한다. 발화자의 주장을 논리로 반박할 수 없기 때문에 발화자 자체를 인신공격한다. 남녀 대결 양상이 나타날 때 보면, 적잖은 남자들이 어릴 때 여자애들을 놀리던 행태에서 벗어나지 못하고 있다. 또한 여자들도 남자의 행위를 되비친다면서 저열한 언사를 일삼고 있다. 나름의 전략이라고 평가받을 수도 있고 성평등해지는 과정에서 거칠 수밖에 없는 진통이겠으나, 한편으론 사회 전체가 '동물화'되는 건 우려스러운 현상이다.

대개의 대립이 그러듯 여남 갈등도 한쪽이 절대선이고 다른 쪽이 절대악일 리가 없다. 자신의 입장만 고수하지 않고 자신을 돌아보면서 상대와 소통할 마음이 없다면 앞으로 남녀 갈등은 더 심화될 것이다. 성차별을 혁파하기까지는 사회 제도의 개선만큼이나 우리들 무의식 속 깊이 똬리를 튼 야만성과 이기심에 대한 성찰이 절실하다.

착한 여자 콤플렉스

여자의 마음속엔 여자를 옭아매는 고삐가 있다. '착한 여자 콤플렉스'다. 착한 사람이 되어야 한다는 생각은 여성이 오랜 고민과 시행착오 끝에 터득한 지혜가 아니라 어릴 때부터 주입된 훈육의 결과이다. 착한 여자는 말 잘 듣고 부리기 편한 대상이다. 장 자크 루소는 여자들이 받는 교육은 남자들을 기쁘게 해주고 남자들에게 유익하며 남자들로부터 사랑받고 남자들을 존경하며 남자들을 키우고 돌보고 위로하면서 남자들의 삶을 쾌적하고 행복하게 하는 것이어야 하고, 이것이 언제나 여자들이 해야 할 의무로서 어릴 때부터 가르쳐야 한다고 자신의 교육관을 설파했다. 장 자크 루소는 민중을 계몽하려고 노력했으나, 정작 자신은 미몽에 빠져 있었다.

한국에 있었던 '삼종지도'는 여자들 정신의 코를 꿰는 코뚜레였다. 시집을 가기 전에는 아비의 말을 따르고, 시집가서는 남편의 말을 따르며, 남편이 죽은 뒤에는 아들의 말을 따르라는 삼종지도는 여성의 정신에 강제로 씌워진 굴레였다. 삼종지도에 갇힌 여성은 다소곳이 순종하며 살 수밖에 없었고, 삼종지도에 어긋나는 행동을 할라치면 본인 스스로 견디지 못하는 지경에 이르렀다. 여성의 순종은 가부장 제도 아래서 생겨난 생존법이었다. 남성 중심 사회에서 살아남으려면 남성에게 의존할 수밖에 없었고, 여성의 무의식엔 공포가 화인처럼 새겨졌다. 여성은 남성이 좋아하는 '착한 여자'가 되지 않을 수 없었다. 착한 여자란 가부장 제도가 제조하는 대량 생산품이었다. 잘 길러진 애완동물에게 윤리적인 동물이라고 부르진 않듯 남자를 떠받드는 여자의 몸짓은 배려라기보다는 비굴이었다. 지배 계층의 남자들은 삼종지도를 거스르면 응징하고, 잘 지키면 열녀문을 세워주면서 여성의 삶과 욕망을 구슬리고 주물렀다.

가부장제 아래에서 여자들은 착해졌고, 귀여워졌다. 귀여움은 언제나 권력이 작용하면서 빚어진다. 자신보다 강한 남성의 볼을 꼬집으며 귀엽다고 말하는 남자는 없다. 남자들은 여자를 귀엽다면서 보호한다. 여성은 역사 내내 귀여운 약자였다. 큰 눈망울로 자신을 돌봐달라며 꼬리치는 강아지처럼 착한 여성은 대개 귀엽다. 애완동물이 주인을 기다리면서 울적하게 집을 홀로 지키듯 착한 여자들은 밤늦게 들어오는 남성을 기다리고 의지하면서 자주 우울해했다. 현경은 자신은 착한 여자, 철든 여자가 되고 싶지 않았다고 털어놓았다. 사회가 받아들이고 용납하는 좋은 여자, 착한 여자, 철든 여자는 알고 보면 자기를 잘 죽이는 여자였기 때문이다. 현경은 자신의 친구와 선배와 동료들이 착한 여자가 되면서 자궁을 들어내고 유방을 잘라내고 우울증에 시달리며 불행한 죽음을 맞았다고 가슴 아프게 서술했다.

복종의 무서운 점은 아무리 복종해도 행복해지지 않는다는 사실에 있다. 남성 중심 사회가 제시하는 법을 잘 지키면 여자들이 "난 어디 내놔도 떳떳하다"면서 대차야 할 텐데, 대다수 여자들은 풀이 죽어 있다. 복종의 고약한 역설이다. 기존 법질서에 복종하는 사람은 자신을 의롭다고 느끼는 게 아니라 죄의식을 느끼게 된다고 프랑스의 철학자 질 들뢰즈Gilles Deleuze는 통찰했었다. 세상의 규범에 복종하면서 음전하게 살아갈수록 자신을 죄인이라 여기며 다그치고 닦달하게 된다. 여성은 어린 시절부터 다른 모든 관심을 과감하게 포기하며 남자를 행복하게 해주는 일에 전념하면서 태어난 사실에 대한 원죄를 속죄하고 있다고 저메인 그리어는 비평했다. 필리스 체슬러는 여성이 자기희생이라는 십자가형에 처해 있다면서 여성은 자신의 인간성이 부정되는 상황이 너무 많기 때문에 미치게 된다고 주장했다.

여성이 그저 하릴없이 복종한 건 아니었을 것이다. 공지영의 『무소의 뿔처럼 혼자서 가라』엔 여자가 어떤 준비도 하기 전에 인생이 제멋대로 그녀의 머리칼을 잡아 패대기쳤지만, 그렇다고 해도 모든 것이 그녀의 손을 거쳐서 지나갔고 선택은 어쨌든 그녀가 했다는 문장이 있다. 복종은 강제되는 측면이 분명 있더라도 여성의 동의 없이 이뤄지지 않는다. 거다 러너는 강간이란 우리들을 무서움에 떨게 하면서 우리들을 복종하게 만드는 방법이란 걸 알고 있듯 여자들이 여자 자신의 마음을 강간하는 데 참여해왔다고 지적했다. 프랑스의 작가 에티엔 드 라 보에티Étienne de La Boétie는 인간의 내면 깊숙이에서 들끓는 노예화의 열망을 일찍이 꿰뚫어봤다.

프랑스의 철학자 시몬 베유Simone Weil는 억압이 일정 한도를 넘어가면 강자는 노예들의 숭배를 받는다고 분석했다. 속박을 벗어날 수 있는 수단이 모두 사라지면 강제되는 일을 스스로 원해서 하고 있다고 생각하면서 복종을 헌신이라고 착각하게 된다는 설명이다. 가부장 제도에 맞서 싸우기 어려웠던 과거의 여성은 복종을 자기의 의무로 받아들였다. 더 나아가 원해서 하고 있다고 믿기까지 했다. 남자들이 신이나 독재자를 자신의 주인님으로 섬기면서 스스로를 노예처럼 만들듯 인간에게는 자발적 복종을 하려는 기질이 있다. 지배하고 싶은 욕망과 복종하고 싶은 욕망이 남성 안에 공존하듯 여성도 마찬가지이다.

삼종지도를 제도화하여 만들어진 결과물이 호주제였다. 호주제는 여성운동 덕분에 21세기 들어서야 간신히 없어졌다. 그러나 성문화되었던 삼종지도는 사라졌지만 여자들이 자기 멋대로 움직여서는 안 된다는 '불문율로서의 삼종지도'는 모지락스레 남아 여성의 정신을 옥죄고 있다. 제도 차원에서는 여성 해방이 이뤄졌음에도 여자들은 과거의 습성으로부터 자유롭지 않다. 앞서서 걸어가기보다는 남자 뒤에서 보조하는 위치를 편하게 여기고, 자신의 노력으로 성공하기보다는 성공한 남자를 만나려는 경향이 이어진다. 아인슈타인은 남자들이 가련하고 의존성이 심한 존재이지만 그래도 여자들과 비교하면 자립성이 있는 왕이나 마찬가지라고 평가했다. 여자들은 자신에게서 쓸모를 발견해주고 의지해야 하는 남자가 나타나기만을 한없이 기다리다가 끝내 남자가 나타나지 않으면 산산이 무너진다고 아인슈타인은 기록했다.

여자들은 얌전하게 자신을 꾸미고 여자답게 행동하다가 자신을 잃어버리기 십상이었다. 영화 〈엽기적인 그녀〉는 제목만으로 여러 가지를 시사한다. 남자들은 워낙 이상하고 기괴한 행동들을 하기 때문에 군이 엽기라고 수식어를 따로 붙이지 않는다. 남자들은 웬만큼 독특하지 않으면 딱히 눈에 띄지도 않는다. 반면에 여자는 좀 더 획일화된 경향이 있다. 생각과 행동과 욕망이 자유롭고 독특한 여자를 찾기는 쉽지 않다. 엽기적인 그녀는 실제 세상에 흔치 않다. 여자답게 굴라는 세상의 권력에 저항한 여성은 낙인찍히고 배제된다. 여자들은 안정을 갈구하면서 비슷하게 화장하고 비슷한 옷차림을 하며 비슷한 말투로 비슷하게 처신하고, 비슷하게 다이어트를 하며 비슷한 생각으로 비슷한 삶을 살아간다.

과거의 많은 여자들은 어떻게 하면 표준과 정상이 될 수 있을지 고민했을 뿐 자신이 언제 만족스럽고 기쁜지에 대해서는 깊이 궁리하지 않았다. 여성은 자기만의 욕망을 억압해왔고, 욕구 불만에 시달렸다. 여성은 자신이 원하는 바를 표현하기보다 상대가 원하는 바를 들어주려 했고, 자신의 노력을 상대가 알아주기를 원했다. 여성은 자신의 욕망을 꺼내어 펼치는 데 주저하는데, 이건 어릴 때부터 자신이 좋다고 느낀 걸 표현했을 때 제지당하고 차단당한 체험 때문일 것이다. 우리의 부모들은 어린 딸에게 너의 몸은 진실하니 늘 용기를 갖고 정직하라고 가르치지 않았다. 여자는 조신해야 한다고 조장했고, 여성다움에 저항하면 누가 널 데려갈 거냐며 으름장을 놓고 윽박질렀다.

엘리자베스 워첼은 자신이 서른인데도 남자들과 뭔가 하고 있을 때 그걸 왜 하는지 자신조차도 알지 못한 채 하게 된다고 고백했다. 엘리자베스 워첼은 착한 여자였고 자신이 무얼 원하는지 몰랐다. 엘리자베스 워첼은 여성이 착해져서는 안 된다고 다짐하는 것만으로도 이미 기존 체계가 허용할 수 있는 경계선 바깥에 놓이는 것이라고 갈파했다. 엘리자베스 워첼은 다음 세대의 소녀들이 욕망을 자신에게 귀속시킬 수 있는 자유를 갖고 자라길 희망했다. 쾌락을 추구하면서도 원하는 것과 갈망하는 것과 즐거워지는 것과 필요한 것에 대해 두려움을 갖지 않아도 될 수 있기를 진심으로 바라 마지않는다고 워첼은 말했다. 여태껏 쾌락을 추구하면 안정과 필요한 것을 얻을 수 없었기에 여성은 삶의 기쁨을 포기해왔다는 설명이다.

여자들이 그동안 불행했다면, 덜 착했기 때문이 아니다. 너무 착했기 때문이다. 여자들의 착함과 귀여움은 여성의 업적이 아니다. 귀여움은 세상의 권력이 여성에게 가한 폭력의 상흔이다.

착한 여자에서
진실한 여자로

착한 여자는 자신의 욕구를 억제한 채 타인의 욕구엔 민감히 반응하면서 충족시켜주려고 한다. 많은 여자들이 해야만 한다고 믿는 것을 원치 않아도 괴로워하면서 한다. 착한 여자는 남들에게는 착할지 몰라도 자신에게는 착하지 못한 셈이다. 많은 여자들이 타인을 돌보는 데 익숙해진 나머지 자신을 돌보는 데는 어색해한다.

착한 사람들은 괜찮다는 말과 좋다는 말을 입에 달고 산다. 어쩌면 괜찮지 않고 좋지 않기 때문에 스스로 최면 거는 말투인지도 모른다. 착한 여자들은 안 된다거나 싫다는 말을 좀처럼 하지 못하고, 상대의 어떤 결정이든 상관없다면서 철저하게 상대 위주로 처신한다. 음식을 고를 때조차 자신의 선호를 드러내지 못하고 상대가 골라주는 대로 먹는 여자들이 있을 정도다. 요즘 젊은이들 사이에서 회자되는 '선택 장애'는 더 좋은 선택을 하고 싶어 생겨난 망설임이기도 하지만 선택에 따른 책임을 질 수 없는 나약함이기도 하다. 자신의 속뜻을 상대가 알아서 헤아려주고 선택해주기를 바라는 사람은 주체성이 높을 수 없다.

많은 여자들이 자기 욕구를 이기적이라고 매도하면서 자기 안의 생생한 목소리를 외면한다. 욕구 실현이 아닌 욕구 억제를 위해 진땀을 쏟는다. 크리스티안 노스럽은 수많은 여자 환자들이 자신의 감정을 억누르는 공통점을 발견하고는 여자들이 솔직한 감정을 표현하면 버림받을까 두려워한다고 진단한다. 많은 남자들이 아내와 아이를 두고 친구들과 늦게까지 술 마시고 놀 때 미안함을 느낄지라도 자신이 이기적이라고 생각하지 않는 것과 달리 여성은 식사 시간에 밖에 있어서 남편과 아이의 밥을 챙기지 못하면 자신이 이기적이라면서 죄책감에 시달린다. 여성은 자신보다는 타인을 먼저 생각하고 돌보는 것이 옳은 일이라고 배웠고, 그렇게 남들을 위하는 착한 여자가 되었다. 세상은 죄책감이라는 보이지 않는 족쇄를 여성에게 채워놓고는 교묘하게 노예처럼 부리려 한다. 니체는 사자처럼 으르렁거리면서 "아니요"라고 할 수 있어야 한다고 외쳤다. 거절할 수 있는 사람만이 자기 삶을 자신이 원하는 방식으로 지켜낼 수 있다. 원하지 않는 걸 어쩔 수 없이 하게 되는 긍정은 자신이 명랑한 노예라는 고백에 지나지 않는다. 부정성이 없는 긍정성은 허약하고 창백하다.

물론, 여성이 관계 중심성으로 사고하고 행동하는 걸 너무 비하해서는 곤란하다. 관계 지향성은 여성의 중요한 특질이다. 기존의 발달 심리학은 자율성과 독립성을 중요하게 여겼고, 독립심이 남성만큼 강하지 않은 여성은 미성숙하고 어린아이 같다고 판정했다. 이에 캐럴 길리건은 남성의 기준으로 여성을 판단하는 건 잘못되었다고 반발했고, 여성은 어릴 때부터 보살핌의 도덕에 따라 타인과 관계를 중시하면서 성장한다고 주장했다. 그런데 캐럴 길리건은 여성과 남성의 도덕성 발달 과정이 다르다는 통찰뿐 아니라 여성이 착한 여자를 넘어서야 성숙해진다는 전망을 제시했다. 여자들은 어릴 때 이기적이었던 자신을 비판하면서 타인에 대한 책임과 관계의 중요성을 익히는데, 이때 자기희생과 보살핌을 혼동하기 십상이다. 타인에 대한 보살핌이 꼭 자기희생이 될 필요는 없는데, 많은 여자들이 자신을 희생하면서까지 타인을 챙기려 하는 것이다.

선함에 대한 관심보다 진실에 대한 관심이 더 커질 때, 인간관계를 잘 챙기면서도 자신을 희생하지 않을 때 여성은 지혜롭고 성숙하게 된다. 한마디로 착한 여자에서 진실한 여자가 되어야 성숙한 여성이 되는 것이다.

자신을 희생하면서까지 상대의 욕구에 맞춰주려고 하는 경우 지뢰처럼 억압된 분노가 매설될 수밖에 없고, 언젠가 터지게 되어 있다. 여성의 배려심이 피해 의식에 잠식되면서 여성이 그토록 지키려 한 인간관계를 파괴하는 결과가 발생하는 것이다. 성숙한 여성은 희생하기를 멈춘다. 자신이 진실하지 않음으로써 인간관계를 잘할 수 있었던 게 아니라 오히려 불평등한 인간관계에서 악영향을 받아왔다는 걸 깨닫는다. 성숙한 여성은 억제해온 판단을 진솔하게 표명하고, 판단에 따른 책임을 기꺼이 진다. 해방된 여성만이 자신을 자유로이 표현할 수 있다.

미국의 신학자 메리 데일리Mary Daly는 어떤 여성이든지 자신이 내면화한 죄의식과 비난을 인식할 때 첫 구원의 움직임이 시작된다고 설파했다. 여자들에게 주입된 공포와 강요된 자책이 원죄처럼 숨겨져 있는데, 이것을 깨닫고 벗어나는 데서 여성의 구원이 태동한다는 주장이다. 이와 관련하여, 착한 여자는 천국에 가지만 나쁜 여자는 어디든 간다는 격언이 있다. 가부장제 아래에서 착하게 길러진 여자는 착하게 살았으니 어쩔 수 없이 '천국'에 갈 것이다. 거기가 여성을 위한 천국인지는 장담할 순 없다. 이와 달리 남성 질서에 거스르면서 나쁘다고 평가받은 여자는 천국이든 지옥이든 자기 뜻대로 어디든 갈 수 있다.

여성의 진실은 남성 중심 사회에서 나쁘다고 평가되어왔다. 그렇다면 평범한 여자이자 착한 딸이었던 여자들이 기존의 관점에서 봤을 땐 '나쁜' 여자가 될 때, 인생이 진실해질 테고 자존감은 올라갈 것이다. 물론 갑자기 나쁜 여자가 되기는 쉽지 않다. 가치관의 전환이 일어날 때 지지해줄 사람들이 필요하다. 영화 〈프라이드 그린 토마토〉에서는 착하기만 했던 여자가 앞 시대에 용감했던 여자들의 이야기를 들으면서 위로와 용기를 얻고 자기 길을 가게 된다.

진실하게 살겠다는 선언은 일찍이 한국에서도 있었다. 1924년 5월 23일 경운동 천도교당에서 열린 여성동우회 창립 선언문을 보면, 사람으로서 권리 없이 의무만을 행하던 여성도 사람이고 우리에게도 자유가 있고 권리가 있고, 그동안 남자들에게 박탈당한 것을 찾겠다는 선포가 담겨 있다. 100년 전 조상들의 선언을 이행하는 여자들이 대거 늘어난 현대이다.

성평등 시대에 맞게 여성은 자기답게 살아야 한다. 진실해지는 만큼 여성의 삶은 훨씬 후련해지고 개운해질 것이다.

여성의 성 만족감

인생은 역경과 시련의 과정이다. 우리는 자연환경의 변덕과 인간관계의 복잡함에 부대끼면서 곤경을 겪는 동시에 자기 안의 충동과 욕망에도 시달린다. 생명에게 성욕은 자연스럽지만, 잘못된 관념에 사로잡힌 나머지 우리는 성욕을 혐오하기 일쑤다. 신체와 정신이 분열된 채 살게 된다. 성욕을 멸시한다는 건 성욕이 일어나는 자신의 몸과 자신이 싫다는 일그러진 고백이다.

성에 대해 무지한 일만큼 자기 삶을 망가뜨리는 어리석음도 없다. 성은 내 삶의 정체성이자 생명의 정수이므로 자기답게 살기 위해서라도 성을 이해하고 훈련하며 공부해야 한다. 그런데 위선의 무지에 갇힌 많은 이들이 개방성을 지닌 사람을 공격하면서 뒤돌아서서는 뒤틀린 욕정에 휘둘리는 실정이다. 특히나 여자들은 여성답고 순결해야 한다는 압박 속에서 성을 혐오하기 쉽다. 여자가 성을 긍정하기 어려운 사회 환경이기도 했다. 여자의 성은 남자들이 호시탐탐 노리는 먹이처럼 취급되거나 남성을 파멸시키거나 권력이나 돈을 얻기 위한 수단이라고 간주되었다. 여자의 성은 도구였고, 사물이었고, 대상이었다. 인간으로서 대우받고픈 여자들은 자신의 성에 침묵하고 숨기려 했다. 그래서 불행했다.

인간은 '성'의 존재이고, 여자도 여'성'으로서 성의 존재이다. 모든 생명이 그러하듯 삶의 핵심에는 성이 자리하고 있다. 타인과 몸의 대화를 나누면서 운우지락을 누려야 충만한 삶을 살 수 있는데, 여성의 성을 통제한 가부장 사회와 성을 혐오해왔던 종교 문화 속에서 많은 여자들이 성을 만끽할 수 있다는 생각조차 하지 못했다. 욕정을 표현하는 여자에게 향하던 손가락들은 하나둘 사라졌으나, 여전히 검열의 냄새가 불안하게 감돈다. 후각이 민감한 여자들은 공포와 혐오의 냄새를 맡고 자신의 관능을 천시한다.

과거엔 말이나 낙타를 탈 때 성의 감각을 느끼지 못하도록 여성은 다리를 한쪽으로 모으고 옆으로 앉아야 했다. 지금도 허벅지를 꽉 붙이고 다리를 오므리라는 주문이 가정에서부터 맹렬하게 이뤄지고, 자연스럽게 생겨나는 호기심과 욕망을 질식시킬 만큼 억압을 받는다. 성에 대한 혐오와 불안에 압도된 여성은 성을 은폐하려 한다. 많은 여자들이 자신을 짓누르며 분열되고, 말 못할 고독과 고통에 시달린다.

욕구 불만에 시달리는 여성의 신체에서는 여러 증상이 나타나는데, 이를 통틀어 '히스테리'라고 불렀다. 의사들은 여성의 히스테리를 치료하기 위해 성기를 문질렀다. 일찍이 히포크라테스 학파의 저서에 여성의 하체를 주무르는 기법이 소개되어 있을 정도였다. 의사들은 자신의 손을 사용해서 성기를 자극했는데, 이를 가부장 남편들이 용납했을지 의아할 수 있다. 독일의 과학저술가 롤프 데겐Rolf Degen은 여자들에게서 일어난 반응이 성적 절정감이 아니라 치료하면서 생겨나는 명현 현상으로 인식되었을 거라고 추측한다. 의사들은 여성이 신음하다가 비명을 지르는 과정을 자세하게 기록해놓았다. 현대인이 봤을 땐 성적 행위일지 모르지만 과거엔 치료 행위였던 것이다. 의사들이 여자 환자들을 치료하면서 모종의 쾌락을 느꼈다는 증거는 전혀 남아 있지 않다. 도리어 번거롭고 힘들고 지루하다면서 거부감을 드러낸 기록은 남아 있다. 영화 〈히스테리아〉를 보면, 몰려드는 여자 환자를 상대하다 보니 손 떨림을 겪으며 괴로워하는 상황이 나온다. 의사들은 1880년에 전기 진동기가 발명되자 빠르게 수용했다. 산업화 시대에 만들어진 진동 마사지 기계는 의료용으로 불티나게 팔렸다. 당시 자료를 보면 미국 의사 수입 총액 가운데 4분의 3이 히스테리 치료를 통해 얻어졌다.

여성의 질(vagina)은 라틴어로 '칼의 집'을 의미한다. 남자의 칼을 받아들이는 용구라는 고대 로마인의 인식이 단어에 함의되어 있다. 현대인들이라고 고대 로마인들보다 성인식이 크게 나아지지는 않았다. 여전히 많은 여자들이 남자의 욕구엔 기민히 반응하지만, 스스로 자기 신체를 탐구하면서 만족감을 높이는 공부는 좀처럼 하지 않는다. 관계치료사 에스더 페렐Esther Perel은 여자들이 신체의 표현력을 거부하는 현상을 우려한다.

여성을 성녀와 창녀로 가르는 남성의 저열한 이분법은 여성에게도 내면화되어 있다. 여성은 순수성, 소극성, 희생, 연약함, 도덕성을 자신의 여자다움으로 규정한 뒤 성을 향유하는 걸 거북해하면서 육체와 투쟁한다. 여자들은 성욕과 도덕을 모순된다고 생각하면서 성욕이 일어나는 자신의 몸을 더럽고 천박하다고 간주한다. 하지만 인간의 신체에서 성욕은 자연스럽게 일어나 성적 행동을 하게 된다. 그럼 여자들은 자기 행동을 후회하면서 수치심에 사로잡힌다. 성에 대한 왜곡된 관념을 털어내지 못하면, 여성은 의식과 일상이 분열되어 행복하기 어렵다.

여성의 성 만족감은 사회 진보의 척도로 기능한다. 성평등과 여성의 성적 적극성은 연결되어 있다. 2011년에 로이 바우마이스터가 37개국을 연구한 결과에 따르면, 여자들이 주도하여 성관계를 많이 하는 나라일수록 여성 권익이 더 높았다. 성평등이 증가함에 따라 여성에게 가해지는 제약이 감소한다. 여성이 살기 좋은 곳이 더 야하고 더 평화롭고 더 행복한 곳이다.

물론 성행위의 자유화가 그저 사회 진보라고만 볼 수 없다. 여성은 남성과 달리 그저 횟수에 집착하지는 않는다. 더구나 성의 자유를 명분 삼아 교묘하게 성차별이 이뤄지는 흐름이 불거지고 있다. 미국의 문화비평가 수전 더글러스Susan Douglas는 성차별이 진화되었다면서 새로운 형태의 성차별을 제기한다. 진화된 성차별은 충분한 진보를 이뤄냈으니 여성에 대한 고정 관념을 부활시켜도 좋다는 입장이다. 여성의 진정한 힘이 얼굴과 몸매, 성을 계산해서 사용할 때 생긴다는 것이다. 진화된 성차별은 여자들에게 힘을 얻는 길이 남자들의 기분을 좋게 해주고, 잠자리의 기교를 익히며 더 섹시해지는 것이라고 강조하고, 대중 매체는 진화된 성차별을 대량으로 살포한다.

여성을 성적 대상으로 전락시키는 흐름에 문제의식을 갖는 일이 필요하다. 하지만 이와 함께 여성들이 자신의 성을 향유하고 행복을 누리는 일은 양립이 가능하다.

성에 대한 제약에서 벗어나 방탕하게 성생활하는 것이 해방이라는 믿음은 역사 속에서 환상이었음이 드러났다. 그저 수많은 상대와 다양하게 성행태를 구가해야 한다는 강박이야말로 자신이 구속되어 있다는 방증이었다. 진정한 성해방이란 인간을 짓누르는 수치와 죄의식, 제약과 억압, 폭력과 불통에서 벗어나 농밀한 환희를 당당하게 나누며 산다는 의미일 것이다.

아직 성해방은 이뤄지지 않았고, 대다수 사람들은 불만족스럽게 살아간다. 성을 두고 벌어지는 양상은 성별에 따라 상이하다. 남자들은 성에 대해 공식 자리에서는 발설하지 않은 채 사생활에선 비틀린 행태에 중독된 지경이고, 여성은 남자들의 성행태에 질색하다 못해 자신마저 경색된 경우가 많다. 성의 이중성은 남성 중심 사회를 공고하게 유지하는 핵심이다. 글로리아 스타이넘은 폭력과 위협으로부터 벗어나 진정한 성관계를 맺는 일이 남성 중심성의 심장부를 공략하는 일이라고 역설했다. 글로리아 스타이넘은 여성이 자유 의지와 힘을 발산하면서 주도권을 갖고 쾌락을 경험할 때 여성과 남성은 더 큰 만족을 얻을 것이라고 조언했다. 공감과 협력을 통해 이뤄지는 성혁명투쟁에 여성이 주력군이 되어야 한다고 글로리아 스타이넘은 설파했다.

성은 인간에게 활력이다. 여성은 친밀한 친구들끼리는 엉뚱하다 못해 음탕한 대화를 하면서 삶의 의욕과 생기를 자극하고 일깨우기를 즐긴다. 고대 그리스 신화엔 보보 여신이 있는데, 보보 여신은 젖꼭지를 통해 사물을 관찰하고 세상을 파악한다. 촉각이 여성만큼 민감하지 않은 남자들은 이게 무슨 말인지 모르지만 여자들은 금세 이해한다. 젖꼭지로 본다는 건 소리와 촉감, 온도를 느끼면서 매우 예민하게 사물을 감각한다는 뜻이다.

대부분의 여자들에게 성행위는 그저 성욕 해소만을 뜻하지 않는다. 여성에게는 24시간 동안 이뤄진 모든 일이 전희이다. 감촉과 냄새, 기호와 분위기, 상호 작용과 공감 모두가 여성을 달뜨게 한다. 여성은 감정과 지성, 마음과 몸이 하나로 통합되어 성관계를 맺을 때 진정한 만족을 얻는다. 자신의 관능을 인정하고 성적인 가치를 지닌 존재로서 자신을 수용하고, 평등하게 성행위가 이뤄질 때, 진정한 성해방이 이뤄지는 것이다.

여성의 자존감

자존감에 대한 책이나 행사엔 거의 여성이 참가한다. 많은 남자들이 자기 생각을 고집하면서 '근거 없는 자신감'을 지니는 데 반해, 많은 여자들이 자기 생각을 믿지 못하고 자신을 업신여기는 데 익숙하다. 자신감이 떨어지는 여자들은 남의 주장에 귀가 쉽게 팔랑거린다.

자존감이 낮을수록 권위에 대한 복종심이 강하고, 타인을 우상시하면서 모방하려는 습성에 젖게 된다. 자존감이 낮으면 불평과 한탄과 자조를 입에 달게 된다. 자존감이 높으면 새로운 시도를 실험하다 실패하더라도 떳떳하게 책임을 지려는 데 반해 자존감이 낮으면 스스로 도전하기를 두려워하고 남들에 의해서 뭔가 일어나기를 기대하면서 변화를 기다리게 된다. 낮은 자존감의 여성은 모든 것이 불만족스럽다. 직장도 마뜩찮고, 부모도 원망스러우며, 자식도 탐탁찮고, 결혼도 잘못한 것 같다.

앞 시대에는 여자들의 자존감이 낮았고, 여자로 태어난 것 자체를 불행으로 여겼다. 여성의 자율권을 행사하지 못하게 막은 사회에서 여자들의 불평불만은 필연의 결과였다. 인간은 자신의 뜻을 펼치지 못할 때 불만에 사로잡히게 된다. 여성이 과거에 남자를 선망했던 건 성차별에 따른 억울한 감정의 발로였을 뿐이었다. 고지식한 정신분석학에서는 여성이 남근이 없는 결핍된 존재라고 간주하면서 여성이 남근을 갖고 싶어 한다고 주장했는데, 그 자체로 지혜가 부족함을 스스로 들통내는 주장이었다. 성차별화된 사회에서 힘과 자유는 남성에게만 국한되었고 여성은 배제되었기 때문에 남근이라는 상징을 갖고 싶었던 것이다.

시대가 꽤나 달라졌다. 성평등의 흐름 속에서 "넌 여자잖니"라며 다그치고 을러대는 부모들은 줄어들었다. 그러나 아직도 사그라지지 않은 "넌 여자야"란 유령은 사회를 떠돌면서 여자들의 발목을 잡는다. 조금만 자기주장을 펼치려 들면 여자가 고분고분한 맛이 없고 드세다는 주홍글씨가 새겨지기 일쑤다. 여자들의 생생함은 비난과 눈총 속에 어련히 움츠러들고, 자존감은 쭈그러든다. 민주화의 바람이 불었으나, 오랜 세월 돌하르방처럼 굳어진 여성의 심리가 하루아침에 바뀌진 않았다. 다소곳이 순종해야 한다는 믿음이 마음속 깊은 곳에 떡하니 자리 잡고 있다. 어린 시절에 주입되었던 여성다움에 대한 편견을 헤아려보면서 견고하게 구축된 여성성에 대한 관념을 해체해야만 여성의 자존감이 올라간다. 어렸을 때 뛰어다니던 활력과 억압당한 역동성을 회복해야 한다.

셰릴 샌드버그는 여성이 칭찬을 받으면 자부심을 갖기보다는 뭔가 착오가 있다고 생각하면서 스스로 민망해하고 죄책감을 느낀다고 언급한다. 대단한 업적을 이룬 여성이더라도 자신은 능력이 부족한 사기꾼이고 분에 넘치는 평가를 받는다는 자괴감에 시달린다는 것이다. 능력이 턱없이 부족해도 허세를 부리는 남자들과 대조된다. 셰릴 샌드버그는 자신의 부족함을 과장하고 자기를 왜곡해서 비하하는 습성을 고치기 위해 그동안 노력해서 얻어낸 성취를 상기시키는 방법을 익힌다. 그렇다고 별거 없지만 늘 자신만만했던 남동생처럼 될 수는 없었다. 그러나 끊임없이 실패로 치닫고 있다는 자기 불신에서 벗어나게 된다.

자존감이 높아지려면 자신을 비하하는 자기 안의 왜곡된 심리를 치유하는 일과 아울러 자신이 원하는 바를 추구하고 실천해야 한다. 세상에서 그려준 여자의 꼴을 흉내만 내어서는 결코 당차고 멋진 사람이 될 수 없다. '나'라는 사람이 그 누구의 복제 인간이 아니라면 나는 나만의 욕망이 있을 수밖에 없다. 자신이 추구하는 여성스러움이란 알게 모르게 길들여진 결과이므로 여성스러움에 붙박여서는 삶이 싱그러울 수 없다. 진짜 자신이 무엇을 바라는지 알아내고, 그것을 실현하려고 노력해야 자존감이 올라간다.

자존감은 자율성과 비례한다. 여성의 자존감이 낮았던 까닭은 오랫동안 가부장제가 가한 폭력과 압박 속에서 자유를 향유하지 못했기 때문이다. 여성 스스로 긍지를 갖고 이 순간 자유롭게 살 수 있는 믿음을 갖고 있어야만 여성의 자존감은 상승한다. 그러므로 여성의 자존감은 사회의 민주성과 건강성을 가늠하는 지표다.

오롯이 자기다워지겠다는 욕망을 숨길 필요가 없다. 오히려 자기 안의 진정한 욕망을 캐내서 지켜낼 때, 살맛 나는 인생이 된다. 세상에서 매력 있는 사람들은 세상의 틀에 자신을 끼워 맞추기보다는 자기다움을 결코 저버리지 않은 사람들이다. 나답게 살아가는 여자들은 자존감 걱정을 하지 않는다.

진정한 성공이란 자기 자신으로 살아가는 것이라는 정의를 우리 딸들에게 가르치는 데 실패했다고 나오미 울프는 안타깝게 토로한 적이 있다. 과거에 실패했을지 모르지만 그 실패 속에서 세상은 진전했다. 우리는 우리 딸들에게 자기 자신으로 살도록 가르쳐야 하고, 여성이자 인간으로서 살 수 있는 사회 제도를 갖춰야 한다.

남성과 함께

여성과 남성은 대립하고 협력하면서 역사와 세상을 만들어간다. 여성과 남성은 상호 작용하면서 서로의 속성을 강화한다.

여성은 남성에게 맞춰주라는 요구를 어려서부터 듣는다. 많은 여자들이 남자 얘기를 잘 들어주면서도 은근히 남자를 띄워주는 방식의 대화법을 익힌다. 또한 남자 주장을 비판하기보다는 맞장구를 쳐줘야 한다고 배운다. 그렇지 않을 경우 신변이 안전하지 않을 수도 있기 때문이다. 남성이 기대하는 여성다운 태도를 보이지 않을 때 여성은 비난을 당하면서 위험에 노출되기 십상이다. 여성이 자기 생각과 행동의 주체라는 걸 드러낼 때, 남성이 욕설하면서 폭력을 가할 확률이 높아진다. 남성의 폭력 때문에 여성은 솔직하게 자기 생각을 표현하면서 논쟁하기보다는 대화를 포기하는 쪽을 선택한다. 셰어 하이트는 여성끼리 있을 때는 활발한 여성도 남성과 함께 있을 때는 조심스러워지고 남성의 의견을 따르는 게 상책이라 생각하게 된다고 지적했다. 여자와 남자 사이엔 남자들이 보지 못하는 가시넝쿨이 우거져 있는 것이다.

여성 지식인들도 남자와의 관계에서 주체성을 갖지 못할 때가 많았다. 학회나 모임에서 또박또박 발표한 지식인들이 뒤풀이 자리에서는

'헤픈 접대부'처럼 변한다는 뒷말이 심심찮게 회자되었다. 남자들이 자신들의 자리를 위협하는 경쟁자로 생각하길 바라지 않는 무의식이 뒤풀이 자리에서 불거졌던 것이다. 그만큼 남성이 독점하던 영역에 여성이 진입했을 때 남자들의 견제가 심했다. 대놓고 차별하든 보이지 않게 배제하든 여자들은 황당한 사태와 당황스러운 봉변을 당하기 일쑤였다. 많은 여성 지식인들이 분노하다가 공고한 남성 중심 사회에 타협한 결과 남자들의 기분을 맞춰주고 적당히 놓쳤던 것이다. 여자는 지식인이라고 해도 미모를 가꾸고 아양을 떠는 일에서 자유로울 수 없었다.

남자들의 입김에 꺾이지 않고 자기 길을 걸어온 멋진 여자들이 수두룩하지만, 자기 길을 가는 여자들 중에는 말투와 마음가짐에 앙칼진 가시가 곤두선 이들도 있다. 남성 중심 사회에 분노가 치미는데 분노만큼 세상은 변하지 않으니, 뜨거운 분노는 차가운 비웃음으로 변질되어 성격이 까칠해지는 것이다. 많은 여자들이 분노와 냉소 사이에서 삶을 탕진하는 경우가 드물지 않다. 똑똑한 약자가 가질 수밖에 없는 짙은 우울과 까칠한 냉소가 호의를 지닌 이웃들에게도 상처를 주면서 자신의 앞길을 막는 경우가 있다고 철학자 김영민은 안타까워했다.

몽테뉴는 여자에게 주어진 운명의 부당성을 이해하고는 여자들이 세상의 규칙을 거부해도 조금의 잘못도 없다고 말했다. 여성이 어기는 규칙은 여자들과 상의하지 않고 남자들이 일방적으로 만들어서 부과한 것이기 때문이다. 몽테뉴는 여자들과 남자들 사이에는 당연히 알력과 분쟁이 있다고 갈등을 인정했다. 여성 스스로 운명을 개척할 수 있는 자유는 현대 사회에서 처음으로 성취되었는데, 이 성취는 그저 주어진 결과가 아니다. 수많은 여자들이 아주 오랜 시간 동안 힘을 모아 피를 흘리면서 쟁취했다. 예컨대, 참정권을 얻고자 수많은 여자들이 경찰의 곤봉을 맞으면서 시위를 벌였고, 폭탄을 터뜨렸으며, 투옥되었다. 영국의 사회운동가 에멀린 팽크허스트Emmeline Pankhurst는 노예로 사느니 반역자가 되겠다면서 무력 저항을 서슴지 않았다. 세월이 흘러 이젠 거의 모든 사회에서 여성에게 참정권이 주어졌지만, 여전히 모두가 만족할 만큼의 평등은 이뤄지지 않았다. 여성은 불굴의 의지와 미래를 향한 용기를 품고 더 싸워야 할 것이다.

그런데 여성과 남성의 관계는 그저 대결의 구도로만 짜여 있지 않다. 남자와의 돈독한 관계는 많은 여자에게 안정감을 선사하면서 기쁨을 준다. 남자 또한 여자에게 의존하고 사랑받기를 원한다. 여자와 남자는 상호 의존하는 관계이다.

여성은 남성으로부터 보호받는 길과 홀로 사는 길 둘 중의 하나를 선택하는 것이 아니라 둘 모두를 원한다고 플로렌스 포크는 이야기한다. 의존하고 싶은 욕구와 자유를 추구하고 싶은 욕구가 여성에게 공존하고, 둘의 조화를 여성은 원하는 것이다. 플로렌스 포크는 여성 안의 이중성에 대해 성찰하자고 권고한다. 여자들은 자유롭길 원하면서도 남자가 식당에서 계산하거나 대출금을 갚아주면서 자신에 대한 사랑을 증명하기를 원하고, 아직도 남성을 우러러보면서 남자의 인정과 구애를 기다린다고 언급한다.

성차별 의식을 지닌 남성과 불평등한 관계를 견디느니 독신자나 동성애자가 되겠다고 선언한 앞 시대 여자들이 있었다. 여자의 몸이 개인 남성의 소유물이라는 관념을 결혼이 강화시킨다고 여긴 일부 여성주의자들은 남자와의 관계를 반대했다. 반남성주의 분파도 생겨났다. 그들은 남성을 적으로 상정하고 배척했다. 하지만 현실의 대다수 여자들은 남성과 사랑을 나누는 가운데 존중받기를 원했으므로 반남성주의 세력은 쇠락하는 길로 접어들 수밖에 없었다. 대다수 여자들은 일상에서 남성과 얼굴을 마주 보며 일하고 서로 의지하면서 살아간다. 여성의 삶에서 남성은 떼려야 뗄 수 없다. 남자들과 관계를 맺지 않고 여자들만의 공동체를 이루겠다는 발상 자체가 유한계급의 망상이었다고 벨 훅스는 일갈한다.

벨 훅스는 남성을 동맹군으로 만들지 못한다면 여성운동은 전진할 수 없다고 강조한다. 페미니즘은 반남성주의가 아니라 반성차별주의다. 여성운동은 반남성운동이 아니라 성차별을 바꾸려는 운동이므로. 남성 자체를 공격하는 건 남성 동료를 잃는 일이다. 성차별주의에 저항하는 남성은 합당한 인정과 존중을 받는 환경이 마련되어야 한다고 벨 훅스는 역설한다. 성평등 의식을 지니고 실천하는 남성은 여성에게 귀한 동지이지만, 성차별 사고와 행동을 견고하게 지속하려는 여자야말로 여성운동에 위협이 되는 것이다.

그동안 여성운동에서는 사랑을 깊게 다루지 못했기 때문에 남성과의 사랑을 원한 여자들이 사랑을 구할 방법을 찾아 다른 곳으로 눈을 돌렸다고 벨 훅스는 탄식한다. 사랑과 가족 관계의 중요성을 논의하지 못했기에 많은 여자들이 여성운동을 떠났고, 기득권 남자들은 여성운동이 사랑보다는 증오를 동력 삼아 움직이고 있다고 매도할 수 있었다. 페미니즘은 지혜와 사랑이 넘치는 정치운동이라면서, 벨 훅스는 페미니즘을 통해 사랑을 알 수 있고 제대로 하게 된다는 생각을 널리 퍼뜨려야 한다고 설파한다. 사랑은 결코 지배와 강압을 통해 생겨날 수 없으므로 불평등한 지배를 종식시키려는 페미니즘이야말로 사랑의 근거가 될 수 있다는 설명이다.

예나 지금이나 여성은 불평등한 상황에 맞서 싸울 것이다. 또한 그만큼 남성을 사랑하며 세상을 껴안을 것이다. 오늘날 젊은 여자들은 여성이라는 이유만으로 자신을 피해자나 약자로 간주하는 걸 원치 않는다.

성별을 떠나, 여성이 억울하고 불리하다고 한탄만 할 게 아니라 여성도 할 수 있다는 긍정의 구호와 격려도 필요하다. 자신을 긍정하면서 남자와 함께 부조리한 세상에 맞서는 여성이 새로운 사회를 열어낼 것이다.

여성의 뜨거운 사랑이
사회로 넘쳐흐를 때

1980년대 미국의 한 여성잡지는 서구 여자들에게 설문 조사했다. 어느 연령대에 가장 큰 만족감과 행복감을 느끼느냐고 물었고, 그 결과는 이러했다.

프랑스 : 첫사랑을 경험하고 첫 성관계를 치른 10대 후반을 가장 행복한 시절로 꼽았다.

미국 : 신혼의 단꿈에 젖어 있는 20대 중턱의 여성이 가장 큰 행복감을 나타냈다. 미래에 대한 낙관이 이들을 기쁘게 했다.

영국 : 30대 중반의 여자들이 가장 큰 만족감을 느꼈다. 아이들이 태어나고, 남편이 일터에서 자리 잡고 가정이 안정감을 갖추는 시기이기 때문이다.

서독 : 40대 여성의 행복 지수가 가장 높았다. 벤츠를 사고 카리브해에서 휴가를 즐기는 등 넉넉한 경제 형편이 서독의 40대 여자들을 행복하게 만들었다.

소련 : 뜻밖에도 70대 할머니들의 만족감이 가장 높았다. 소녀 시절에 살아 있는 레닌을 볼 수 있었으니까…….

위의 글은 냉전이 끝나고 변화의 시기로 내닫고 있는 가운데 과거의 영광을 그리워하는 소련의 후진성을 풍자한다. 제국주의에 맞서 노동자 나라를 만들었다고 주장했지만, 소련에서는 자유와 평등이 없었다. 무산 계급을 위한다는 명목으로 당의 독재가 이뤄졌다. 러시아 황제 차르를 섬 기던 러시아 농민들은 공산당이란 '새로운 황제'에 고개를 조아렸다.

그런데 위의 우스개는 쉽게 넘어갈 수 없는 묵직한 통찰을 품고 있다. 얼마나 행복한 일이 없으면 레닌을 봤던 게 가장 큰 행복감이라고 손꼽 았겠냐며 비웃을지 모르지만, 어쩌면 그게 우리 인생의 진실에 가깝다 면 어떻게 할 것인가?

레닌에 대한 러시아 여자들의 사랑은 세뇌에 따른 환상일 것이다. 하 지만 우리 인생에서 가장 행복한 시절이 누군가를 열렬히 사랑한 때라 는 사실을 부인할 수는 없다. 위의 우스개에서도 서로 다른 지역의 여자 들이 하나같이 사랑하고 사랑받을 때 행복하다고 답변했다. 여자들이 사랑을 원한다는 건 여성에 대한 진부한 통설일 수 있지만, 그저 여성에 대한 통념이라며 툭쳐버릴 수 없는 인생의 진실일 수도 있다.

여성에 대한 통념 가운데 사회에 관심이 없다는 편견도 있다. 그런데 과거에 여성은 자신과 가까운 타인을 챙기고 돌보는 일에 온통 기운을 쏟으면서 사회 문제에 관심을 덜 갖는 경향이 있었다. 불평등에 문제의 식을 느끼고 부당한 대우에 맞서고 싶지만 세상과 맞서 싸우면서 변화 시키는 일은 너무 힘들다. 여성은 실용성에 입각해 인간관계의 화목과 삶의 안정에 심혈을 기울였다. 여성이 정치와 사회에 무관심하다는 편 견은 그렇게 형성되었다.

민주民主주의라고 하지만 그 뜻 그대로 민民인 우리는 아직 주인主으로 서 살고 있지 못하다. 세상이 더 나아지길 바라더라도 실제로 빡빡한 현 실에서 일상의 변화를 실현하기가 힘겹듯 성차별에 문제의식을 느끼더라도 성평등 의식을 지키며 살기란 쉽지 않은 일이다. 최근엔 사회를 바꾸자던 여성운동조차 사회성이 탈각되는 흐름이 불거지기까지 한다. 여자들의 개인성에 초점을 맞춰 여성운동이 소비자로서 만족과 자기 충족을 중시하는 것이다. 영국의 문화비평가 니나 파워Nina Power는 현재 여성운동의 정치적 상상력이 정체되어 있다고 분석한다. 이건 세상의 근본적 변혁에 대응할 수 없는 심각한 무능력을 감추고 있다면서, 니나 파워는 옷을 세련되게 입고 여성의 소비 생활을 강조하며 자축하는 페미니즘은 일차원의 페미니즘일 수밖에 없다고 신랄하게 비평한다.

일부의 여성이 성공하고 부자가 된다고 해서 세상이 좋아졌다고 볼수는 없다. 러시아의 카테리나 여제가 즉위했다고 해서 농촌 여자들의 처지가 나아지지 않았듯 한국에서 박근혜 대통령이 선출되었다고 해서 한국 여자들의 운명이 개선되지 않았다. 일부 여성운동가들은 어떤 여자가 높은 지위에 오르고 권능을 갖게 되는 걸 무조건 예찬하기도 했다. 권력을 쥔 여자들이 대다수 여성에게 도움이 되기는커녕 외려 성평등에 해가 되는 방향으로 권력을 오용했는데도 말이다. 일부 여성의 성취가 다른 여자들의 미래를 밝히는 데 도움이 될 수도 있기에 고학력 여성의 고공 행진을 폄하해서는 안 되지만, 일부 여성이 약진한다고 해서 여성 모두가 앞서 나간다고 착각해서는 곤란하다.

2009년 미국 언론을 들끓게 한 논문이 발표됐다. 경제학자 베시 스티븐슨Betsey Stevenson과 저스틴 울퍼스Justin Wolfers의 연구 결과를 보면, 여자들의 행복감이 동시대 남자들보다 떨어질 뿐만 아니라 40년 전의 여자들보다도 낮았다. 성별에 따른 새로운 행복 격차가 발생했다는 분석이다. 아직 세상은 불평등하고 성차별이 득시글거리는 것이다.

세상은 행복한 사람들이 바꾸지 않는다. 불행한 사람들이 변화시킨다.

여성은 사회 모순이 가해지는 지점이고, 세상을 바꾸는 힘의 원천이 된다. 남성보다 덜 행복한 여성은 더 행복하기 위해 움직인다. 더구나 여성은 열렬한 사랑의 힘을 지니고 있다. 10대 시절부터 중년이 되어서도 연예인에게 환호하며 줄기차게 연모하는 여자들의 정열을 보면, 여성이 얼마나 강렬한 힘과 능동성을 지녔는지 엿볼 수 있다. 요즘 여성의 사랑은 그저 특정한 누군가에게로만 쏟아부어지지 않는다. 세상으로 흘러넘쳐 사회를 적시고 사람들을 자라게 하며 시대를 바꾸고 있다. 여성이 경제와 정치에 적극 참여하는 일이 자연스러워지고 있다. 정치 경제의 영역이 바로 여성의 일상과 연관되었다는 자각이 여자들 사이에서 확산되고 있다.

인간은 언제나 사람들 속에서 사랑으로 태어나 사람들과 의존하면서 살아간다. 남성 가운데는 인간의 상호 의존을 이해하지 못하고 마치 자기 혼자 잘난 덕에 자신이 이만큼 왔다고 착각하는 이들도 있는데, 여성은 철저하게 어릴 적부터 인간관계의 소중함을 이해한다.

남들과 어울려 살아가는 방법이 아닌 혼자서 살아가는 삶은 언제나 독단의 망상이다. 나의 삶엔 이미 언제나 타인들의 노동과 희생이 숨어 있다. 내가 먹는 음식과 내가 향유하는 모든 것엔 타자의 숨결이 깃들어 있는 것이다. 서로에게 기대는 건 인간의 자연스러운 상태다. 여성이 삶을 구축하는 원리는 보살핌과 상호성이다. 여성이 사회의 주류로 떠오르는 만큼 인간끼리 연결되었다는 인식은 증대할 것이다. 이미 여자들이 힘을 갖기 시작했고, 세상은 남성 위주의 경쟁 윤리에서 여성 위주의 돌봄 윤리로 전환되고 있다. 이건 남성 가부장제가 성립되기 전, 흔적으로서 남아 있는 아주 먼 옛날을 상기시킨다.

까마득한 예전의 유럽이나 아나톨리아 지역 그리고 미노아 문명의 크레타는 남녀가 균형을 유지했고, 그 증거로서 여신을 상징하는 유물들이 대거 출토되었다. 마리야 김부타스는 옛날 여신 중심으로 형성된 사회에서는 전쟁을 상징하는 유물이 발견되지 않았다고 목소리를 냈다. 영국의 심리학자 스티브 테일러Steve Taylor도 인간의 야만성과 폭력성에 대한 믿음을 강고하게 지닌 주류 학계의 인식을 비판하면서 여러 증거를 토대로 6000년 전엔 평화로움, 평등, 자연 숭배, 성개방의 특징이 있었다고 주장했다. 농경이 시작되고 재산이 생기고 가부장제가 성립되면서 성차별과 폭력성이 기승을 부리게 되었다는 것이다.

인간 안의 폭력성은 침팬지와 유사성이 있을 만큼, 오랜 진화사를 반영한다. 억겁의 시간 속에서 이어지는 것이라 인간이 평화로운 존재라는 주장엔 의구심이 든다. 인간이 얼마나 많은 동물들을 멸종시켜왔는지, 그리고 서로 학살했는지 증명하는 자료들도 많다. 하지만 풍요로운 자연환경에서 소규모로 수렵 채집하던 시절엔 전쟁도 덜했을 테고 더 평화로웠으리라 추측된다. 여유가 있으면 인간은 너그러워진다.

인류사 처음으로 수많은 인간들이 어울리며 살아가고 있다. 인간은 예전보다 훨씬 성숙했고, 과거의 악습을 폐지하고 있다. 여전히 여러 문제들이 들끓고, 오래된 문제에 더해 새로운 문제가 생겨나지만 그렇다고 세상에 절망만 가득하지는 않다. 희망의 바람은 멎은 적이 없고, 세상은 끝없이 전환되고 있다. 변화의 물결을 여성이 주도하고 있다.

남성이 지나치게 점유했던 권력이 여성에게 분배되고 있다. 남성 중심 사회가 해체된다고 세상이 평화로워지진 않겠지만, 좀 더 평등해지고 인간 전체의 행복은 증진될 것이다.

여남이 모두 행복한 사회를 이룩하는 일이 비록 완벽하게 이뤄질 수는 없더라도, 그 꿈을 가슴에 품는 만큼 조금씩 세상은 나아질 것이다.

참고문헌

이 책에 인용되거나 도움받은 참고문헌은 이름순으로 정리했으며, 외국인의 이름도 한국식으로 발음하는 대로 정렬했음.

가야트리 스피박 외, 『서발턴은 말할 수 있는가?』, 태혜숙 옮김 (그린비, 2013).

가야트리 스피박, 주디스 버틀러, 『누가 민족국가를 노래하는가』, 주해연 옮김 (산 책자, 2008).

강신주, 『철학, 삶을 만나다』 (이학사, 2006).

거다 러너, 『가부장제의 창조』, 강세영 옮김 (당대, 2004).

거다 러너, 『역사 속의 페미니스트』, 김인성 옮김 (평민사, 2007).

게일 루빈, 『일탈』, 임옥희·조혜영·신혜수 옮김 (현실문화, 2015).

게일 에반스, 『남자처럼 일하고 여자처럼 승리하라』, 공경희 옮김 (해냄, 2000).

고미숙 외, 『나는 누구인가』 (21세기북스, 2016).

고미숙, 『동의보감, 몸과 우주 그리고 삶의 비전을 찾아서』 (북드라망, 2012).

고미숙, 『고미숙의 몸과 인문학』 (북드라망, 2013).

고미숙, 『아무도 기획하지 않은 자유』 (휴머니스트, 2004).

고예나, 『마이 짝퉁 라이프』 (민음사, 2008).

고은광순, 『어느 안티미스코리아의 반란』 (인물과사상사, 1999).

공지영,『무소의 뿔처럼 혼자서 가라』(해냄, 2016).

공지영,『즐거운 나의 집』(폴라북스, 2013).

곽정은,『편견도 두려움도 없이』(달, 2016).

구희연·이은주,『대한민국 화장품의 비밀』(거름, 2009).

권김현영 외,『대한민국 넷페미史』(나무연필, 2017).

권김현영 외,『양성평등에 반대한다』(교양인, 2017).

권리,『싸이코가 뜬다』(한겨레출판, 2004).

권인숙,『대한민국은 군대다』(청년사, 2005).

귀스타브 르 봉,『군중심리』, 이상돈 옮김 (간디서원, 2005).

글로리아 스타이넘,『남자가 월경을 한다면』, 양이현정 옮김 (현실문화연구, 2002).

글로리아 스타이넘,『셀프 혁명』, 최종희 옮김 (국민출판, 2016).

기시다 슈,『성은 환상이다』, 박규태 옮김 (이학사, 2000).

김기영,『다시 찾은 성의 르네상스』(선미디어, 2005).

김도현,『장애학 함께 읽기』(그린비, 2009).

김미덕,『페미니즘의 검은 오해들』(현실문화연구, 2016).

김사과,『풀이 눕는다』(문학동네, 2017).

김선우,『물밑에 달이 열릴 때』(창비, 2002).

김선우,『캔들 플라워』(예담, 2010).

김신명숙,『김신명숙의 선택』(이프, 2007).

김어준,『닥치고 정치』, 지승호 엮음 (푸른숲, 2011).

김언수,『설계자들』(문학동네, 2010).

김영민,『동무와 연인』(한겨레출판, 2008).

김용옥,『여자란 무엇인가』(통나무, 2000).

김은실, 『여성의 몸, 몸의 문화정치학』 (또하나의문화, 2001).

김정란, 『말의 귀환』 (개마고원, 2001).

김주현, 『외모 꾸미기 미학과 페미니즘』 (책세상, 2009).

김찬호, 『돈의 인문학』 (문학과지성사, 2011).

김태진, 『명랑인생 건강교본』 (북드라망, 2012).

김현경, 『사람, 장소, 환대』 (문학과지성사, 2015).

김형경, 『남자를 위하여』 (창비, 2013).

김형경, 『사람풍경』 (사람풍경, 2012).

김형경, 『사랑을 선택하는 특별한 기준 1·2』 (사람풍경, 2012).

김형경, 『좋은 이별』 (사람풍경, 2012).

김혜진, 『딸에 대하여』 (민음사, 2017).

나오미 울프, 『무엇이 아름다움을 강요하는가』, 윤길순 옮김 (김영사, 2016).

나탈리 앤지어, 『여자, 내밀한 몸의 정체』, 이한음 옮김 (문예출판사, 2016).

나혜석, 『나혜석, 글 쓰는 여자의 탄생』, 장영은 옮김 (민음사, 2018).

낸시 에트코프, 『미』, 이기문 옮김 (살림, 2000).

낸시 초도로우, 『모성의 재생산』, 강문순·김민예숙 옮김 (한국심리치료연구소, 2008).

낸시 폴브레, 『보이지 않는 가슴』, 윤자영 옮김 (또하나의문화, 2007).

낸시 프레이저, 『전진하는 페미니즘』, 임옥희 옮김 (돌베개, 2017).

노라 빈센트, 『548일 남장 체험』, 공경희 옮김 (위즈덤하우스, 2007).

노르베르트 엘리아스, 『문명화과정 1·2』, 박미애 옮김 (한길사, 1996·1999).

노명우, 『세상물정의 사회학』 (사계절, 2013).

노혜경 외, 『페니스 파시즘』 (개마고원, 2001).

니나 파워, 『도둑맞은 페미니즘』, 김성준 옮김 (에디투스, 2018).

니라 유발 데이비스, 『젠더와 민족』, 박혜란 옮김 (그린비, 2012).

다나 J. 해러웨이, 『유인원, 사이보그, 그리고 여자』, 민경숙 옮김 (동문선, 2002).

다이앤 애커먼, 『감각의 박물학』, 백영미 옮김 (작가정신, 2004).

대니얼 네틀, 『성격의 탄생』, 김상우 옮김 (와이즈북, 2009).

대니얼 버그너, 『욕망하는 여자』, 김학영 옮김 (메디치미디어, 2013).

대리언 리더, 『여자에겐 보내지 않은 편지가 있다』, 김종엽 옮김 (문학동네, 2010).

데보라 태넌, 『그래도 당신을 이해하고 싶다』, 정명진 옮김 (한언출판사, 2012).

데스몬드 모리스, 『털 없는 원숭이』, 김석희 옮김 (문예춘추사, 2011).

데스몬드 모리스, 『인간의 친밀 행동』, 박성규 옮김 (지성사, 2003).

데이비드 레이, 『욕망의 아내』, 유자화 옮김 (황소걸음, 2011).

데이비드 바래시·나넬 바래시, 『보바리의 남자, 오셀로의 여자』, 박중서 옮김 (사이언스북스, 2008).

데이비드 바래시·주디스 이브 립턴, 『일부일처제의 신화』, 이한음 옮김 (해냄, 2002).

데이비드 버스·신디 메스턴, 『여자가 섹스를 하는 237가지 이유』, 정병선 옮김 (사이언스북스, 2010).

데이비드 버스, 『욕망의 진화』, 전중환 옮김 (사이언스북스, 2007).

도널드 시몬스, 『섹슈얼리티의 진화』, 김성한 옮김 (한길사, 2007).

또하나의문화 편집부, 『새로 쓰는 성 이야기』 (또하나의문화, 1991).

라이너 마리아 릴케, 『젊은 시인에게 보내는 편지』, 김재혁 옮김 (고려대학교출판부, 2006).

러네이 엥겔른, 『거울 앞에서 너무 많은 시간을 보냈다』, 김문주 옮김 (웅진지식하우스, 2017).

로버트 새폴스키, 『스트레스』, 이재담·이지윤 옮김 (사이언스북스, 2008).

레나타 살레클, 『사랑과 증오의 도착들』, 이성민 옮김 (도서출판 b, 2003).

레윈 코넬, 『남성성/들』, 안상욱·현민 옮김 (이매진, 2013).

레이철 시먼스, 『소녀들의 심리학』, 정연희 옮김 (양철북, 2011).

레이첼 카슨, 『침묵의 봄』, 김은령 옮김 (에코리브르, 2011).

로마노 과르디니, 『삶과 나이』, 김태환 옮김 (문학과지성사, 2016).

로버트 트리버스, 『우리는 왜 자신을 속이도록 진화했을까?』, 이한음 옮김 (살림출판사, 2013).

로빈 노우드, 『너무 사랑하는 여자들』, 문수경 옮김 (북로드, 2011).

로빈 베이커, 『정자전쟁』, 이민아 옮김 (이학사, 2007).

로빈 월쇼, 『그것은 썸도 데이트도 섹스도 아니다』, 한국성폭력상담소 부설연구소 울림 옮김 (미디어일다, 2015).

로이 바우마이스터, 『소모되는 남자』, 서은국·신지은·이화령 옮김 (시그마북스, 2015).

로이 바우마이스터·존 티어니, 『의지력의 재발견』, 이덕임 옮김 (에코리브르, 2012).

록산 게이, 『나쁜 페미니스트』, 노지양 옮김 (사이행성, 2016).

롤랑 바르트, 『사랑의 단상』, 김희영 옮김 (동문선, 2004).

롤랑 바르트, 『밝은 방』, 김웅권 옮김 (동문선, 2006).

롤프 데겐, 『오르가슴』, 최상안 옮김 (한길사, 2007).

루스 베네딕트, 『국화와 칼』, 김윤식·오인석 옮김 (을유문화사, 2008).

루스 베네딕트, 『문화의 패턴』, 이종인 옮김 (연암서가, 2008).

루안 브리젠딘, 『남자의 뇌, 남자의 발견』, 황혜숙 옮김 (리더스북, 2010).

루안 브리젠딘, 『여자의 뇌, 여자의 발견』, 임옥희 옮김 (리더스북, 2007).

루인 외, 『피해와 가해의 페미니즘』, 권김현영 엮음 (교양인, 2018).

뤼스 이리가레, 『나, 너, 우리』, 박정오 옮김 (동문선, 1998).

뤼스 이리가레, 『사랑의 길』, 정소영 옮김 (동문선, 2009).

뤼스 이리가레, 『하나이지 않은 성』, 이은민 옮김 (동문선, 2000).

리 앨런 듀가킨·류드밀라 트루트, 『은여우 길들이기』, 서민아 옮김 (필로소픽, 2018).

리베카 솔닛, 『남자들은 자꾸 나를 가르치려 든다』, 김명남 옮김 (창비, 2015).

리베카 솔닛, 『여자들은 자꾸 같은 질문을 받는다』, 김명남 옮김 (창비, 2017).

리사 랜들, 『천국의 문을 두드리며』, 이강영 옮김 (사이언스북스, 2015).

리처드 윌킨슨, 『평등해야 건강하다』, 김홍수영 옮김 (후마니타스, 2008).

리처드 호프스태터, 『미국의 반지성주의』, 유강은 옮김 (교유서가, 2017).

린 마굴리스, 『공생자 행성』, 이한음 옮김 (사이언스북스, 2007).

마거릿 크룩섕크, 『나이듦을 배우다』, 이경미 옮김 (동녘, 2016).

마광수, 『나는 헤픈 여자가 좋다』 (철학과현실사, 2007).

마라 비슨달, 『남성 과잉 사회』, 박우정 옮김 (현암사, 2013).

마리 루티, 『나는 과학이 말하는 성차별이 불편합니다』, 김명주 옮김 (동녘사이언스, 2017).

마리 루티, 『하버드 사랑학 수업』, 권상미 옮김 (웅진지식하우스, 2012).

마리아 미스·반다나 시바, 『에코페미니즘』, 손덕수·이난아 옮김 (창비, 2000).

마리아 미즈, 『가부장제와 자본주의』, 최재인 옮김 (갈무리, 2014).

마리야 김부타스, 『여신의 언어』, 고혜경 옮김 (한겨레출판사, 2016).

마사 누스바움, 『혐오와 수치심』, 조계원 옮김 (민음사, 2015).

마쓰마루 다이고, 『뇌가 섹시한 남자, 마음이 섹시한 여자』, 이현미 옮김 (인사이트 앤뷰, 2015).

마이클 거리언, 『남자는 도대체 무슨 생각을 하는 걸까?』, 안미경 옮김 (좋은책만들기, 2012).

들기, 2012).

마저리 쇼스탁,『니사』, 유나영 옮김 (삼인, 2008).

메리 데일리,『하나님 아버지를 넘어서』, 황혜숙 옮김 (이화여자대학교출판부, 1996).

메리 더글러스,『순수와 위험』, 유제분·이훈상 옮김 (현대미학사, 1997).

메리 로치,『봉크』, 권루시안 옮김 (파라북스, 2008).

메리 울스턴크래프트,『여성의 권리옹호』, 문수현 옮김 (책세상, 2018).

메리 파이퍼,『내 딸이 여자가 될 때』, 김영재·김영혜 옮김 (문학동네, 1999).

멜리사 지라 그랜트,『섹스 워크』, 박이은실 옮김 (여문책, 2017).

목수정,『야성의 사랑학』(웅진지식하우스, 2010).

문익환,『문익환』(돌베개, 2003).

미셸 옹프레,『사회적 행복주의』, 남수인 옮김 (인간사랑, 2011).

미셸 드 몽테뉴,『수상록』, 손우성 옮김 (동서문화사, 2007).

미셸 푸코,『감시와 처벌』, 오생근 옮김 (나남출판, 2016).

미셸 푸코,『사회를 보호해야 한다』, 김상운 옮김 (난장, 2015).

미셸 푸코,『성의 역사 1』, 이규현 옮김 (나남출판, 2004).

미치 프린스틴,『모두가 인기를 원한다』, 김아영 옮김 (위즈덤하우스, 2018).

바뤼흐 스피노자,『정치학 논고』, 강영계 옮김 (서광사, 2017).

박노자,『씩씩한 남자 만들기』(푸른역사, 2009).

박문호,『뇌, 생각의 출현』(휴머니스트, 2008).

박미라,『천만번 괜찮아』(한겨레출판사, 2007).

박민규,『죽은 왕녀를 위한 파반느』(예담, 2009).

박이은실,『월경의 정치학』(동녘, 2015).

박해천,『콘크리트 유토피아』(자음과모음, 2011).

반 겐넵, 『통과의례』, 전경수 옮김 (을유문화사, 2000).

배르벨 바르데츠키, 『나는 괜찮지 않다』, 강희진 옮김 (와이즈베리, 2016).

배리 슈워츠, 『점심메뉴 고르기도 어려운 사람들』, 김고명 옮김 (예담, 2015).

배수아, 『내 안에 남자가 숨어 있다』 (자음과모음, 2011).

배철현, 『인간의 위대한 여정』 (21세기북스, 2017).

백문임, 『춘향의 딸들, 한국 여성의 반쪽짜리 계보학』 (책세상, 2001).

백문임 외, 『그런 남자는 없다』 (오월의봄, 2017).

백영옥, 『다이어트의 여왕』 (문학동네, 2009).

버지니아 울프, 『자기만의 방』, 이미애 옮김 (민음사, 2016).

버지니아 헬드, 『돌봄』, 김희강·나상원 옮김 (박영사, 2017).

베른하르트 슐링크, 『책 읽어주는 남자』, 김재혁 옮김 (시공사, 2013).

베스 베일리, 『데이트의 탄생』, 백준걸 옮김 (앨피, 2015).

베티 도슨, 『네 방에 아마존을 키워라』, 곽라분이 옮김 (현실문화연구, 2001).

베티 프리단, 『여성성의 신화』, 김현우 옮김 (갈라파고스, 2018).

벨 훅스, 『남자다움이 만드는 이상한 거리감』, 이순영 옮김 (책담, 2017).

벨 훅스, 『모두를 위한 페미니즘』, 이경아 옮김 (문학동네, 2017).

벨 훅스, 『사랑은 사치일까?』, 양지하 옮김 (현실문화, 2015).

벨 훅스, 『올 어바웃 러브』, 이영기 옮김 (책읽는수요일, 2012).

벨 훅스, 『페미니즘』, 윤은진 옮김 (모티브북, 2010).

벵자맹 주아노, 『얼굴, 감출 수 없는 내면의 지도』, 신혜연 옮김 (21세기북스, 2014).

변광배, 『사르트르와 보부아르의 계약결혼』 (살림, 2007).

보스턴여성건강서공동체, 『우리 몸 우리 자신』, 또문몸살림터 옮김 (또하나의문화, 2005).

브리짓 슐트, 『타임푸어』, 안진이 옮김 (더퀘스트, 2015).

비르지니 데팡트, 『킹콩걸』, 민병숙 옮김 (마고북스, 2007).

사드, 『규방철학』, 이충훈 옮김 (도서출판 b, 2005).

사이먼 배런코언, 『그 남자의 뇌, 그 여자의 뇌』, 김혜리·이승복 옮김 (바다출판사, 2007).

사이먼 배런코언, 『마음 맹』, 김혜리 옮김 (시그마프레스, 2005).

샘 해리스, 『기독교 국가에 보내는 편지』, 박상준 옮김 (동녘, 2008).

샤론 모알렘, 『아파야 산다』, 김소영 옮김 (김영사, 2010).

서동욱, 『차이와 타자』 (문학과지성사, 2000).

서민, 『여혐, 여자가 뭘 어쨌다고』 (다시봄, 2017).

선안남, 『혼자 있고 싶은 남자』 (시공사, 2016).

세라 블래퍼 허디, 『어머니의 탄생』, 황희선 옮김 (사이언스북스, 2010).

세라 블래퍼 허디, 『여성은 진화하지 않았다』, 유병선 옮김 (서해문집, 2006).

셰리 터클, 『외로워지는 사람들』, 이은주 옮김 (청림출판, 2012).

셰릴 샌드버그, 『린 인』, 안기순 옮김 (와이즈베리, 2013).

셰어 하이트, 『왜 여자는 여자를 싫어할까?』, 안중식 옮김 (지식여행, 2005).

소냐 류보머스키, 『How to be happy』, 오혜경 옮김 (지식노마드, 2007).

소스타인 베블런, 『유한계급론』, 김성균 옮김 (우물이 있는 집, 2012).

손원평, 『서른의 반격』 (은행나무, 2017).

솔 앨린스키, 『급진주의자를 위한 규칙』, 박순성 옮김 (아르케, 2008).

쇠렌 키르케고르, 『유혹자의 일기』, 임규정·연희원 옮김 (한길사, 2001).

수잔 놀렌 혹스마, 『생각이 너무 많은 여자』, 나선숙 옮김 (지식너머, 2013).

수잔 브라이슨, 『이야기해 그리고 다시 살아나』, 고픈 옮김 (인향, 2003).

수전 보르도, 『참을 수 없는 몸의 무거움』, 박오복 옮김 (또하나의문화, 2003).

수전 브라운밀러, 『우리의 의지에 반하여』, 박소영 옮김 (오월의봄, 2018).

수전 손택,『우울한 열정』, 홍한별 옮김 (이후, 2005).

수전 손택,『타인의 고통』, 이재원 옮김 (이후, 2004).

수전 웬델,『거부당한 몸』, 강진영·김은정·황지성 옮김 (그린비, 2013).

수전 팔루디,『백래시』, 황성원 옮김 (아르테, 2017).

수지 오바크,『몸에 갇힌 사람들』, 김명남 옮김 (창비, 2011).

슐라미스 파이어스톤,『성의 변증법』, 김민예숙·유숙열 옮김 (꾸리에, 2016).

스베틀라나 알렉시예비치,『전쟁은 여자의 얼굴을 하지 않았다』, 박은정 옮김 (문학동네, 2015).

스테퍼니 스탈,『빨래하는 페미니즘』, 고빛샘 옮김 (민음사, 2014).

스티브 테일러,『자아폭발』, 우태영 옮김 (다른세상, 2011).

스티브 테일러,『조화로움』, 윤서인 옮김 (불광출판사, 2013).

스티븐 핑커,『마음은 어떻게 작동하는가』, 김한영 옮김 (동녘사이언스, 2007).

스티븐 핑커,『빈 서판』, 김한영 옮김 (사이언스북스, 2004).

슬라보예 지젝,『이데올로기의 숭고한 대상』, 이수련 옮김 (새물결, 2013).

시몬 드 보부아르,『제2의 성』, 조홍식 옮김 (을유문화사, 1993).

시몬 베유,『중력과 은총』, 윤진 옮김 (이제이북스, 2008).

신경숙,『엄마를 부탁해』 (창비, 2008).

신시아 인로,『군사주의는 어떻게 패션이 되었을까』, 김엘리·오미영 옮김 (바다출판사, 2015).

심영섭,『심영섭의 시네마 싸이콜로지』 (다른우리, 2003).

아돌프 히틀러,『나의 투쟁』, 황성모 옮김 (동서문화사, 2014).

아라 노렌자얀,『거대한 신, 우리는 무엇을 믿는가』, 홍지수 옮김 (김영사, 2016).

아비샤이 마갈릿,『품위 있는 사회』, 신성림 옮김 (동녘, 2008).

아우구스토 쿠리,『드림셀러』, 박원복 옮김 (시작, 2009).

아우구스티누스, 『고백록』, 김희보·강경애 옮김 (동서문화사, 2008).

악셀 호네트, 『인정투쟁』, 문성훈·이현재 옮김 (사월의책, 2011).

안경환, 『남자란 무엇인가』 (홍익출판사, 2016).

안드레아 드워킨, 『포르노그래피』, 유혜연 옮김 (동문선, 1996).

안토니오 다마지오, 『스피노자의 뇌』, 임지원 옮김 (사이언스북스, 2007).

안현미, 『이별의 재구성』 (창비, 2009).

알래스데어 매킨타이어, 『덕의 상실』, 이진우 옮김 (문예출판사, 1997).

알랭 드 보통, 『사랑의 기초 : 한 남자』, 우달임 옮김 (문학동네, 2013).

알랭 드 보통, 『인생학교−섹스』, 정미나 옮김 (쌤앤파커스, 2013).

알랭 바디우, 『사랑예찬』, 조재룡 옮김 (길, 2010).

알렉상드르 코제브, 『역사와 현실 변증법』, 설헌영 옮김 (한벗, 1981).

알렉시스 드 토크빌, 『미국의 민주주의 1·2』, 임효선·박지동 옮김 (한길사, 1997·
2002).

알리스 슈바르처, 『아주 작은 차이』, 김재희 옮김 (이프, 2001).

알버트 아인슈타인 외, 『아인슈타인이 말합니다』, 김명남 옮김 (에이도스, 2015).

애너벨 크랩 외, 『아내 가뭄』, 황금진 옮김 (동양북스, 2016).

애덤 스미스, 『도덕감정론』, 김광수 옮김 (한길사, 2016).

애슐리 몬터규, 『터칭』, 최로미 옮김 (글항아리, 2017).

앤드류 솔로몬, 『한낮의 우울』, 민승남 옮김 (민음사, 2004).

앤디 자이슬러, 『페미니즘을 팝니다』, 안진이 옮김 (세종서적, 2018).

앤서니 기든스, 『현대 사회의 성 사랑 에로티시즘』, 배은경·황정미 옮김 (새물결,
2001).

앨리 러셀 혹실드, 『감정노동』, 이가람 옮김 (이매진, 2009).

앨리 러셀 혹실드, 『나를 빌려드립니다』, 류현 옮김 (이매진, 2013).

앨리 러셀 혹실드,『돈 잘 버는 여자 밥 잘 하는 남자』, 백영미 옮김 (아침이슬, 2001).

앨리스 도마,『자기 보살핌』, 노진선 옮김 (한문화, 2002).

앵거스 맥라렌,『피임의 역사』, 정기도 옮김 (책세상, 1998).

야마다 마사히로,『우리가 알던 가족의 종말』, 장화경 옮김 (그린비, 2010).

어빙 고프만,『스티그마』, 윤선길 외 옮김 (한신대학교출판부, 2009).

엄기호,『이것은 왜 청춘이 아니란 말인가』(푸른숲, 2010).

에드워드 오스본 윌슨,『인간 본성에 대하여』, 이한음 옮김 (사이언스북스, 2011).

에드워드 오스본 윌슨,『통섭』, 최재천·장대익 옮김 (사이언스북스, 2005).

에드워드 오스본 윌슨,『지구의 정복자』, 이한음 옮김 (사이언스북스, 2013).

에리카 레너드 제임스,『그레이의 50가지 그림자』, 박은서 옮김 (시공사, 2012).

에리카 종,『비행공포』, 이진 옮김 (비채, 2017).

에리히 프롬,『너희도 신처럼 되리라』, 이종훈 옮김 (한겨레출판, 2013).

에리히 프롬,『사랑의 기술』, 황문수 옮김 (문예출판사, 2006).

에리히 프롬,『자유로부터의 도피』, 김석희 옮김 (휴머니스트, 2012).

에리히 프롬,『정신분석과 듣기 예술』, 호연심리센터 옮김 (범우사, 2000).

에머 오툴,『여자다운 게 어딨어』, 박다솜 옮김 (창비, 2016).

에멀린 팽크허스트,『싸우는 여자가 이긴다』, 김진아·권승혁 옮김 (현실문화, 2016).

에밀 뒤르켐,『에밀 뒤르켐의 자살론』, 황보종우 옮김 (청아출판사, 2008).

에바 일루즈,『오프라 현상으로 윈프리를 읽다』, 강주헌 옮김 (스마트비즈니스, 2013).

에바 일루즈,『감정자본주의』, 김정아 옮김 (돌베개, 2010).

에바 일루즈,『낭만적 유토피아 소비하기』, 박형신·권오헌 옮김 (이학사, 2014).

에바 일루즈,『사랑은 왜 아픈가』, 김희상 옮김 (돌베개, 2013).

에바 일루즈,『사랑은 왜 불안한가』, 김희상 옮김 (돌베개, 2014).

에스더 로스블럼·캐슬린 브레호니,『보스턴 결혼』, 알·알 옮김 (이매진, 2012).

에스더 페렐,『왜 다른 사람과의 섹스를 꿈꾸는가』, 정지현 옮김 (네모난정원, 2011).

에이드리언 리치,『더이상 어머니는 없다』, 김인성 옮김 (평민사, 2018).

에이브러햄 매슬로,『존재의 심리학』, 정태연·노현정 옮김 (문예출판사, 2005).

에이브러햄 매슬로,『동기와 성격』, 오혜경 옮김 (21세기북스, 2009).

에티엔 드 라 보에티,『자발적 복종』, 목수정·심영길 옮김 (생각정원, 2015).

에픽테토스,『불확실한 세상을 사는 확실한 지혜』, 정영목 옮김 (까치, 1999).

엘렌 식수,『메두사의 웃음/출구』, 박혜영 옮김 (동문선, 2004).

엘로이즈 외,『아벨라르와 엘로이즈』, 정봉구 옮김 (을유문화사, 2015).

엘리아스 카네티,『군중과 권력』, 강두식·박병덕 옮김 (바다출판사, 2010).

엘리자베스 워첼,『비치』, 손재석·양지영 옮김 (황금가지, 2003).

엘리자베트 바댕테르,『남과 여』, 최석 옮김 (문학동네, 2002).

엘리자베트 바댕테르,『남자의 여성성에 대한 편견의 역사』, 최석 옮김 (인바이로넷, 2004).

엘리자베트 바댕테르,『만들어진 모성』, 심성은 옮김 (동녘, 2009).

엘리자베트 바댕테르,『잘못된 길』, 나애리·조성애 옮김 (중심, 2005).

엘리자베트 벡 게른스하임,『모성애의 발명』, 이재원 옮김 (알마, 2014).

엘리자베트 벡 게른스하임·울리히 벡,『사랑은 지독한 그러나 너무나 정상적인 혼란』, 강수영·권기돈·배은경 옮김 (새물결, 1999).

엘프리데 옐리네크,『노라가 남편을 떠난 후 일어난 일 또는 사회의 지주』, 강창구 옮김 (성균관대학교출판부, 2003).

엘프리데 옐리네크,『피아노 치는 여자』, 이병애 옮김 (문학동네, 2009).

옐토 드렌스,『버자이너 문화사』, 김명남 옮김 (동아시아, 2007).

오기 오가스·사이 가담, 『포르노 보는 남자, 로맨스 읽는 여자』, 왕수민 옮김 (웅진닷컴, 2011).

오찬호, 『하나도 괜찮지 않습니다』 (블랙피쉬, 2018).

올리버 제임스, 『어플루엔자』, 윤정숙 옮김 (알마, 2012).

올리비아 가잘레, 『철학적으로 널 사랑해』, 김주경 옮김 (레디셋고, 2013).

우석훈, 『혁명은 이렇게 조용히』 (레디앙, 2009).

우에노 지즈코·노부타 사요코, 『결혼제국』, 정선철 옮김 (이매진, 2008).

우에노 지즈코, 『여성 혐오를 혐오한다』, 나일등 옮김 (은행나무, 2012).

우에노 지즈코, 『싱글 행복하면 그만이다』, 나일등 옮김 (이덴슬리벨, 2011).

울리히 렌츠, 『아름다움의 과학』, 박승재 옮김 (프로네시스, 2008).

울리히 벡, 『위험사회』, 홍성태 옮김 (새물결, 2006).

워렌 패럴, 『남자 만세』, 손희승 옮김 (예담, 2002).

웬다 트레바탄, 『여성의 진화』, 박한선 옮김 (에이도스, 2017).

윌리 톰슨, 『노동, 성, 권력』, 우진하 옮김 (문학사상, 2016).

윌리엄 A. 로시, 『에로틱한 발』, 이종인 옮김 (그린비, 2002).

유강하, 『아름다움, 그 불멸의 이야기』 (서해문집, 2015).

유민석, 『메갈리아의 반란』 (봄알람, 2016).

윤이희나, 『아슬아슬한 연애 인문학』, 이진아 그림 (한겨레에듀, 2010).

은유, 『싸울 때마다 투명해진다』 (서해문집, 2016).

은하선, 『이기적 섹스』 (동녘, 2015).

은희경, 『타인에게 말걸기』 (문학동네, 1996).

이매뉴얼 월러스틴, 『역사적 자본주의』, 나종일·백영경 옮김 (창비, 1993).

이민경, 『우리에겐 언어가 필요하다』 (봄알람, 2016).

이브 엔슬러, 『버자이너 모놀로그』, 류숙렬 옮김 (북하우스, 2009).

이블린 폭스 켈러,『생명의 느낌』, 김재희 옮김 (양문, 2001).

이서희,『유혹의 학교』(한겨레출판사, 2016).

이서희,『이혼일기』(아토포스, 2017).

이성복,『남해 금산』(문학과지성사, 1986).

이승우,『사랑의 생애』(예담, 2017).

이승욱·신희경·김은산,『대한민국 부모』(문학동네, 2012).

이영미,『마녀체력』(남해의봄날, 2018).

이영아,『예쁜 여자 만들기』(푸른역사, 2011).

이은의,『삼성을 살다』(사회평론, 2011).

이현우,『로쟈의 인문학 서재』(산책자, 2009).

일레인 모간,『호모 아쿠아티쿠스』, 김웅서·정현 옮김 (씨아이알, 2013).

임경선,『태도에 관하여』(한겨레출판사, 2018).

임마누엘 칸트,『칸트의 역사철학』, 이한구 옮김 (서광사, 2009).

임솔아,『괴괴한 날씨와 착한 사람들』(문학과지성사, 2017).

잉에보르크 글라히아우프,『여성 철학자』, 노선정 옮김 (큰나, 2010).

자크 데리다,『환대에 대하여』, 남수인 옮김 (동문선, 2004).

장 자크 루소,『에밀』, 김중현 옮김 (한길사, 2003).

장 클로드 카프만,『여자의 가방』, 김희진 옮김 (시공사, 2012).

장 폴 사르트르,『존재와 무』, 정소성 옮김 (동서문화사, 2009).

재레드 다이아몬드,『섹스의 진화』, 임지원 옮김 (사이언스북스, 2005).

재레드 다이아몬드,『어제까지의 세계』, 강주헌 옮김 (김영사, 2013).

재레드 다이아몬드,『제3의 침팬지』, 김정흠 옮김 (문학사상, 2015).

재레드 다이아몬드,『총, 균, 쇠』, 김진준 옮김 (문학사상, 2005).

재키 플레밍,『여자라는 문제』, 노지양 옮김 (책세상, 2017).

저메인 그리어, 『여성, 거세당하다』, 이미선 옮김 (텍스트, 2012).

전성원, 『길 위의 독서』 (뜨란, 2018).

전순옥, 『끝나지 않은 시대의 노래』 (한겨레출판, 2004).

전인권, 『남자의 탄생』 (푸른숲, 2003).

전혜성, 『마요네즈』 (문학동네, 1997).

정문정, 『무례한 사람에게 웃으며 대처하는 법』 (가나출판사, 2018).

정세랑, 『피프티 피플』 (창비, 2016).

정아은, 『모던 하트』 (한겨레출판, 2013).

정아은, 『잠실동 사람들』 (한겨레출판, 2015).

정여울, 『그때 알았더라면 좋았을 것들』 (아르테, 2013).

정이현, 『달콤한 나의 도시』 (문학과지성사, 2006).

정이현, 『사랑의 기초 : 연인들』 (문학동네, 2013).

정수현, 『압구정 다이어리』 (소담출판사, 2008).

정해경, 『섹시즘 남자들에 갇힌 여자』 (휴머니스트, 2003).

정현백·김정안, 『처음 읽는 여성의 역사』 (동녘, 2011).

정희진, 『저는 오늘 꽃을 받았어요』 (또하나의문화, 2001).

정희진, 『페미니즘의 도전』 (교양인, 2013).

제프리 밀러, 『스펜트』, 김명주 옮김 (동녘사이언스, 2010).

제프리 밀러, 『연애』, 김명주 옮김 (동녘사이언스, 2009).

조나 레러, 『사랑을 지키는 법』, 박내선 옮김 (21세기북스, 2017).

조남주, 『82년생 김지영』 (민음사, 2016).

조너선 하이트, 『바른 마음』, 왕수민 옮김 (웅진지식하우스, 2014).

조너선 하이트, 『행복의 가설』, 권오열 옮김 (물푸레, 2010).

조던 피터슨, 『12가지 인생의 법칙』, 강주헌 옮김 (메이븐, 2018).

조디 래피얼, 『강간은 강간이다』, 최다인 옮김 (글항아리, 2016).

조르주 바타유, 『에로티즘』, 조한경 옮김 (민음사, 2009).

조선희, 『세 여자 1·2·3』 (한겨레출판, 2017).

조슈아 그린, 『옳고 그름』, 최호영 옮김 (시공사, 2017).

조안 러프가든, 『진화의 무지개』, 노태복 옮김 (뿌리와이파리, 2010).

조영래, 『전태일 평전』 (전태일재단, 2009).

조정환, 『인지자본주의』 (갈무리, 2011).

조주은, 『기획된 가족』 (서해문집, 2013).

조지 레이코프, 『폴리티컬 마인드』, 나익주 옮김 (한울아카데미, 2014).

조지프 히스, 『계몽주의 2.0』, 김승진 옮김 (이마, 2017).

조혜영 외, 『소녀들』 (여성문화이론연구소, 2017).

존 버거, 『다른 방식으로 보기』, 최민 옮김 (열화당, 2012).

존 보울비, 『애착』, 김창대 옮김 (나남출판, 2009).

존 스튜어트 밀, 『여성의 예속』, 김예숙 옮김 (이화여자대학교출판문화원, 1995).

존 콜라핀토, 『이상한 나라의 브렌다』, 이은선 옮김 (알마, 2014).

존 티한, 『신의 이름으로』, 박희태 옮김 (이음, 2011).

주디 와이즈먼, 『테크노 페미니즘』, 박진희·이현숙 옮김 (궁리, 2009).

주디스 리치 해리스, 『개성의 탄생』, 곽미경 옮김 (동녘사이언스, 2007).

주디스 리치 해리스, 『양육가설』, 최수근 옮김 (이김, 2017).

주디스 버틀러, 『불확실한 삶』, 양효실 옮김 (경성대학교출판부, 2008).

주디스 버틀러, 『윤리적 폭력 비판』, 양효실 옮김 (인간사랑, 2013).

주디스 버틀러, 『젠더 트러블』, 조현준 옮김 (문학동네, 2008).

주디스 핼버스탬, 『여성의 남성성』, 유강은 옮김 (이매진, 2015).

주디스 허먼, 『트라우마』, 최현정 옮김 (열린책들, 2012).

줄리아 크리스테바, 『공포의 권력』, 서민원 옮김 (동문선, 2001).

지그문트 바우만, 『리퀴드 러브』, 조형준·권태우 옮김 (새물결, 2013).

지그문트 바우만, 『액체근대』, 이일수 옮김 (강, 2009).

지그문트 바우만, 『쓰레기가 되는 삶들』, 정일준 옮김 (새물결, 2008).

지그문트 프로이트, 『문명 속의 불만』, 김석희 옮김 (열린책들, 2003).

지그문트 프로이트, 『성에 관한 세 편의 해석』, 오현숙 옮김 (을유문화사, 2007).

지그문트 프로이트, 『성욕에 관한 세 편의 에세이』, 김정일 옮김 (열린책들, 2003).

지그문트 프로이트, 『정신분석 강의』, 홍혜경·임홍빈 옮김 (열린책들, 2004).

지그문트 프로이트, 『히스테리 연구』, 김미리혜 옮김 (열린책들, 2003).

진 시노다 볼린, 『우리 속에 있는 여신들』, 조명덕·조주현 옮김 (또하나의문화, 2003).

정재승·진중권, 『크로스』 (웅진지식하우스, 2009).

질 들뢰즈, 『매저키즘』, 이강훈 옮김 (인간사랑, 2007).

질 리포베츠키, 『제3의 여성』, 유정애 옮김 (아고라, 2007).

찰스 다윈, 『인간의 유래 1·2』, 김관선 옮김 (한길사, 2006).

찰스 테일러, 『불안한 현대 사회』, 송영배 옮김 (이학사, 2001).

최인석, 『연애, 하는 날』 (문예중앙, 2011).

최지은, 『괜찮지 않습니다』 (알에이치코리아, 2017).

치마만다 은고지 아디치에, 『우리는 모두 페미니스트가 되어야 합니다』, 김명남 옮김 (창비, 2016).

카트리네 마르살, 『잠깐 애덤 스미스씨, 저녁은 누가 차려줬어요?』, 김희정 옮김 (부키, 2017).

카트린 밀레, 『카트린 M의 성생활』, 이세욱 옮김 (열린책들, 2001).

캐럴 길리건, 『기쁨의 탄생』, 박상은 옮김 (빗살무늬, 2004).

캐럴 길리건, 『다른 목소리로』, 허란주 옮김 (동녘, 1997).

캐롤 타브리스, 『여성과 남성이 다르지도 똑같지도 않은 이유』, 히스테리아 옮김 (또하나의문화, 1999).

캐롤 페이트먼, 『남과 여, 은폐된 성적 계약』, 유영근·이충훈 옮김 (이후, 2001).

캐롤 페이트먼, 『여자들의 무질서』, 이성민·이평화 옮김 (도서출판 b, 2018).

캐서린 맥키넌, 『포르노에 도전한다』, 신은철 옮김 (개마고원, 1997).

캐서린 문, 『동맹 속의 섹스』, 이정주 옮김 (삼인, 2002).

캐서린 하킴, 『매력 자본』, 이현주 옮김 (민음사, 2013).

캐슬린 배리, 『섹슈얼리티의 매춘화』, 정금나·김은정 옮김 (삼인, 2002).

케이트 밀레트, 『성 정치학』, 김전유경 옮김 (이후, 2009).

코델리아 파인, 『젠더, 만들어진 성』, 이지윤 옮김 (휴먼사이언스, 2014).

크리스티안 노스럽, 『여성의 몸 여성의 지혜』, 강현주 옮김 (한문화, 2011).

크리스티안 노스럽, 『폐경기 여성의 몸 여성의 지혜』, 이상춘 옮김 (한문화, 2011).

크리스티안 슐트, 『낭만적이고 전략적인 사랑의 코드』, 장혜경 옮김 (푸른숲, 2008).

클라리사 핑콜라 에스테스, 『늑대와 함께 달리는 여인들』, 손영미 옮김 (이루, 2013).

클로딘 몽테유, 『보부아르 보부아르』, 서정미 옮김 (실천문학사, 2005).

클로딘느 사게르, 『못생긴 여자의 역사』, 김미진 옮김 (호밀밭, 2018).

키머러 라모스, 『몸, 욕망을 말하다』, 홍선영 옮김 (생각의날개, 2009).

타라 베넷 골먼, 『감정의 연금술』, 윤규상 옮김 (생각의나무, 2007).

타라 파커포프, 『연애와 결혼의 과학』, 홍지수 옮김 (민음사, 2012).

태희원, 『성형』 (이후, 2015).

터리스 휴스턴, 『왜 여성의 결정은 의심받을까?』, 김명신 옮김 (문예출판사, 2017).

테레사 리오단, 『아름다움의 발명』, 오혜경 옮김 (마고북스, 2005).

테오도르 아도르노, 『미니마 모랄리아』, 김유동 옮김 (길, 2005).

토마 마티외, 『악어 프로젝트』, 맹슬기 옮김 (푸른지식, 2016).

토머스 루이스·패리 애미니·리처드 래넌, 『사랑을 위한 과학』, 김한영 옮김 (사이언스북스, 2001).

파커 파머, 『비통한 자들을 위한 정치학』, 김찬호 옮김 (글항아리, 2012).

패트리샤 힐 콜린스, 『흑인 페미니즘 사상』, 박미선·주해연 옮김 (여성문화이론연구소, 2009).

페기 오렌스타인, 『아무도 대답해주지 않은 질문들』, 구계원 옮김 (문학동네, 2017).

프란츠 파농, 『검은 피부, 하얀 가면』, 노서경 옮김 (문학동네, 2014).

프랜시스 스콧 피츠제럴드, 『위대한 개츠비』, 김욱동 옮김 (민음사, 2010).

프리드리히 니체, 『선악의 저편·도덕의 계보』, 김정현 옮김 (책세상, 2002).

프리드리히 니체, 『차라투스트라는 이렇게 말했다』, 정동호 옮김 (책세상, 2000).

프리드리히 엥겔스, 『가족, 사유재산, 국가의 기원』, 김대웅 옮김 (두레, 2012).

프리모 레비, 『이것이 인간인가』, 이현경 옮김 (돌베개, 2007).

플라톤, 『향연』, 박희영 옮김 (문학과지성사, 2003).

플로렌스 포크, 『미술관에는 왜 혼자인 여자가 많을까?』, 최정인 옮김 (푸른숲, 2009).

피에르 부르디외, 『구별짓기 상·하』, 최종철 옮김 (새물결, 2005).

피터 우벨, 『욕망의 경제학』, 김태훈 옮김 (김영사, 2009).

필리스 체슬러, 『여성과 광기』, 임옥희 옮김 (여성신문사, 2000).

하비 맨스필드, 『남자다움에 관하여』, 이광조 옮김 (이후, 2010).

하워드 가드너, 『다중지능』, 유경재 외 옮김 (웅진지식하우스, 2007).

한국성폭력상담소 부설연구소 울림, 『섹슈얼리티 강의』 (동녘, 1999).

한국성폭력상담소 부설연구소 울림, 『섹슈얼리티 강의, 두 번째』 (동녘, 2006).

(사)한국여성연구소, 『새 여성학 강의』 (동녘, 2005).

한병철, 『에로스의 종말』, 김태환 옮김 (문학과지성사, 2015).

한병철, 『투명사회』, 김태환 옮김 (문학과지성사, 2014).

한서설아, 『다이어트의 성정치』 (책세상, 2000).

한은형, 『거짓말』 (한겨레출판, 2015).

해나 로진, 『남자의 종말』, 김수안·배현 옮김 (민음인, 2012).

헨리크 입센, 『인형의 집』, 안미란 옮김 (민음사, 2010).

헬런 니어링·스콧 니어링, 『조화로운 삶』, 류시화 옮김 (보리, 2000).

헬렌 피셔, 『성의 계약』, 박매영 옮김 (정신세계사, 1999).

헬렌 피셔, 『연애본능』, 정명진 옮김 (생각의나무, 2010).

헬렌 피셔, 『왜 우리는 사랑에 빠지는가』, 정명진 옮김 (생각의나무, 2005).

헬렌 피셔, 『제1의 성』, 정명진 옮김 (생각의나무, 2005).

현경, 『결국은 아름다움이 우리를 구원할 거야 2』 (열림원, 2013).

현경, 『미래에서 온 편지』, 곽선영 그림 (열림원, 2013).

현경·엘리스 워커, 『현경과 엘리스의 神나는 연애』 (마음산책, 2004).

홍승은, 『당신이 계속 불편하면 좋겠습니다』 (동녘, 2017).

홍승희, 『붉은선』 (글항아리, 2017).